龙滩水电站坝址原貌

上游碾压混凝土围堰施工面貌

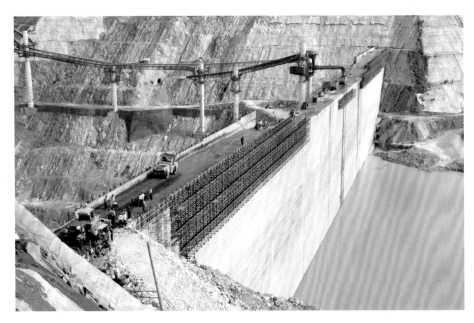

在上游碾压混凝土围堰顶部进行大坝现场碾压试验

左岸导流洞进水口施工

过水前的左岸导流洞

施工中的右岸导流洞

截流围堰龙口合龙

碾压混凝土大坝施工现场

高速皮带机运送碾压混凝土入仓

缆机、塔机、高速皮带机交叉作业现场

大坝碾压混凝土仓面铺料

振动辗在仓面碾压施工

大法坪砂石加工系统

右岸高程 308.00m、360.00m 混凝土拌和系统

地下主厂房施工面貌

LONGTAN
SHIGONG ZUZHI SHEJI
JIQI YANJIU

施工组织设计及其研究

石青春　周洁　主编

中国水利水电出版社
www.waterpub.com.cn
·北京·

内 容 提 要

本书为中南勘测设计研究院组织编写的"龙滩水电站"系列著作之一，是作者对龙滩水电站工程施工组织设计及其关键技术问题研究成果的总结。全书共 9 章，包括绪论，施工导流，碾压混凝土大坝施工，地下引水发电系统施工规划，施工场地动态规划，施工总进度计划，砂石加工系统，大坝混凝土生产系统，围堰碾压混凝土外掺特性 MgO 研究与应用。

本书可供从事水电工程施工组织设计及其研究的相关人员借鉴，也可供高等院校水利、土木工程类相关专业师生参考。

图书在版编目（Ｃ Ｉ Ｐ）数据

龙滩施工组织设计及其研究 / 石青春，周洁主编
-- 北京：中国水利水电出版社，2016.9
ISBN 978-7-5170-4773-5

Ⅰ．①龙… Ⅱ．①石… ②周… Ⅲ．①水利水电工程
－施工组织－研究－天峨县②水利水电工程－施工设计－
研究－天峨县 Ⅳ．①TV51

中国版本图书馆CIP数据核字(2016)第237789号

书　　名	**龙滩施工组织设计及其研究** LONGTAN SHIGONG ZUZHI SHEJI JIQI YANJIU
作　　者	石青春　周洁　主编
出版发行	中国水利水电出版社 （北京市海淀区玉渊潭南路 1 号 D 座　100038） 网址：www.waterpub.com.cn E - mail：sales@waterpub.com.cn 电话：(010) 68367658（营销中心）
经　　售	北京科水图书销售中心（零售） 电话：(010) 88383994、63202643、68545874 全国各地新华书店和相关出版物销售网点
排　　版	中国水利水电出版社微机排版中心
印　　刷	北京嘉恒彩色印刷有限责任公司
规　　格	184mm×260mm　16 开本　17 印张　409 千字　4 插页
版　　次	2016 年 9 月第 1 版　2016 年 9 月第 1 次印刷
印　　数	0001—1500 册
定　　价	**70.00** 元

主 要 编 写 人 员

主　编　石青春　周　洁

参　编　苏军安　宋亦农　何俊乔　谭建平

　　　　　杨　蕾　殷　愈　周惠芬　李勇刚

　　　　　卿笃兴　宋立新

序

在布依族文化中，红水河是一条流淌着太阳"鲜血"的河流，珠江源石碑文上的《珠江源记》这样记载："红水千嶂，夹岸崇深，飞泻黔浔，直下西江"，恢弘气势，可见一斑。红水河是珠江水系西江上游的一段干流，从上游南盘江的天生桥至下游黔江的大藤峡，全长 1050km，年平均水量 1300 亿 m³，落差 760m，水力资源十分丰富。广西境内红水河干流，可供开发的水力资源达 1100 万 kW，被誉为广西能源资源的"富矿"。

龙滩水电站位于红水河上游，是红水河梯级开发的龙头和骨干工程，不仅本身装机容量大，而且水库调节性能好，发电、防洪、航运、水产养殖和水资源优化配置作用等综合利用效益显著。电站分两期开发，初期正常蓄水位 375.00m 时，安装 7 台机组，总装机容量 490 万 kW，多年平均年发电量 156.7 亿 kW·h；远景正常蓄水位 400.00m 时，再增加 2 台机组，总装机容量达到 630 万 kW，多年平均年发电量 187.1 亿 kW·h。龙滩水库连同天生桥水库可对全流域梯级进行补偿，使红水河干流及其下游水力资源得以充分利用。

龙滩水电站是一座特大型工程，建设条件复杂，技术难度极高，前期论证工作历时半个世纪。红水河规划始于 20 世纪 50 年代中期，自 70 年代末开始，中南勘测设计研究院（以下简称"中南院"）就全面主持龙滩水电站设计研究工作。经过长期艰苦的规划设计和广泛深入的研究论证，直到 1992 年才确定坝址、坝型和枢纽布置方案。龙滩碾压混凝土重力坝的规模和坝高超过 20 世纪末国际上已建或设计中的任何一座同类型大坝；全部 9 台机组地下厂房引水发电系统的规模和布置集中度也超过当时国际最高水平；左岸坝肩及进水口蠕变岩体边坡地质条件极其复杂、前所未见，治理难度大。中南院对此所进行的勘察试验、计算分析、设计研究工作量之浩瀚、成果之丰富也是世所罕见，可以与任何特大型工程媲美。不仅有国内许多一流机构、专家参与其中贡献才智，而且还有发达国家的咨询公司和著名专家学者提供咨询，龙滩水电站设计创新性地解决了一系列工程关键技术难题，并通过国家有关部门的严格审批和获得国内外专家的充分肯定。

进入 21 世纪，龙滩水电站工程即开始施工筹建和准备工作；2001 年 7 月 1 日，主体工程开工；2003 年 11 月 6 日，工程截流；2006 年 9 月 30 日，下闸蓄水；2007 年 7 月 1 日，第一台机组发电；2008 年 12 月，一期工程 7 台机组全部投产。龙滩工程建设克服了高温多雨复杂环境条件，采用现代装备技术和建设管理模式，实现了均衡高强度连续快速施工，一期工程提前一年完工，工程质量优良。

目前远景 400.00m 方案已列入建设计划，正在开展前期论证工作。龙滩水电站 400.00m 方案，水库调节库容达 205 亿 m³，比 375.00m 方案增加调节库容 93.8 亿 m³，增加防洪库容 20 亿 m³。经龙滩水库调节，可使下游珠江三角洲地区的防洪标准达到 100 年一遇；思贤滘水文站最小旬平均流量从 1220m³/s 增加到 2420m³/s，十分有利于红水河中下游和珠江三角洲地区的防洪、航运、供水和水环境等水资源的综合利用，更好地满足当前及未来经济发展的需求。

历时 40 余载，中南院三代工程技术人员坚持不懈、攻坚克难，终于战胜险山恶水，绘就宏伟规划，筑高坝大库，成就梯级开发。借助改革开放东风，中南院在引进先进技术，消化吸收再创新的基础上，进一步发展了碾压混凝土高坝快速筑坝技术、大型地下洞室群设计施工技术、复杂地质条件高边坡稳定治理技术、高参数大型发电机组集成设计及稳定运行控制技术，龙滩水电站关键技术研究和工程实践的一系列创新成果，为国内外大型水电工程建设树立了新的标杆，成为引领世界水电技术发展的典范。依托龙滩水电站工程建设所开展的"200m 级高碾压混凝土重力坝关键技术"获国家科学技术进步二等奖，龙滩大坝工程被国际大坝委员会（ICOLD）评价为"碾压混凝土筑坝里程碑工程"，龙滩水电站工程获得国际咨询工程师联合会（FIDIC）"百年重大土木工程项目优秀奖"。龙滩水电站自首台机组发电至 2016 年 6 月，建筑物和机电设备运行情况良好，累计发电 1100 亿 kW·h，水库发挥年调节性能，为下游梯级电站增加发电量 200 亿 kW·h，为 2008 年年初抗冰救灾和珠江三角洲地区枯季调水补淡压咸发挥了重要作用，经济、社会和环境效益十分显著。

为总结龙滩水电站建设技术创新和相关研究成果，丰富水电工程建设知识宝库，中南院组织项目负责人、专业负责人及技术骨干近百人编写了龙滩水电站系列著作，分别为《龙滩碾压混凝土重力坝关键技术》《龙滩进水口高边坡治理关键技术》《龙滩地下洞室群设计施工关键技术》《龙滩机电及金属结构设计与研究》和《龙滩施工组织设计及其研究》5 本。龙滩水电站系列著作既包含现代水电工程设计的基础理论和方案比较论证的内容，又具有科学发展历史条件下，工程设计应有的新思路、新方法和新技术。系列著作各册自成体系，结构合理，层次清晰，资料数据翔实，内容丰富，充分体现了龙滩工程建设中的重要研究成果和工程实践效果，具有重要的参考借鉴价值和珍贵的史料收藏价值。

龙滩工程的成功建设饱含着中南院三代龙滩建设者的聪明智慧和辛勤汗水，也凝聚了那些真诚提供帮助的国内外咨询机构和专家、学者的才智和心血。我深信，中南院龙滩建设者精心编纂出版龙滩水电站系列著作，既是对为龙滩工程设计建设默默奉献、尽心竭力的领导、专家和工程技术人员表达致敬，也是为进一步创新设计理念和方法、促进我国水电建设事业可持续发展的年轻一代工程师提供滋养，谨此奉献给他们。

是为序。

中国工程院院士：

2016 年 6 月 22 日

前　言

　　龙滩水电站是红水河流域梯级开发龙头骨干控制性工程，也是国家实施西部大开发和"西电东送"重要的标志性工程。工程位于广西天峨县境内，坝址以上流域面积 98500km²，工程按正常蓄水位 400.00m 设计，总装机容量 6300MW，年均发电量 187.1 亿 kW•h，总库容 272.7 亿 m³，其中防洪库容 70 亿 m³。

　　龙滩水电站于 2001 年 7 月 1 日正式开工建设，在当时是国内仅次于三峡工程的第二大开工建设的水电工程，其三大建筑物均创造了当时世界之最：最高的碾压混凝土重力坝（设计最大坝高 216.5m，坝顶长 849.44m，前期建设最大坝高 192m）；规模最大的地下厂房（长 388.5m，宽 28.5m，高 74.4m）；提升高度最大的升船机（全长 1800 多 m，最大提升高度 179m）。显然，组织如此规模的工程实施，缺乏前人的经验。对此，工程设计单位——中南勘测设计研究院在工程开工前就开展了详细的施工组织设计，并对关键技术问题组织技术攻关。在此基础上形成了施工组织设计文件，以指导现场施工及其管理。

　　龙滩水电站历经 30 余年的勘测设计和试验研究工作，先后经过了多种方案的比较论证，初步设计审查后，经对枢纽布置优化，最终确定了碾压混凝土坝、全地下厂房的工程建设方案，与之相应的施工组织设计具有鲜明特色，主要包括以下几个方面。

　　（1）采用高碾压混凝土围堰配大断面有压过水隧洞的隧洞导流方案，围堰采用顶部预留缺口、基坑自充水、堰坡设消能平台的简易过水及消能防冲措施抵御超标洪水，坝体不设导流底孔，导流洞下闸后的工程度汛通过坝身预留的高缺口泄流，为加快工程施工进度创造了条件。

　　（2）研发了高温多雨环境条件下高碾压混凝土坝全年施工成套技术及温控防裂技术，并采用高速皮带机连续上坝，适应了碾压混凝土快速施工的特点。

　　（3）优化施工布置及施工措施，指导地下厂房洞室群安全有序施工及管理。

（4）采用弃渣场及施工场地规划动态设计理念，在前期进行总体规划，在施工过程中根据施工实际进展情况分期进行动态调整，以满足工程实际使用需要，合理利用弃渣分时序形成场地。

（5）对工程施工总体进度进行合理安排，充分论证关键线路上主要项目的施工工期，确保工程效益最大化。

（6）采用特大型人工砂石加工系统加工混凝土骨料，首次在水电系统采用溜井运输毛料及长胶带机运输成品料。

（7）首次使用 $2 \times 6m^3$ 强制式拌和机拌制碾压混凝土，并采用高速皮带机直接运输上坝，实现了混凝土连续高效快速上坝的目标。

（8）下游围堰碾压混凝土外掺特性 MgO，并开展碾压混凝土外掺 MgO 筑坝的试验研究工作。

在工程前期设计及研究中形成的上述特色施工技术，经过龙滩水电站工程参建方的共同努力在建设过程中得以实现，并且取得了较好的实际效果：首台机组提前 2 个月发电，总工期提前 1 年，工程投资得到了较好的控制，工程质量处于国内领先水平。其中，龙滩水电站大坝被国际大坝委员会评为"碾压混凝土筑坝里程碑工程"，龙滩水电站工程获"FIDIC 百年优秀工程奖"。

为推广应用龙滩水电站施工组织设计及研究成果，总结大坝施工组织设计的经验，特将所取得的主要研究成果编著成此书，希望能对推动我国筑坝技术施工组织设计的发展尽绵薄之力。

本书引用了大量的龙滩水电站设计研究成果和相关研究文献资料。在此，向参与和指导研究工作的单位、专家、学者表示感谢。

由于工程建设周期较长，资料庞杂，加之作者水平所限，其中的不足之处在所难免，恳请龙滩水电站的建设者以及同行专家学者们不吝赐教。

编　者
2016 年 6 月

目　录

第 1 章

绪　　论

　　龙滩水电站位于红水河上游，下距广西天峨县城约 15km。坝址以上流域面积为 98500km²，占红水河流域面积的 71％。该电站一次规划分两期建设实施。前期按正常蓄水位 375.00m 建设，水库总库容 162.1 亿 m³，有效库容 111.5 亿 m³，具有年调节功能；装机容量 4900MW，多年平均年发电量 156.7 亿 kW·h，电站保证出力 1234MW。后期按正常蓄水位 400.00m 建设；水库总库容 272.7 亿 m³，有效库容 205.3 亿 m³，具有多年调节功能；装机容量 6300MW，多年平均年发电量 187.1 亿 kW·h，电站保证出力 1680MW。龙滩水电站主体工程于 2001 年 7 月 1 日正式开工，2003 年 11 月 6 日实现大江截流，2004 年 3 月 15 日大坝混凝土开浇，2006 年 9 月 30 日下闸蓄水，2007 年 5 月第 1 台机组发电，2008 年年底全部机组投产。第 1 台机组发电和全部机组投产分别比原计划提前了 2 个月和 1 年。

1.1　施工组织设计研究背景

　　龙滩水电站工程规模巨大，技术复杂，资源和效益跨越不同省区，水库淹没和环境影响范围大，并面临巨额建设资金筹措和效益分配等诸多矛盾，工程建设遇到巨大的挑战。同时，龙滩水电站前期工作处于我国改革开放的重大变革时期，经济建设由计划经济向市场经济转变，工程建设体制从行政指令向采用业主负责制、招标投标制、建设监理制转变，国际合作交流增多，工程项目评估和管理逐渐采用国际通用方式。国家经济形势变化和转型也给龙滩水电站建设带来很大影响。龙滩水电站的设计工作正是在这种背景下，经过长期的艰苦努力，经受了种种困难考验，终于高水平地完成了各项设计任务，为龙滩水电站的顺利建设奠定了基础。大体来说，龙滩水电站的前期设计工作经历坝址选择、可行性研究、初步设计、技术设计（设计优化和技术攻关）、招标设计、建设项目准备、工程实施等阶段。针对各阶段不同水位、不同坝型及各种枢纽布置方案，同样提出了卓有成效的施工组织设计成果。每个阶段都通过了相应的由各级主管部门组织的审查和评估。

　　龙滩水电站勘测设计工作始于 20 世纪 50 年代中期，1956—1972 年，珠江水利委员会和广西电力局勘测设计院等单位曾先后间断性地做了部分规划和勘测工作，1978 年 8 月以后，中南勘测设计院对龙滩水电站进行了全面的勘测、设计和研究工作，至 1990 年 8 月，能源部审查并通过了《红水河龙滩水电站初步设计报告》，同意"按正常蓄水位 400.00m 设计、375.00m 建设"。为此，大坝水下部分按高程 400.00m 设计断面浇筑，水上部分两岸坝肩按高程400.00m开挖，混凝土浇筑采用经济断面，为今后加高至400m提供技术上的可能，相应的防洪库容分别为70亿 m^3 和50亿 m^3 ，装机容量分别为9×600MW和7×600MW；机组机型需两者兼顾，供电范围为广东、广西和贵州等省（自治区）；通航建筑物规模按250t实施，远景为500t级；基本同意水库淹没指标、移民安置规划和各项环境保护措施；基本同意设计推荐的大坝为常态混凝土重力坝，右岸布置通航建筑物，河床泄洪，发电厂房部分在左岸地下、部分在坝后的枢纽布置方案；第1台机组发电工期为7.5年的初步安排。审查强调，由于溢流坝与坝后厂房重叠，施工干扰大，有待研究改进枢纽布置，采用或部分采用碾压混凝土先进技术及加快施工进度等措施；由于龙滩水电站大坝高达200m量级，采用碾压混凝土，必须抓紧进行研究及试验工作，建议将高碾压混凝筑坝技术列为国家"八五"科技攻关项目。

1992年12月，能源部委托水利水电规划设计总院审查并通过了《龙滩水电站厂房布置方案的专题报告》，龙滩水电站枢纽布置最终确定为：河床布置碾压混凝土重力坝，并采用挑流消能的泄水建筑物；左岸布置安装全部9台机组的地下厂房；右岸布置通航建筑物。在枢纽布置方案确定后，对高达216.5m碾压混凝土重力坝的许多重大技术问题，结合国家"八五""九五"科技攻关，针对工程的特点，进行多次大规模现场碾压和原位抗剪断试验，并组织协调许多高校、科研单位进行一系列专题研究，在碾压混凝土坝设计、施工方法研究、筑坝材料、防渗技术、高温多雨季节快速施工技术研究等方面取得了丰硕成果，很多成果达到国内国际先进水平，为大坝体形优化、结构、材料和施工工艺设计打下了坚实的基础。

由于采用了碾压混凝土重力坝、左岸全地下厂房布置方案，避免了厂、坝施工干扰，减轻了施工期洪水过坝的影响，为加快工程进度创造了有利条件。经过对施工导流、施工工艺、施工设备和工程进度的充分论证，将第1台机组的发电工期由初步设计的7.5年加快到6.5年。至此，龙滩水电站工程主体工程技术方案基本确定。

从1993年开始，龙滩水电站开始进行施工前期准备工作，设计基本完成了碾压混凝土大坝国际招标设计及地下厂房、边坡等国内招标设计工作，对外交通公路、施工用电线路及场内连接左右岸的大桥等前期项目开始施工。

1995年后，由于国家宏观经济调整，本项目实行"小步走，不断线"原则，维持列为预备开工项目，但在后期由于投入资金不足，工程基本处于停顿状态。在此"小步走，不断线"阶段，主要对一些工程技术问题进行专题研究，继续完善和优化设计。

1999年后，随着国家西部开发战略的启动，龙滩水电站的建设筹建进度明显加快。1999年12月26日"龙滩水电站开发有限责任公司"正式挂牌成立。公司成立后加快了龙滩水电站的筹建步伐，对龙滩水电站从1993年预备开工后的外部变化条件进行了补充工作。

在原初步设计报告及审查结论的基础上，结合设计优化，国家"八五""九五"攻关及招标设计的成果，中南勘测设计研究院于2000年7月完成《龙滩水电站可行性研究补充设计报告》，2001年4月，国家发展计划委员会批复了《龙滩水电站可行性研究补充设计报告》，同意工程分两期建设，前期正常蓄水位375.00m。龙滩水电站主体工程进入招标和施工详图设计阶段。

1.2 工程结构与分标方案简介

1.2.1 工程等别与设计标准

龙滩水电站枢纽主要建筑物由挡水建筑物、泄水建筑物、引水发电系统及通航建筑物组成。根据《防洪标准》(GB 50201—94)和《水电枢纽工程等级划分及设计安全标准》(DL 5180—2003),龙滩水电站为Ⅰ等工程,工程规模为大(1)型,永久性主要建筑物包括大坝、溢洪道、引水和尾水系统、厂房主要洞室(主副厂房、主变洞、母线洞、电缆平洞、电缆电梯竖井等)和出线平台等,按1级建筑物设计。次要建筑物,如地下厂房的进厂交通洞、排风洞、排水廊道等,按3级建筑物设计。

现行规范规定的各建筑物防洪标准,均不超过初步设计和补充可行性研究设计阶段采用的标准,仍按原标准执行,各建筑物防洪标准见表1.1。

表1.1   各建筑物防洪标准表

建 筑 物	防洪标准(洪水重现期)	
	设计	校核
大坝、泄水建筑物和电站进水口	500 年	10000 年
电站厂房	300 年	1000 年
消能防冲	100 年	

地震基本烈度为7度,大坝地震设防烈度为8度,其他永久性建筑物地震防烈度为7度。

地震危险性分析结果表明,龙滩水电站坝址100年超越概率2%的基岩水平峰值加速度可取0.2g。

1.2.2 枢纽布置

龙滩水电站枢纽由挡水建筑物、泄水建筑物、引水发电系统及通航建筑物组成。其总体布置为:碾压混凝土重力坝、泄洪建筑物布置在河床坝段,由7个表孔和2个底孔组成;装机9台的发电厂房系统布置于左岸地下;通航建筑物布置在右岸,采用二级垂直提升式升船机。

1.2.3 主要建筑物

1.2.3.1 挡水建筑物和泄水建筑物

大坝为碾压混凝土重力坝,前期坝顶高程382.00m,最大坝高192.00m,坝顶长761.26m;后期坝顶高程406.50m,最大坝高216.50m,坝顶长849.44m。坝轴线为折线型,主河床段坝轴线与河流流向接近垂直,方位角11.42°,为便于大坝与两岸岸坡相接,右岸通航坝段右侧坝轴线向上游折转30°,左岸进水口坝段坝轴线向上游折转27°,9号机左侧挡水坝段坝轴线再向下游回转36°。

大坝共分为35个坝段,其中右岸1～4号和6～11号坝段为右岸挡水坝段,5号坝段为通航坝段,河床12号和19号坝段为底孔坝段,13～18号坝段为表孔溢流坝段;左岸

20号、21号，以及31～35号坝段为左岸挡水坝段，其中20号坝段布置有电梯、电缆井等；21号坝段为三角转折坝段；22～30号坝段为发电进水口坝段。前期建设只包括2～32号坝段，其余坝段在后期修建。

根据大坝结构布置情况，溢流坝段孔口宽15.00m，闸墩厚5.0m，横缝间距20.00m，孔口跨横缝布置；进水口坝段横缝间距25.00m；底孔坝段与溢洪道侧边的半孔布置在一个坝段内，坝段宽度30.00m；通航坝段宽度88.00m，在施工期分3块浇筑，施工后期进行接缝灌浆连成整体；挡水坝段横缝间距一般为22m。

泄水建筑物由7个表孔和2个底孔组成，布置于河床部位。表孔溢洪道承担全部泄洪任务，2个底孔对称布置于表孔溢洪道两侧，用于水库放空和后期导流。表孔溢洪道前期堰顶高程355.00m，后期堰顶加高到高程380.00m，孔口宽15.00m，每孔设有平面检修闸门和弧形工作闸门，前期最大总泄量27692m³/s；泄洪消能形式为高低坎大差动式挑流消能，4个低挑流鼻坎和3个高挑流鼻坎相间布置，高、低挑坎高差18.00m，挑流前缘宽134.12m。

底孔为水平穿过坝体的有压孔，进口底槛高程290.00m，进口为喇叭口形，孔身为5.00m×10.00m（宽×高）的矩形断面，出口段顶板为1:4.925的压坡将出口断面压缩至5.00m×8.00m（宽×高）。下游明渠采用转向挑坎体形，转弯半径92.5m（明渠中心线半径），转向挑坎起始桩号0+95.0，明渠宽5m，内墙圆心角11.223°，外墙圆心角22.445°；消能形式为挑流消能，采用0°挑角斜向挑坎。底孔上游进口段设有平面检修闸门和事故闸门，下游出口处设有弧形工作闸门，底孔不运行时由事故闸门挡水，事故闸门与工作闸门间的孔身段采用钢板衬砌。

大坝后期加高方式主要从有利于大坝前期和后期加高后的结构受力及运行条件、便于大坝的后期加高施工等方面综合考虑确定。在前期及招标设计阶段，通航坝段和左岸进水口坝段及其左侧的挡水坝段采用"砍平头式"加高，即前期坝顶以下坝体按最终设计体形施工，后期加高直接从坝顶加高；溢流坝段挑流鼻坎以下坝体、底孔坝段弧形工作门启闭机平台以下坝体和河床挡水坝段高程240.00m以下坝体按最终设计体形施工，其以上部分按前期体形施工，后期加高采用"平行后帮式"加高至最终设计体形；其他挡水坝段均按前期体形修建，后期加高按"平行后帮式"加高。大坝基础处理中坝基开挖、地质缺陷处理、固结灌浆、帷幕灌浆等均按最终设计要求在前期一次性建设。施工图阶段为了兼顾400.00m方案一次建成和减少后期加高施工难度的需要，挡水坝段全部采用"砍平头式"加高，溢流坝段高程290.00m以下采用最终设计堰面曲线，高程290.00m以上通过调整堰面形态满足正常蓄水位375.00m运行要求。

龙滩水电站大坝坝体按全高度采用碾压混凝土设计，基本断面经过优化设计方法确定。河床坝段坝基扬压力考虑了封闭抽排效果，采用富胶凝材料碾压混凝土满足层面抗剪强度要求，采用变态混凝土与二级配碾压混凝土组合作为大坝防渗结构。

1.2.3.2 引水与尾水系统建筑物

引水系统由坝式进水口和9条引水隧洞组成，单机单管引水，1～7号机进水口底板高程305.00m，8～9号机进水口底板高程315.00m，引水隧洞过水断面洞径为10m。除1号、2号机进水口坝段（22号和23号坝段）设有结构缝与坝后边坡分隔外，其余进水口坝段与坝后边坡整体连接。

尾水系统由 9 条尾水支洞、3 个长廊阻抗式调压井、3 条圆形尾水隧洞及尾水出口等建筑物组成。调压井采用"3 机 1 井"方案，井底高程 190.00m，顶拱跨度 24.85m，1～3 号井体平面尺寸（长×宽）分别为 67.00m×18.00m、75.40m×21.93m 和 94.70m×21.93m。3 个调压井顶部连通，其纵轴线与主厂房平行，位于主变洞下游侧。每 3 条尾水管穿过调压井后用"卜"形岔管汇合（1～3 号机尾水管在 1 号调压井下汇合）接 1 条尾水隧洞引出，3 条尾水隧洞开挖直径 22.60m，衬砌后直径 21.00m。

尾水出口布置在溢流坝段坝轴线下游 700.0～850.0m 处，避开了溢流坝段挑射水流的阻力波动区和左岸导流洞的下游出口。3 个尾水隧洞出口布置下部相对独立，上部连为一体，下部结构为与尾水隧洞口相连、长 28.0m 的圆-方渐扩段涵洞结构，每个尾水出口设两孔叠梁闸门，用 1 台门机启吊，孔口尺寸为 14.00m×21.00m（长×宽），闸门底坎高程 199.00m，顶部平台高程 260.00m，平台平面尺寸为 15.00m×146.00m（长×宽）。

1.2.3.3 发电系统建筑物

发电系统建筑物包括主厂房、母线洞、主变洞、GIS 开关站、出线平台和中控楼等。发电厂房最终装机 9 台，布置在左岸坝后的山体内，初期装机 7 台，8～9 号机机窝浇筑至锥管层，2 台机组后期安装。主厂房纵轴方位角为 310°，与主要结构面及层面夹角大于 40°；9 台机组连续布置，机组间距 32.50m；主、副安装间布置在厂房两端，主安装间位于主厂房右端，长 60.00m，副安装间长 36.00m，位于主厂房左端；厂房总长度 388.50m；主厂房净宽 28.50m，岩锚梁以上跨度 30.30m，安装场与主机间同宽。厂房总高度为 77.40m。主厂房共分 6 层布置，由上往下依次为发电机层（高程 233.70m）、母线层（高程 227.70m）、水轮机层（高程 221.70m）、蜗壳层（高程 215.70m）、锥管层（高程 209.70m）及尾水管操作廊道层（高程 206.50m）。

母线洞垂直于主厂房轴线布置在厂房下游侧，长 43.00m。

主变洞位于厂房下游侧，洞轴与主厂房平行，两洞室之间岩墙厚 43.00m。主变洞总长度为 408.25m，宽 19.50m，高 32.05m。

GIS 开关站和出线平台集中布置在左岸坝下游约 500m 的山坡上。GIS 开关站高程为 365.00m，宽 50.60m，长 220.00m。

中控楼布置在开关站与出线平台附近的地面上。主体为两层，长 48.00m，宽 33.00m。

1.2.3.4 通航建筑物

通航建筑物布置在右岸，按Ⅳ级航道设计，最大过船吨位为 500t，采用二级垂直提升式升船机，二级升船机之间由中间错船渠道连接，第一级提升高度 63.50m（后期为 88.50m），第二级提升高度 92.50m，通航建筑物跨越总水头达 181.00m（后期），上游水位变幅达 60.00m。

通航建筑物主要由上游引航道、通航坝段、第一级升船机、中间错船渠道、第二级升船机及下游引航道等建筑物组成。通航坝段宽 88.00m，全部采用常态混凝土浇筑。坝段中间设通航孔口，宽 12.00m，底高程 332.50m，下部混凝土沿坝轴线分 3 块浇筑，通过接缝灌浆连成整体。

1.2.4 土建工程分标方案

土建工程分标包括前期工程（含施工辅助工程）和主体土建工程两部分。

1.2.4.1 前期工程及施工辅助工程分标

2000年年初开始龙滩水电站的招标及施工图阶段设计，由于工程建设的种种原因，前期工程拖至2000年10月才动工建设，当时已确定龙滩工程作为国家西部大开发的标志性工程，前期准备工程施工显得相当紧张。一个有利条件是连接两岸的龙滩大桥及南丹至坝址下游龙滩大桥的74km对外二级公路早在1997年即已开工兴建，前期工程开工前已全线通车。前期工程及辅助工程陆续按以下主要项目分标建设，设计院分别完成了方案设计、招标设计（包括标书编制）及施工图设计：4条渣场底部排水涵洞（分4个标）、5处渣场规划（包括表面排水及坡面防护，分别纳入不同的土建主标中）、110kV施工供电线路及110kV开关站、2座场内10kV开闭所及1座35kV变电所（包括线路，分3个标）、13条场内公路（分4个标）、3座场内供水系统（分3个标）、5处承包人生活营地建设（大坝标生活营地由业主统一建设，其余标生活营地纳入土建主标中，由承包人自行建设）、麻村及大法坪人工砂石加工系统、4.2km长成品砂石料运输系统（分土建标、设备采购及安装标）、右岸大坝标大型混凝土系统（纳入大坝Ⅲ-1标中建设）。另外，现场武警消防大楼、公检法综合大楼、炸药库、油库、中心试验室、场内公路照明系统、场内排水系统等也分标进行建设。

1.2.4.2 主体土建工程分标

龙滩水电站工程规模巨大，三大主体建筑物均居世界前列，工程布置集中，施工条件较差，施工进度要求紧。如何适应本工程的特点进行分标建设，是关系到工程能否保质保量按期完建的重要因素。主体土建工程分标原则如下。

（1）工程按2007年7月第1台机组发电的工期进行招标。

（2）主体土建工程均采取国内招标。

（3）将属于总进度关键路线上的施工项目和施工难度较大的项目适当划分开，重点组织施工，以便保证建设进度和工程质量。

（4）在可能的条件下，单标规模宜大不宜小，以尽可能减少合同纠纷，有利于业主的管理工作。考虑到国内施工单位的能力，单标规模也应适当控制，使相当程度的国内承包商能够参与投标，有利于投标的竞争性。

（5）要能适应枢纽布置方案和施工中进度的安排，使各标在施工过程中既能合理地互相衔接、灵活地组织施工，又能尽量减少干扰和不必要的合同纠纷，有利于工程的管理和协调工作。

经过多方案的比较，并经业主组织讨论确定，本工程主体土建工程（包括导流工程）分标组合方式如下。

Ⅰ标：左岸导流隧洞及左岸高程245.00m以上的岸坡工程。

Ⅱ标：右岸导流隧洞及右岸高程245.00m以上的岸坡工程、通航建筑物一期开挖及支护。

Ⅲ标：围堰及大坝工程（又分为3个包，第1包Ⅲ-1包括21号及其以右坝段的施工及基础固结灌浆、下闸蓄水及导流洞封堵等；第2包Ⅲ-2包括22号及其以左坝段的施工及基础固结灌浆等；第3包Ⅲ-3包括混凝土围堰的施工、大坝基坑245.00m高程以下的开挖等）；招标后将第1包及第3包合并组成一个标段称为Ⅲ-1标，第2包称为Ⅲ-2标。

Ⅳ标：左岸地下引水发电系统土建工程。

Ⅴ标：通航建筑物工程。

1.3 施工组织设计主要内容简介

由于本工程建设规模巨大，具有位居世界前列的碾压混凝土重力坝、地下引水发电系统及垂直升船机等，施工技术复杂，工程质量要求高，招标设计阶段施工组织设计涉及内容多、范围广，不仅涉及工程技术问题，更涉及工程管理问题，并且在建设过程中应兼顾到工程可能会调整为按正常蓄水位400.00m方案一次建成，故工程建设单位要求前期工程及施工辅助工程均需满足正常蓄水位375.00m方案建设要求，又要为正常蓄水位400.00m方案一次建成留有足够的余地。为了便于工程施工阶段的施工组织设计及建设单位的施工管理，设计单位进行了详细的施工规划设计工作，并在此基础上形成了施工组织设计文件，使工程设计及工程施工能有条不紊地进行，同时根据现场实际施工情况进行动态局部调整。这里仅就几个主要问题进行简要介绍，详细内容见后各章。

1.3.1 施工导流

1.3.1.1 导流方式及导流程序

根据坝址地形、地址、水文及枢纽布置条件，采用隧洞导流，上、下游围堰一次拦断河床的导流方式。

为了加快围堰施工进度及河道占压范围，有利于枢纽布置及减少导流洞长度，同时也可结合进行碾压混凝土（RCC）大坝现场浇筑试验，故确定采用RCC围堰。

从河床截流到首台机组发电，施工导流全过程分为初期导流和后期导流两大阶段，其中后期导流又分施工期坝体拦洪和初期蓄水发电阶段。初期导流阶段自2003年11月截流开始至2006年汛前坝体浇筑高程超过围堰顶高程止，历经两个汛期，由围堰挡水、左右岸导流洞泄洪；2006年汛期为坝体施工期拦洪阶段，由溢流坝段缺口（与两侧坝段保持一定高差，缺口宽度120m、高程285.00～295.00m）和导流洞联合泄洪；2006年汛后的11月（实际为9月）导流洞下闸封堵，工程进入初期蓄水发电阶段，2007年汛期由溢流坝段高程342.00m缺口和坝体上2个高程290.00m的放空底孔泄洪，同年7月1日（实际为5月23日）首台机组发电。

1.3.1.2 围堰挡水标准及导流建筑物

龙滩水电站工程的初期导流标准和导流流量问题，在以前各设计阶段中，反复进行了多次研究和论证。在初步设计审查时，审查意见为：同意选定的导流方式和碾压混凝土过水围堰，过水围堰的挡水标准初选为10500m³/s，建议在下阶段进一步研究提高挡水标准的必要性。1992年5月，在南宁召开的龙滩工程评估会上，中国国际工程咨询公司的专家们建议按30年实测系列的全年5年一遇标准设计，流量为13100m³/h。1993年5月，世界银行龙滩水电站项目特别咨询团认为导流标准要进一步提高到全年10～15年一遇。针对专家们的建议，根据施工程序和施工进度方面的要求，并考虑碾压混凝土围堰能在一个枯水期建成等因素，将导流标准进一步提高到 34 年实测水文系列的全年 10 年一遇，流量为 14700m³/s，此流量在 34 年实测水文资料中，仅出现过 2 次，出现几率仅为 5.9%，可基本做到施工期基坑不过水。

两条导流洞分左、右岸布置，左岸导流洞长 598.63m，右岸导流洞长 849.42m，进口底板高程均为 215.00m。隧洞采用城门洞形，过水断面 16.0m×21.0m（宽×高）。

主围堰采用碾压混凝土围堰，上、下游围堰堰顶高程分别为 273.20m 和 245.00m，最大高度分别为 73.2m 和 48.5m。

临时围堰按 11 月 1 日至次年 4 月 15 日 10 年一遇标准设计，相应流量 2240m³/s，采用土石混合围堰，上、下游围堰高度分别为 31.0m 和 28.0m。

龙滩水电站导流洞规模大，为满足泄洪要求，2 条导流洞过水断面尺寸 16.0m×21.0m（宽×高），最大开挖断面为 24.88m×26.15m（宽×高）。导流洞运行期最高内水水头达 55.0m，最大流速达 30m/s，是国内已建和在建工程中断面较大的有压导流洞；为便于 RCC 大坝施工，坝体未设后期导流通道，下闸后堵头施工期只有坝体高程 290.00m 的 2 个泄洪底孔［5.0m×8.0m（宽×高）］参与泄洪，封堵期的外水设计水头高达 105.0m、进水口中墩承受水推力达 3.1 万 t，为当时国内已建工程中封堵期外水水头最高、进水口中墩承受水推力最大的导流洞。通过采取一系列的试验、计算和结构构造措施，成功地解决了导流洞施工及运行期支护、进水口中墩结构局部应力、出口防冲及进出口高边坡稳定及防护问题，为减少后期坝内的导流通道从而为加快工程进度创造了条件。

龙滩水电站上游 RCC 围堰最大高度达 73.2m，围堰工程量大、工期紧、施工强度高。围堰采取了河床中间堰段预留缺口、下游围堰缺口设置自溃子堰、堰身段设置缓闭止回阀等基坑预充水措施，上游围堰堰后坡面仅设置 5.0m 宽消能平台，两岸岸坡和堰后基础不另进行防护，大大简化了超标洪水的防冲保护工作量，方便了施工。水力模型试验表明，上游围堰堰后未设消能平台时，水流过堰后与堰体脱离、干砸堰体并呈底流状态淘刷堰基；采用消能平台后，过堰水流经堰后平台产生的面流消能效果基本消除了对堰后基岩的冲刷；加高的两岸堰肩有效减小了堰肩过流，从而减免了岸坡保护工程量。上游围堰混凝土施工在 139d 内完成。下游围堰结合 "MgO 混凝土筑坝关键技术研究及应用" 科研项目的研究工作，近 1/2 高度的堰体采用 MgO 混凝土浇筑，全堰通仓连续浇筑，未分缝，未采取其他温控措施。实际运行上下游围堰均未出现裂缝，运行 3 年情况良好，为工程按期发电创造了条件。下游围堰采用外掺 MgO 混凝土的实践，为推进 MgO 混凝土筑坝技术的广泛应用，取得简化温控措施、加快施工进度和提高混凝土质量的经济和社会效益作出了有益的探索。

1.3.1.3 导流洞下闸后坝体度汛

（1）堵头施工期坝体度汛。龙滩水电站工程发电死水位 330.00m，相应库容 51 亿 m³，由于库容较大，为尽早发挥工程效益，采用边施工、边蓄水的方式，导流洞下闸后，工程度汛通过坝身预留缺口及 2 个底孔泄流，为加快大坝碾压混凝土施工进度，坝身不另设导流底孔。

工程下闸后堵头施工期坝体缺口加高进度受以下条件制约。

1）缺口高程以下混凝土需满足初期蓄水挡水龄期强度的要求。

2）库水位需通过 2 个底孔和坝体缺口控制在导流洞进水口结构设计水位 320.00m 以下。

3）缺口应尽量少过水以便为溢流面施工创造条件。

4）2007 年汛前缺口浇筑高程不低于 342.00m。

5）缺口两岸坝段各月底浇筑高程能挡蓄水期 1% 最大洪水。受以上因素制约，在导流洞堵头施工期，根据来水情况和水力学计算成果逐月限制缺口上升高程以满足施工安全要求；导流洞堵头施工完成后，坝体缺口及其溢流面尽快上升至度汛高程。

（2）初期发电阶段坝体高缺口度汛。溢流表孔堰顶高程 355.00m（初期建设），采用高低坎相结合的挑流式消能。工程初期发电阶段 2007 年汛期由高程 342.00m 高缺口和 2 个泄洪底孔泄洪度汛。此时缺口坝段坝高已达 152.0m，闸墩及溢流面还未完建，缺口过流设计单宽流量达 $135.0\text{m}^3/(\text{s}\cdot\text{m})$、落差 112.0m，单宽泄洪功率达 148MW/m。模型试验显示，坝体高程 342.00m 缺口过流，水流流态极为紊乱，由于缺口形态限制，水流过缺口后挑离坝面，在部分流量下，水体跌落 90.0m 后冲击坝面。高流速和大能量的水流可能会对未完建溢流面的 RCC 台阶和已建的溢流面造成破坏。经反复试验，采用在高程 342.00m 缺口坝段闸墩上游部位设置导流墩，将来流导向泄槽内，以减少闸墩顶部过流，减轻水流对泄槽导墙顶部冲击，同时，对未完建的溢流面台阶与下部已建溢流面间采用小台阶平顺过渡，使泄槽内水流贴溢流面下泄，减小其对高低坎反弧段的冲击，改善鼻坎出流，同时增大水舌挑距。2007 年汛期坝体高缺口实际泄流 61d，缺口坝段设置的导流墩有效导引水流入槽，达到了预期效果，坝体坝基运行安全。

1.3.2 施工控制性进度

龙滩水电站工程控制发电工期的关键路线为：准备工程→左岸蠕变体、左岸岸坡开挖及处理、导流洞工程→截流及基坑抽水→河床地基开挖及处理、碾压混凝土围堰施工→大坝混凝土浇筑→下闸蓄水。此外地下厂房系统的主厂房开挖、一期混凝土浇筑及机组安装等也是控制发电工期的关键项目。

2001 年 6 月前进行前期项目的施工及准备，由业主方完成对外交通、场内主干公路、施工供水、施工供电、施工场地征地移民、渣场排水涵洞、麻村砂石加工系统以及部分土建工程招投标等工作。

2001 年 7 月开始进行左、右岸导流洞施工和岸坡施工，历时 27 个月于 2003 年 9 月将导流洞建成（左、右岸导流洞实际分别于 2003 年 6 月和 9 月上旬通过验收），并将两岸岸坡挖至高程 245.00m；2003 年 11 月河床临时围堰截流，2004 年 1—5 月浇筑上、下游碾压混凝土围堰（上、下游 RCC 围堰混凝土实际分别于 2004 年 1 月下旬和 2 月中旬开始施工，2004 年 5 月下旬至 6 月上旬完工），河床地基开挖及断层处理也同时进行，2004 年 9 月完成；同年 2 月开始浇筑 22 号坝段以左大坝混凝土，10 月开始浇筑 21 号坝段以右大坝混凝土，位于河床中部溢流缺口坝段为控制工期的坝段，2005 年汛前升高到高程 230.00m，2006 年汛前升高至高程 285.00m，同年 12 月初浇至高程 316.30m，11 月中、下旬两条导流洞下闸蓄水（实际为 9 月），2007 年 5 月底缺口坝段浇至高程 342.00m，两岸非溢流坝达高程 367.00m 以上，达到发电形象要求，2007 年 7 月（实际为 5 月）首台机组发电，此后再经过 2 个枯水期，于 2008 年 12 月底大坝全部完建（实际 2008 年 1 月底溢流面闸墩浇至坝顶，至此，大坝施工全部完成，较大坝设计进度提前约11个月工期)。

左岸地下厂房于2001年7月开始主洞施工，历时36个月，主厂房开挖于2004年7月完成，2004年5月至2005年1月进行主厂房1号机组一期混凝土浇筑，2005年2月至2006年3月进行主厂房1号机组锥管、蜗壳等埋件安装及二期混凝土浇筑，2006年4月至2007年7月进行机组安装，2007年7月第1台机组发电（实际为5月)，此后每4~6个月安装一台机组，全部机组于2009年年底安装完成（实际为2008年年底)，工程竣工。第1台机组发电工期从主体工程开工计算为6年（实际为5年11个月)，总工期8.5年（实际为7.5年)。

施工图阶段为了兼顾400.00m方案一次建成和减少后期加高施工难度的需要，大坝挡水坝段全部采用"砍平头式"加高，溢流坝段高程290.00m以下采用最终设计堰面曲线，高程290.00m以上通过调整堰面形态满足正常蓄水位375.00m运行要求，通过调整，大坝混凝土量较原375.00m方案增加近85万m³，故施工强度大幅增加。施工总进度强度指标见表1.2。

表 1.2   **施工总进度强度指标表**

项 目		设计强度指标	实际强度指标
地下厂房系统石方洞挖	高峰年洞挖量/万m³	96.4	127.7
	高峰时段月平均洞挖强度/(万m³/月)	8.9	12.3
	高峰月洞挖强度/(万m³/月)	11.6	16.0
大坝混凝土浇筑	高峰年浇筑量/万m³	250	320.0
	高峰时段月平均浇筑强度/(万m³/月)	23.2	25.7
	高峰月浇筑强度/(万m³/月)	25~28	37.4

1.3.3 施工总布置

龙滩水电站工程施工总布置结合弃渣调配，采用动态设计、动态管理。利用工程弃渣形成60%的施工场地，大大节约了施工用地，减少了场平工作量，节省了工程投资，做到了有条不紊、经济合理，为主体工程的顺利实施提供了有力保障。

1.3.3.1 场地条件

坝址位于高山峡谷区，两岸冲沟发育、地形复杂。施工场地主要依靠开挖弃渣堆填冲沟形成。根据地形地质条件，本工程布置的施工场地分布在坝址上游1.5km至坝址下游约3.0km范围的左、右两岸，共计6个区，场地较分散、高差大、布置条件差。其中左岸3个区，分别为上游雷公滩区、下游拉重区、姚里沟区；右岸3个区，分别为上游纳付堡区、下游红光区、右桥头区。另外，在右岸坝址下游4.5km的麻村沟内布置砂石料加工生产区。坝址下游15.0km的峡谷出口处为天峨县城，右岸有塘英台地，工程规划该区作为龙滩工程电厂的后方基地，龙滩工程施工过程中，作为业主、设计、监理的驻地，并提供主标承包商高级管理人员驻地，是工程管理中心。

1.3.3.2 施工总布置的特点

(1) 龙滩工程前期进行了充分细致的研究，为招标工作和总布置实施提供了坚实的基础，使施工总布置能把握总体布局，以大坝施工运输、施工布置为中心目标，做到了重点保障，协调布置。

（2）高山峡谷区的巨型工程施工场地紧张、布置困难，冲沟的有效综合使用是施工总布置的关键。通过对工程渣场选择、弃渣综合调配、弃渣渣场布置设计与形成场地的综合时空分析，进行多方案分析比较，工作细化至临建弃渣，时间控制至月，因有切实细致的设计规划工作，为工程组织管理提供了有力的操作依据。

（3）采用动态设计，为工程施工总布置实施提供有效及时的技术保障。

（4）场地规划的技术控制点。场平与弃渣相结合，规划足够的挖方区，满足营地建设的要求。填方区以布置施工场地为主，基础有要求的特殊场地提出相应处理要求。

（5）施工准备充分，为施工总布置顺利实施提供了前提，如提前实施的三大冲沟的排水涵洞，有效保证了弃渣调配方案的落实。

（6）龙滩工程区降水充沛，场平设计的一项重要内容是坝区排水系统的设计，施工详图的及时动态供应，场平和排水同时实施，同时在坡脚及坡面采取及时的防护措施，上述手段有效保证了施工区的安全文明施工，使整个工地在施工期美观、环保。

1.3.3.3   弃渣规划和场地时空分析

（1）弃渣调配动态平衡规划。设计时准备了多个弃渣调配方案，弃渣调配规划原则如下。

1）时间、空间上综合平衡，时间上与生活、生产营地布置相衔接，空间上尽量达到弃渣运输综合运输量最小的经济弃渣方式。

2）弃渣调配两个优先原则为一次挖填平衡的优先、容易形成场地的优先。

3）左、右岸自身平衡，左岸开挖料弃至左岸，右岸开挖料弃至右岸。

4）弃渣与备料利用相结合。

经过方案比较，最终选定最能满足调配原则要求的方案，即主干道沿线的小冲沟，利用公路和临建弃渣尽快形成场地，渣量不够者由主体工程调运。几大渣场根据运输经济原则分配弃渣，左岸以优先形成姚里沟低平台进行渣场布置设计，右岸以优先形成那边沟场地进行渣场布置设计。

（2）渣场布置与施工场地的时空协调。龙滩水电站工程共有5个大型渣场，坝线上游左岸为雷公滩渣场，右岸为纳付堡渣场，上游渣场距大坝最近，大坝岸坡和坝基开挖弃渣尽量弃至上游渣场，上游渣场根据交通条件及安全稳定要求，以最大容量进行布置设计。

坝址下游龙滩大桥的左岸桥头上游有姚里沟渣场，右岸桥头上游为那边沟渣场、下游为龙滩沟渣场。下游渣场容量由工程弃渣调配结果确定，并需留有余地，以满足工程不定因素产生的弃渣。渣场布置在满足容量前提下，结合施工场地布置要求，根据弃渣进度分析，进行渣场布置设计。

利用渣场布置施工场地，弃渣调配和场地布置遵循两个优先的原则。姚里沟渣场场地布置在低平台和支沟纳芋沟内，主沟高平台作为渣场主体，承担大部分弃渣。右桥头的两个渣场距离很近，那边沟较龙滩沟窄，低高程容量较小，容易形成场地，利用临建工程和右岸导流洞弃渣，优先形成场地，满足工程需要，龙滩沟作为右岸下游主渣场。

（3）工程分标及其场地时空布局的调配条件分析。根据枢纽布置特点进行分标，其中主体工程左岸施工标有土建Ⅰ标、土建Ⅳ标、机电安装标、钢管加工标、引水发电系统金结安装标；右岸施工标有土建Ⅱ标、土建Ⅴ标、泄洪系统金结安装标、升船机系统金结安装标；土建Ⅲ标为大坝标，砂石料来自右岸大法坪系统，施工布置以右岸为主，施工右岸及河床坝段（Ⅲ-1标），左岸为辅，施工左岸引水坝段（Ⅲ-2标）。

根据坝区施工场地情况，两岸施工场地面积大致相当，可实现施工场地布置与施工项目同岸的原则，故施工场地的调配在同岸标段之间进行。

左岸以地下厂房施工为主，施工布置遵循土建Ⅳ标为主的布置原则；右岸以大坝施工为主，施工布置遵循土建Ⅲ标为主的布置原则。

左岸施工标段中，Ⅲ-2标为Ⅰ标的后续标段，机电安装标与钢管加工标施工项目相关，施工时段可基本衔接，场地调配主要在其之间进行。

右岸施工标段中，Ⅲ-1标为Ⅱ标的后续标段，Ⅴ标施工项目也是Ⅱ标的后续项目，但根据施工进度安排，其开工时间在2005年，右岸场地调配主要在Ⅲ-1标和Ⅱ标之间进行，同时综合考虑与Ⅴ标布置的协调性。

主体附属工程标和临建标的施工布置依托主体工程标段和预留机动场地，灵活布置。

（4）根据各标要求确定各区场地规模和布置。

1）办公生活营地分区布置，根据各区对应标段的施工高峰人数进行规划，对调配使用的营地，以工程全过程在该区的高峰人数进行规划控制。考虑坝区场地狭窄，各标段坝区的办公生活区的规模按建筑面积 $10m^2$/人计，并在地基条件较好的挖方区修建3～5层的楼房，以节约占地。

2）施工生产区，根据工程条件，在经济合理的前提下，考虑调配场地使用功能的衔接，场地规模以满足各使用标段高峰要求控制。各标以混凝土系统为重点协调生产场地布置。结合永久建筑物布置，合理利用场地的时空关系，使混凝土系统布置运行经济合理。调配使用场地根据服务标段特点确定规划原则。

1.3.4 碾压混凝土大坝施工

大坝施工在水电站施工中历来处于核心地位。龙滩水电站工程采用碾压混凝土坝，其施工主要特点有：

（1）碾压混凝土坝规模巨大。龙滩碾压混凝土重力坝，初期建设时坝高192.0m（后期加高至216.5m），招标设计按"原375断面"坝体混凝土量559万 m^3，其中采用碾压混凝土方量368.9万 m^3，占坝体总量的67.0%（"新375断面"坝体混凝土量644万 m^3，其中采用碾压混凝土方量461.6万 m^3，占坝体总量的71.7%）。大坝高度高，混凝土方量大，碾压混凝土的高度和工程量均居当今世界首位。

（2）大坝施工强度高，且需高气温条件下施工。大坝是控制6年发电工期的关键项目之一，施工总进度安排用33个月的时间将大坝连续浇至发电高程，其高度为152.0m，故要求在高气温条件下及多雨季节应能保证施工，大坝月平均上升高度为4.75m，月最大上升速度达6.0～8.0m，年最大浇筑量达250万 m^3，高峰时段月平均浇筑强度为23.2万 m^3/月（其中碾压混凝土为17.3万 m^3/月），高峰月浇筑强度达到25万～28万 m^3/月。

（3）大坝浇筑仓面大，入仓强度高。RCC坝采用通仓浇筑，全坝最大浇筑面积3.8

万～3.9 万 m²，位于高程 230.00～250.00m 之间，在高温季节分为 6 个浇筑段，常温季节分为 4 个浇筑段，按初凝时间控制，仓面需要的小时浇筑强度为 400～600m³/h。

（4）大坝需要由较高入仓能力的浇筑设备作保证。基于以上特点，且汛期需留缺口泄洪，受地形、地质及枢纽布置的影响（左岸为常规混凝土的进水口坝段，右岸为常规混凝土的通航坝段），碾压混凝土相对地位于河床的中部，因而碾压混凝土的入仓方式受到了极大的限制，要使用具有较高入仓能力的浇筑设备，才能使碾压混凝土的质量得到保证。

根据上述施工特性，经过多种方案比较并参考国内外近年浇筑碾压混凝土坝的经验后，大坝右岸标选定以进口高速皮带机运输上坝、仓面塔式布料机和履带式布料机浇筑为主，缆式起重机、自卸汽车、真空溜槽等为辅的混凝土运输浇筑方式。上述方案经业主组织的几次由各方面专家参加的咨询讨论会确定，并将其纳入招标文件中。高速皮带机及塔式布料机由业主提供，经比较最终选定三峡工程使用过的设备，这不仅解决了因国际采购所需的时间长的问题，费用也比较省；大坝左岸标采用传统的门、塔机进行浇筑。

1.3.5 施工交通与辅助生产设施

1.3.5.1 施工交通

（1）南丹至龙滩对外二级公路。自黔桂铁路的南丹站沿红水河左岸直抵坝址下游龙滩大桥，新建山区 74.0km 二级公路，该公路大部分路段穿越山岭重丘区，工程十分艰巨，于 1997 年下半年动工建设，于 2000 年 10 月全线通车。

（2）右岸进场公路。从天峨县城沿右岸至坝址原有地方简易公路通过，1993 年业主将该公路的天峨至麻村口段 10.0km 改建为四级公路，主体工程开工前又铺设了混凝土路面，使工程形成两岸均能进场的条件。

（3）红水河龙滩大桥。大桥位于坝线以下 2.5km 处，此桥在施工期作为联系两岸交通的施工大桥，工程完工后，成为龙滩水电站的永久大桥。桥型为预应力连续钢构桥，桥面宽度 15.0m（含两侧人行道各 2.0m），桥长 313.1m，荷载标准为汽-40、挂-400，该桥已于 1997 年建成。

（4）铁路物资转运站。龙滩工程外来物资总运量约 372 万 t，年高峰运量为 85 万 t。经南丹转运站转运的物资材料主要为水泥、粉煤灰、钢筋钢材、金结及机电设备（重大件除外，因受金城江至南丹段铁路隧洞尺寸限制，重大件需在金城江转运）等。经南丹转运站转运的总运量为 240 万 t，年高峰运量 2005 年及 2006 年约 70 万 t，转运站 2003 年 9 月投入运行。

（5）场内主干道路。根据坝址地形条件和主体建筑物施工的需要，并结合各标段施工场地划分，由业主提前修建了 13 条场内主干道路，总长 27.1km，分别通至建筑物施工区、施工场地及生活区、麻村及大法坪砂石加工系统等。

1.3.5.2 混凝土骨料砂石加工系统

坝址附近河段缺乏天然砂石料，混凝土所需砂石骨料需人工轧制。距坝址下游 4.5～5.5km 的右岸麻村沟内的大法坪及麻村口有二叠系灰岩，储量及质量均满足工程要求。在大法坪及麻村口设置人工砂石加工系统，其中大法坪选定为供应大坝及围堰（即大坝 2 个标段）的混凝土骨料开采及加工场。加工系统规模为设计生产能力 2000t/h，设计处理能力 2500t/h；麻村口选定为其他标及部分临建工程的砂石料场，加工系统规模为设计生产能力 240t/h，设计处理能力 300t/h。以上两系统均采用破碎制砂工艺，麻村口砂石加工系统按设计单位绘制的施工图先期发标建设，并由建设承包人负责运行管理，主标开工后可供应砂石料。大法坪砂石加工系统由设计单位完成方案设计和招标设计，在不改变工艺流程和主要设备的前提下，由承包人进行施工详图设计，并负责运行管理，向大坝标提供砂石骨料。两砂石加工系统均设置废水处理系统，回收利用处理水，做到废水"零排放"。麻村砂石料场及大法坪砂石料场供应给大坝Ⅲ-2标的砂石骨料采用汽车运输，大坝Ⅲ-1标的砂石骨料自大法坪成品堆场通过 4.2km 长的皮带运输系统运至大坝右岸拌和系统。采用单条皮带运输，带宽 1.2m，带速 4.0m/s，输送能力为 3000t/h。

1.3.5.3 混凝土生产系统

土建Ⅰ标、土建Ⅱ标、土建Ⅲ-2标、土建Ⅳ标、土建Ⅴ标混凝土系统由承包人自行建设。大坝Ⅲ-1标混凝土供应使用同一系统，由设计单位进行方案设计及招标设计，在招标文件中明确工艺流程、主要设备、制冷容量等，由承包人负责施工图设计，并负责建设及运行管理，供应碾压混凝土围堰及右岸大坝混凝土，系统分高、低布置，高程 360.00m 混凝土生产系统位于右岸坝轴线下游 2 号公路旁；高程 308.50m 混凝土生产系统位于右岸坝轴线下游通航建筑物一期开挖形成的平台上，系统均距坝轴线约 350.0m。高程 360.00m 混凝土生产系统配置 1 座 $2\times6m^3$ 强制式搅拌楼和 1 座 $4\times3m^3$ 自落式搅拌楼；高程 308.50m 混凝土生产系统配置 2 座 $2\times6m^3$ 强制式搅拌楼。$2\times6m^3$ 强制式搅拌楼碾压混凝土设计生产能力 $300m^3/h$，$12℃$ 预冷碾压混凝土生产能力 $220m^3/h$；常态混凝土设计生产能力 $250m^3/h$，$10℃$ 预冷碾压混凝土生产能力 $180m^3/h$。$4\times3m^3$ 强制式搅拌楼常态混凝土设计生产能力 $180m^3/h$，$10℃$ 预冷常态混凝土生产能力 $150m^3/h$。4 座搅拌楼均配有楼顶筛和扶壁式冷风机。

1.3.5.4 施工场地及生活区

坝址位于高山峡谷区，两岸冲沟发育，地形条件复杂。根据地形地质条件，本工程可利用的施工场地较分散，高差大，布置条件差。施工场地主要依靠工程开挖弃渣分级堆填冲沟形成，其他可供利用的场地较零散，需沿河滩和公路填渣或开挖造地；生活区则利用弃渣平台附近山坡开挖形成场地。

根据确定的主体工程分标方案，估算出各标施工和生活用房建筑面积，在坝址上游 1.5km 至坝址下游 4.5km 范围内，施工场地分左、右两岸集中布置 7 个区，其中左岸 3 个区，分别为上游雷公滩区、下游拉重区、姚里沟区；右岸 4 个区，分别为上游纳付堡区、坝址下游至红光区、右桥头区、麻村砂石加工系统区。规划坝区生产、仓库、生活及办公用房场地面积约 85 万 m^2。属于各标段的施工临建设施用房，按招标文件统一规划的场地位置，由承包人报方案经监理工程师审批后，由承包人自行建设。各标段的生活用房，除大坝 2 个标由业主提前修建约 5.2 万 m^2（人均 $8\sim10m^2$）交与承包方外，其余各标的生活用房，由各标承包人进场后，按招标文件统一规划的场地位置及房建规划，由承包人报方案经监理工程师审批后，由承包人自行建设。

1.3.5.5 施工供水

由业主提前修建 3 个集中施工供水系统，其中右岸上游的纳付堡供水系统在红水河支流布柳河取水，供应整个坝区的生活用水及右岸岸坡和导流洞施工的生产用水，供水规模为 690m³/h；左岸下游供水系统供应左岸工程（包括Ⅰ标、Ⅲ-2 标、Ⅳ标）的生产用水，供水规模为 750m³/h；右岸下游供水系统供应右岸大坝Ⅲ-1 标的生产用水，供水规模为 3000m³/h。左、右岸下游供水系统均在红水河取水，纳付堡及左岸供水系统在Ⅰ标、Ⅱ标进场前提前施工建设，右岸供水系统在大坝标进场前提前施工建设。此外，2 个砂石加工系统分别自建供水系统。

1.3.5.6 施工供电

从南丹县境内的车河架设 2 回 110kV 供电线路至工地，高峰供电负荷 42MW，工地 110kV 施工变电站设于右岸坝轴线下游 800.0m 处，110kV 变电站共留有 22 个端口向整个施工区供电。另外，还跨河引 3 回线在左岸设置 10kV 开闭所、在大法坪砂石系统附近设置 35kV 变电所、在麻村砂石系统附近设置 10kV 开闭所，施工供电系统在主标进场前建成。

1.3.5.7 施工通信

天峨县已有与全国联网的程控电话及移动通信系统，业主不单独设置施工通信系统，由地方通信部门将通信设施延伸至工地，工程与其建立通信网。

1.3.5.8 其他临建设施

在现场还由业主修建了其他临建设施，包括炸药库、油库、中心实验室、武警消防大楼、公检法综合大楼、坝区排水系统等。

第 2 章

施 工 导 流

中南勘测设计研究院自 20 世纪 70 年代后期开始接手龙滩水电站设计研究，直至电站开工建设，对不同设计阶段的各个坝址、各种坝型的枢纽布置方案的施工导流方式、导流标准、导流建筑物结构、截流、施工度汛方案、下闸蓄水及下游供水、导流建筑物封堵等一系列施工导流问题进行了大量的分析研究和试验论证。特别是针对选定的碾压混凝土重力坝、左岸地下厂房及右岸通航建筑物的枢纽布置方案，对施工导流标准、大断面导流隧洞结构设计、高碾压混凝土围堰及其简易过水保护设计、后期导流及高缺口泄洪度汛等技术问题的深化研究，较好地解决了高山峡谷条件下修筑碾压混凝土高坝的施工期导流泄洪问题，为工程顺利建设和按期发电创造了条件。

2.1 导流特性与条件

2.1.1 水文特性

坝址控制流域面积 98500km²，多年平均流量 1610m³/s，多年平均径流量 508 亿 m³，实测最大洪峰流量 16900m³/s（1988 年 8 月 29 日），实测最小流量 130m³/s（1999 年 2 月 18 日）；雨季一般为每年的 4 月至次年 10 月，6～8 月为主汛期。

在 1989 年完成的原初步设计阶段，龙滩水电站工程的设计洪水和施工导流采用的施工洪水，均是依据坝址下游 15.0km 的天峨站实测水文资料（1959—1983 年），并通过插补延长及历史洪水调查，获得 1833—1983 年共 151 年不连序峰、量系列，采用频率法计算坝址设计洪水和施工洪水。1994 年完成的枢纽布置优化及施工规划设计阶段将系列延长至 1992 年，并对 1988 年的大洪水及历史洪水进行复核，复核结果表明，原峰、量频率线稳定，峰、量关系均无较大变化，故施工规划以及以后设计阶段的永久建筑物设计洪水和大坝施工期度汛，均采用原初步设计阶段的计算成果。为叙述方便，将 1833—1983 年（后延长至 2000 年）水文系列称为长系列，而将 1959—1992 年（后延长至 2000 年）的实测水文系列称为实测系列。

考虑龙滩围堰挡水仅历时 2～3 个汛期，而天峨站洪水具有 34 年以上实测资料，可靠性较强，可认为是较长的水文系列，枢纽布置优化及施工规划、可行性研究补充阶段及工程实施设计阶段初期导流标准采用实测系列频率统计成果；由于龙滩水电站大坝属 1 级建筑物，水库库容较大，为保证工程施工期度汛安全，大坝施工期度汛仍采用长系列洪水成果。

坝址全年及枯水时段不同频率洪峰流量见表 2.1。

表 2.1	坝址全年及枯水时段不同频率洪峰流量表						单位：m³/s

时　　段	洪水系列	频　　率					
		1%	2%	5%	10%	20%	50%
全　　年	长系列	23200	21200	18500	16300	14000	10500
	实测系列	19300	18000	16200	14700	13100	10400
11月1日至次年4月30日	实测系列	6520	5690	4570	3750	2880	1720
11月15日至次年4月15日	实测系列	3510	3140	2620	2240	1820	1210
11月1日至次年5月31日	实测系列	10900	9540	7780	6420	5030	3100
12月1日至次年3月31日	实测系列	3080	2660	2120	1710	1300	781

注 表中"长系列"为历史洪水加1936—2000年插补、实测资料构成的系列；"实测系列"为1959—2000年实测水文系列。

2.1.2 地形、地质

坝址河谷为较宽阔的V形谷，河谷宽高比约为3.5。枯水期河水面高程219.00m，水面宽90.0~100.0m，水深13.0~19.5m。河床砂、卵砾石层厚0~6.0m，局部地段厚17m，基岩面高程一般为200.00m左右。河床两侧均有基岩礁滩裸露，左岸宽10m，右岸宽40~70m。左岸地形整齐，山体宽厚，右岸受冲沟切割，地形完整性较差。两岸山顶高程580.00~650.00m，岸坡坡度32°~42°，残坡积层厚0.5~2.0m，局部厚8.0~25.0m。

坝址地层为轻微变质的三叠系下统罗楼组和中统板纳组，罗楼组出露于坝址上游地段，以薄层、中厚层硅质泥板岩，硅质泥质灰岩为主，夹少量粉砂岩；板纳组出露于坝址及其下游地段，是枢纽主要建筑物地基持力层，由厚层砂岩、粉砂岩、泥板岩互层夹少量层凝灰岩、硅质泥质灰岩组成，其中砂岩占43.2%、粉砂岩占25.0%、泥板岩占30.8%。

坝区岩层呈单斜构造，走向N5°~20°W，与河流向夹角70°，倾向下游偏左岸，倾角55°~63°。两岸强风化下限埋深5.0~25.0m，弱风化下限埋深15.0~40.0m，河槽2.0~5.0m，礁滩15.0~20.0m，其中右岸构造破碎程度强于左岸，风化深度略大于左岸。

坝基砂岩饱和单轴抗压强度平均值大于100MPa。微风化泥板岩饱和单轴抗压强度平均值为60MPa，小值平均值为44.9MPa。

坝址上游左岸存在倾倒蠕变岩体，顺河长约750m，走向与河流平行，倾向山里，倾角约60°。

2.1.3 枢纽布置

龙滩水电站枢纽主要由碾压混凝土重力式拦河坝及其泄洪建筑物、左岸地下引水发电系统和右岸两级垂直升船机组成。前、后期正常蓄水位为375.00m、400.00m时，坝顶高程分别为382.00m、406.50m，相应最大坝高分别为192.0m和216.5m，坝顶长分别为761.26m、849.44m；泄洪建筑物布置于主河槽中央，由7个表孔和2个底孔组成，表孔堰顶高程前期建设为355.00m，孔口尺寸15m×20m（宽×高）；底孔进口底板高程290.00m，孔口控制断面尺寸5m×8m（宽×高）；表、底孔均采用鼻坎挑流消能。发电厂房最终装机9台，引水发电系统主要由坝式进水口、9条引水洞、主厂房洞室、主变洞、3个尾水调压井及3条尾水洞等组成，其进水口底板高程由河中至岸边分为两级，相应分别为301.00m、311.00m。

2.1.4　进度要求

枢纽布置优化及施工规划设计及其以前各设计阶段按工程首台机组发电工期7.5年安排，可行性研究补充设计报告及招标和施工详图设计按工程首台机组发电工期6.5年安排施工总进度。

2.1.5　工程上、下游已建电站影响

龙滩水电站工程上游河段已建电站有天生桥一级和天生桥二级水电站，其中天生桥二级水电站为径流式电站，库容很小，对龙滩水电站工程施工洪水无影响；天生桥一级水电站于2000年年底完建，为年调节水库，总库容102.6亿 m³。经研究，天生桥一级水电站对龙滩水电站坝址洪峰的削减影响在4％以内，对洪量的削减约为13％，从安全和留有余地出发，龙滩水电站工程施工导流和度汛均不考虑天生桥一级电站调蓄的有利因素。

龙滩水电站工程下游河段第一个梯级电站——岩滩水电站已于1995年建成，为保证龙滩工程施工安全，施工导流设计需考虑岩滩水电站水库回水影响，大坝施工期度汛按岩滩水电站正常蓄水位223.00m回水顶托水位考虑。

2.2　施工导流方式及导流标准

2.2.1　施工导流方式

龙滩水电站坝址河谷较狭窄，两岸具有布置大断面导流隧洞的地形地质条件，且隧洞导流方式为一次拦断河床，基坑范围大，坝体可全面均衡上升，避免了分期导流和明渠导流方案需在坝内设置导流底孔与厂坝施工之间的干扰，也免除了纵向围堰施工的困难，具有施工进度快、导流程序简单等优点。因此，各设计阶段均推荐一次拦断河床的隧洞导流方式。原初步设计审查后，枢纽布置进一步优化，厂房全部布置于地下，大坝改为采用碾压混凝土筑坝。隧洞导流方式利于碾压混凝土坝大仓面连续施工的优势更为突出。因此，在施工规划及以后的设计阶段均不再进行导流方式比较，仍采用隧洞导流方式。

从河床截流到首台机组发电，施工导流全过程分为初期导流和后期导流两大阶段，其中后期导流又分为施工期坝体拦洪和初期蓄水发电阶段。初期导流自2003年11月截流至2006年汛前坝体浇筑高程超过围堰顶高程，历经两个汛期，由围堰挡水，左、右岸导流隧洞泄洪；2006年汛期为坝体施工期拦洪阶段，由溢流坝段预留缺口（缺口高程285.00～295.00m）和导流隧洞联合泄洪；2006年汛后导流隧洞下闸封堵，工程进入初期蓄水发电阶段。2007年汛期由溢流坝段高程342.00m缺口和坝体上2个高程290.00m的放空底孔泄洪，同年5月首台机组发电。

2.2.2　施工导流标准

龙滩水电站的初期导流标准和流量历经了各设计阶段的反复研究和多次咨询、论证过程。

坝址水文特性为：洪枯比大，水位变幅高，实测最大洪水流量 $16900m^3/s$，洪水多为复峰型，复峰持续时间为 $12\sim20d$，但每年大于 $10000m^3/s$ 的洪峰出现次数并不多，一般大于 $10000m^3/s$ 的天数仅 $2\sim3d$，此水文特性较宜采用过水围堰。在初步设计阶段，针对当时的常态混凝土重力坝、坝后 5 台机、地下 4 台机的枢纽布置方案，经多种方法比较论证，确定围堰挡水标准为全年 2 年一遇、流量为 $10500m^3/s$，此流量相当于 9 月 1 日至次年 5 月 31 日时段 20 年一遇，相应导流隧洞过水断面为 $16m\times20m$（宽×高）城门洞形，围堰为 RCC 过水围堰，第 1 台机组发电工期为 7.5 年，汛期考虑过水影响工期 1 个月。

1992 年 12 月，电站枢纽布置调整为全地下厂房方案，大坝由常态混凝土坝改为碾压混凝土，同时进一步研究认为工期缩短至 6 年半发电的方案是可行的。之后的多次咨询会议均建议提高围堰挡水标准。1993 年世界银行龙滩项目特别咨询团咨询专家建议将围堰挡水标准提高到 1959—1988 年 30 年实测系列的全年 10～15 年一遇，以保证大坝碾压混凝土能常年正常施工，并加快施工进度。

针对专家们的建议，1994 年施工规划设计时，对 1959—1992 年 34 年实测水文系列与长水文系列进行分析比较，根据施工程序和业主明确的第 1 台机组 7.5 年发电工期的要求，并考虑碾压混凝土围堰能在一个枯水期建成等因素，将初期导流标准提高至实测系列的全年 10 年一遇，洪峰流量为 $14700m^3/s$，此流量在 34 年实测水文资料中仅出现 2 次，出现几率仅为 5.9%，可基本做到大坝施工期基坑全年不过水。大坝度汛标准仍采用考虑历史洪水的长系列。

经历了上述各阶段的审查及论证以及“八五”“九五”攻关成果的应用，碾压混凝土高温季节全年施工已成为现实和工程需要。2000—2001 年进行的可行性研究补充设计和招标设计工作均遵循了上述原则，首台机组发电工期从 7 年半优化缩短到 6 年半，大坝混凝土采用进口高速皮带机上坝转仓面塔式布料机为主、缆机为辅的运输方式，围堰挡水标准仍采用全年 10 年一遇，挡水流量为 $14700m^3/s$，相应围堰最大堰高 74.9m，两条导流隧洞断面尺寸 $17m\times20m$（宽×高）。

2001 年导流隧洞招标设计工作完成后，根据业主进一步考虑利用上游天生桥一级水电站水库调蓄削峰作用，以减小初期导流流量及导流隧洞断面，尽量为大断面导流隧洞按期完工创造条件的要求，对于上游天生桥一级水电站水库的调蓄削峰作用，在原初步设计阶段研究的基础上进行了进一步研究。通过龙滩坝址以上洪水地区组成分析，得知龙滩坝址洪水主要为天生桥下游区间型洪水，上游天生桥水电站坝址洪峰流量仅占天峨站实测洪峰流量的 13% 左右，仅可减少龙滩水电站坝址洪峰流量 $1000\sim2000m^3/s$。为保证安全，施工导流设计流量均不考虑天生桥一级水电站水库的调蓄作用。2001 年 3—5 月，针对较不利于工程的天生桥—龙滩水电站区间与龙滩同频率、天生桥水电站相应的洪水组成典型进一步进行了分析，按照天生桥一级水电站水库的设计洪水调节原则，天生桥一级水电站水库正常防洪调度不考虑 20 年一遇以下的中小洪水，其正常调度情况下对龙滩坝址 $P=10\%$、$P=20\%$ 洪水基本上没有蓄洪削峰作用。

根据工程业主方降低初期导流流量以减小导流隧洞断面的意见，针对 $10500m^3/s$、$13100m^3/s$、$14700m^3/s$ 三级流量，与不同导流隧洞洞径进行了组合计算，对天峨水文站实测系列延长至 1999 年后的水文资料也进行了重新统计和分析。不同导流隧洞洞径在不同挡水标准情况下的水力参数、堰高及过水几率见表2.2和表2.3。

表 2.2 不同挡水流量围堰指标比较表

挡水流量 /(m³/s)	洞径/m	上 游 围 堰		下 游 围 堰	
		水位/m	堰高/m	水位/m	堰高/m
10500	17.0	272.60	75.2	238.99	43.7
	18.0	268.04	70.6	239.55	44.2
	18.5	265.71	68.3	239.76	44.4
	19.0	263.83	65.4	239.97	44.7
13100	17.0	285.03	87.6	240.87	45.5
	18.0	280.31	82.9	241.55	46.2
	18.5	277.31	79.9	241.91	46.6
	19.0	275.10	77.7	242.70	47.4
14700	17.0	292.40	95.0	241.70	46.4
	18.0	286.86	89.4	242.57	47.2
	18.5	284.10	86.7	242.98	47.7
	19.0	281.93	84.5	243.36	48.0
	20.0	277.43	80.0	243.95	48.6
	21.0	273.25	75.8	244.43	49.1

表 2.3 大于各级流量出现情况及几率统计表

挡水流量 /(m³/s)	41年出现				1年出现2次		连续2年出现		连续3年出现		连续4年出现	
	年数 /a	几率 /%	总次数 /次	年平均 次数/次	年数 /a	几率 /%	年数 /a	几率 /%	年数 /a	几率 /%	年数 /a	几率 /%
≥10500	22	53.7	32	0.8	11	26.8	16	39.0	12	29.3	12	29.3
≥13100	9	22.0	11	0.3	2	4.9	2	4.9	0	0	0	0
≥14700	2	4.9	2	0.05	0	0	0	0	0	0	0	0

注 复峰洪水每相邻2次洪峰间隔时间不大于7d者按1次洪水过程计。

从表2.2和表2.3可以看出,在维持上游围堰的高度基本不变的前提下,当选用围堰挡水流量为14700m³/s、13100m³/s、10500m³/s时,分别配以洞径为21.0m、19.0m、17.0m的导流隧洞是比较合适的。在41年实测水文资料中,大于14700m³/s的流量仅出现过2次,出现几率仅为4.9%,且41年中未出现过1年发生2次的情况,可基本做到大坝施工期基坑全年不过水;大于10500m³/s的流量出现几率为53.7%,1年出现2次的几率达26.8%,汛期过水几率较大;挡水流量13100m³/s的过水几率介于上述两者之间。

从施工总进度分析,要实现2003年11月截流的目标,2003年9月前必须完成左、右岸导流隧洞和进、出水口边坡的施工。由于土石方明挖、石方洞挖工程量较大,而导流隧洞的开工时间较原计划有所推迟,因此,截流前的工期非常紧张。从坝区揭露的地质情况看,大的断裂构造可能会对地下洞室施工产生不利影响。特别是左岸导流隧洞,由于边坡稳定的要求，必须将进水口边坡开挖至高程382.00m后，才能进行导流隧洞的进口边坡开挖，工期十分紧张。降低导流流量，可适当减小导流隧洞洞径，降低导流隧洞施工强度，有利于截流前的施工进度。

从围堰挡水标准对截流后施工进度影响分析，当围堰挡水流量为14700m³/s（以下简称方案一）时，在天峨站41年实测系列中，仅2年出现大于此流量洪水，出现次数为2次，出现几率为4.9%，年平均出现次数为0.05次，围堰过水几率甚小，可做到基坑基本上不过水，施工基本上不受洪水影响，因此进度安排时考虑全年施工。

河床部位坝基开挖工程量近192万m³，进度安排在2004年1—8月施工，月平均开挖强度约为24万m³/月，考虑施工不均衡的影响，月高峰开挖强度约为28万m³/月。

施工进度安排2004年9月开始大坝基础处理及垫层混凝土的浇筑，在2005年汛前，坝体溢流坝段混凝土浇筑高程到230.00m，两岸底孔及非溢流坝段高程达到240.00m，混凝土浇筑月平均强度为21万m³/月，月平均上升速度为5m/月。由于是大坝混凝土初期施工阶段，工序繁多，受设备安装、坝基固结灌浆、垫层混凝土浇筑等因素影响，这种施工强度仍属比较高的。由于围堰过水几率很小，汛期仍安排混凝土浇筑，汛后溢流坝段浇筑至高程240.00m，两岸底孔及非溢流坝段浇筑至高程250.00m。2006年汛前，溢流坝段混凝土要求浇筑到高程288.00m，而两岸底孔坝段要求浇筑到高程300.00m以上，混凝土浇筑月平均强度为22万m³/月，月平均上升速度为5.6m/月，月高峰强度约为26万m³/月。汛期坝体缺口与两岸坝段在保持一定高差的条件下继续升高，汛期洪水由坝体缺口和两条导流隧洞联合泄流，至2006年8月底，缺口坝段达到高程296.00m，其余坝段达到高程310.00m。2006年11月导流隧洞开始下闸蓄水，当水位达高程290.00m时，由坝体高程290.00m的两底孔向下游供水。2007年4月底，溢流坝段（缺口坝段）浇筑至高程342.00m，其余坝段要求浇筑至高程366.00m，汛期洪水由缺口和两个放空底孔共同宣泄，缺口坝段停工，其余坝段继续升高，至2008年1月浇至坝顶高程382.00m。2007年11月开始加高缺口坝段溢流堰闸墩和溢流面混凝土，2008年汛前完成溢流面，汛期由永久溢流堰泄洪。2008年8月底闸墩浇至坝顶高程，10月完成坝顶桥，2009年6月完成坝顶弧门和检修门的安装，至此，大坝施工完毕。

对于挡水流量10500m³/s的方案（以下简称方案二），大坝施工控制性进度安排与方案一基本相同，其主要差别在于围堰挡水的两年内的施工强度的增加。由于在41年的实测水文系列统计资料中，出现有22年洪水大于10500m³/s，出现几率为53.7%，其中1年出现2次的几率为26.8%，且洪水以复峰型居多，考虑基坑撤退、抽水及仓面恢复时间，按1年过水一次停工1个月安排进度。河床坝基的开挖仍安排在2004年1—8月，9月开始大坝基础处理及垫层混凝土的浇筑。受汛期洪水影响，坝基月平均开挖强度将达27万m³/月，较方案一有所增加。2005年汛前的混凝土浇筑，如方案一所述，施工强度较高、工序较多，再加大施工强度，难度较大，可能性较小，因此，进度安排该时段的混凝土施工强度与方案一基本相当。为争取2006年的汛期能够进行大坝混凝土的施工，坝体缺口高程至少应在全年5年一遇的洪水水位之上，由表2.2可知，当选用洞径为17m的导流隧洞时，相应上游水位为285.03m，2006年的汛前大坝溢流坝段混凝土浇筑高程仍要求达到288.00m，而两岸底孔及非溢流坝段要求浇筑至高程304.00m以上，以利大坝度汛安全。因此，2006 年 6 月以后的大坝施工基本上不受初期导流流量的影响，其进度安排与方案一相同，对大坝混凝土浇筑进度影响的关键时段为 2005 年 6 月至 2006 年 5 月。考虑汛期损失工期 1 个月，则 2005 年 6 月至 2006 年 5 月时段内混凝土月平均浇筑强度为 23 万 $m^3/$月，月平均上升速度为 6.3m/月，月高峰强度约为 29 万 $m^3/$月。

方案二混凝土施工强度和上升速度的提高，要求骨料生产、输送及浇筑能力均需相应加大，对以塔带机为主的浇筑方案，要求单台塔带机的生产率在 250$m^3/$h 以上。根据当时三峡工程单台塔带机最高生产率为 220$m^3/$h 的经验，要达到方案一 250$m^3/$h 的生产率，已属不易。方案二在不增加设备的条件下，需提高塔带机及砂石及混凝土生产和输送设备利用率。由于高峰时段持续时间较长，要求设备生产率长时间保持高水平，难度较大；若增加设备，需增大投资，且供料线及浇筑设备布置困难。同时，一方面，基坑过水易造成新浇混凝土薄层长间歇，浇筑块顶面也难免不受洪水的"冷击"而导致开裂，从而影响 RCC 的浇筑质量；另一方面，对以塔带机为主的浇筑设备，2005 年汛期的度汛安全直接影响工程进度，当来流量为 10 年一遇流量 14700$m^3/$s 时，基坑流速达 4~5m/s，洪水及木、排等漂浮物对浇筑设备的安全造成较大威胁，若考虑汛前设备拆除，汛后恢复，则工期至少损失 2 个月，对 6.5 年发电总进度更为不利。

2001 年 6 月，在北京召开了"龙滩水电站导流标准及导流方案专题讨论会"，会议明确"龙滩水电站工程从施工准备期开始，首台机组发电工期仅 6.5 年，而大坝主体工程施工工期只有 3.5 年，施工工期紧，施工强度大，其高峰混凝土强度为 26 万 $m^3/$月。大坝能够全年施工是保证工程进度的关键目标，因此，大坝施工的初期导流时段，采用不低于 10 年一遇的导流标准是合适的，采用实测系列相应的导流流量 14700$m^3/$s""天生桥一级电站的调蓄作用可作为大坝施工期预防超标洪水的措施之一，目前导流洞设计中暂不考虑其削峰作用"。施工详图设计阶段，仍沿用上述挡水标准，为便于施工，导流隧洞过流断面调整为 16m×21m（宽×高）城门洞形。

施工期导流设计洪水标准详见表 2.4。

表 2.4　　　　　　　　　　　施工期导流设计洪水标准表

导　流　程　序		导　流　标　准			泄水建筑物
		频率 /%	时　　段	流量 /(m³/s)	
初期导流	截流	20	11月上旬	1570*	左、右岸导流隧洞
	上下游土石子围堰	10	11月15日至次年4月15日	2240	
	RCC围堰	10	全年	14700	
后期导流	施工期坝体拦洪	1	全年	23200	坝体高程 285.00~295.00m 缺口 + 左、右岸导流隧洞
	导流隧洞下闸	10	11月中旬	1680*	
	堵头施工	5	12月1日至次年4月30日	3210	2 个底孔 + 坝体高程 308.00~320.00m 缺口
	初期发电	0.5	全年	25100	坝体高程 342.00m 缺口 + 2 个底孔

注　带"*"数据为平均流量，其余为最大流量。

2.3 导流隧洞设计

2.3.1 地质条件

两条导流隧洞进口段地层均为岩性较差的罗楼组岩层，左洞进口段左边坡已位于倾倒蠕变岩体范围内，其顶部已切入地下厂房进水口高程301.00m平台以内；洞身段穿越的地层除右洞上游一部分洞段为罗楼组岩层外，其余基本都在岩体坚硬的板纳组岩层内。左、右岸导流隧洞沿线主要断层分别有27条和16条，其中，影响洞线布置的较大规模断层主要有：左岸与导流隧洞轴线近于平行延伸的F_1、F_4，产状N70°～90°W，NE∠55°～86°，破碎带宽度0.2～1.0m、影响带宽度1.0～1.5m；右洞为F_{60}、F_{89}、F_{30}，产状N50°～80°E，NW（SE）∠70°～85°，破碎带宽度0.2～3.8m，影响带宽度1～12m。

2.3.2 结构布置
2.3.2.1 平面布置

导流隧洞布置主要考虑地形、地质条件、水工枢纽布置特性、围堰布置要求，同时力求水力条件较优、工程量较省。龙滩水电站导流隧洞平面布置如图2.1所示。

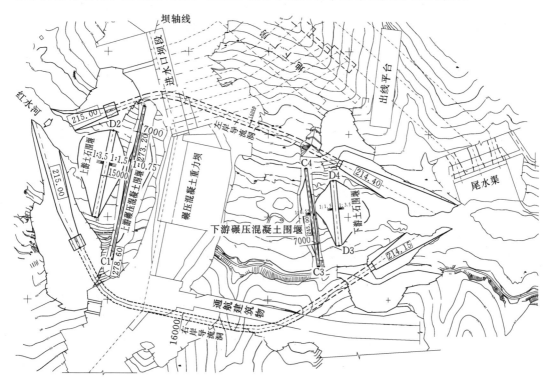

图2.1 龙滩水电站导流隧洞平面布置示意图

左岸导流隧洞在初步设计阶段曾作过长洞方案与短洞方案的比较。长洞方案洞线从山内侧绕过地下厂房，在尾水渠下游出洞；短洞方案洞线布置于地下厂房外侧，从尾水渠上游出洞。两方案地质条件和水力条件均可，但因长洞方案较短洞方案洞线长 320.0m 而被放弃。受枢纽布置及地形地质条件制约，导流隧洞布置范围极其有限：导流隧洞进口位置受蠕变体制约，不宜向上游延伸，致使上游主围堰轴线距坝轴线距离不足 100.0m；洞身段尽量远离地下厂房洞室、尽量布置于 F_1 和 F_4 断层之间，受布置范围限制，洞身近 160.0m 洞段与 1 号引水发电洞仍相距较近，最近处不足 1 倍洞径；与隧洞右侧边墙近于平行的 F_4 断层距边墙距离一般仅约 10.0m，局部洞段仅 5.0m，其进口段仍不可避免地要穿过 F_4 断层，只能尽可能加大二者间的交角；下游出口不宜影响地下厂房尾水渠布置。经比较，洞线在平面上布置了两个弯道，弯道半径分别为 125m 和 200m，转弯角分别为 39°和 7°，洞身段长 598.631m，与岩层走向夹角 80°～50°。洞身 II～III 类围岩占 89%，IV 类围岩占 11%。其进口明渠长 90.63m，轴线走向与河床主流方向夹角约 60°；出口明渠长 267.06m，轴线走向与河床主流方向夹角约 33°。

右岸导流隧洞布置区地表有 8 号冲沟通过，上伏岩体厚度相对较小，洞室有 F_{30}、F_{89}、F_{60} 等大断层通过，断层影响带附近次生断裂较发育，层间断层和层间错动也很发育。其进口受岩层产状影响，需使洞轴线与岩层有一定的交角。为保持围岩稳定，洞线布置与上述断层保持了较大的交角，并避开了几条断层的交会点，在平面上设置了两个弯道，弯道半径分别为 125.0m 和 200.0m，转弯角分别为 51°和 44.5°，洞身长 844.421m。除进口段洞轴线与岩层走向交角较小外，洞身段与岩层走向夹角 80°～60°。全洞 II～III 类围岩占 81.3%，IV 类围岩占 18.7%。其进口明渠长 297.52m，轴线走向与河床主流方向夹角约 30°；出口明渠长 138.77m，轴线走向与河床主流方向夹角约 27°。

2.3.2.2　导流隧洞进口底板高程

坝址枯水期常水位 219.00m，为便于截流，又不造成施工困难，原初步设计阶段选定两洞进口底板高程均为 215.00m；枢纽布置优化及施工规划阶段考虑到右岸导流隧洞进口明渠开挖量过大，适当提高底板高程将有利于减少进口开挖量和封堵工程量，经对右洞进口底板 215.00m、220.00m、225.00m 三级高程比较，右洞进口底板抬高，对主围堰高程影响甚微，但对临时围堰和截流体的高程却有较明显的影响，从不过多增加截流水头差、尽量减少进口开挖量和隧洞封堵工程量等方面综合比较，决定将右洞进口底板高程抬至 220.00m。可行性研究补充设计阶段及招标设计沿用施工规划设计成果，招标工作完成后，根据 2001 年 6 月《龙滩水电站导流标准及导流方案专题讨论会会议纪要》的精神，考虑到导流隧洞规模大，进出口施工边坡高度大，尤其是左洞进水口边坡和初期坝肩及岸坡开挖直接影响导流隧洞进口和施工支洞开挖，导流隧洞施工工期十分紧张，鉴于导流隧洞施工处于整个工程施工进度关键线路的第一步，左岸导流隧洞施工制约因素较多，而右洞又相对较长、洞身地质条件相对较差，两条洞施工难度均较大。为保证至少 1 条洞按时投入截流，决定将右洞进口高程降至与左洞相同，两洞进口底板高程均为 215.00m，纵坡 1‰。

2.3.2.3　隧洞结构

隧洞断面形式在原初步设计、枢纽布置优化及施工规划设计阶段均推荐采用城门洞形，断面尺寸随初期导流流量变化分别为 16.0m×20.0m（宽×高）和 17.0m×22.0m

（宽×高）。在招标设计阶段，结合地质条件，对相同过水断面下的城门洞形、马蹄形、圆形3种洞型在导流隧洞施工、运行及封堵工况进行了结构分析比较，经平面弹塑性有限元计算及结构力学分析表明，圆形断面围岩稳定性和衬护结构受力条件以及工程量相对最优，马蹄形次之，城门形较差；同时经复核，圆形断面由于曲率较大，与城门洞形相比截流难度增加不大，因此改用圆形断面，洞径21.0m。

招标设计完成后，根据2001年6月"龙滩水电站导流标准及导流方案专题讨论会会议纪要"精神，为方便施工、确保进度，导流隧洞过流断面调整为16.0m×21.0m（宽×高）城门洞形，顶拱中心角120°，过水面积313.5m²。

导流隧洞进口闸室段长为29.0m，进水口顶曲线方程为$x^2/22^2+y^2/7^2=1$。考虑到封堵闸门启闭能力的限制，设置中墩将其分为2孔，每孔净宽8.50m，中墩厚5.0m；导流隧洞运行期设计最大流速30m/s。为提高隧洞过流能力，同时满足围岩的稳定及结构抗冲耐磨要求，采用全断面钢筋混凝土衬砌，洞身进口50.0m段衬砌厚2.5m，其他洞段衬砌厚度分别采用1.5～0.8m。

导流隧洞出口明渠设计采用平底扩散、两洞对冲消能。实际施工由于出口围堰压占，改为5%反坡与原河道相接。明渠采用1.5m厚混凝土板加短锚杆护底，两侧采用钢筋混凝土翼墙与开挖坡面顺接，同时在混凝土护底末端齿槽部位打设1～2排20.0m长锚杆深入基岩固脚防淘。

2.3.3 水力特性

水力模型试验显示，左、右导流隧洞在下泄流量小于5400m³/s时为明流，下泄流量5400～7000m³/s区间右洞和左洞先后分别完成明满流过渡。两洞分流比为$Q_左：Q_右＝0.55：0.45$。导流隧洞进口旋涡在下泄流量7830～17030m³/s区间始终存在，左洞漏斗旋涡较右洞大，直径6.0～13.0m，为逆时针向稳定贯通旋涡，右洞为间歇性顺时针向贯通旋涡；当下泄流量大于18500m³/s时，两洞进口附近水面较为平稳。

当下泄流量大于9000m³/s时，两洞洞身段压力均为正压，在两洞出口直线段距出口约140.0m区域洞顶为低压区；下泄流量小于9000m³/s时，由于下游水位较低，在两洞出口直线段洞顶有不大于3×9.81kPa的负压。进口门槽后顶拱由于洞顶椭圆曲线被门槽切断，门槽后形成突坎，流线弯曲形成绕流而产生负压。各级流量下，两洞进口门槽下游拱顶均为低压区，由于左洞下泄流量与流速大于右洞，其负压值明显大于右洞。若将拱顶门槽按上唇曲线光滑连接封闭，则可大幅降低门槽后洞顶负压值。考虑到拱顶门槽按顶曲线封闭实施难度较大，采用将门槽前顶拱降低0.6m方案，以消除顶门槽后形成的突坎、改善其压力状态。经试验验证，此方案右洞进口段全为正压，左洞进口段负压值亦明显减小，当下泄流量为12640～19542m³/s时，左洞顶最大负压值由原（－3.99～－10）×9.81kPa降至（－0.41～－5.5）×9.81kPa，负压出现范围为门槽后4.5m距中墩壁3m的顶拱尖角区域；右洞顶压强由原（0.267～－5.39）×9.81kPa变至（5.1～7.2）×9.81kPa。

试验表明，坝体缺口挡水度汛期为导流隧洞出口下游河道流态的最不利工况，当下泄流量为19542m³/s时，左、右洞出口明渠底板与护岸流速分别为29.93m/s、21.09m/s，两洞明渠出口底板与岸坡需加强防护。汛期围堰或坝体过水时，两洞水流出明渠后相撞消能较为充分，从而减小了出流对相撞处以下河道两岸的冲刷，主流位于河中偏右岸，下泄水流平顺，导流隧洞出口下游流态较导流隧洞单独泄流时好。实际施工时为尽量减少由于左、右岸导流隧洞出口明渠段同期施工围堰占压河道对河道泄流的影响，左、右洞出口明渠底坡由平底分别改为4.6%、5.9%倒坡，明渠底板混凝土衬护范围较原设计缩短35.0～30.0m，动床模型试验结果表明，明渠底板倒坡犹如小角度挑坎，泄洪时坎后水流对明渠齿墙的淘刷不可避免，需对齿墙基础采取加深加固措施。

2.3.4　洞身支护与衬砌结构

2.3.4.1　设计标准

根据《水利水电工程施工组织设计规范（试行）》（SDJ 338—89）的规定，导流隧洞为3级建筑物，其结构设计标准与导流设计标准相同。

（1）运行期。坝体拦洪期，采用全年100年一遇洪水标准，相应流量23200m³/s，由坝体预留缺口联合泄流，缺口高程285.00～295.00m，相应上游最高库水位为300.75m。

（2）封堵期。采用12月1日至次年4月30日20年一遇洪水标准，相应流量3210m³/s，为利于坝体预留缺口上升，考虑由底孔单独泄流，相应上游库水位为318.12m。

根据招标设计阶段总进度安排，导流隧洞于2001年6月开工，2003年11月截流，2006年11月下闸，2007年4月以前封堵完成，施工期2年半，运行期3年，封堵期5个月。

水力计算主要成果见表2.5。

表2.5　　　　　　　　　　　　　　水力计算主要成果表

设计工况	导流时段	设计标准	泄水建筑物	度汛形象	上游水位/m	下游水位/m	洪峰流量/(m³/s)	下泄流量/(m³/s)
运行期	全年	$P=1\%$	导流隧洞＋缺口	缺口高程295.00m	300.75	249.64	23200	17405
封堵期	12月1日至次年4月30日	$P=5\%$	底孔	底孔底板高程290.00m	318.12			

2.3.4.2　基本设计资料

（1）洞室围岩分类及主要特征参数见表2.6。

（2）隧洞计算岩石力学参数见表2.7。

2.3.4.3　导流隧洞支护与衬砌结构设计原则

（1）导流隧洞支护与衬砌设计贯穿"新奥"法设计原理，采用复合支护形式。开挖初期采用喷锚支护，对局部块体和断层采用随机锚杆、预应力锚杆、锚索或钢拱架加固，初期支护应保证围岩的稳定，后期支护采用钢筋混凝土衬砌，衬砌结构除顶拱考虑混凝土回填灌浆不密实、衬砌单独承载外，其余按围岩与衬砌联合承载考虑。

表 2.6 　　　　　　　　洞室围岩分类及主要特征参数表

围岩类别			II		III		IV		V	
			II₁	II₂	III₁	III₂	IV₁	IV₂		
围岩特征	结构		块状结构	层状结构	互层状结构	薄-中厚层状结构	层状或互层状结构镶嵌碎裂结构	层状碎裂结构	散块体结构	散体结构
	特征		新鲜完整的厚-巨厚层砂岩,夹极少量泥板岩。1～2组规则节理,长度一般不大于3m,且多闭合或方英脉紧密充填。主要结构面为硬性结构面,偶有个别贯穿性不夹泥光滑结构面	新鲜-微风化厚至中厚层砂岩夹泥板岩。完整性中等,2～3组规则节理,长度一般小于3m,多闭合或方英脉充填,部分有水锈污染。多为硬性结构面,有贯穿性光滑结构面及个别夹少量泥的结构面	新鲜-微风化砂岩、泥板岩互层,层凝灰岩及罗楼组T₁L³⁻⁵层。2～3组规则节理,长度一般小于3m,多闭合或方英脉充填,部分有水锈污染。岩体中多为硬性结构面,有贯穿性光滑结构面及个别破碎夹少量泥的贯穿性结构面	新鲜-微风化泥板岩夹砂岩。泥板岩劈理发育,2～3组规则节理,长度一般小于3m,多闭合或方英脉充填,部分有水锈污染。岩体中多为硬性结构面,有贯穿性光滑结构面及个别破碎夹少量泥的贯穿性结构面	弱风化砂岩,或互层状层凝灰岩。2～3组节理,节理长度一般3～5m,均为水锈污染,以闭合为主,部分为夹泥裂隙。岩体中硬性结构面、贯穿性光滑结构面与夹泥结构面并存	弱风化泥板岩、罗楼组地层。2～3组节理,节理长度一般3～5m,节理面水锈污染,闭合或为泥质充填。岩体中硬性结构面、贯穿性光滑结构面与夹泥结构面并存	强风化带岩体;小断层交会带;断层影响破碎带	主要断层破碎带及交会带
岩体综合质量指标	SDK		＞75	65～75	55～65	45～55	30～50	20～30	≤20	＜20
	Q		44.5～99	25～45	4.2～25	2.8～18	0.09～2.8	0.06～1.85	0.003～0.11	
	RMR		74～77	61～64	57～60	47～50	34～37	31～34	4～17	
围岩主要特征参数	容重/(kN/m³)		27.3	27.3	27.3	27.3	26.8～27.3	26.8～27.3	25.0～26.0	22.0～23.0
	饱和抗压强度/MPa		＞100	≥100	40～100	40～80	30～80	20～30	5～15	＜5
	波速 V_P/(m/s)		≥5500	5500～5000	5000～4500	5000～4000	4500～3500	3500	＜3500	＜2000
	弹性模量/GPa	垂直层面	28	21	19	15	8～7	5.5	1～3	0.05～1
		平行层面	35	27	26	21	11～10	8.5		
	抗剪断强度/MPa	f'	1.5	1.2	1.1	1.0	0.9	0.8	0.4～0.6	0.35～0.4
		c'	2.45	2.06	1.67	1.28	0.85	0.6	0.08～0.4	0.05～0.08

续表

围岩类别			II₁	II₂	III₁	III₂	IV₁	IV₂	V	
围岩主要特征参数	抗剪强度/MPa	f	1.3	1.1	1.0	0.9	0.8	0.75	0.36~0.5	0.3~0.36
		c	1.48	1.28	0.98	0.83	0.5	0.4	0.05~0.25	0.03~0.05
	单位弹性抗力系数/(N/cm³)		11800~8800	9300~6900	8700~6000	7000~4500	3300~2000	2500~1700	≤500	
	坚固系数		12~10	10~9	9~6	8~5	7~4	4~3	≤1	<1
	外水压力折减系数		0.2~0.3	0.2~0.4	0.2~0.4	0.2~0.4	0.5~0.7	0.5~0.7	0.7~0.8	
	稳定性评价		基本稳定,个别掉块、落石		基本稳定,有掉块、高边墙及洞室交叉口可能有塌方		稳定性差,支护不及时会塌方或失稳		稳定性极差	

表2.7　　　　　　　　　岩石力学参数表

岩组	岩层	容重/(kN/m³)	弹性模量/GPa	变形模量/GPa	泊松比	抗剪强度/MPa	抗剪断强度/MPa
罗楼组 T₁L	新鲜	26.8~27.3	19~26	5	0.28	$\tau=0.9\sigma+0.78$	$\tau=1.1\sigma+1.18$
	微风化	26.8~27.3	19~26	5	0.28	$\tau=0.9\sigma+0.78$	$\tau=1.1\sigma+1.18$
	弱风化	26.8	5.5~8.5	0.4~1	0.34	$\tau=0.7\sigma+0.49$	$\tau=0.8\sigma+0.69$
	强风化	25~26	1~3	0.03~0.16	0.34	$\tau=0.45\sigma+0.15$	$\tau=0.5\sigma+0.20$
板纳组砂岩 T₂b	新鲜	27.3	28~35	22	0.25	$\tau=1.3\sigma+1.48$	$\tau=1.5\sigma+2.45$
	微风化	27.3	21~27	16	0.27	$\tau=1.3\sigma+1.48$	$\tau=1.5\sigma+2.45$
	弱风化	26.8~27.3	8~10	7	0.28	$\tau=0.9\sigma+0.70$	$\tau=1.2\sigma+1.48$
	强风化	25~26	1~3	0.5~2	0.34	$\tau=0.6\sigma+0.29$	$\tau=0.75\sigma+0.49$
砂岩泥板岩互层	新鲜	27.3	19~26	21	0.26	$\tau=1.15\sigma+1.29$	$\tau=1.35\sigma+1.96$
	微风化	27.3	19~26	15	0.27	$\tau=1.15\sigma+1.29$	$\tau=1.35\sigma+1.96$
	弱风化	26.8~27.3	8~10	6	0.28	$\tau=0.8\sigma+0.69$	$\tau=1.0\sigma+1.18$
	强风化	25~26	1~3	0.2~2	0.34	$\tau=0.55\sigma+0.25$	$\tau=0.65\sigma+0.39$
泥板岩	新鲜	27.4	15~21	16	0.27	$\tau=1.0\sigma+0.98$	$\tau=1.1\sigma+1.48$
	微风化	27.4	15~21	11	0.27	$\tau=1.0\sigma+0.98$	$\tau=1.1\sigma+1.48$
	弱风化	26.8~27.3	5.5~8.5	5	0.28	$\tau=0.7\sigma+0.49$	$\tau=0.8\sigma+0.69$
	强风化	25~26	1~3	0.4~1	0.34	$\tau=0.5\sigma+0.20$	$\tau=0.55\sigma+0.29$
断层		23~24	0.05~1	0.5	0.34	$\tau=0.25\sigma+0.03$	

　　（2）锚喷支护设计参数按围岩地质分类、完整性、断层及地下水发育状况，根据工程类比法确定、理论计算法验证、修正；对于III₂~IV类围岩，采用固结灌浆处理以提高其完整性及力学参数。

　　（3）由于导流隧洞最大流速达30m/s，衬砌按全断面钢筋混凝土衬砌考虑。

（4）洞身进口 50.0m 范围内为满足围岩渗透稳定坡降的要求，不设排水孔，其余洞段均设排水孔，外水压力折减考虑排水孔的作用。

（5）衬砌按不控制裂缝宽度设计。

（6）设计不考虑地震荷载。

2.3.4.4 计算工况

衬砌结构计算考虑 3 种设计工况，即施工期、运行期、封堵期。施工期指隧洞尚未通水前的施工时期，运行期指隧洞通水后至封堵前的运行时期，封堵期指导流隧洞进口下闸后至永久堵头开始受力前的时段。

2.3.4.5 荷载分析

混凝土衬砌结构承受的荷载种类有结构自重、外水压力、内水压力、山岩压力、弹性抗力、灌浆压力等。

（1）外水压力。外水压力采用地下水位以下的水柱高度乘以外水折减系数 β。

外水折减系数 β，主要根据围岩性质和构造、隔水层位置、固结灌浆及排水孔设置等因素，按《水工建筑物荷载设计规范》（DL 5077—1997）附录 C 及地质建议值选用。取值原则如下：

1）施工期，外水水头直接根据地下水位线取值，考虑地下水补给来源不充分，开挖后地下水的释放，β 取较小值。

2）运行期，有内水组合，不考虑帷幕灌浆的防渗作用，β 取较小值。

3）封堵期，库水位维持时间较长，考虑帷幕灌浆的防渗作用，堵头段上游水位采用库水位与地下水位中较高者；堵头段下游，按初始地下水位线考虑，β 取较大值。

4）对于进口 50m 段，考虑围岩地质条件差，为保证围岩渗透稳定，衬砌结构不设置排水孔，外水压力不折减。

在计算过程中，除考虑以上原则外，尚进行了折减系数的敏感性分析。

（2）山岩压力。《水工隧洞设计规范》（SL 279—2002）规定，当采用喷锚支护等加固措施，已使围岩处于基本稳定或已稳定的情况下，可少计或不计围岩压力。

对于 V ～ IV 类围岩，山岩压力按式（2.1）和式（2.2）估算。

垂直向：
$$q_{vk} = (0.2 \sim 0.3)\gamma_R B \tag{2.1}$$

水平向：
$$q_{hk} = (0.05 \sim 0.1)\gamma_R H \tag{2.2}$$

式中：q_{vk} 为垂向均布压力，kN/m^2；q_{hk} 为水平均布压力，kN/m^2；γ_R 为围岩容重，kN/m^3；B 为洞室开挖宽度，m；H 为洞室开挖高度，m。

（3）弹性抗力。当衬砌结构受外力作用下向围岩方向变位时，要求考虑围岩弹性抗力。

弹性抗力按照文克尔假定计算，单位弹性抗力系数 k_0 按照地质专业提供资料选取，见表 2.6。弹性抗力系数 k 计算公式为

$$k = 100k_0/b \tag{2.3}$$

式中：k_0 为单位弹性抗力系数，N/cm^3；b 为洞室开挖宽度之半，cm。

（4）灌浆压力。灌浆压力假定沿衬砌均匀分布，并与衬砌外缘成正交，压力强度取灌浆时压力计读数的 0.3～1.0。回填灌浆压力取 0.3MPa。

2.3.4.6 荷载组合

（1）施工期。结构自重＋外水压力＋山岩压力＋弹性抗力＋灌浆压力。

（2）运行期。结构自重＋外水压力＋内水压力＋山岩压力＋弹性抗力。

（3）封堵期。结构自重＋外水压力＋山岩压力＋弹性抗力。

2.3.4.7 计算方法

结构计算按平面有限元和结构力学两种方法进行。结构力学计算方法采用 SDCAD 计算程序提供的边值法；对于有限元计算方法，设计按不同部位围岩类别选取典型断面，并模拟围岩中主要构造，采用弹塑性平面有限元方法，从开挖、支护、运行及封堵全过程进行数值仿真模拟计算分析。

根据综合计算分析，堵头上游洞身段混凝土衬砌厚度设为两种，前 50.0m 洞段为 2.5m，其余洞段为 1.5m；堵头下游洞身段混凝土衬砌厚度为 Ⅱ～Ⅲ类围岩段 0.8m、Ⅳ～Ⅴ类围岩段 1.2m。

初始地应力场按自重应力场考虑，水平侧压系数为 1.3。

模型计算范围：隧洞四周围岩取 3～3.5 倍洞径，沿洞轴线方向取单位宽度。计算时岩体采用四边形等参单元、Drucker - Prager 屈服模型模拟；混凝土衬砌、喷层和锚杆分别采用四边形等参单元、梁单元和杆单元模拟，均为线弹性本构模型。

模型边界条件：计算模型左右两侧和底部施加法向链杆，按平面应变问题考虑。拱顶 120°范围考虑混凝土回填灌浆不密实，假设衬砌与围岩之间存在初始缝隙，衬砌单独承载；两侧边墙和底板处衬砌与围岩按联合承载考虑。

2.3.4.8 计算成果

通过对 Ⅱ～Ⅴ类围岩从施工到运行全过程计算分析，围岩变形和衬砌应力变化情况如下。

（1）围岩应力。在导流隧洞分层开挖过程中，各类围岩应力变化规律相似，洞周围岩第一主应力基本沿洞室径向，第二主应力沿洞室切向。除断层与洞壁相交部位附近出现一定的拉应力外，第一主应力均为压应力，但压应力值不大。分层开挖线与洞周交接处出现应力集中，埋深越大，应力集中越明显，其中最大压应力发生在埋深最大的 Ⅳ～Ⅴ类围岩断面边墙底部角点处，为 -29.13MPa（"-"号表示压应力，下同）；在有断层通过的断面，均在断层与洞壁相交部位出现拉应力区，最大拉应力为 1.42MPa。

在运行期内水压力作用下，围岩径向压应力增加，环向压应力减小，但最小切向压应力仍大于各断面相应的内水压力，围岩不会产生水力劈裂。

封堵期假定外水压力作用在衬砌外表面，导流隧洞边墙和底板中部外表面与围岩结合处均出现了拉应力，外水头越高、衬砌厚度越小、拉应力越大，其中围岩与衬砌接触面上最大径向拉应力出现在进洞附近外水水头未予折减的 Ⅳ～Ⅴ类围岩断面，其衬砌厚度 2.0m 和 2.5m 时分别为 1.27MPa 和 0.92MPa，衬砌厚度 2.5m 基本满足设计假定的衬砌与围岩联合承载的条件。为保证计算假定条件成立，设计需采取一系列的工程措施，包括对围岩进行固结灌浆、保证喷混凝土质量、系统锚杆与结构钢筋相焊接（或锚固）等。

（2）围岩塑性区。施工开挖过程中，洞周二次应力场扰动范围不大，塑性区范围仅限于顶拱、底板等与岩层分区、断层相交处以及侧墙中部，深度一般未超过 4.0m。根据二次应力场的扰动范围，对洞周 4.0～5.0m 范围内的围岩进行锚固并对 Ⅴ～Ⅳ类围岩进行固结灌浆对提高围岩整体稳定性是非常必要的。

（3）洞周变形。除进口Ⅳ～Ⅴ类围岩断面断层斜贴边墙洞壁的个别角点外，均为向洞内收缩，洞周位移均在10.0mm以内。

（4）支护措施评价。除断层与洞壁相交部位外，计算提供的支护措施基本上可满足施工期稳定需要，锚杆最大拉应力255MPa，未超过其抗拉强度（310MPa），锚杆应力有较大富余。由于城门洞形断面两侧直边墙高16.0m以上，边墙中部喷混凝土层应力均大于C20混凝土抗拉强度，喷层混凝土将开裂，因此采用挂网喷混凝土或适当提高混凝土强度等级是必要的。断层的存在对洞周位移、喷混凝土层、锚杆和混凝土衬砌应力的影响非常大，在断层与洞壁相交部位锚杆直径即使采用36mm，其应力仍大于钢筋设计强度，系统锚杆须相应加粗、加密、加长，或采用预应力锚杆，并对断层作灌浆处理，以满足施工期围岩稳定要求。

（5）衬砌应力。施工期混凝土衬砌基本上为压应力，但由于施工期外水压力较低，衬砌内压应力数值很小，不起控制作用。

运行期和封堵期由于考虑顶拱混凝土与围岩之间存在初始缝隙，因此顶拱部位衬砌应力较大，一般均已超过C25混凝土抗拉强度；边墙和底板考虑与围岩联合承载，衬砌拉应力比顶拱小，但仍接近C25混凝土抗拉强度。

封堵期在外水压力作用下，除高边墙断层与洞壁相交部位产生局部拉应力区外，其余部位混凝土衬砌全部承受压应力。衬砌正截面强度一般以运行期工况控制，而结构斜截面强度多以封堵期工况控制。

结构配筋按上述计算结果，将应力转换为内力按相关规范进行。

导流隧洞初期支护及混凝土衬砌设计参数见表2.8。

表2.8   导流隧洞初期支护及混凝土衬砌设计参数表

位置	堵 头 前			堵 头 后		
围岩类别	Ⅴ～Ⅳ	Ⅲ	Ⅱ	Ⅱ	Ⅲ	Ⅳ～Ⅴ
衬砌厚度	2.5m	1.5m	1.5m	0.8m	0.8m	1.2m
系统支护参数　喷混凝土	喷 C20 钢纤维混凝土，厚15cm	Ⅲ₁类：喷C20混凝土，厚15cm。Ⅲ₂类：喷C20钢纤维混凝土，厚15cm	喷C20混凝土，厚15cm	喷C20混凝土，厚15cm	Ⅱ～Ⅲ₁类段：喷C20混凝土，厚15cm。Ⅲ₂类围岩段：喷C20钢纤维混凝土，厚15cm	喷C20钢纤维混凝土，厚15cm
系统支护参数　锚杆	φ28mm、L=9.0m 预应力（120kN）锚杆与φ25mm、L=6.0m锚杆间隔布置，间、排距1.2m	顶拱φ25mm，L=5.0m，间、排距1.5m；边墙φ25mm，L=5.0m，间、排距2.0m×1.5m	顶拱及拱端以下3.0m边墙φ25mm，L=5.0m，间、排距1.5m	顶拱及拱端以下3.0m边墙φ25mm，L=5.0m，间、排距1.5m	顶拱φ25mm，L=5.0m，间、排距1.5m；边墙φ25mm，L=5.0m，间、排距2.0m×1.5m	φ32mm，L=9.0m 与φ28mm、L=6.0m 锚杆间隔布置，间、排距1.5m
排水孔（φ50mm）	进口50.0m段不设排水孔，其余段两边墙各4排，排距3.0m，入岩2.0m			两边墙各4排，排距3.0m，入岩0.5m		

2.3.4.9 洞身构造设计

（1）衬砌混凝土强度等级。堵头上游洞段采用 C30，堵头及其下游洞段采用 C25。

（2）为保证围岩与衬砌混凝土联合承载，初期支护的系统锚杆外露岩面 0.8～1.2m，并与衬砌混凝土结构外层钢筋骨架焊接。

（3）贴角。为改善衬砌混凝土受力，在洞身底板与边墙相交处采用 1m 贴角，并配置贴脚钢筋。

（4）分缝分段。衬砌结构施工横向分缝长度 6.0～18.0m，具体长度根据施工方法及浇筑能力确定，在变截面处需设横缝分段浇筑；纵向分布钢筋可不穿过缝面；除进洞 50.0m 洞段衬砌施工横向分缝设置 2 道 BW-Ⅱ橡胶止水外，其余洞段缝面均不设止水。

（5）洞身排水。导流隧洞进洞 50.0m 以后洞段两侧边墙各设置 4 排系统排水孔，其中，堵头前洞段排水孔深入岩石 2.0m，堵头后排水孔入岩 0.5m，间排距均为 3.0m。

（6）回填灌浆。导流隧洞混凝土衬砌拱顶 120°范围内进行回填灌浆。灌浆孔孔、排距 2.0m，设计灌浆压力 0.2～0.3MPa，在衬砌混凝土强度达到 70%以上设计强度后进行。

（7）固结灌浆。对洞身Ⅳ～Ⅴ类围岩、Ⅲ₂类围岩段进行固结灌浆，在回填灌浆结束 7d 后进行。灌浆孔孔排距 3.00m，入岩 8.0m，设计灌浆压力 0.5～0.7MPa。

（8）堵头段处理。堵头开挖体形随洞身开挖一次成型，以简化施工，加快堵头施工进度。鉴于流速较大，堵头部位过流面仍采用标准断面以保证水流顺直。为保证堵头混凝土与衬砌混凝土的结合，在两侧衬砌混凝土边墙上堵头长度范围各预留 24 个键槽，分 2 排布置，间距 2.0m，键槽尺寸 1.0m×3.0m（宽×高），深 15cm，导流隧洞运行期采用厚 14mm 钢板封闭键槽。

2.3.5 进水口结构设计

导流隧洞进水口闸室段长为 29.00m，为双孔框架式进水口。进水口底板过流面高程 215.00m，单孔过流宽度 8.50m。进口顶拱过流面曲线方程为 $x^2/22^2 + y^2/7^2 = 1$，进口两侧为半径 2.5m 的 1/4 圆曲线。闸室顶板顶面高程主要考虑封堵闸门组装期挡水要求、场内施工道路高程衔接以及结构自身要求等因素确定，为 243.00m，顶板最小厚度 7.00m，中墩、边墩及底板最小厚度 5.00m。闸门槽口设于进水口顶曲线中部，单个门槽宽 2.50m，深 1.20m。门槽上部设钢筋混凝土启闭框架，框架顶部布置封堵闸门启闭平台，启闭框架高 28.33m，顶部平台高程为 271.33m。为改善结构受力条件，进水口两侧边墩高程 230.00m 以下采用混凝土与两侧进水口边坡相接，高程 230.00m 以上回填石渣形成施工道路。

进水口结构采用三维有限元法进行计算。计算模型中，结构底板以下基岩深度取为结构高度的 1 倍左右，上、下游方向基岩取为结构长度的 2 倍左右，宽度方向取为底板宽度的 2.5 倍左右，混凝土和基岩均按各向同性弹性材料考虑。

计算分为施工完建期、运行期、下闸期及封堵期 4 种工况。运行期和封堵期设计标准及相应设计水位与洞身衬砌结构相同。主要计算荷载有结构自重、库水压力、基底扬压力、动水压力、静水压力、填渣压力、启闭力、闸门自重及闸门挡水压力等。

计算结果表明，除封堵期以外，进水口结构在其余 3 种工况下的应力值大多为压应力，局部拉应力也大多小于混凝土的允许拉应力；封堵期由于闸门挡水水头较高，在中墩内形成很大的拉应力和剪应力，尤其是由于中墩闸门槽缩颈部位断面较小，结构在顺水流和水平垂直水流向双向全断面受拉，最大主拉应力达 3.0MPa；在闸门槽轨道表面，除顺水流向受拉外，垂直水流向水平最大拉应力达 1.76MPa；水平面最大剪应力值达 3.2MPa；垂直面最大剪应力值达 2.2MPa。

根据应力计算成果，进水口结构采用 C40 混凝土，以提升结构强度，并在门槽二期混凝土内预埋型钢和 $5\phi36/m$ 钢筋与闸门主轨支座相焊接，以加强整体性。

鉴于龙滩水电站导流隧洞进水口结构设计水头高达 105.0m，其中墩承受水推力达 3.1 万 t，为当时国内封堵期外水水头最高、进水口中墩水推力最大的导流隧洞，为确保结构安全，对进水口结构配筋采用钢筋混凝土非线性有限元进行了复核分析，分析计算表明，中墩结构裂缝主要出现在门槽角点部位，沿顺水流方向开裂，裂缝宽度最大值出现在闸墩沿高度方向中部偏下。按设计配筋方案，裂缝开展宽度和钢筋应力均满足规范要求。裂缝开展宽度和钢筋应力影响因素敏感性分析表明，中墩闸门槽处钢筋骨架应采用焊接法施工，确保钢筋有足够的锚固长度，同时应采取有效的措施防止高压水渗入裂缝。

根据进水口结构钢筋混凝土非线性有限元复核分析结果，在进水口闸墩门槽下游侧一期、二期混凝土结合部位增设折线型柔性止水，以防止高压水的劈裂作用。柔性止水采用防水涂料，布置高程 215.00～243.00m，要求涂层厚度不小于 3mm、抗拉强度不小于 1.5MPa、延伸率不小于 400%、与混凝土黏结强度不小于 2.0MPa。

2.3.6　防冲蚀设计

2.3.6.1　混凝土强度及平整度要求

鉴于导流隧洞运行期最大流速达 30m/s，洞身全断面采用钢筋混凝土衬砌。堵头上游段洞身衬砌混凝土强度等级采用 C30，堵头及其下游段洞身衬砌混凝土强度等级采用 C25，进水口结构混凝土强度等级采用 C40。混凝土过流面要求平顺光滑，平行于水流向升、跌坎不大于 5mm，垂直水流向升、跌坎不大于 3mm，超过者须磨成 1:50 斜坡与大面相接。进口封堵闸门槽在过流期采用钢结构封闭，门槽顶部槽口采用混凝土盖板封盖。

2.3.6.2　进水口结构细部构造

根据水力模型试验成果，将进水口闸门槽上游顶曲线较门槽下游降低 0.6m，以消除顶门槽后形成的突坎，改善其压力状态；门槽下游侧中墩与顶拱交接的长 3.7m、高 3.0m 的尖角低压区范围采用厚 12mm Q235B 钢板衬护；同时，每孔进水口门槽下游侧洞顶低压区设置 1 根 $\phi300mm$ 通气管掺气。为防止磨损破坏，确保进水口封堵闸门止水效果，除在进水口闸门槽底部设置钢结构底坎外，进水口底板过流面表层 30cm 厚度范围采用 C40 钢纤维混凝土抗冲。

2.3.6.3　出口抗冲淘

导流隧洞出口明渠设计采用平底扩散、两洞对冲消能，明渠采用 1.5m 厚混凝土板加短锚杆护底方案，两侧采用钢筋混凝土翼墙与开挖坡面顺接。实际施工由于出口围堰压占，改为 4.6%～5.9% 反坡与原河道相接。水力模型试验证，若在明渠出口设置消力坎，可有效减小对明渠底板末端齿墙的淘刷，但坎顶高程需高出导流隧洞底板高程 7.00m，对导流隧洞泄量及截流难度影响较大，未予采用。为减少反坡造成的推移质磨损，明渠底板面层 30cm 采用 C25 钢纤维混凝土，同时由于护底长度减短，水力模型试验显示冲刷坑较深，采用在混凝土护底末端齿槽部位打设 1～2 排 20.0m 长锚杆深入基岩固脚防淘。

2.3.7 进、出口边坡设计

左岸导流隧洞进口及其边坡段主要地层为罗楼组 $T_1L^{4～9}$ 层泥板岩与灰岩互层夹少量粉砂岩以及板纳组 $T_2b^1～T_2b^{14～15}$ 层层凝灰岩、砂岩、泥板岩和少量灰岩等。进口段左边坡已位于倾倒蠕变岩体范围内。地表残坡积层厚 5.0～10.0m，强风化岩体下限深 8.0～15.0m，弱风化岩体下限深 25.0～35.0m。罗楼组和板纳组 $T_2b^{2～4}$ 层抗风化能力差，弱风化及其以上岩体内风化泥化夹层极为发育。受 F_4 断层和 NE、NW 等不同走向的断裂切割，以及受倾倒变形破坏影响，岩体完整性差，地质条件复杂，且明渠开挖坡已与地下厂房进水口高程 301.00～311.00m 开挖平台衔接，左岸导流隧洞进口明渠左边坡已位于倾倒蠕变岩体坡脚范围内，其顶部已切入地下厂房进水口高程 301.00m 平台以内，组合边坡高度达 410.0m，高边坡稳定问题突出。厂房进水口平台以下明渠开挖坡最大坡高91.0～97.0m。

右岸导流隧洞进口边坡主要地层为罗楼组 $T_1L^{3～8}$ 层泥板岩、灰岩互层夹少量粉砂岩。地表残坡积层厚 3.0～10.0m，强风化岩体下限深 8.0～15.0m，弱风化岩体下限深20.0～28.0m。由于受层间泥化夹层切割，岩体多呈软硬相间的薄层状结构，变形模量低，完整性差，风化破碎严重，工程条件较差。坡顶高程 375.00m 左右，最大坡高 160.0m。

两洞出口明渠布置区为砂岩、砂岩与泥板岩互层及砂岩、粉砂岩、泥板岩互层，岩体强风化层深 10.0～12.0m（左洞）、7.0～14.0m（右洞），表层覆盖层深度一般为 1.0～3.0m。左洞明渠尾部段切入冲洪堆积层中，堆积层厚 5～8m。两洞出口明渠最大坡高 150.0m。

2.3.7.1 边坡设计标准

左、右岸导流隧洞进口边坡均与大坝永久边坡连为一体，其稳定安全标准与大坝永久边坡一致，按 1 级边坡设计，抗震设计烈度为 7 度。

采用刚体极限平衡法进行稳定分析计算时，《水电枢纽工程等级划分及安全设计标准》（DL 5180—2003）规定的边坡抗滑稳定安全标准见表 2.9。

表 2.9　　　　　　　　　　　边坡抗滑稳定安全标准表

荷 载 组 合	安全标准 K	备 注
基本组合	1.25	正常运用
特殊组合 I	1.15	除特殊组合 II 以外的其他非常运用工况
特殊组合 II	1.05	非常运用，设计地震工况

2.3.7.2 边坡稳定计算

采用刚体极限平衡法及平面弹塑性有限元法，对导流隧洞进口边坡稳定进行了分析研究。

边坡稳定计算分别考虑了施工期、导流隧洞运行期及水库蓄水期等工况。施工期计算荷载主要考虑了自重、地下水静水压力、初始地应力、逐层开挖后的应力释放，同时要求开挖自上而下进行，开挖一层支护一层，因此，计算中下层开挖时还计入上层的支护锚固力（系统锚杆＋喷混凝土，必要时加预应力锚杆或锚索）；导流隧洞运行期除考虑了自重、地下水、地应力外，还考虑了水库静水压力及水位骤降时水库动水压力；水库蓄水期荷载组合另考虑了 7 度地震作用。其中，库水位骤降荷载通过分析坡体渗流场，在水位线以下的岩体上施加渗透体积力模拟；地震作用力按拟静力法计算，7 度地震取水平向地震加速度 0.1g。

平面弹塑性有限元法数值模型计算中，在导流隧洞进口边坡岩性、岩体产状结构、断裂、节理构造等基础上，结合坡体自然状态下最大剪应力等值线，分析边坡可能产生的破坏模式，从中选取最不利方向作为计算中拟定的潜在滑动面。左、右岸导流隧洞进口边坡典型断面各工况下平面弹塑性有限元法计算安全系数 K_s 见表 2.10 和表 2.11。

表 2.10 左岸导流隧洞进口边坡典型计算剖面稳定计算成果表

工 况		洞脸坡 K_s	上游侧坡 K_s
自然状态		2.08	2.90
施工期	不加预应力	1.17	1.23
	加预应力	1.70	1.64
运行期	水位骤降，不加预应力	1.09	1.12
	水位骤降，加预应力	1.56	1.52
蓄水期	满库，7 度地震，不加预应力	0.94	1.08
	满库，7 度地震，加预应力	1.52	1.46

注 1. 施工期按分级开挖、逐层加固支护顺序进行。
 2. 运行期水库水位从 300.50m 骤降至 245.00m。
 3. 计算时，洞脸坡预应力锚索的施加点为：高程 260.00～280.00m 和高程 300.00～320.00m 范围内各施加 3 排 2000kN@5.00m，$\alpha=15°$，$L=25.00$m。上游侧坡预应力锚索的施加点为：高程 260.00～301.00m 之间布置 3 排 2000kN@5.00m，$\alpha=15°$，$L=40.00$m。

表 2.11 右岸导流隧洞进口边坡典型计算剖面稳定计算成果表

工 况		K_s
自然状态		1.56
施工期	不加预应力	1.17
	加预应力	1.67
运行期	考虑浮导堤联系墩自重，水位骤降，不加预应力	1.10
	考虑浮导堤联系墩自重，水位骤降，加预应力	1.51
	不考虑浮导堤联系墩自重，水位骤降，加预应力	1.57
蓄水期	满库，7 度地震，考虑浮导堤联系墩自重，不加预应力	1.08
	满库，7 度地震，考虑浮导堤联系墩自重，加预应力	1.46
	满库，7 度地震，不考虑浮导堤联系墩自重，加预应力	1.51

注 1. 本剖面为导流隧洞上游侧坡剖面，剖面方位角约为 N3°E。
 2. 施工期按分级开挖、逐层加固支护顺序进行。
 3. 运行期水库水位从 300.50m 骤降至 245.00m。
 4. 计算时，预应力锚索的施加点为：高程 250.00～295.00m 和高程 340.00～375.00m 范围内各施加 4 排 2000kN@5.00m，$\alpha=15°$，$L=40.00$m。
 5. 边坡设计时，升船机的浮导堤联系墩布置于导流隧洞高程 295.00～310.00m 边坡上，因此，计算中还考虑了浮导堤联系墩的自重。边坡实际施工时，取消了升船机浮导堤联系墩。

从计算分析可见，两岸导流隧洞进口边坡在仅作表层系统支护时，施工期、运行期安全裕度不足，左洞洞脸坡地震工况潜在滑体可能失稳；两洞进口边坡进行深层预应力锚固后，有效改善了边坡稳定性能，边坡整体稳定均满足规范要求。

2.3.7.3 边坡治理

根据坡面岩性及构造进行了多种工况的稳定计算分析，采用了削坡减载、系统锚杆加挂网喷混凝土或喷钢纤维混凝土支护、深浅排水孔、竖横排水沟等治理措施，对可能滑移面采用 $1000\sim2000$kN 预应力锚索加固，对于水位变化频繁区的进出口明渠侧坡同时采用混凝土护面以改善水力条件、加强其抗冲能力。

（1）开挖设计。左岸导流隧洞进口明渠上、下游侧坡边坡走向与岩层走向夹角 $70°\sim80°$，属正交切层坡，岩层产状有利于边坡整体稳定；洞脸坡与岩层走向夹角 $20°$左右，为反倾向坡。根据地形地质条件，开挖坡比确定为：上游侧坡，高程 230.00m 以上开挖边坡大部分已进入倾倒蠕变体或强风化岩体内，单级坡比采用 1:1.25，使其综合坡比接近自然坡度；高程 230.00m 以下，大部分坡面已进入弱风化岩体，坡比采用 1:0.5～1:0.3；洞脸坡，高程 245.00m 以上坡比采用 1:1.0；高程 245.00m 以下坡比采用 1:0.5。每 15m 高差设一级宽 3m 的马道。高程 241.00m 以下为便于成洞，采用垂直坡。

鉴于左岸导流隧洞进口明渠开挖坡已切入地下厂房进水口高程 301.00m 平台外缘线内约 25m，高程 301.00m 以下明渠开挖坡高已达 91.0m，进水口明渠开挖边坡与地下厂房进水口边坡开挖协调设计，结合厂房进水口及施工道路等布置要求，将高程 382.00m 以上潜在滑体全部挖除，其中高程 301.00m 形成 10.0m 宽平台，与初期上坝道路衔接。导流隧洞明渠边坡开挖在地下厂房进水口边坡开挖平台基本形成后进行。

右岸导流隧洞进口明渠侧坡走向与岩层走向夹角 $20°\sim15°$，其中上游侧坡为基本顺层坡，最大坡高 55.0m，高程 230.00m 以上为强风化岩体，绝大部分坡面为风化溶蚀夹泥密集区，坡面完整性差，但未发现断层切割，不存在倾向坡外的不稳定楔体，坡面无深层滑动可能，边坡岩体变形以溃屈变形为主，能量平衡法分析保持岩层稳定的极限长度小于 19.0m，因此取单级坡高 15.0m，开挖坡比为 1:1；洞脸边坡与岩层走向夹角 $70°$左右，属正交坡，最大坡高 $120.0\sim160.0$m，高程 260.00m 以上岩体多呈强风化，取坡比为 1:1，高程 260.00m 以下坡比采用 1:0.5。每高差 15.0m 设一级宽 3m 的马道，其中，高程 245.00m 结合下基坑道路布置，平台宽 10.0m。高程 241.00m 以下为便于成洞，采用垂直坡。

两洞出口明渠开挖坡最大高度分别为 150.0m（左洞）、120m（右洞），最高坡面与岩层走向夹角分别为 $50°\sim55°$（左洞）、$70°\sim65°$（右洞），岩层产状有利于边坡稳定。两洞出口明渠下部边坡均有从导流隧洞出口洞顶穿过的场内施工道路经过，其中施工道路以下坡高约 50.0m。开挖原则与进口明渠相同，出口明渠边坡开挖在施工道路边坡开挖平台基本形成后进行，根据坡面与岩层走向夹角情况、岩层构造及岩体风化程度，取强风化岩体开挖坡比为 1:0.75，弱风化-微风化岩体坡比为 1:0.5～1:0.3，每 15.0m 高差设一级宽 2.0m 的马道。

（2）支护设计。采用的主要加固支护措施有：系统锚杆、钢丝网喷混凝土加固表层岩体，预应力锚索分区进行深层岩体加固；左洞进口明渠上游侧坡蠕变岩体范围内每级坡面在坡顶、坡腰、坡脚及马道另各布置一排 $\phi30$mm、$L=15.0$m 自钻式超前长锚杆以先期加固岩体、抑制岩体变形。系统锚杆的布设密度、深度根据坡面岩体风化程度、完整性、节理裂隙发育密度、爆破开挖松弛深度以及数值计算的应力、位移情况确定，预应力锚索根据岩体构造及稳定计算成果布设。左岸导流洞进水口边坡支护典型剖面如图 2.2 所示。

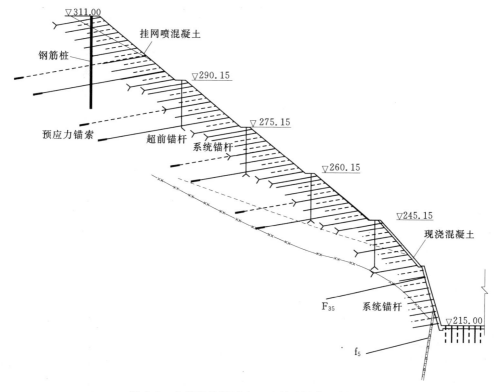

图 2.2　左岸导流洞进水口边坡支护典型剖面图

（3）防渗排水。地表截、防、排水系统包括周边及坡面截（排）水沟、坡面系统排水孔、单级坡脚深排水孔。

为阻止高边坡开挖区以外的地表径流汇入，减少地下水入渗，在距边坡开口线以外5.0m 处设置周边截水沟；坡面排水沟沿各级马道和平台纵向设置，与周边截水沟相接，并在相接处设沉沙井。

坡面布置系统排水孔，排水孔孔径 76mm、孔深 3.0m，每级坡面将坡脚一排排水孔加深至 15.0m，孔径 91mm。排水孔间、排距均为 3.0m，仰角 10°。遇断层破碎带坡面排水孔设置加劲透水软管反滤。

为防止坡面地表径流冲刷及表层岩体风化，避免恶化岩体和结构面力学特征，依坡面岩体完整程度，采用喷钢纤维混凝土、挂网喷混凝土等地表防渗措施；边坡上的马道、平台均现浇混凝土防护。

（4）坡脚抗冲。对于导流隧洞运行期水位频繁变动区（进口明渠高程 245.00m 以下）边坡采用现浇 0.8m 厚素混凝土护面，出口明渠流速较大部位的坡面采用现浇 1.0m 厚面层布筋混凝土防冲淘。

2.3.8　隧洞施工

左、右岸导流隧洞开挖均分 3 层施工，每层高 8.0~10.0m。

导流隧洞施工支洞于 2001 年 7 月开始开挖。左岸导流隧洞洞挖设 2 条施工叉洞（共用 1 条施工主支洞通行），从 2001 年 11 月上旬开始洞身顶拱层开挖，至 2002 年 10 月底基本完成底层的开挖及初期支护（除进出口岩塞段外）。第Ⅰ层开挖高度 8.0m 左右，采取中导洞先行，两侧扩挖跟进的施工方法，中导洞宽 8.0m，采用 AtlasH178 多臂凿岩台车钻孔；第Ⅱ层开挖高度 10.0m，采用梯段微差爆破，侧壁沿边线先行预裂，梯段爆破钻孔采用 LM500C 型液压钻和 CM-351 型高风压钻，周边预裂采用 YQ-100 型潜孔钻；底层开挖高度 5.0m 左右，梯段爆破孔采用 LM500C 液压钻钻孔，光爆孔采用 YQ-100 型潜孔钻钻孔；采用 KLD85Z 侧卸装载机和 PC600 反铲或 PC7500 正铲挖装、配 20t 自卸汽车出渣运输。上层开挖时，除施工向上、下游方向各 1 个掌子面外，在隧洞出口另增设了 1 个掌子面，开挖最高月进尺 240.0m；混凝土浇筑从 2002 年 7 月上旬开始，至 2003 年 5 月底全部完成，施工程序为先底板后侧墙最后顶拱，边墙采用多卡模板，每浇筑层高 2.85m，顶拱采用钢模台车浇筑，2 台钢模台车长分别为 12.0m、9.0m，一般 4～5d/循环；5 月底完成了洞内回填灌浆、固结灌浆、帷幕灌浆及其检查孔的施工。

右岸导流隧洞设 3 条施工叉洞（共用 1 条施工主支洞通行）。从 2001 年 11 月中旬开始洞身顶拱层开挖，2002 年 11 月下旬洞身开挖及初期全部完成，开挖方式及设备与左洞类似；混凝土施工从 2002 年 8 月底开始，至 2003 年 6 月中旬完成，浇筑设备及施工程序均与左岸相同；2003 年 8 月中旬完成回填灌浆、固结灌浆、帷幕灌浆及其检查孔的施工。

2.3.9　监测成果

为了解导流隧洞运行状况，为工程安全评价提供依据，在导流隧洞洞身及其进口边坡埋设了监测仪器，对其变形、应力等进行监测，截至 2009 年 11 月底的主要监测成果如下。

（1）右岸导流隧洞进口边坡。地表监测成果显示，地表变形较小，所监测到的最大累计水平位移量为 32.3mm，且 40%～80% 的变形量多发生在导流隧洞边坡及下游堰肩边坡开挖期间，2005 年 4 月以后，位移增量速率极小（小于 0.01mm/d），变形收敛；多点岩石变位计监测成果也显示该边坡变形极小，所监测到的孔口位移小于 1mm，且发生在浅部；锚索测力计均未到达设计值；监测锚杆应力值一般为 40～120MPa，最大值小于 250MPa。以上表明该区变形量较小，7～8 年观测期内已经收敛。以上数据表明，该区变形量小且收敛，边坡稳定。

（2）左岸导流隧洞进口边坡。导流隧洞进口边坡锚杆最大拉应力均小于 81MPa，锚索均未达到设计值，总位移量级较小，累积位移量小于 4.04mm，变化速率小于 0.01mm/d，变形小且已收敛，边坡稳定。

（3）右岸导流隧洞洞身。各断面多点岩石变位计的监测显示，一般位移量小于 8mm，围岩变形主要发生在左右拱肩 3.5m 以外较浅的范围内。最大位移发生在 ER0+607 处，达 30mm（为小断层和层错组成的复合楔体）。洞身位移量的 80% 以上发生在导流隧洞上层扩挖完成后一小段时间，多为围岩松动圈应力释放的表现，少量为楔体的位移；洞身中下层系统支护完成后，曲线平缓，变形收敛。各断面监测锚杆应力值一般在 40～120MPa 之间，各测点应力较小，最大值 240MPa。洞室围岩稳定。

（4）左岸导流隧洞洞身。多点岩石位移计显示洞室围岩位移总的量级小，多数位移小于 3mm，最大位移 9.76mm，运行期位移变化速率小于 0.01mm/d，趋于收敛；锚杆应力计最大应力为 272.73MPa；裂缝计最大开合度为 0.34mm，量级较小。导流隧洞洞身稳定。

2.3.10 运行状况

龙滩水电站左、右岸导流隧洞分别于 2003 年 6 月和 9 月上旬通过验收，2003 年 11 月 6 日两条导流隧洞开始过流，2006 年 9 月 30 日导流隧洞进口下闸封堵，2007 年 5 月导流隧洞堵头施工完毕。导流隧洞运行期近 3 年，实际最大泄量 8890m³/s，估算最大平均流速 15.6m/s；堵头施工期水库最高水位 319.68m，基本接近导流隧洞封堵期最高设计水位 320.00m，其中在 319.00m 以上水位运行达 16d，结构安全。

龙滩水电站导流隧洞规模大，为满足泄洪要求，2 条导流隧洞过水断面尺寸为 16m×21m（宽×高），最大开挖断面为 24.88m×26.15m（宽×高）。导流隧洞运行期设计最高内水水头 55.0m，设计最大流速达 30.0m/s，是国内已建和在建工程中断面较大的有压导流隧洞；为便于大坝 RCC 施工，坝体未设后期导流通道，下闸后堵头施工期只有坝体高程 290.00m 的 2 个泄洪底孔［5m×8m（宽×高）］参与泄洪，封堵期的外水设计水头高达 105.0m、进水口中墩承受水推力达 3.1 万 t，为当时国内已建工程中封堵期外水水头最高、进水口中墩承受水推力最大的导流隧洞。通过采取一系列的试验、计算和结构构造措施，成功地解决了导流隧洞施工及运行期支护、进水口中墩结构局部应力、出口防冲及进出口高边坡稳定及防护问题，为减少坝内后期施工导流通道从而加快工程进度创造了条件。

2.4 碾压混凝土围堰设计

2.4.1 地质条件

上游围堰堰基出露地层有中三叠统板纳组 $T_2b^{1\sim13}$ 和下三叠统罗楼组 $T_1L^{3\sim8}$、T_1L^9 层泥板岩、砂岩及硅质板岩和少量灰岩、层凝灰岩，岩体饱和抗压强度 20～60MPa。岩层为单斜构造，走向与河流流向夹角约 70°，倾向下游偏左岸，倾角 60°。河床砂卵砾石覆盖层厚 1～8m，两岸残坡积层厚 0.5～4m，右岸高程 219.00～230.00m 之间有基岩礁滩裸露，水平宽度 30～40m。围堰区主要断层有陡倾角顺层断层 F_2、F_{35}、F_{65}，北东向断层 F_3、F_6、F_9、F_{39} 及北西西向断层 F_4，除 F_2、F_{35}、F_{65} 3 条层间断层规模较大外，其他陡倾角断层规模较小，无贯穿性的缓倾角软弱结构面。层间错动较发育。堰址两岸强风化下限埋深 0.5～15m，河床及礁滩埋深 0～13m，罗楼组中强弱风化带泥质灰岩夹层风化淋滤后形成众多风化泥化夹层，泥化夹层水平发育深度达 35～40m。$q<5Lu$ 的相对不透水层顶板埋深：两岸 44～80m，河床及礁滩 40～70m。

下游围堰出露地层有中三叠统板纳组 $T_2b^{25\sim27}$ 层砂岩夹泥板岩及砂岩与泥板岩互层，岩体饱和抗压强度 50～100MPa。岩层倾向下游，倾角 60°。河床覆盖层厚 3～14m，两岸均有 30～45m 宽的基岩裸露，岸坡残坡积层厚 0.5～4.0m。堰基出露主要断层有西北向 F_4，北东向 F_{30}、F_{36}、F_{43}、F_{60}、F_{79} 等，其中出露于堰肩的 F_4、F_{60} 规模较大，其余均属陡倾角小断层。无贯穿性的陡倾角软弱结构面，但个别堰段下可能随机分布延伸长度 5～15m 的缓倾角结构面或节理密集带。左、右岸强风化岩体深 4～8m，弱风化岩体深 10～30m，河床弱风化深 0～10.0m。

2.4.2 设计标准

龙滩水电站上游围堰最大高度为 73.2m，堰前拦蓄库容 6.05 亿 m³，历经 2 个汛期，鉴于围堰工程规模大、失事后经济损失重大，根据《水电工程施工组织设计规范》（SDJ 338—1989）的规定，围堰工程为3级临时建筑物。

根据《水电工程施工组织设计规范》（SDJ 338—1989）的规定及专家咨询意见，上、下游RCC围堰挡水标准采用43年实测水文系列的全年10年一遇洪水，洪峰流量为14700m³/s，同时考虑到RCC围堰运行期间可能遇超标准洪水而过水，对围堰进行适当的过水及消能保护，将两岸堰肩挡水标准适当提高至长系列（即考虑历史洪水）全年10年一遇洪水，洪峰流量为16300m³/s；超标准洪水的结构安全标准按长系列全年20年一遇洪水流量18500m³/s复核。水力学指标见表2.12。

表2.12 水力学指标表

导流标准	导流流量 /(m³/s)	下泄流量 /(m³/s)	上游水位 /m	基坑水位 /m	下游水位 /m
短系列10年一遇	14700	12638	272.77		244.37
长系列10年一遇	16300	15140	276.58	247.45	247.05
长系列20年一遇	18500	17881	279.25	257.26	250.17

注 表中"长系列"为历史洪水加1936—1992年插补、实测资料构成的系列；"短系列"为1959—1992年实测系列，2001年招标设计时，将实测水文系列延长至2000年年底，经复核后仍采用原设计值。

2.4.3 布置与特性

上游RCC围堰布置于大坝轴线上游约100.00m处，堰趾至坝踵的最短距离仅约8.50m，堰基置于罗楼组和板纳组地层上，围堰基岩为Ⅲ～Ⅴ类；堰顶长368.30m，最大堰高73.20m，混凝土总方量为48.6万m³。

下游RCC围堰布置于大坝轴线下游约370.00m处，堰基坐落于板纳组的$T_2b^{25\sim27}$地层上，围堰基岩为Ⅱ～Ⅳ类；堰顶长273.00m，最大堰高48.50m，混凝土总方量为11.0万m³。

2.4.4 体形设计

上、下游RCC围堰均采用重力式。堰顶宽均为7.00m。上游围堰迎水面高程220.00m以上为垂直面，高程220.00m以下坡比为1：0.2，下游面高程271.30m以下坡比为1：0.7。考虑到上游RCC围堰较高，且与大坝相距较近，为防止发生超标准洪水围堰过流时对堰基及坝基的破坏，基坑过水前需先行充水，结合围堰结构设计，进行了适当的过水及消能保护。上游RCC围堰采用将两岸堰肩加高、中间留缺口的布置方式，同时在下游坡面高程240.00m处设置5.00m宽消能平台。上游RCC围堰缺口段顶高程273.20m、缺口宽231.1m，两岸堰肩顶高程278.60m，围堰最低建基高程200.00m，最大堰高73.20m。

下游RCC围堰高程235.00m以上为垂直坡，背水面高程235.00m以下坡比为1：0.55，迎水面高程235.00m以下坡比为1：0.33。考虑遇超标准洪水时对基坑先行充水，在下游RCC围堰设置高2.60m、长162.00m的自溃式编织袋黏土子堰充水缺口，同时在堰身段设6个退水阀退水。围堰缺口混凝土顶高程242.40m，自溃式编织袋黏土子堰顶高程245.00m，两岸堰肩高程247.50m。围堰最低建基高程196.50m，最大堰高48.50m。

上、下游围堰典型断面如图2.3所示。

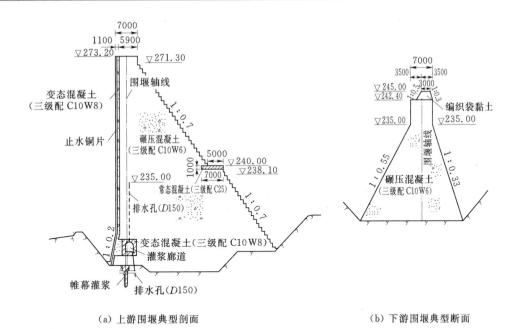

（a）上游围堰典型剖面   （b）下游围堰典型断面

图 2.3　上、下游围堰典型断面图（尺寸单位：mm）

2.4.5　稳定与应力分析

2.4.5.1　设计参数及控制标准

围堰堰基岩石物理力学参数见表 2.13。混凝土与堰基接触面抗剪断参数根据表 2.13 的建议值和围堰建基高程，按围堰堰基坐落于各岩层上的堰基面积的加权平均值取值；堰身 RCC 层面抗剪断强度指标为 $f_c'=1.00$、$c_c'=1.00\mathrm{MPa}$。

设计风速为 13.0m/s，相应风向为 NW；淤沙高程为 220.00m。

表 2.13　　　　　　　　　　围堰堰基不同岩体物理力学参数表

位置	工程岩体分级（BQ）	岩体工程地质分类	饱和抗压强度/MPa	混凝土与岩体接触面推荐值	
				f'	c'/MPa
上游围堰	Ⅲ（>351）	$B_{Ⅲ2}$	60	0.9	0.7~0.8
	Ⅳ（>330）	$B_{Ⅳ1}$	50	0.8~0.9	0.6~0.7
	Ⅳ（>251）	$B_{Ⅳ2}$	30	0.7~0.8	0.5
		$C_{Ⅳ2}$	25		
	Ⅴ（>231）	$C_Ⅴ$	25	0.6~0.7	0.3~0.5
	Ⅴ（<201）	$C_Ⅴ$	10~20	0.4~0.5	0.08~0.3
下游围堰	Ⅱ	$A_Ⅱ$	100	1.0	1.0
	Ⅲ（>385）	$A_Ⅲ$	60	0.9~1.0	0.9
	Ⅳ（>331）	$B_{Ⅳ1}$	50	0.8~0.9	0.6~0.7
	Ⅳ（>310）	$B_{Ⅳ1}$	50	0.8	0.6

计算工况及荷载组合为：

（1）挡水期。自重＋静水压力＋扬压力＋淤沙压力＋浪压力。

（2）过水期。自重＋静水压力＋扬压力＋淤沙压力＋动水压力。

（3）退水期。自重＋静水压力＋扬压力。

根据《水电工程施工组织设计规范》（SDJ 338—1989）和《混凝土重力坝设计规范》（DL 5108—1999）的规定，选取典型断面按材料力学法计算围堰的堰踵、堰趾应力和抗滑稳定；堰体应力采用材料力学法和有限元法分别计算。

按《混凝土重力坝设计规范》（DL 5108—1999）规范计算时的围堰稳定与应力控制标准见表 2.14。

表 2.14　　　　　　　　堰基面及堰体计算截面稳定与应力控制标准表

荷　载　组　合		抗滑稳定	堰　基　面		堰体计算截面	
			堰踵正应力	堰趾正应力	上游面主应力	下游面主应力
基本组合	正常挡水工况	$R(\cdot)/\gamma_d \geqslant \gamma_0 \psi S(\cdot)$	$\leqslant 0.10\text{MPa}$	$\leqslant f_R$	$\leqslant 0.20\text{MPa}$	$\leqslant f_c$
特殊组合	（1）围堰过水工况		$\leqslant 0.10\text{MPa}$	$\leqslant f_R$	$\leqslant 0.20\text{MPa}$	$\leqslant f_c$
	（2）基坑退水工况		$\leqslant f_R$	$\leqslant 0.10\text{MPa}$	$\leqslant f_c$	$\leqslant 0.20\text{MPa}$

注　1. 抗滑稳定计算式中，抗力函数 $R(\cdot)=f'\sum W+c'A$；作用效用函数 $S(\cdot)=\sum P$；γ_0 为结构重要性系数；ψ 为设计状况系数。

　　2. 0.10、0.20 均为拉应力控制标准；f_R 为基岩抗压强度；f_c 为混凝土抗压强度。

按有限元法计算围堰上游垂直应力时，控制标准为：

（1）堰基上游面。计扬压力时，拉应力区宽度宜小于堰底宽度的 0.07 倍（垂直拉应力分布宽度/堰底面宽度）或堰踵至帷幕中心线的距离。

（2）堰体上游面。计扬压力时，拉应力区宽度宜小于计算截面宽度的 0.07 倍或计算截面上游面至排水孔（管）中心线的距离。

2.4.5.2　稳定与应力成果分析

上游 RCC 围堰各典型断面综合计算结果见表 2.15。

表 2.15　　　　　　　　上游 RCC 围堰各典型断面综合计算结果表

计算方法	部位	计算工况	最小抗滑稳定系数 K $[K=R(\cdot)/\gamma_d\gamma_0\psi S(\cdot)]$	上游面应力 /MPa	下游面应力 /MPa	备　注
材料力学法	堰基面	挡水期	1.113	−0.27	−2.02	
		过水期	1.064	0.04	−1.68	
		退水期	1.075	−1.46	−0.27	
	堰体 RCC 层面	挡水期	1.348	0.02	−1.78	不设排水
		过水期	1.250	0.30	−1.62	
		挡水期	1.743	−0.30	−1.86	设排水
		过水期	1.463	0.15	−1.65	
有限元法	堰基面	挡水期		0.45	−3.83	堰踵 0.5m 以内
		过水期		0.98	−3.09	

注　1. 表中"−"号表示压应力。

　　2. 排水设置高程为自堰基至高程 235.00m。

从表 2.15 可见，各计算断面堰基面及堰体 RCC 层面抗滑稳定均满足规范要求；堰身 RCC 层面过水期拉应力超过了应力控制标准，且分布范围较大，因此考虑堰身设置排水。根据计算结果，堰身自堰基至高程 235.00m 设排水后，过水期上游面拉应力减小至 0.15MPa，应力满足要求。

采用有限元法计算时，围堰上游面均出现拉应力，但拉应力区深度很浅，均在距堰面 0.5m 以内，各工况均满足《混凝土重力坝设计规范》（DL 5108—1999）的要求。

下游 RCC 围堰堰基及堰身 RCC 层面无论是挡水期、过水期还是退水期抗滑稳定性和应力均满足规范要求。

2.4.6 堰体构造设计

2.4.6.1 防渗层厚度和混凝土分区

上游围堰迎水面防渗层采用 0.50m 厚的三级配变态混凝土（C10W8），下游围堰迎水面未另设变态混凝土防渗层；堰身均为三级配碾压混凝土（C10W6）。围堰基础垫层混凝土为 1.00m 厚的三级配常态混凝土（C15W8），局部深槽部位亦采用三级配常态混凝土（C15W8）回填；围堰基础帷幕灌浆廊道和排水廊道及止水铜片周边不小于 1.00m 范围内采用三级配变态混凝土（C10W8），断层刻槽混凝土塞和止水铜片基座均采用细石混凝土（二级配 C15W8）回填。

碾压混凝土围堰主要技术指标见表 2.16。

表 2.16   **碾压混凝土围堰主要技术指标表**

设计指标		RCC（三级配）	上游面变态混凝土	垫层常态混凝土（三级配）
设计强度等级		C10	C10	C15
90d 强度指标/MPa		15	15	22
抗渗等级（90d）		W6	W8	W8
极限拉伸值 ε_p（90d）		0.7×10^{-4}	0.7×10^{-4}	0.8×10^{-4}
VC 值/s		5～7		
坍落度/cm			1～2	
最大水胶比		<0.5	<0.5	≤0.55
容重/（kg/m³）		≥2400	≥2400	≥2400
层面抗剪断强度（180d，保证率 80%）	f'	≥0.9～1.0		≥1.0
	c'/MPa	≥1.0		≥1.0
相对压实度		表面不小于 98%，内部不小于 97%		

注 混凝土设计强度等级和 90d 强度指标，是指按标准方法制作的边长为 150mm 的立方体试件，分别在 28d 和 90d 龄期用标准试验方法测得的保证率分别为 95% 和 80% 的抗压强度标准值。

2.4.6.2 堰体分缝和止水

原则上 30.0～40.0m 长堰段和地形突变处设一条横缝，缝内设一道止水铜片。各横缝在常态混凝土和变态混凝土范围内采用 10mm 厚的沥青杉木板嵌缝，在碾压混凝土内均采用切缝机切缝，缝内填 10mm 厚聚乙烯闭孔泡沫隔缝板。

上游碾压混凝土围堰总长 368.34m，共设置 10 条横缝，最大堰段长 43.60m。下游碾压混凝土围堰总长 273.04m，原设计设置 7 条横缝，最大堰段长 47.00m，实际施工过程中结合下游围堰掺加 MgO 的试验要求，取消下游围堰所有横缝及横缝内的止水铜片（厚 1.2mm）和聚乙烯闭孔泡沫板（厚 10mm），碾压混凝土通仓浇筑。

2.4.6.3 帷幕灌浆和排水

上游 RCC 围堰设一道纵向基础帷幕灌浆和排水廊道，纵向廊道尺寸为 2.50m×3.00m（宽×高），其中心线位于围堰轴线下游 0.75m 处；另设 3 道横向廊道，在河中深槽和两岸岸坡部位与纵向廊道相连。堰基设单排帷幕，深入堰基 5Lu 线以下 3.00m，灌浆帷幕最大深度 49.00m。帷幕下游侧堰基设单排排水孔，深度为 15.00m。堰身高程 235.00m 以下设一排排水孔，孔距 3.00m，造孔孔径 150mm。堰身和堰基渗水通过排水廊道自排入基坑后抽排。

下游 RCC 围堰未设帷幕和排水。

2.4.7 地基处理

上、下游围堰建基面除左右岸堰肩局部建于强风化下部岩体外，堰体绝大部分位于弱风化岩体内，岩层走向与上游围堰轴线夹角 32.5°～17.5°、与下游围堰轴线基本平行，岩层倾向下游偏左岸，倾角较陡。基础处理措施主要为：

（1）泥化夹层、断层及其破碎带刻槽后回填细石混凝土塞。

（2）地质条件较差的 $T_2b^{2\sim4}$ 地层、溶洞以及深潭部位清除表部砂砾石覆盖层后回填三级配垫层混凝土。

（3）节理密集带固结灌浆。

2.4.8 过水保护设计

2.4.8.1 围堰过水保护措施

为简化围堰遇超标洪水的过水保护，节省过水保护工程量，采取将围堰两岸堰肩加高，基坑先行充水，同时下游堰面高程 240.00m 处设置平台造成面流消能效应，堰身下游坡面施工成台阶状辅助消能的工程措施。围堰两岸堰肩加高的标准为：当发生长系列全年 10 年一遇洪水（$Q=16300\text{m}^3/\text{s}$）时，两岸堰肩不过水，相应上游 RCC 围堰缺口高程为 273.20m，缺口宽 231.10m，两岸堰肩高程为 278.60m；下游 RCC 围堰缺口高程为 242.40m，缺口宽 162.00m，两岸堰肩高程为 247.50m。上游围堰过水时，基坑由下游 RCC 围堰预留的缺口先行充水，使上游 RCC 围堰过水时堰脚形成水垫，保护堰脚和坝踵不被过堰洪水冲坏。

模型试验表明，当下泄流量超过围堰初期挡水标准的泄量时，下游围堰自溃子堰先于上游围堰进水，基坑充水；围堰缺口过流情况下，上游围堰、下游堰面未设置平台时，过堰水流冲刷堰体下游坡面并顺坡而下呈底流状态淘刷堰基，堰肩过流时过堰水流与堰体之间形成不稳定的空腔，在堰后坡面和岸坡基岩面交接处形成集中水流横向挤压沿堰面下泄水流，在两股水流交汇处流态紊乱。当发生全年 20 年一遇的超标洪水时，下泄水流入水流速为 22.1m/s、堰后坡面与岸坡基岩面交接处最大流速为 14.6m/s，堰脚淘刷深度达 16.7m，危及围堰及岸坡稳定。若堰、坝之间采用全断面混凝土衬护，工程量较大。经多次试验比较，选用在堰体下游面设置平台，使过堰水流以面流形式与下游衔接，有效防止了水流对堰脚的淘刷。试验表明，当发生长系列全年 10～20 年一遇洪水时，基坑水深 20.0～60.0m，上游围堰的过堰水流经堰后的高程 240.00m 平台产生面流消能效果，水流平顺，堰后临底流速均小于基岩抗冲流速，基本消除了对堰后基坑的冲刷，因此堰下不另设保护措施。

2.4.8.2 下游围堰充水和退水措施

下游 RCC 围堰设宽 162.00m 的缺口，缺口顶高程 242.40m，缺口段的上部为 2.60m 高的编织袋黏土子堰。根据洪水预报，当有超标准洪水时，拆除 2.60m 高的编织袋黏土进行基坑充水。经计算，当基坑充水至水位 235.00m 时约需 1.2h，当基坑充水至水位 240.00m 时约需 1.4h，因此只要洪水预报时间提前 3h，充水时间就有足够的保证。

洪峰过后，基坑内的积水由下游 RCC 围堰 162.00m 宽（顶高程 242.40m）的缺口退水，以保证下游 RCC 围堰尽量不受反向水压力的作用，同时为避免退水过程中由于内外水头差使堰趾出现拉应力，在堰身高程 230.00m 和 238.00m 处分别设置了 2 排共 6 个缓闭止回退水阀。

2.4.9 施工及运行

根据 RCC 围堰施工布置特点，上游围堰采用自卸汽车直接入仓、自卸汽车直接入仓＋高速皮带机供料线入仓和高速皮带机供料线入仓 3 种入仓手段；下游 RCC 围堰施工全部采用自卸汽车直接入仓。

碾压混凝土浇筑采用通仓平层连续铺筑的施工方法，碾压层厚 30cm，横缝采用切缝机造缝；原设计 1.0m 厚堰基垫层混凝土根据现场情况改为常态混凝土找平形成碾压仓面后，即进行碾压混凝土的施工，岸坡连接部位采用 1.0m 厚的变态混凝土。

结合"MgO 混凝土筑坝关键技术研究及应用"科研项目的研究工作，在龙滩工程下游围堰上进行外掺 MgO 材料的生产性试验研究。利用 MgO 所具有的独特延迟性微膨胀性能，补偿混凝土的收缩变形，防止温度裂缝。根据特性 MgO 微膨胀混凝土对温度应力的补偿作用，确定堰体不分横缝，设计要求整体全断面浇筑特性 MgO 微膨胀混凝土。掺 MgO 的碾压混凝土从 2004 年 3 月 11 日由高程 201.00m 开始浇筑，到 4 月 19 日浇筑至高程 222.90m，即强约束区与弱约束区共 21.9m 全部采用 MgO 混凝土浇筑。4 月 19 日后由于 MgO 材料供应不上，采用不掺 MgO 的碾压混凝土于 5 月 30 日浇筑至堰顶。下游围堰混凝土总方量为 10 余万 m^3，其中掺 MgO 混凝土约 3 万 m^3。全堰通仓连续浇筑，未分缝，未采取其他温控措施。

上游 RCC 围堰于 2004 年 1 月 23 日开始浇筑垫层混凝土，2004 年 2 月 2 日开始浇筑碾压混凝土，2004 年 6 月 10 日浇筑至堰顶高程，历时 139d，平均月浇筑强度 12 万 m^3，最高月浇筑强度 20.3 万 m^3/月，最高日强度 1.05 万 m^3/月。下游 RCC 围堰于 2004 年 2 月 16 日开始浇筑垫层混凝土，2004 年 3 月 11 日开始浇筑碾压混凝土，2004 年 5 月 28 日浇筑至堰顶高程，历时 102d。

围堰在计划的挡水期内未过水，实际遭遇最大挡水流量为 10300m^3/s，运行情况良好。上游围堰不需拆除，下游围堰于 2007 年和 2008 年汛前分两期拆除完毕。

龙滩 RCC 围堰工程量大、工期紧、施工强度高，其设计除考虑正常挡水工况外，还需考虑超标准洪水的过水保护措施。根据模型试验，通过采取两岸堰肩不过水、河床中间堰段预留缺口，以及下游围堰缺口上设置自溃子堰和堰身设置缓闭止回退水阀门等基坑预充水措施，在上游围堰堰后坡面亦仅设置 5.0m 宽的消能平台，两岸岸坡和堰后基础不另进行保护，大大地简化了超标洪水的防冲保护工作量，方便了施工，为工程快速施工创造了条件。水力模型试验表明，采用消能平台后，过堰水流经堰后平台产生的面流消能效果基本消除了对堰后基岩的冲刷；加高的两岸堰肩有效减小了堰肩过流，从而减免了岸坡保护工程量。上游 73.2m 高围堰混凝土施工在 139d 内完成；下游围堰结合"MgO 混凝土筑坝关键技术研究及应用"科研项目的研究工作，近 1/2 高度的堰体采用 MgO 混凝土浇筑，全堰通仓连续浇筑，未分缝，未采取其他温控措施。实际运行上、下游围堰均未出现裂缝，运行 3 年情况良好，为工程按期发电创造了条件。下游围堰采用外掺 MgO 混凝土的实践，为推进 MgO 混凝土筑坝技术的广泛应用，取得简化温控措施、加快施工进度和提高混凝土质量的经济和社会效益作出了有益的探索。

2.5　下闸蓄水

2.5.1　初期蓄水与下游供水

龙滩水电站发电死水位 330.00m，相应库容 51 亿 m^3；工程最低泄流底孔泄流高程 290.50m，相应库容 12.5 亿 m^3。由于库容较大，在大坝度汛缺口修建至高程 303.00m 以后，采用边施工、边蓄水的方式，使工程尽早发挥效益。

据调查，龙滩下游用水要求主要有下游梯级电站的发电用水、下游河道的航运用水、下游合山与来宾火电厂的取水、下游地区工农业与居民生活用水、下游施工企业的施工用水等对红水河干流的流量和水位要求以及珠江三角洲调水压咸补淡要求等。

综合分析岩滩以下用水最小流量为 400m^3/s；天峨县城陇麻坡水厂取水要求岩滩水库水位不低于 210.00m，龙滩施工企业用水要求龙滩坝下水位不低于 218.78m。当岩滩水电站按保证出力 242MW 发电运行时，发电下泄流量可达 430m^3/s 以上，岩滩下游各部门的用水要求可以相应得到满足。

龙滩水电站大坝泄流底孔的最低泄流高程为 290.50m，在蓄水至泄流底孔最低泄流高程 290.50m 期间，坝址断流。断流期间岩滩水库水位高于 210.00m，对陇麻坡水厂取水没有影响；遇平、丰水年时，龙滩蓄水断流期间岩滩水库水位均不会降至 219.00m 以下，对龙滩下游供水系统无影响，遇枯水典型年或遇最枯年份时影响下游供水系统 6～9d，在此期间，下游施工企业用水需求需采取工程措施与调度措施综合解决。

综合考虑河流水文特性、工程施工进度、下游供水和库区移民等因素，原施工总进度计划下闸时段为 2006 年 11 月下旬，按 85% 的蓄水保证率计算，自 2006 年 12 月初开始蓄水，至 2007 年 6 月底可蓄至最低发电水位 330.00m。

2.5.2　下闸时间及下闸流量

根据原施工总进度安排，原下闸时段选定在 2006 年 11 月下旬。导流隧洞进口封堵闸门及启闭设施按 11 月中旬 10 年一遇旬平均流量 1680m^3/s 设计，闸门及导流隧洞进水口结构按永久堵头施工时段 12 月 1 日至次年 4 月 30 日 20 年一遇流量 3210m³/s 设计，相应上游水位 320.00m，最高设计挡水水头 105m。

根据工程实际进展情况，首台机组发电时间提前至 2007 年 5 月。为减小龙滩电站下闸蓄水期间对下游已建梯级电站的运行和下游航运及生产、生活用水等方面的不利影响，尽量满足珠江三角洲从上游天生桥水库调水压咸补淡的需求，业主要求提前于 2006 年 9 月底下闸，以利用汛末来水尽快蓄满高程 290.50m 以下库容并具备一定的泄流能力，不拦蓄枯水期上游来水。鉴于导流隧洞进水口及启闭结构已经按原设计条件施工完成，封堵钢闸门及启闭机设备也已基本制作完成，为保证下闸和导流隧洞堵头施工期间工程安全和施工安全，要求下闸流量不大于原设计流量 1680m³/s。

2.5.3 启闭机布置与闸门安装

导流隧洞进口封堵闸门共有 4 扇，为平面滑动钢闸门。每扇门水封尺寸 8.70m×22.195m（宽×高），支承跨度 9.40m，重约 320t，分为 7 节，单节最重约 44t，闸门动水启闭水头 17.00m，设计挡水水头为 105.00m。每扇封堵闸门布置 1 台 2×4000kN 固定卷扬式启闭机，启闭机安装于门槽顶部启闭排架上，启闭机扬程 29.0m，吊点距 7.9m。

导流隧洞启闭机组件及分节门叶采用平板拖车运达导流隧洞进水口结构顶部高程 243.00m 平台，启闭机采用汽车吊在高程 243.00m 平台上将其零件吊装至启闭排架顶部高程 271.33m 操作平台上组装。闸门于导流隧洞进口结构顶部高程 243.00m 平台组装。

按照 11 月下旬下闸的招标进度计划，导流隧洞封堵闸门在汛后的 10—11 月安装，闸门组装平台挡水流量为 6600m³/s，可抵挡闸门组装期 10 年一遇洪水。实际工程进度较原招标设计提前约 2 个月，相应闸门组装时间提前至汛期，闸门安装工期紧，安装平台挡水标准仅相当于 8—9 月的 2 年一遇，安装过程受水淹风险大大增加，因此需有可靠的措施保证已组装或待组装闸门的安全。

为减少闸门组装期度汛风险，加快闸门安装进度，闸门结构设计时，将每节闸门按叠梁门的形式设置止水，节间止水座面及节间支承面均为加工面，节间采用连接板和连接轴连接，闸门整体安装前的主要工作均在工厂完成。

封堵闸门启闭机于 8 月初开始安装，8 月底完成调试。闸门组装施工在 9 月进行，分节门叶采用 50t 平板拖车运输，汽车吊吊放至导流隧洞进水口闸门门槽顶部安装平台，采用启闭机自上而下将门叶逐节吊起拼装，拼装一节提起一节，拼装过程主要是连接节间连接板和连接轴，每扇门拼装仅用 7d 完成，节省了大量的安装工期，较好地满足了提前下闸蓄水的要求。

2.5.4 下闸实施

为尽量减少下闸难度，同时尽量为堵漏及撤退创造条件，采用两岸导流隧洞 4 扇进口封堵闸门同时下放的方式。2006 年 9 月 30 日 9 时 30 分，龙滩水电站导流隧洞 4 扇闸门同时下放，下闸时上游来水流量 782m³/s，坝上游水位为 224.85m，从开始下放至闸门沉放到底，历时 28min。随着库水位上升，发现左、右岸导流隧洞闸门节间均漏水，检查发现为节间止水座焊接未密封所致，后在门槽中灌注混凝土将缝填实止漏。

2.5.5 水库初期蓄水

2.5.5.1 初期蓄水期间水库调度运行原则

龙滩水电站水库库容大，初期蓄水历时长，此期间其调度运行的总体原则为：在减少或避免对下游各方面用水不利影响的前提下，以满足下游各方面正常用水要求为目标，合理安排龙滩初期蓄水期间的水库运行方式，使龙滩水电站水库按计划尽早蓄水至正常蓄水位。

龙滩水电站上、下游梯级主要考虑了天生桥一级、天生桥二级、岩滩、大化等4个梯级水电站。龙滩水电站初期蓄水期间按照梯级联合运行方式，以满足梯级总保证出力和各梯级综合利用要求为目标，模拟计算龙滩水电站水库的初期蓄水过程和龙滩水电站的初期发电过程，以及上、下游其他梯级电站的发电运行和水库调度运行变化过程。为使龙滩水电站水库尽早按计划蓄水至正常蓄水位375.00m，尽快全面发挥工程发电效益和其他方面效益，对梯级水库特别是天生桥一级、龙滩水电站水库合理蓄放水次序进行了深入研究。当梯级总平均出力大于所要求的梯级总保证出力时，先安排龙滩水电站水库蓄水，再安排天生桥一级水电站水库按上调度线蓄水，蓄水期间天生桥一级水电站的发电平均出力不小于250MW；当梯级总平均出力小于所要求的梯级总保证出力时，以满足梯级总保证出力要求为目标，先安排天生桥一级水电站水库供水，当天生桥一级水电站水库面临时段水位接近或低于下调度线时，再安排龙滩水电站水库供水，但控制龙滩水电站水库水位不低于死水位330.00m。

2.5.5.2 初期蓄水期间水库调度运行方式

（1）龙滩水电站水库蓄水至死水位前的运行方式。由于岩滩—龙滩水电站工程的区间没有大的支流汇入，区间径流较小；岩滩水电站水库正常蓄水位223.00～212.00m（死水位）之间的调节库容为10亿 m^3，相对较小，难以长时间维持本身以及下游的正常用水要求。因此，龙滩水电站水库在蓄水至290.50m以后，为满足下游梯级电站发电运行、下游火电厂取水、下游河道航运、城镇供水和施工用水等方面的正常用水要求，需有一定的出库流量。

在由起蓄水位215.00m蓄至死水位330.00m的过程中，龙滩水电站水库的调度运行可分为两个阶段：第1阶段由起蓄水位215.00m蓄至底孔最低泄流高程290.50m；第2阶段由高程290.50m蓄至死水位。从水库调度运行方式来看，第1阶段龙滩水电站水库没有出库流量，入库水量全部蓄存于水库内，下游用水通过岩滩水电站水库调度，下泄流量不小于400 m^3/s；第2阶段在水库水位蓄至底孔底坎高程290.50m以后，在2007年汛期之前，根据入库流量通过泄流底孔向下游放水，若底孔泄流能力小于入库流量则按底孔泄流能力放水，水库水位自然蓄高，若底孔泄流能力大于入库流量则按入库流量放水，水库水位维持不变，以尽快恢复岩滩水电站水库正常运行水位，减少对岩滩水电站及以下梯级电站的发电运行、广西电网电力供应和珠江三角洲地区供水的影响，同时也可避免对下游航运用水、下游火电厂取水、下游施工用水等方面的影响。

龙滩水电站水库从起蓄水位215.00m至泄流底孔最低泄流高程290.50m的库容为

12.49 亿 m³。在不考虑上游天生桥水电站加大下泄的情况下，龙滩水电站水库 2006 年 9 月 30 日下闸蓄水至泄流底孔底坎高程 290.50m 的历时为 3～18d，丰水典型（$P=15\%$）的历时约 5d，平水典型（$P=50\%$）的历时约 10d，枯水典型（$P=85\%$）的历时约 13d。9 月底下闸方案，下闸后第 1、2 个月坝体缺口过水概率分别约为 60% 和 40%。

龙滩水电站水库蓄水至死水位 330.00m 的蓄水历时计算结果见表 2.17，在 52 个蓄水计算年组中，龙滩水电站水库蓄水至死水位 330.00m 的最短历时为 7.5 个月，最长历时为 9.4 个月，丰水典型（$P=15\%$）的历时为 7.6 个月，平水典型（$P=50\%$）的历时为 7.9 个月，枯水典型（$P=85\%$）的历时为 8.4 个月，遇丰水、平水年份可满足 2007 年 6 月第 1 台机组发电的要求，遇枯水年份 2007 年 7 月第 1 台机组可以发电。

表 2.17   下闸后前 9 个月龙滩水电站水库月末水位排频统计表

频率/%	月　末　水　位/m								
	10 月	11 月	12 月	1 月	2 月	3 月	4 月	5 月	6 月
1.89	309.00	311.00	314.00	314.00	314.00	314.00	315.00	340.00	342.00
15.00	309.00	311.00	311.00	311.00	311.00	311.00	311.00	338.00	342.00
50.00	309.00	309.00	309.00	309.00	309.00	309.00	309.00	332.00	342.00
75.00	305.00	308.00	308.00	308.00	308.00	308.00	308.00	324.00	342.00
85.00	304.00	306.00	306.00	306.00	306.00	306.00	306.00	322.00	342.00
98.11	300.00	304.00	304.00	304.00	304.00	304.00	304.00	314.00	322.00

（2）龙滩水电站水库由死水位蓄水至正常蓄水位的运行方式。水库由死水位蓄水至正常蓄水位的过程中，主要受工程施工进度对水库蓄水位的制约，历时比较长。根据水库蓄水计划，龙滩水库从 2006 年 9 月 30 日下闸蓄水，正常蓄水位 375.00m 方案历经约 2 年 10 个月的蓄水控制期，直至 2009 年 8 月才允许水库蓄水至正常蓄水位 375.00m。

从水库运行方式来看，在由死水位蓄水至正常蓄水位的过程中应严格按照水库蓄水计划进行蓄水，水库蓄水位不能超过允许的最高蓄水位和汛期限制水位。汛期入库流量较大，是水库蓄水的最佳时期，应及时安排水库按计划进行蓄水，以提高电站的发电水头和初期发电效益，同时应充分利用机组发电和其他各种泄流通道进行调度，控制水库水位不超过允许最高蓄水位；枯水期入库流量较小，一般不安排水库蓄水，按入库流量安排电站发电下泄，水库水位维持不变，但在梯级电站的发电平均出力不能满足梯级总保证出力要求或下游有其他用水要求的情况下，龙滩水库应向下游及时供水，水库水位适当消落。

对于正常蓄水位 375.00m 建设方案，2009 年 8 月开始允许水库蓄水至正常蓄水位 375.00m，应充分利用 7—9 月入库水量充沛的时机安排水库蓄水，争取在汛期结束之前将水库蓄水至正常蓄水位 375.00m，以使龙滩水电站在 2010 年即可转入正常运行。

2.5.5.3 实际蓄水过程

龙滩水电站导流隧洞于 2006 年 9 月 30 日下闸，水库开始蓄水，同年 10 月 14 日 14 时，库水位达到 290.01m，超过底孔进口底板高程 290.00m，15 日 9 时左岸底孔开闸放水，16 日下午右岸底孔也开始开闸过流，此后，均根据下游梯级电站的需要经底孔向下游放水，10 月底库水位达 310.00m，此后由于来水流量相对较小而向下游放水以抑制海水倒灌珠江三角洲咸潮的要求较高，放水流量较大，库水位上升较缓慢；至 2007 年 5 月 21 日，库水位蓄至 320.00m，首台机组发电，以后每隔 2~3 个月投产 1 台机组，2007 年 6 月 8 日，水库水位至死水位 330.00m；2008 年 11 月中旬水库水位蓄至 374.88m，接近正常蓄水位，2008 年 12 月 23 日，7 台机组全部投产发电。

水库初期蓄水过程如图 2.4 所示。

月份	10	11	12	1	2	3	4	5	6
入库流量/(m³/s)	800~1500	620~1800	600~1100	500~1200	600~1300	380~720	530~830	480~1200	970~7130
出库流量/(m³/s)	0~1100	600~1100	550~980	680~1040	670~1030	270~670	320~1400	290~1120	617~2530
库容/亿 m³	0.9~26.9	26.9~32.1	32.1~33.4	33.4~34.4	34.4~32.5	32.5~36.8	36.8~36.2	36.2~38.5	38.5~65.0
库水位/m	225.00~310.00	310.00~315.40	315.40~316.60	316.60~317.50	317.50~315.70	315.70~319.50	319.50~319.00	319.00~320.90	320.90~338.80

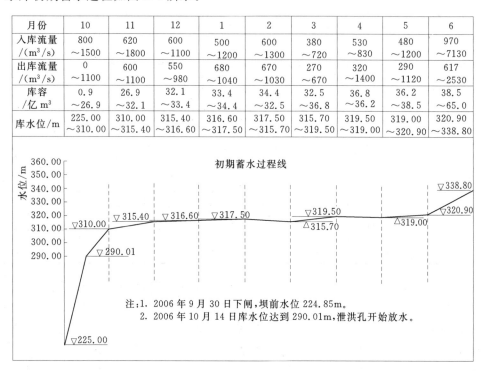

图 2.4　龙滩水电站水库初期蓄水过程

2.6　后期度汛技术

2.6.1　堵头施工期坝体度汛

导流隧洞下闸后，工程度汛通过坝身预留缺口和 2 个放空底孔泄流，为加快大坝碾压混凝土施工进度，坝身不另设导流底孔。

工程下闸后堵头施工期坝体缺口加高进度受以下条件制约。

（1）缺口高程需满足初期蓄水挡水龄期的要求。

（2）库水位需通过 2 个底孔和坝体缺口控制在导流隧洞进水口结构设计水位 320.00m 以下。

（3）缺口尽量少过水以便为溢流面施工创造条件。

（4）2007 年汛前缺口浇筑高程不低于 342.00m。

（5）缺口两侧坝段各月底浇筑高程能挡御蓄水期1%最大洪水。

受以上因素制约，在导流隧洞堵头施工期，根据来水情况和水力学计算成果逐月限制缺口上升高程以满足堵头施工安全要求；导流隧洞堵头施工完成后，坝体缺口及其溢流面尽快上升至度汛高程。

根据水力学计算成果，对大坝各月缺口上升高程进行适当控制，见表2.18。

表 2.18　　　　　　　　　　各月坝体缺口上升高程控制表

日期/(年-月-日)	坝体缺口高程/m	日期/(年-月-日)	坝体缺口高程/m
2006 - 09 - 30	308.00	2006 - 12 - 31	315.00
2006 - 10 - 31	309.00	2007 - 01 - 31	320.00
2006 - 11 - 30	311.00		

2.6.2　初期发电阶段坝体高缺口度汛

龙滩水电站溢流表孔堰顶高程355.00m（初期建设），采用高低坎相结合的挑流式消能。工程初期发电阶段由高程342.00m、宽120m的坝体高缺口和高程290.00m的2个泄洪底孔泄洪汛。此时缺口坝段坝高已达152.0m，闸墩及溢流面还未完建，缺口过流设计单宽流量达135m³/(s·m)，落差达112.0m，单宽泄洪功率达148MW/m。模型试验显示，坝体高程342.00m缺口过流时，水流流态极为紊乱，由于缺口形态限制，水流过缺口后挑离坝面，在部分流量下，水体跌落90.0m后冲击坝面。高流速和大能量的水流可能会对未完建溢流面的RCC台阶和已建的溢流面造成破坏。经反复试验，采用在高程342.00m缺口坝段闸墩上游部位设置导流墩，将来流导向泄槽内，以减少闸墩顶部过流，减轻水流对泄槽导墙顶部冲击，同时，对未完建的溢流面台阶与下部已建溢流面间采用小台阶平顺过渡，使泄槽内水流贴溢流面下泄，减小其对高低坎反弧段的冲击，改善鼻坎出流，同时增大水舌挑距，模型试验过流情况如图2.5和图2.6所示。2007年汛期坝体高缺口实际泄流61d，缺口坝段设置的导流墩有效导引水流入槽，达到了预期效果，坝体坝基运行安全。

图 2.5　P=1%坝体缺口过流导流墩
流态照片（模型试验）

图 2.6　P=1%缺口过流导流墩与
泄槽内流态照片（模型试验）

2.7 导流隧洞永久封堵

2.7.1 堵头设计标准

导流隧洞永久堵头与大坝设计标准相同，为 1 级永久建筑物，其设计标准为 1000 年一遇洪水标准设计、10000 年一遇洪水标准校核。龙滩水电站分 2 期建设，相应一期设计洪水位为 377.26m，校核洪水位为 381.84m；二期设计洪水位为 400.93m，校核洪水位为 404.74m。导流隧洞堵头按二期建设水位设计，相应最大设计挡水水头为 175.43m、校核挡水水头为 179.24m。

2.7.2 堵头结构设计

2.7.2.1 堵头布置

大坝帷幕线在左岸穿过了导流隧洞洞身，在右岸则置于导流隧洞洞顶之上。堵头布置考虑与大坝防渗帷幕结合成整体，布置于导流隧洞的中前部，与大坝防渗帷幕结合成整体，左、右岸导流隧洞堵头长度均为 45.0m，每条堵头混凝土量为 13500m³。堵头混凝土采用 C20 外掺 MgO 微膨胀混凝土，MgO 掺量 4%～5%。

为增加堵头的稳定性，在导流隧洞施工时，堵头段洞身衬砌已按堵头设计的楔形断面进行了扩挖和混凝土施工，最大扩挖深度为 3.5m，同时，为提高堵头混凝土与原衬砌混凝土之间结合的整体性，在导流隧洞左右侧墙各预留了 24 块 3.0m×1.0m×0.15m（长×宽×高）的键槽，堵头施工前拆除覆盖在键槽上的钢板及木塞，并对堵头段洞身衬砌混凝土进行凿毛处理。

考虑到导流隧洞进水口结构及封堵闸门结构安全，为使堵头尽快具备初期挡水条件，堵头采取分段施工的方式，第 1 施工段长 25.0m，第 2 施工段长 20.0m，分段施工缝后期进行接缝灌浆。为方便灌浆施工，在堵头段下游 33.00m 范围内设置有城门洞形灌浆廊道，廊道尺寸为 4.0m×5.0m（宽×高）。

2.7.2.2 堵头稳定计算

为方便施工，堵头段外轮廓在隧洞开挖时一次成型，堵头施工时直接在堵头段衬砌混凝土面上浇筑，原衬砌混凝土不再爆破开挖。为此，计算复核了堵头体与原衬砌混凝土之间及与围岩间的抗滑稳定。

计算主要采用《水工隧洞设计规范》（DLT 5195—2004）中封堵体抗滑稳定计算公式：

$$\gamma_0 \psi S(\cdot) \leqslant R(\cdot)/\gamma_{d1} \tag{2.4}$$

其中
$$S(\cdot) = \sum P$$
$$R(\cdot) = f' \sum W + c'A$$

式中：$S(\cdot)$ 为作用效用函数；$R(\cdot)$ 为抗力函数；$\sum P$ 为堵头上游面承受的水压力；f' 为堵头混凝土与原衬砌混凝土面（或与围岩）抗剪断摩擦系数，见表 2.19；c' 为堵头混凝土与原衬砌混凝土面（或与围岩）抗剪断黏聚力，见表 2.19；$\sum W$ 为堵头自重；A 为堵头混凝土与原衬砌混凝土的接触面积，考虑到施工及混凝土收缩等因素，边、顶接触面质量不易保证，对接触面积予以折减，底板考虑全部接触，两侧边墙考虑 40%～60%接触；γ_0 为结构重要性系数，堵头为 1 级结构，取为 1.1；ψ 为设计状况系数，对应于持久状况，取为 1.0；γ_{d1} 为基本组合结构系数，取为 1.2。

表 2.19 导流隧洞封堵段抗剪断参数表

参 数	混凝土/混凝土	混凝土/围岩	
		左岸导流隧洞	右岸导流隧洞
f'	1.0	1.14	0.99
c'/MPa	1.1	1.11	0.92

同时，采用《重力坝设计规范》(SDJ 21—78) 的抗剪断强度公式复核。

$$K_0 \geqslant (f' \textstyle\sum W + c'A)/P \qquad (2.5)$$

式中：K_0 为基本组合不小于 3.0，特殊组合不小于 2.5，并分别考虑用自重摩擦力安全系数和凝聚力安全系数复核。

$$P \leqslant f' \textstyle\sum W / K_1 + c'A/K_2 \qquad (2.6)$$

式中：K_1 为摩擦力安全系数，取 1.05~1.15；K_2 为凝聚力安全系数，取 4~6；其他符号意义同前。

也采用了《水工隧洞设计规范》(SL 279—2002) 封堵体抗冲剪公式复核。

$$L \geqslant \frac{P}{[\tau]S} \qquad (2.7)$$

式中：$[\tau]$ 为容许剪应力，取 0.2~0.3MPa；S 为封堵体剪切面周长。

综合计算分析成果，并参考国内其他同等规模工程的堵头设计长度，取堵头长度为 45.0m，其中第 1 段 25.0m 长堵头可满足上游 330.00m 以下水位的抗滑稳定要求。

2.7.2.3 堵头应力分析

采用三维有限元方法对堵头进行了应力计算和分析，分别模拟了第 1 段堵头单独承受库水位 320.00~375.00m 水头及后期第 1、2 段堵头共同承受永久挡水水头的工况。计算表明：

(1) 当第 1 段堵头单独承受 320.00~375.00m 外水水位时，堵头混凝土的第一主应力绝大部分相应在 0.34~-0.61MPa 和 0.47~-0.97MPa（"-"号表示压应力，下同）范围内，迎水面拱座附近由于考虑堵头体与衬砌顶拱脱离，局部应力集中，最大拉应力值相应达到了 1.52~1.63MPa；堵头混凝土的水流向变形最大值相应为 1.36~1.98mm，出现在迎水面拱顶附近。在堵头混凝土与原衬砌接触面上，堵头体顺水流向正应力均为压应力，375.00m 水位时应力范围为 -1.50~-0.30MPa，均远小于混凝土的抗压强度；接触面法向应力除堵头顶拱及拱座距迎水面 1m 范围内出现应力集中、拉应力为 0.1MPa 外，其余 24.0m 长度范围内均为较小的压应力，说明堵头混凝土与衬砌间是受压贴紧的；接触面剪应力除拱座附近考虑堵头体与衬砌顶拱脱离，在 320.00~375.00m 水位局部应力集中值相应达 1.332~1.8MPa 外，其余部位相应在 0.3~0.5MPa 以内。衬砌混凝土与围岩接触面在距迎水面 4m 即堵头扩挖段范围内，应力普遍衰减迅速，堵头扩挖段以后应力变化相对平缓，距迎水面 4m 以后段第一主应力均在 0.5MPa 以内、接触面剪应力均在 0.3MPa 以内。

（2）当第2段堵头施工完毕，第1、2段施工缝接缝灌浆完成，共同承担最高设计水位时，堵头混凝土的第一主应力绝大部分在0.39～－1.1MPa范围内，迎水面拱座附近由于考虑堵头体与衬砌顶拱脱离，局部应力集中，最大值达到了1.86MPa，其余部位拉应力大都小于混凝土的抗拉强度；堵头混凝土的水流向变形最大值为2.34mm，出现在迎水面拱顶附近；在堵头混凝土与原衬砌接触面上，堵头体顺水流向及垂直水流向正应力均为压应力，相应最大压应力分别为－1.70MPa、－0.73MPa，均远低于混凝土抗压强度；接触面上剪应力除拱座附近考虑堵头体与衬砌顶拱脱离，局部应力集中最大值达2.06MPa，且分布范围很小外，其余部位剪应力最大值均小于0.5MPa，往下游剪应力逐渐降低，第2段堵头剪应力均小于0.3MPa。衬砌混凝土与围岩接触面应力分布规律与第1段堵头先期受力时相同，在距迎水面4m即堵头扩挖段范围内，应力普遍衰减迅速，以后应力变化相对平缓，距迎水面4m以后段第一主应力均在0.5MPa以内、接触面剪应力均在0.3MPa以内。

（3）第1段堵头单独承受375.00m水位和两段堵头共同承担设计水位404.74m工况下，堵头段围岩应力除上游端拱座附近由于堵头向下游变形带动，分别相应出现0.42MPa、0.50MPa的拉应力，以及底板和断层相交部位局部区域分别相应出现了0.98MPa、1.11MPa拉应力外，其余部位均为压应力，整体压应力小于10MPa。

综合计算分析，认为第1段堵头（25.0m）在上游水位为320.00～375.00m时，堵头整体的应力值普遍较小，可以满足强度设计要求，只是在堵头迎水面至扩挖段附近的应力数值较大，存在局部混凝土拉裂脱开的可能。这是由于堵头体形的变化以及断层的影响，在堵头体上部混凝土和洞壁接触面出现拉应力，应采取加强锚杆支护以及回填灌浆等施工措施，防止上游混凝土与围岩接触面的拉裂。

在第1段堵头和第2段堵头共同承担上游最大设计水头时（水位404.74m）时，堵头处于稳定状态，但第2段堵头的应力值明显小于第1段堵头，为了充分利用第2段堵头，应对第2段堵头尽快施工，尽早与第1段堵头共同承担上游水压力。

2.7.2.4 堵头段围岩处理

左岸堵头段围岩属Ⅲ₁～Ⅱ₁类岩石，为新鲜-微风化厚至中厚层砂岩、夹泥板岩，完整性中等，多为硬性结构面，有贯穿性光滑结构面及个别贯穿性破碎夹少量泥的结构面。右岸堵头段属Ⅲ₂～Ⅳ₁类围岩，为新鲜-微风化硅质板岩夹少量灰岩、粉砂岩，岩体中多为硬性结构面，有贯穿性光滑结构面和个别破碎夹少量泥的结构面。

导流隧洞运行前，左岸导流隧洞第1段堵头及其上游的所有洞段、右岸导流隧洞堵头及其上游的所有洞段围岩均进行了固结灌浆，灌浆孔、排距3.0m，孔深8.0m，灌浆压力0.5～0.7MPa。同时，考虑到与大坝帷幕相接，在导流隧洞运行前，分别在左、右岸导流隧洞与大坝帷幕相交的位置布置了两排帷幕灌浆，灌浆孔距2.0m，底板部位孔深40.0m，边墙及顶拱部位孔深8.0m，灌浆压力1.0～6.0MPa。

为保证堵头安全，在堵头混凝土施工后，采用高压固结灌浆对堵头段围岩进行处理。在原帷幕灌浆线附近布置固结灌浆深孔，孔深8.0m，灌浆压力3.5～4.0MPa，兼具防渗帷幕的作用，其余固结灌浆孔入岩深4.0m，灌浆压力2.5～3.0MPa。

2.7.2.5 堵头回填、接触及接缝灌浆

根据堵头段结构强度、稳定要求，结合堵头所在地段的地质条件，除进行堵头顶部回

填灌浆外，还对堵头混凝土与原衬砌混凝土间、原衬砌混凝土与围岩间布置有接缝、接触灌浆，回填灌浆压力 0.4～0.5MPa，接缝灌浆压力 0.3～0.5MPa，接触灌浆压力 0.3～0.5MPa。

实际施工时，堵头段围岩高压固结灌浆和原衬砌混凝土与围岩间接触灌浆结合进行，首先兼顾接触灌浆要求，对孔口入岩 0.8m 段单独钻孔灌浆，灌浆压力 0.8MPa，然后再分段进行余下孔段的钻孔灌浆。

2.7.2.6 堵头施工冷却系统

为减少堵头混凝土的水化热温升，除对堵头混凝土采取综合降温措施外，堵头混凝土施工时，每隔 1.50m 设置一层 $\phi25mm$ 冷却水管。施工初期通河水冷却，2 月底以后采用制冷水，通水水温与混凝土内部温差按不大于 20℃ 控制，堵头最终稳定温度为 15℃。

2.7.3 堵头运行监测

两条导流隧洞于 2006 年 9 月 30 日下闸，导流隧洞堵头于 2007 年 5 月施工完毕。根据监测资料分析，截至 2009 年 11 月底，堵头混凝土接缝、应力应变及温度变化主要受混凝土浇筑及环境温度影响，蓄水过程中只在小范围波动，影响不明显，目前已趋于平稳；堵头前部渗透压力较大，受蓄水过程影响较为明显，渗透压力沿程衰减很快，第 2 段堵头中部渗压值一般仅为第 1 段堵头前部渗压值的 2%～18%，目前测值较稳定。不同监测断面渗压实测过程线如图 2.7 所示。堵头有效应变特征值显示堵头总体处于受压状态，压应力在允许范围内。左右岸导流隧洞堵头处于正常工作状态。

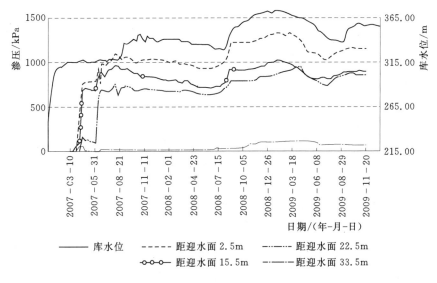

图 2.7 导流隧洞堵头渗压计实测过程线

2.8 研究小结

2.8.1 关于导流标准的认识

（1）导流流量的选择属典型的风险型决策，需综合考虑枢纽布置、水文特性、施工工期及施工方案、工程投资和施工风险等因素决定。

（2）在初设阶段，限于当时的施工技术水平，首台机组发电工期为7年半，采用挡水标准为实测系列全年2年一遇、相应流量10500m³/s的过水围堰，围堰挡水的3个汛期每年考虑过水停工1个月，是可以满足工期要求的且较为经济合理的方案。

（3）随着碾压混凝土筑坝技术的进步和"八五""九五"攻关成果的应用，碾压混凝土高温季节全年施工已成为现实和工程需要，首台机6年半发电的施工进度成为可能。初期挡水标准提高至全年10年一遇是大坝全年施工的需要。挡水标准的提高使施工期过水风险大为降低，为工程高温季节连续施工提供了较为可靠的保证。

（4）龙滩水电站围堰属3级导流建筑物，从不过水围堰挡水标准来看，实测系列全年10年一遇仅为施工组织设计规范规定的Ⅲ级混凝土围堰挡水标准的下限，若按考虑历史洪水的长系列考虑，仅为长系列洪水的全年5年一遇，从这一点看，14700m³/s的挡水标准并不偏高。挡水标准14700m³/s与10500m³/s相比，在围堰高度不变的条件下，导流隧洞投资约增加6000万元，减去10500m³/s方案过水损失（按500万元估算），投资增加约5500万元，而工程确保提前1年的发电效益为156亿~187亿kW·h电量，折合人民币31.2亿~37.4亿元［按0.2元/(kW·h)估算］。与巨型工程提前1年发电的巨大效益相比，用适当提高挡水标准的较小的投入换取工期保证性的提高和施工质量保证性的提高是值得的。

（5）自2001年7月导流隧洞开始施工后，工程实际施工进度基本达到了各阶段施工总进度目标，有些部位甚至提前达到了设计高程。2001年7月至2003年10月导流隧洞施工期连续两年遭遇大于14700m³/s洪水，天峨站实测流量分别为：2001年7月5日，洪峰流量15000m³/s；2002年8月16日，洪峰流量15200m³/s。2003年11月工程截流后，围堰两年挡水期实际遭遇最大流量为10300m³/s（2004年7月11日天峨站实测）。从1959—1999年共计41年实测资料统计分析可知，41年仅出现过一组连续两年大于13100m³/s的年份，导流隧洞施工期连续两年大于14700m³/s的情况在以前的41年实测资料中还未出现过，更未出现过连续3~4年大于14700m³/s的情况。从丰水年组间隔时间看，导流隧洞开工前两年亦为丰水年份，1999年、2000年最大洪峰流量分别为13300m³/s和11600m³/s。经历了1999—2002年连续4年大于10500m³/s的丰水年份后，一般情况下应进入相对较枯的平水或枯水年组。2003年工程截流后，应可酌情将围堰挡水标准适当降至13100m³/s。在导流隧洞断面不变的情况下，相应上、下游围堰堰顶高程可分别降低5.8m、1.3m，围堰混凝土量可减少8.5万m³，可节省投资约1400万元。

2.8.2 关于导流隧洞设计的认识

（1）导流隧洞线的布置，应以适应地形地质条件和水工枢纽布置特性，满足施工导、截流要求，力求水力条件较优、工程量较省为原则。

（2）龙滩水电站招标设计和国内其他工程分析均表明，对于有压导流隧洞断面形式，相同过水断面下，圆形断面围岩稳定性和衬护结构受力条件、水力条件以及工程量相对最优，马蹄形次之，方圆形较差。龙滩水电站导流隧洞围岩侧压系数约1.3，围岩水平构造应力大于垂直应力，大断面圆形洞虽相对开挖跨度大，但其侧向曲率较能适应龙滩的地质条件，围岩整体稳定性最好。龙滩水电站导流隧洞围岩及支护结构弹塑性有限元计算表明，不同工况下圆形洞围岩塑性区仅为城门形洞的 1/2，相同衬砌厚度情况下的衬砌应力也仅为城门洞形的 43% 左右。大尺寸隧洞边墙、顶拱均为钢模台车浇筑，洞型因素对钢模台车的制造和使用影响不大；由于跨径较大，底部垫渣可较易解决出渣问题，仅底拱衬砌比门洞形的平底略为不便。龙滩地下厂房尾水洞地质条件与导流隧洞总体相当，采用圆形，过流断面洞径为 21.0m，底拱以上采用钢模台车一次性浇筑，底部垫渣出车，底拱采用钢质弧形拖模浇筑，施工进展顺利。随着施工机械化程度和施工技术水平的提高，只要地质条件许可，措施得当，大型导流隧洞洞型已非施工工艺及施工工期的制约因素。

（3）对于主围堰顶高程由有压流出流工况控制的导流隧洞进口底板高程，在截流难度增加不大的前提下适当抬高，可减少进口边坡开挖及支护工程量、减小导流隧洞下闸封堵难度和下闸启闭设备工程量。龙滩水电站导流隧洞招标后右洞进口底板高程降至与左洞相同，主要是当时对大断面导流隧洞施工进度信心不足，考虑万一左洞不能按期完成，可单洞先截流通水。现在回过头看，原先对大断面导流隧洞施工难度及进度估计偏于保守，实际施工较原计划提前约 2 个月完成。若仍维持原招标设计方案，将右洞进口底板高程抬高至 220.00m，可减少进口明挖量约 24 万 m^3，减少右洞两扇封堵门和启闭设备的封堵水头，可节省投资约 1100 万元。

（4）关于大型工程后期导流通道问题。为便于大坝 RCC 施工，龙滩水电站坝体未设后期导流通道，下闸后堵头施工期只有坝体高程 290.00m 的 2 个泄洪底孔 [5.0m×8.0m（宽×高）] 参与泄洪，导流隧洞封堵期的外水设计水头高达 105.0m，为目前国内已建工程中封堵期外水水头最高的导流隧洞。高碾压混凝土坝不专设后期导流底孔，对加快碾压混凝土进度极为有利，但相应导流隧洞堵头施工期泄流缺口升高进度受到限制，导流隧洞进水口及其堵头前衬砌结构受力加大，导流隧洞进水口中墩承受水推力达 3.1 万 t，门槽混凝土缩颈部位及其下游局部拉应力及剪应力很大，封堵闸门及启闭设备工程量亦相应加大。龙滩工程导流隧洞进水口结构采用 C40 混凝土，以提升结构强度，并在门槽二期混凝土内预埋型钢和 5φ35/m 钢筋与闸门主轨支座相焊接，以加强整体性。同时，在导流隧洞堵头施工期，要求缺口升高施工和初期蓄水期水情预报紧密配合，根据蓄水情况控制缺口上升进度，以控制库水位既不超出导流隧洞及其闸门结构设计水位，又尽量做到缺口不过水且同时满足后期度汛形象要求。综上所述，对大型混凝土坝后期导流是否需要设置泄流通道的问题，应经过慎重的研究与比较后决定。龙滩工程后期导流设计为大型工程减免后期导流通道提供了经验，可供国内同类工程借鉴。

2.8.3 关于围堰设计的认识

（1）龙滩水电站围堰虽为实测系列全年 10 年一遇挡水标准的不过水围堰，但实际考虑了全年 20 年一遇超标洪水过水工况，按过水和退水工况核算了围堰应力和稳定。上游围堰断面实际由过水工况控制。根据计算，上游堰基帷幕及堰身排水均是必要的，也是减小断面的有效措施。

（2）关于围堰横缝设置。重力坝的横缝主要是为满足混凝土浇筑能力的限制及施工期温度控制的要求，以及为防止坝体在运行期由于温度变化和地基不均匀沉陷等导致坝体出现裂缝而设置，横缝间距主要取决于地基特性、河谷形状、温度变化、结构布置和浇筑能力。高碾压混凝土重力坝设置横缝是必需的，但对于在一个枯水期施工完成的碾压混凝土围堰，浇筑能力一般不受制约，由于堰轴线相对不长，运用期相对较短，受温度变化影响相对于永久建筑物要小得多，围堰分缝主要应考虑避免地基不均匀沉陷和地形突变造成应力集中而诱发裂缝。已建的岩滩、五强溪、洪江工程上游 RCC 重力式围堰堰高分别为 53.3m、40.8m、34.6m，相应堰顶长分别为 341.8m、184.7m、174.3m，均采用不设横缝通仓碾压。五强溪工程上堰运行期出现少量横向裂缝，洪江工程上堰仅在河床深槽与岸坡相接的地形突变处出现 1 条近似垂直堰轴线的裂缝，渗漏量均有限；福建坑口碾压混凝土坝坝高 56.8m、坝长 122.5m，在一个低温期完成，通仓整体浇筑，运行 20 余年未出现裂缝；广西荣地电站拦河坝坝高 56.3m、坝长 137m，不设纵横缝，历经 12 个汛期运行良好。上述实例均证明堰高 60m 以下、堰长为 5～6 倍堰高以下的 RCC 围堰只需在堰基地形突变和地质条件突变处设置横缝即可满足使用要求。龙滩工程上游围堰最大堰高 73.2m，堰轴线长 368.3m，设置了横缝，横缝间距 30～40m；下游围堰轴线长 273.0m，最大堰高 45.9m，设置了 7 条横缝，实际施工时在约 1/2 堰高以下掺 MgO，堰体未留横缝通仓整体浇筑，上、下堰运行 2 年，未发现裂缝。龙滩工程上堰高度较大、轴线较长，但笔者认为除地形突变处设置横缝外，横缝间距是否可进一步加大值得商榷。

（3）堰体防渗结构。实践表明，龙滩水电站上游 RCC 围堰迎水面防渗层采用 0.5m 厚三级配变态混凝土，其余断面采用三级配碾压混凝土；下游围堰全断面采用三级配碾压混凝土是经济合理的。

◎ **第3章**

碾压混凝土大坝施工

　　龙滩水电站大坝为碾压混凝土重力坝，设计最大坝高 216.5m，初期建设时最大坝高 192.0m。其规模之大，在建时为世界第一。根据施工总进度安排，工程于 2003 年 11 月截流，2004 年 1 月浇筑碾压混凝土围堰及厂房进水口坝段，2004 年 9 月开始河床坝段浇筑，2007 年 7 月首台机组发电。显然，建设工期也很紧。鉴于此，工程设计方对大坝的施工组织设计，从大坝施工进度安排、混凝土浇筑方案的布置、施工工艺、仓面划分、高温多雨季节施工、施工质量控制、坝体温控防裂等方面进行了全面深入的研究。

3.1　建筑物布置、施工进度安排及施工特性分析

3.1.1　建筑物布置

　　大坝施工分两期。前期建设坝顶高程 382.00m，最大坝高 192.00m，坝顶长 761.26m；后期建成坝顶高程 406.50m，最大坝高 216.50m，坝顶长 849.44m。坝轴线为折线型，主河床段坝轴线与河流流向接近垂直，方位角 11.42°，为便于大坝与两岸岸坡相接，右岸通航坝段右侧坝轴线向上游折转 30°，左岸进水口坝段坝轴线向上游折转 27°，9 号机进水口坝段左侧挡水坝段坝轴线再向下游回转 36°。

　　大坝共分为 35 个坝段，其中右岸 1～4 号和 6～11 号坝段为右岸挡水坝段，5 号坝段为通航坝段，河床 12 号和 19 号坝段为底孔坝段，13～18 号坝段为表孔溢流坝段；左岸 20 号、21 号、31～35 号坝段为左岸挡水坝段，其中 20 号坝段布置有电梯、电缆井等；21 号坝段为三角转折坝段；22～30 号坝段为发电进水口坝段。前期建设只包括 2～32 号坝段，其余坝段在后期修建。

　　根据大坝结构布置情况，溢流坝段孔口宽 15.00m，闸墩厚 5.0m，横缝间距为 20.00m，孔口跨横缝布置；进水口坝段横缝间距 25.00m；底孔坝段与溢洪道侧边的半孔布置在一个坝段内，坝段宽度 30.00m；通航坝段宽度 88.00m，在施工期分 3 块浇筑，施工后期进行接缝灌浆连成整体；挡水坝段横缝间距一般为 22m。

　　泄水建筑物由 7 个表孔和 2 个底孔组成，布置于河床部位。表孔溢洪道承担全部泄洪任务，2 个底孔对称布置于表孔溢洪道两侧，用于水库放空和后期导流。表孔溢洪道前期堰顶高程 355.00m，后期堰顶加高到高程 380.00m，孔口宽 15.00m，每孔设有平面检修闸门和弧形工作闸门，前期最大总泄量 27692m³/s；泄洪消能形式为高低坎大差动式挑流消能，4 个低挑流鼻坎和 3 个高挑流鼻坎相间布置，高、低挑坎高差 18.00m，挑流前缘宽 134.12m。

底孔为水平穿过坝体的有压孔，进口底槛高程 290.00m，进口为喇叭口形，孔身为 5.00m×10.00m（宽×高）的矩形断面，出口段顶板为 1∶4.925 的压坡将出口断面压缩至 5.00m×8.00m（宽×高）。下游明渠采用转向挑坎体形，转弯半径 92.5m（明渠中心线半径），转向挑坎起始桩号 0+95.0，明渠宽 5m，内墙圆心角 11.223°，外墙圆心角 22.445°；消能形式为挑流消能，采用 0°挑角斜向挑坎。底孔上游进口段设有平面检修闸门和事故闸门，下游出口处设有弧形工作闸门，底孔不运行时由事故闸门挡水，事故闸门与工作闸门间的孔身段采用钢板衬砌。

大坝后期加高方式主要从有利于大坝前期和后期加高后的结构受力及运行条件、便于大坝的后期加高施工等方面综合考虑确定。在前期研究及招标设计阶段，通航坝段和左岸进水口坝段及其左侧的挡水坝段采用"砍平头式"加高，即前期坝顶以下坝体按最终设计体形施工，后期加高直接从坝顶加高；溢流坝段挑流鼻坎以下坝体、底孔坝段弧形工作门启闭机平台以下坝体和河床挡水坝段高程 240.00m 以下坝体按最终设计体形施工，其以上部分按前期体形施工，后期加高采用"平行后帮式"加高至最终设计体形；其他挡水坝段均按前期体形修建，后期加高按"平行后帮式"加高。大坝基础处理中坝基开挖、地质缺陷处理、固结灌浆、帷幕灌浆等均按最终设计要求在前期一次性建设。施工图阶段为了兼顾 400.00m 方案一次建成和减少后期加高施工难度的需要，挡水坝段全部采用"砍平头式"加高，溢流坝段高程 290.00m 以下采用最终设计堰面曲线，高程 290.00m 以上通过调整堰面形态满足正常蓄水位 375.00m 运行要求。

龙滩水电站大坝坝体按全高度采用碾压混凝土设计，基本断面经过优化设计方法确定。河床坝段坝基扬压力考虑了封闭抽排效果，采用富胶凝材料碾压混凝土满足层面抗剪强度要求，采用变态混凝土与二级配碾压混凝土组合作为大坝防渗结构。

3.1.2　施工进度安排

大坝施工招标进度安排如下。

（1）2003 年 11 月临时围堰截流闭气及基坑抽水，12 月进行主围堰清基，2004 年 1—5 月浇筑碾压混凝土主围堰。上游围堰堰顶高程 273.20m，围堰最大高度 73.20m，混凝土量 49.86 万 m³；下游围堰堰顶高程 245.00m，围堰最大高度 48.50m，混凝土量 9.42 万 m³。由上游围堰控制工期，上游围堰月平均上升速度 16.94m，月平均浇筑强度 9.97 万 m³/月。

（2）2003 年 11 月开始进行河床部分坝基开挖（左、右岸高程 245.00m 以上岸坡开挖已于 2003 年 9 月前完成），2004 年 1 月底完成左岸进水口坝段坝基开挖，4 月底完成全部坝段坝基开挖。总开挖量为 136.36 万 m³/月。

（3）大坝混凝土浇筑进度根据机组发电要求和坝体挡水度汛要求分为两大部分进行安排，即左岸进水口坝段（22～32 号坝段）和其他坝段（2～21 号坝段）。

1）左岸进水口坝段（22～32 号坝段）。因 2007 年 7 月初 1 号机组必须投产发电，故而在此之前需完成进水口坝段坝体混凝土浇筑及进水口启闭机和闸门安装。由于 22～25 号坝段高度最高，同时在高程 300.00m 以下为碾压混凝土，因此安排该 4 个坝段混凝土浇筑同时上升。2004 年 1 月底在进水口坝段坝基开挖完成后即进行坝基处理，3 月开始下部常态混凝土浇筑和坝基固结灌浆。碾压混凝土部位（高程 249.00～300.00m）安排在常温季节（2004 年 10 月中旬至 2005 年 4 月）进行浇筑，随后进行坝内引水钢管安装及相应部位混凝土浇筑，2005 年 11 月浇至高程 320.00m，2006 年 12 月底到达坝顶高程 382.00m。2006 年 12 月在右岸导流洞下闸蓄水前安装完临时挡水检修门，2007 年 6 月前完成坝顶启闭机及工作门安装，达到 1 号机组初期发电要求。26 号坝段于 2004 年 10 月浇至进水口平台高程 300.00m 后，需要停工，作为 22～25 号坝段碾压混凝土浇筑卸料平台，高程 300.00m 以上进度安排与 22～25 号坝段相同。1 号机进水口坝段建基面最低（高程 221.00m），其坝体混凝土浇筑为关键项目，27～32 号坝段建基面在高程 295.00m 以上，为非控制性项目，其进度安排尽量考虑将坝内埋管部位混凝土浇筑安排在常温季节进行，同时要求 2006 年 12 月前到达坝顶高程，2007 年 6 月完成坝顶启闭机及工作门安装。

2）河床及右岸坝段（2～21 号坝段）。进度安排需满足的基本要求为：2007 年 7 月 1 号机组发电前需达到初期发电死水位 330.00m 以上，同时满足各期坝体度汛要求。由于 2～4 号坝段和 5 号通航建筑物坝段建基面较高，其进度安排不受控制，下面仅叙述河床溢流坝段和两侧底孔及非溢流坝段进度安排。2004 年 4 月河床坝基开挖完成后，即进行坝基处理和坝基固结灌浆，2004 年 9 月开始基础底板常态混凝土浇筑，同年 11 月开始坝体碾压混凝土浇筑，2005 年 4 月底河床溢流坝段浇至高程 230.00m，两侧底孔坝段及非溢流坝段到达高程 233.00m。5—9 月高温季节碾压混凝土浇筑不停工，仅考虑上升速度适当降低。2005 年 12 月底河床溢流坝段浇至高程 261.00m，两侧底孔坝段及非溢流坝段到达高程 280.00m，两侧底孔坝段迅速上升的目的是为了争取在 2006 年上半年常温季节进行底孔部位（高程 285.00～305.00m）混凝土浇筑。2006 年 5 月底溢流坝段浇至高程 285.00m，左岸底孔坝段及非溢流坝段浇至高程 303.00m，右岸底孔坝段浇至高程 303.00m，右岸非溢流坝段浇至高程 305.00m。由于坝体浇筑高度已超过围堰顶高程，为保证坝体汛期施工安全，在河床溢流坝段（13～18 号坝段）预留 120m 宽的缺口，以满足汛期坝体临时度汛要求。坝体临时度汛标准为全年 100 年一遇洪水，洪峰流量为 23200m³/s。汛期坝体继续升高，9 月底缺口坝段达到高程 295.00m，两侧坝段达到高程 318.00m。2006 年 12 月底缺口坝段浇至高程 312.60m，两侧坝段达到高程 337.70m，此时导流洞已封堵，厂房进水口利用检修门或临时措施封闭，主要依靠坝身两个泄洪底孔向下游供水和进行后期导流，因此要求在 2006 年 12 月两岸导流洞下闸前完成底孔启闭机设备及底孔弧门安装。2007 年 5 月底缺口坝段浇至高程 342.00m（为溢流坝段碾压混凝土顶部高程），汛期停工，坝体度汛标准为全年 200 年一遇洪水，洪峰流量为 25100m³/s，汛期洪水由该缺口及两个泄洪底孔宣泄；两侧坝体浇至高程 366.00m，汛期继续升高，于 2008 年 1 月浇至坝顶。2007 年 10 月开始加高缺口坝段溢流堰闸墩和溢流面混凝土，至 2008 年 9 月底浇至坝顶高程，同年 12 月完成坝顶桥，2009 年 6 月完成坝顶弧门和检修门的安装。至此，大坝工程施工完成。

3.1.3 施工特性分析

（1）龙滩水电站按照正常蓄水位 400.00m 设计、初期按正常水位 375.00m 建设的原则进行设计，碾压混凝土重力坝坝高分别为 216.5m 和 192.0m，混凝土工程量初期建设时约 644 万 m³，其中碾压混凝土工程量占 68% 左右，建设时是世界上坝高最高、工程量最大的碾压混凝土坝。

（2）龙滩水电站坝址为 V 形河谷，宽高比约 3.5。左岸地形整齐，山体宽厚，而右岸受冲沟切割，地形完整程度稍逊于左岸，岸坡坡度 32°～42°，使施工道路及施工设备布置有一定难度。

（3）碾压混凝土属干硬性混凝土，运输和浇筑与土石坝施工相类似，具有大仓面、连续、快速的施工特点，龙滩水电站大坝碾压混凝土量大，其施工又受到坝址水文气象条件的影响，是控制工程质量和施工进度的关键项目，需要有先进、高效且连续的施工配套设备作保证。

（4）河床溢流坝段及右岸挡水坝段（2～21 号坝段）混凝土工程量大（约占坝体混凝土总量的 80%），且主要为碾压混凝土，左岸是以常态混凝土为主的进水口坝段及左岸挡水坝段（22～32 号坝段），混凝土运输及浇筑方式必须适应这一特性。坝体混凝土运输方案必须具备高质、高效、快速的施工特点，同时还要求避免骨料分离和浆液损失，尽量缩短运输时间，以防混凝土初凝。不仅需满足碾压混凝土高强度、大仓面连续作业及适应坝体拦洪度汛期采取留缺口分仓浇筑方式的需要，还要满足常态混凝土浇筑强度的要求。

（5）根据施工总进度的要求，大坝需全年连续施工。龙滩坝址位于亚热带地区，每年汛期（5—9 月），既是高温季节又是多雨期，同时还受洪水的影响，溢流坝段作为过水缺口在与两岸坝段保持一定高差的条件下连续浇筑，施工设备布置、大坝仓面划分需考虑其影响；同时，高温季节为满足坝体温控防裂要求，需采取预冷骨料等降低混凝土出机口温度，混凝土运输和仓面浇筑需采取减少温度回升等措施；另外，雨季施工，对施工质量也存在较大影响。

（6）混凝土入仓强度高，仓面组织管理难度大。龙滩水电站年平均气温高且高温时段长，为满足碾压混凝土连续升层的层间间歇时间控制在直接铺筑时间内，坝体仓面划分及施工组织应合理，要求入仓设备的效率高，同时要求仓面配置的设备如平仓机、振动碾等必须与入仓设备的浇筑能力相匹配，仓面条带划分也应合理。

（7）大坝混凝土浇筑运输方案应能满足初期正常蓄水位 375.00m 建设的施工要求，同时还需考虑到有可能按正常蓄水位 400.00m 一次建成方案的施工要求。

3.2 混凝土入仓方式

3.2.1 混凝土入仓方式的拟定

由于左岸大坝混凝土工程量相对较小（约占坝体混凝土总量的 20%），以常态混凝土为主（碾压混凝土仅占左岸混凝土量的 19.5%），且属岸坡坝段，汛期施工不受缺口度汛的影响，故设备选型相对简单。经分析常态混凝土运输方案（兼顾钢管等）主要采用 20t 自卸汽车水平运输，转 3 台塔机吊运 6m³（或 3m³）罐垂直运输入仓；碾压混凝土运输方案，采用 20t 自卸汽车水平运输，转 1 条负压溜槽垂直运输入仓，配合其他辅助运输设备即可满足施工进度安排的混凝土月高峰浇筑强度 6 万 m³/月的要求。

河床和右岸坝段是本工程的关键项目，混凝土量巨大，且以碾压混凝土为主，初期

375.00m 建设方案混凝土月高峰浇筑强度达 25.5 万 m³/月，不仅高温期需施工，且汛期受缺口度汛的影响，故大坝混凝土浇筑方案的研究，以该部分为重点，根据本工程施工特性和已建工程的施工经验，提出以下 5 种混凝土运输浇筑方案进行研究。

方案一：以高速皮带机转仓面塔式布料机为主，缆机为辅的运输方案。

方案二：以高速皮带机转仓面塔式布料机为主，负压溜槽、缆机为辅的运输方案。

方案三：以高速皮带机上坝转汽车布料为主，缆机、塔机为辅的运输方案。

方案四：以负压溜槽、高速皮带机上坝转汽车布料为主，缆机、塔机为辅的运输浇筑方案。

方案五：以缆机、负压溜槽及高速皮带机联合运输的方案。

3.2.1.1 方案一设备配置及施工布置

本方案以高速皮带机转仓面塔式布料机为主，缆机为辅。拟用 3 台带宽约为 800mm、带速 3.0～4.0m/s、最大浇筑半径 100.0m 的 20t 塔式布料机布料，同时配 3 条自升式高速皮带机运输（其带宽、带速与塔式布料机相同），作为大坝主要浇筑运输设备，承担5～22 号坝段碾压混凝土及部分常态混凝土浇筑；配备 2 台 20t 平移式中速缆机垂直运输，6 台 20t 侧卸式自卸汽车水平运输，以承担坝体常态混凝土为主，兼顾少量碾压混凝土及其他辅助设施如钢筋、模板、钢管等的吊运。

为充分发挥塔式布料机的浇筑能力，在平面、空间上尽量覆盖碾压混凝土浇筑范围，并考虑溢流坝段在汛期需留缺口过水度汛，塔式布料机不便于布置在溢流坝段，故将 3 台塔式布料机分别布置在 19 号、12 号、5 号坝段，其中 TB1 与 TB2 塔式布料机布置在 19 号、12 号底孔坝段，塔式布料机立柱中心线位于坝轴线下游桩号 0＋065.00；TB3 塔式布料机布置在右岸 5 号挡水坝段，塔式布料机立柱中心线位于坝轴线下游桩号 0＋050.00 处。塔柱将随着坝体的升高埋入坝体内。TB1 塔式布料机主要浇筑溢流坝段、左岸底孔坝段、左岸电梯井及转弯坝段的混凝土；TB2 塔式布料机主要浇筑溢流坝段、右岸底孔坝段、右岸挡水坝段的混凝土；TB3 塔式布料机主要浇筑右岸挡水坝段与通航坝段高程 240.00m 至坝顶范围的混凝土。

供应塔式布料机的混凝土水平运输，采用 3 条自升式高速皮带机，从拌和楼出料口到塔式布料机。即将 1 号、2 号皮带机尾部分别与低系统的 2 座强制式拌和楼相接，3 号皮带机尾部与高系统的 1 座强制式拌和楼相接，3 条皮带机首部均接塔式布料机，3 条皮带机总长约为 1017.0m。高速皮带机的理论角度为 ±20°，实际角度大部分在 ±10°范围内，局部仰角达 17°。

根据地形条件与缆机所承担的混凝土浇筑范围和其他吊运任务，将 2 台 20t 平移式缆机布置在同一平台上，主塔布置在右岸高程 450.00m 平台，副塔布置在左岸高程 480.00m 平台。缆机最低控制高程为 425.00m，可避免与塔式布料机的干扰，同时也为坝体后期加高创造条件，主索跨度为 915.0m，控制范围为桩号 0－010.00～0＋125.00。

供应缆机的混凝土水平运输，采用 6 辆 20t 侧卸式自卸汽车，从混凝土拌和系统（高程 360.00m 平台 4×3m³ 混凝土拌和楼）接料，沿右岸上坝公路运输到缆机受料点（坝头高程 382.00m 平台），运距约 400m，由缆机不摘钩直接吊运 6m³ 混凝土罐入仓。

当 TB3 塔式布料机未投入使用前，坝体高程 230.00m 以下可采用自卸汽车辅助入仓。

3.2.1.2 方案二设备配置及施工布置

本方案以高速皮带机转塔式布料机运输为主，负压溜槽、缆机为辅。本方案是在方案一（3 台塔带机为主浇筑）的基础上，为降低设备费用拟定的方案。因原右岸 TB3 塔带机受施工布置条件的限制，担负的混凝土方量仅占 3 台塔带机总量的 18%，故本方案将其改为高速皮带机转负压溜槽直接入仓，其他设备不变。经分析 6～10 号坝段在高程 280.00～230.00m 的碾压混凝土量约 34.3 万 m^3，采用 3 条负压溜槽（其中 1 条为备用），混凝土水平运输仍采用 1 条高速皮带机运输；高程 280.00m 以上，碾压混凝土量约 14.3 万 m^3，则直接利用自升式高速皮带机入仓转 20t 自卸汽车布料，其他设备（2 台塔式布料机系统及 2 台缆机等）与方案一相同，仅略提高自卸汽车直接入仓的碾压混凝土方量。

负压溜槽受料斗布置在 6 号坝段，按一级顺坡向布置，最大垂直高度 66.0m，控制坝体浇筑高程 231.00～280.00m。混凝土水平运输直接从拌和楼接 1 条带宽约 800mm、带速 3.0～4.0m/s 的高速皮带机至受料斗。

塔式布料机系统（含高速皮带机运输线）及缆机的施工布置均与方案一相同。

3.2.1.3 方案三设备配置及施工布置

本方案以高速皮带机上坝转汽车布料为主，缆机、塔机为辅，其中高速皮带机系统由皮带运输机和皮带卸料机组成。为满足大坝混凝土浇筑强度要求，经分析选用 3 条带宽为 800mm、带速 3.0～4.0m/s 高速皮带机，配 3 套皮带卸料机转汽车布料。

本方案与方案一中塔式布料机系统类似，水平运输均为高速皮带机，所不同之处为仓面采用卸料机，此设备可 300°旋转和在立柱上自行升高，但臂长仅 25.0m，必须在仓面配备汽车转运布料。本方案的主要优点是设备费用比方案一低，但存在其他方面的不足。

皮带卸料机中 ST1、ST2 分别一次性布置在 19 号、12 号底孔坝段，立柱中心线位于坝线下游桩号 0+42.00 处，随着大坝上升埋入坝内，控制坝体高程 370.00m 以下的碾压混凝土浇筑，仓面转自卸汽车布料；ST3 初期（坝体高程 280.00m 以下）采用一柱两挂式和 ST2 并列布置在 19 号底孔坝段，后期当坝体升高到高程 280.00m 以上转移到右岸 6 号挡水坝段，立柱中心线位于坝线下游桩号 0+30.00 处。

混凝土水平运输，采用 3 条自升式高速皮带机，从拌和楼出料口到皮带卸料机，即将 1 号、2 号皮带机尾部分别与低系统的 2 座强制式拌和楼相接，3 号高速皮带机尾部与高系统的 1 座强制式拌和楼相接，3 条皮带机首部均接皮带卸料机，除 3 号皮带机随卸料机的转移需分二级布置外，其他 2 条皮带机均按一级布置，3 条高速皮带机总长约为 1682m。高速皮带机的理论角度为±20°，实际角度控制在±15°范围内。

选用 2 台 MD900 型塔机辅助缆机进行河床坝段基础垫层常态混凝土浇筑。混凝土的水平运输，采用皮带机运输转塔机入仓。

缆机与供料线的布置与前述方案相同。

3.2.1.4 方案四设备配置及施工布置

本方案以高速皮带机上坝为主，负压溜槽、缆机、塔机为辅，其中高速皮带机系统由皮带运输机和皮带卸料机组成。本方案与方案三类似，水平运输均为 3 条带宽 800mm、带速 3~4m/s 高速皮带机，所不同之处为右岸 ST3 卸料机初期（坝体高程 280.00m 以下）改为 3 条负压溜槽，后期高速皮带机直接入仓，其他设备（缆机、塔机）均与方案三相同。本方案的主要优点是减少了一次供料线的转移，仍存在方案三的不足。

负压溜槽与供料线的布置与方案二相同，其他设备的施工布置与方案三相同，这里不再赘述。

3.2.1.5　方案五设备配置及施工布置

本方案采用缆机、负压溜槽及高速皮带机联合运输。拟用 4 台 20t 平移式缆机、3 条负压溜槽及 2 条高速皮带机浇筑大坝混凝土。由于缆机不但需浇筑混凝土，同时担负钢管、钢筋及模板等运输任务，故分别选用 2 台高速和 2 台中速缆机。

根据地形条件及水工枢纽布置形式，将 4 台 20t 平移式缆机分高低平台布置。由于混凝土的高峰浇筑强度发生在坝体高程 300.00m 以下，故将高速缆机布置在低平台、中速缆机布置在高平台。高速缆机主塔布置在右岸高程 415.00m 平台，塔顶高程 440.00m，副塔布置在左岸高程 425.00m 平台，塔顶高程 435.00m，缆机最低控制高程为 370.00m，主索跨度为 782.0m，控制范围为桩号 0−0.00~0+145.00；中速缆机主塔布置在右岸高程 450.00m 平台，塔顶高程 495.00m，副塔布置在左岸高程 480.00m 平台，塔顶高程 490.00m，缆机最低控制高程为 425.00m，可避免与高速缆机的干扰，同时也为坝体后期加高创造条件，主索跨度为 915m，控制范围为桩号 0−010.00~0+90.00。

混凝土的水平运输，采用 13 辆 20t 侧卸式自卸汽车，从高平台的混凝土拌和系统接料，沿右岸上坝公路运输到缆机受料点（坝头高程 382.00m 平台），运距约 400m，由缆机不摘钩直接吊运 6m³ 混凝土罐入仓。

右岸 3 条负压溜槽和与之相匹配的 1 条高速皮带机的配置及施工布置与方案四相同，左岸 1 条高速皮带机系统也与方案四的配置及施工布置完全一样。

本方案虽基本满足碾压混凝土浇筑，同时也适合常态混凝土浇筑，且设备费用相对较低，但却存在施工布置困难及缆机集中卸料易引起碾压混凝土骨料分离等不足。

3.2.2　混凝土入仓方式的比较与选定

为便于方案比较，将各方案的设备配置、经济指标及施工特点列入表 3.1 中。

表 3.1　　　　　　　　　大坝混凝土浇筑运输方案比较表

比较内容	方案一	方案二	方案三	方案四	方案五
主要设备规格及数量	3 台 20t 塔式布料机与 3 条高速皮带机供料为主，2 台 20t 平移式中速缆机为辅	2 台 20t 塔式布料机与 2 条高速皮带机及 3 条负压溜槽与 1 条高速皮带机供料为主（仓面转 7 辆 20t 自卸汽车），2 台 20t 平移式中速缆机为辅	3 条高速皮带机及卸料机入仓，仓面转 20 辆 20t 自卸汽车为主，2 台 20t 平移式中速缆机及 2 台（MD900 型）塔机为辅	3 条负压溜槽和 3 条高速皮带机，仓面转 20 辆 20t 自卸汽车为主，2 台 20t 平移式中速缆机及 2 台（MD900 型）塔机为辅	4 台 20t 平移式缆机（其中 2 台高速、2 台中速）、3 条负压溜槽及 2 条高速皮带机入仓，仓面转 14 辆 20t 自卸汽车

续表

比较内容	方　案　一	方　案　二	方　案　三	方　案　四	方　案　五
施工布置情况	3台塔式布料机分别布置在19号、12号底孔坝段及6号挡水坝段。3条高速皮带机尾部与各拌和楼相接，首部接塔式布料机。3条皮带机总长为1017m。2台20t平移式缆机布置在同一平台上，左右岸平台高程分别为450.00m、480.00m。缆机最低控制高程为425.00m	塔式布料机与高速皮带机的布置与方案一中TB1、TB2相同。3条负压溜槽布置在右岸，其中1条为备用。2台缆机布置与方案一相同	3台皮带机及卸料机，分别布置在19号、12号两个底孔坝段和6号挡水坝段。高速皮带机尾部与拌和楼相接，首部接卸料机。皮带机总长为1682m。2台缆机布置与方案一相同，2台塔机布置在13号、18号溢流坝段下游侧，由皮带机转20t自卸汽车供料	3条高速皮带机布置与方案三相似（仅3号运输线只设1级）布置在右岸；3条负压溜槽，其布置与方案二相同；2台缆机及2台塔机布置与方案三相同	4台缆机分高低平台布置，2台高速缆机布置在低平台，缆机最低控制高程为370.00m；2台中速缆机布置在高平台，缆机最低控制高程为425.00m；负压溜槽的布置与方案四完全相同，卸料机及皮带机的布置也同方案四
混凝土浇筑范围	塔式布料机担负坝体高程370.00m以下的碾压混凝土和部分常态混凝土，担负的碾压混凝土方量分别约为150万m³、142万m³和60万m³；2台缆机主要担负坝体常态混凝土浇筑，方量约83万m³	塔式布料机担负的浇筑范围与方案一中1号、2号塔式布料机基本相同，负压溜槽担负右岸高程280.00～231.00m的部分碾压混凝土；2台缆机主要担负坝体常态混凝土浇筑	3条皮带机担负坝体高程370.00m以下的碾压混凝土浇筑；2台缆机主要担负坝体常态混凝土浇筑；2台塔机担负部分河床坝段基础垫层常态混凝土浇筑	3条皮带机担负坝体高程370.00m以下的碾压混凝土浇筑，负压溜槽担负的工程量与方案二相同；2台缆机及2台塔机担负的工程量与方案三相同	高速缆机担负坝体高程370.00m以下的部分碾压混凝土和部分常态混凝土浇筑；负压溜槽与高速皮带机担负的浇筑范围与方案四相同；2台中速缆机担负的工程量同前方案
坝体上升速度及浇筑强度	碾压混凝土及常态混凝土的浇筑均满足施工进度要求	同方案一	同方案一	同方案一	同方案一
投资相对值/万元	24147	20482	15114	15127	14795
主要优点	(1)塔式布料机施工速度快，效率高，使用灵活，既能满足RCC大仓面连续作业要求，又能担负部分常态混凝土的浇筑。(2)连续施工，施工质量保证性高。(3)施工布置简便，混凝土浇筑干扰少，不受缺口度汛影响	(1)塔式布料机施工速度快，效率高，使用灵活，既能满足RCC大仓面连续作业要求，又能担负部分常态混凝土的浇筑。(2)连续施工，仓面布料均匀，施工质量保证性高。(3)施工布置简便，混凝土浇筑干扰少，不受缺口度汛影响。(4)设备购置费用低于方案一	(1)皮带机施工速度快，效率高，仓面汽车布料灵活，能满足RCC大仓面连续作业要求。(2)设备购置费用低于方案一和方案二	(1)皮带机施工速度快，效率高，仓面汽车布料灵活，能满足RCC大仓面连续作业要求。(2)3号皮带机只需按一级布置，无需设备转移。(3)设备购置费用低	(1)施工干扰少，运输方便。(2)设备购置费用低于前方案。(3)设备安装基本不占直线工期

比较内容	方 案 一	方 案 二	方 案 三	方 案 四	方 案 五
主要缺点	（1）设备购置费用高。 （2）TB3塔式布料机利用率相对较低，约占塔式布料机担负碾压混凝土方量的18%	负压溜槽运输量受布置条件及缺口度汛的影响，不是诸坝段平起上升，负压溜槽不能充分发挥效率，同时易引起骨料分离	（1）缺口处转料时受高差影响易引起骨料分离，汛期仓面设备转移难度相比方案一和方案二要大。 （2）因自卸汽车不宜直接入仓浇筑常态混凝土，河床坝段基础垫层常态混凝土需要2台缆机和2台塔机合浇才能满足进度要求，塔机利用效率太低。 （3）3号皮带机需按二级布置，设备需转移，施工干扰相对要大	（1）负压溜槽受施工条件影响，只宜布置在右岸，但右岸地形较平缓，同时受通航坝段限制，使得利用效率受影响。 （2）存在方案三中（2）和（3）的缺点	（1）缆机浇筑碾压混凝土，属集中卸料，容易引起混凝土骨料分离。 （2）需增设1级缆机平台的土石方开挖（6万 m³）和栈桥的工程量，难与大坝岸坡施工进度相衔接

注 投资相对值中未包含各方案运输方式相同的部分。

从表3.1可见：

方案一施工布置相对较单一，设备效率高，既能适应碾压混凝土浇筑，又能进行常态混凝土浇筑，无论是碾压混凝土按平层（或斜层）铺筑仓面的上升速度，还是常态混凝土基础垫层仓面的上升速度，都能满足施工总进度要求。对保证龙滩水电站200m级高碾压混凝土坝的施工质量和满足大坝施工进度都是十分有利的。主要缺点是造价高，TB3塔式布料机利用率相对较低，约占塔式布料机担负碾压混凝土方量的18%。

方案二的浇筑设备与方案一基本相同，所不同的是将方案一中TB3塔式布料机改为负压溜槽，本方案除具备方案一的优点外，设备费用低于方案一。不足之处在于，因右岸通航坝段全部为常态混凝土，使碾压混凝土运输量受到限制，且开挖坡度较缓给负压溜槽布置增加了难度，支撑工程量加大等。

方案三浇筑设备与方案一的主要区别是将仓面塔式布料机改为皮带卸料机转汽车布料。供料皮带线基本相同，本方案除具备方案一及方案二的优点外，设备费用相对较低。不足之处是皮带卸料机臂短，汽车转料的运输方式不宜浇筑常态混凝土，使得常态混凝土浇筑较困难，特别是河床坝段基础常态混凝土的浇筑，必须再配2台大型塔机辅助；另外，还存在缺口处转料时受高差影响易引起骨料分离、汛期仓面设备转移难度较前两方案要大，碾压混凝土高峰时段仓面汽车数量较多，施工干扰相对较大等。

方案四浇筑设备以高速皮带机及负压溜槽为主，设备费用低，尽管因采用了负压溜槽改善了方案三中3号皮带机需分两级布置的条件，但同时存在方案三的不足。

方案五浇筑设备以缆机、负压溜槽及高速皮带机联合运输。本方案与方案四相近，施工设备费用也较低，高速缆机即能浇筑碾压混凝土又能浇筑常态混凝土，改善了浇筑常态混凝土基础垫层的困难。但采用缆机浇筑碾压混凝土，属集中卸料，对混凝土施工质量有一定影响，易造成骨料分离等。另外从当时工程进展看，岸坡开挖已在进行，且按一级缆机平台施工，再增加一级缆机平台，需改变整个边坡开挖的坡形，事实上已难以做到。

综合分析比较，认为方案二较优，与方案一相比，同样具有布置简单，设备效率高，但其费用较低；与其他3个方案相比，除费用较高外，在保证龙滩水电站200m级高碾压混凝土坝的施工质量和快速施工等其他方面都具有明显的优势，为确保大坝的混凝土质量和加快施工进度，确定采用方案二，即以高速皮带机与2台塔式布料机为主，配负压溜槽、缆机及自卸汽车为辅的方案。

3.2.3 选定方案的施工布置

3.2.3.1 塔式布料机及高速皮带机布置

（1）塔式布料机布置。为充分发挥塔式布料机的浇筑能力，在平面、空间上尽量覆盖碾压混凝土浇筑范围，另外考虑到溢流坝段在坝体拦洪度汛期需留缺口过水，故塔式布料机只宜布置在缺口和两侧的非溢流坝段，采用固定式。对于2台（TB1与TB2）塔式布料机具体位置进行了以下研究。

1）左岸TB1塔式布料机布置。从坝体结构看，非溢流坝段结构简单，便于布置塔式布料机，但从有利于发挥塔式布料机的效率分析，TB1塔式布料机只适宜布置在左岸19号底孔坝段，除可控制21号转弯坝段以右的混凝土浇筑外，同时，可直接覆盖溢流坝段的大部分范围（可控制到15号坝段以左）。从底孔坝段的结构分析，在底孔的侧墙部位其厚度为8.5m，可布置塔式布料机立柱（TC2400型塔式布料机立柱为圆筒形，直径3.5m；MD2200型顶带机立柱为矩形，截面为5.5m×5.5m）。立柱中心线位于坝轴线下游桩号0+065.00。

2）右岸TB2塔式布料机布置。布置在12号底孔坝段，可浇筑溢流坝段大部分范围（16号坝段以右）及8号右岸非溢流坝段以左的混凝土，混凝土直接入仓量大，尽管底孔坝段结构相对较复杂，但如前所述只要布置在侧墙上也是可行的，立柱中心线桩号与TB1塔式布料机相同。

3）塔柱将随着坝体的升高埋入坝体内。塔式布料机直接布料最大浇筑半径为100.0m，如与履带式布料机联合后最大浇筑半径加大至120.0m。TB1塔式布料机主要浇筑溢流坝段、左岸底孔坝段、左岸电梯井坝段和左岸转弯坝段的混凝土；TB2塔式布料机浇筑溢流坝段、右岸底孔坝段、右岸部分挡水坝段的混凝土。塔式布料机的理论角度为±20°，实际角度大部分在±10°范围内，局部达到±15°。当履带式布料机与塔式布料机联合浇筑碾压混凝土时，塔机则可灵活地用来吊运其他设备。

塔带机布置有关参数见表3.2。

表3.2　　　　　　　　　　　塔带机布置参数表

塔带机编号	TB1	TB2	备　注
设置位置	19号坝段	12号坝段	
间距/m	142		
覆盖范围	15～21号坝段	8～16号坝段	

塔带机编号	TB1	TB2	备　注
最终浇筑高程/m	375.00	375.00	390.00*
最终安装塔顶高程/m	415.00	420.00	425.00*
缆机重载包络线高程/m	427.10	425.40	
塔式布料机与缆机干扰状况	无干扰	无干扰	

注　1. 表中缆机重载包络线高程指主索高程减去主索至吊罐底高程外，加一定的安全距离。

2. 带"＊"数值表示当按正常蓄水位 400.00m 施工时的相应高程。

（2）高速皮带机运输线的布置。与塔式布料机相匹配的 2 条高速皮带机直接与低系统（拌和楼平台高程 308.50m）2 座强制式混凝土拌和楼相接，首部接塔式布料机。在每座拌和楼出料处设 1 条可移动伸缩皮带机，可向任何 1 条供料皮带机供料（又称为计量皮带，可计量调速）。为确保皮带机运输线路不因拌和楼故障停机，另外从高系统（平台高程 360.00m）强制式拌和楼布置 1 条皮带与 1 号、2 号运输系统连接皮带机相接，达到 3 座强制式拌和楼可向每一塔带机供料，以确保塔带机系统连续运行。

1 号、2 号高速皮带机运输线采用一柱两挂式，立柱间跨度不大于 75.0m，立柱最大自由高度为 74.0m，运输线坝外最大角度控制在 ±10°，坝内控制在 −15°～＋20°范围，皮带机全线长度分别为 489.5m、401.5m，其中 1 号皮带机不但线路长，且因需跨河布置，难度大，故进行了详细的布置研究：1 号皮带机中拌和楼出料皮带机长 30.0m，系统连接皮带机长 49.0m，供料线皮带机长 410.5m，坝外及坝内皮带机均按一级布置，坝内皮带机直接布置在仓内，立柱埋入溢流坝段的导墙处。

3.2.3.2　负压溜槽与供料线的布置

负压溜槽主要协助 2 号塔式布料机担负右岸非溢流坝的部分碾压混凝土浇筑，经仓面浇筑强度分析需配 2 条 ϕ600mm 的负压溜槽，另考虑 1 条备用，共 3 条。受 5 号通航坝段的常态混凝土影响，负压溜槽只宜布置在 6 号坝段。由于右岸坝基开挖坡度较缓，仅为 30°左右，为满足负压溜槽角度要求（宜不小于 45°），且支撑工程量适中，负压溜槽按一级布置，控制坝体高程 231.00～280.00m 范围的混凝土浇筑。

用 1 条带宽 760～800mm 的 3 号高速皮带机供料，混凝土从拌和楼接皮带机到受料斗，线路全长约为 347m。坝体高程 280.00m 以上的部分混凝土运输，可利用本条高速皮带机直接入仓，转汽车布料。

3.2.3.3　自卸汽车直接入仓

坝体高程 230.00m 以下部分混凝土采用 32t 自卸汽车从低平台（高程 308.50m）拌和系统接料，经开挖出渣道路运输（平均运距约 2.0km），在到达坝区附近时车轮经过专门设施清洗后入仓布料。

3.2.3.4　缆机与水平运输的布置

（1）缆机布置。根据地形条件与缆机所承担的混凝土浇筑范围，选用的 2 台 20t 平移式中速缆机布置在同一平台上，设计主索控制范围为桩号 0−013.00～0＋125.00，为避免与塔式布料机的干扰，同时也为坝体后期加高创造条件，主塔布置在右岸高程 450.00m 平台，副塔布置在左岸高程 480.00m 平台。主塔塔高 45.0m，塔顶高程 495.00m；副塔塔高 10.0m，塔顶高程 490.00m，跨度为 915.0m，缆机吊钩底控制高程为 190.00～442.00m，主要技术参数见表 3.3。

表 3.3 缆机布置的主要技术参数表

项 目		技 术 参 数	
布置形式及额定起重量		钢架平移式、20t	
中速缆机	台数	2	
	控制坝体浇筑高程/m	382.00（考虑 400.00m 水位时设计高程 416.50m）	
	主索垂度/%	5	
	额定载荷时小车运行范围/m	0.8L	
	塔架上下游方向运行范围/m	138	
	主索支撑点高程/m	左岸 490.00	右岸 495.00
	跨度 L/m	915	
	平台高程/m	左岸 480.00	右岸 450.00
	平台尺寸（长×宽）/（m×m）	左岸 175×15	右岸 175×28
	塔架高度/m	左岸 10	右岸 45
	起升速度/(m/min) 满载提升	125	
	满载下降		
	空罐提升	200	
	空罐下降	200	
	横移小车行走速度/(m/min)	450	
	主塔台车行走速度/(m/min)	20	

（2）混凝土水平运输布置。采用 6 辆 20t 侧卸式自卸汽车，从混凝土拌和系统（高程 360.00m 平台 4×3m³ 混凝土拌和楼）接料，沿右岸上坝公路运输到缆机受料点（坝头高程 382.00m 平台），运距约 400m，由缆机不摘钩直接吊运 6m³ 混凝土罐入仓。

大坝浇筑方案详见图 3.1～图 3.3。

3.3 碾压混凝土施工工法

3.3.1 碾压混凝土施工工艺

为加快施工进度，减少层面处理工作量，碾压混凝土施工方法采取 RCC 工艺，即大仓面薄层铺料、碾压（层厚为 0.3m），连续上升的施工方法。大坝碾压混凝土施工的工艺流程如图 3.4 所示。

碾压混凝土采取 0.3m 薄层连续上升 5～10 层（1.5～3.0m，夏季按平层法浇筑时连续上升 3～4 层）后进行层间间歇，在连续上升时每层（0.3m）的允许浇筑时间要求必须在混凝土直接铺筑允许时间内完成，夏季允许浇筑时间 2～4h（斜层铺料方式取小值），其他季节按 6h 控制；层间上升高度及间歇时间，一般根据温控要求确定，在基础约束区（0～0.4L，L 为浇筑块长度），升层高度拟为 1.5m，层间间歇时间 3～7d，脱离基础约束

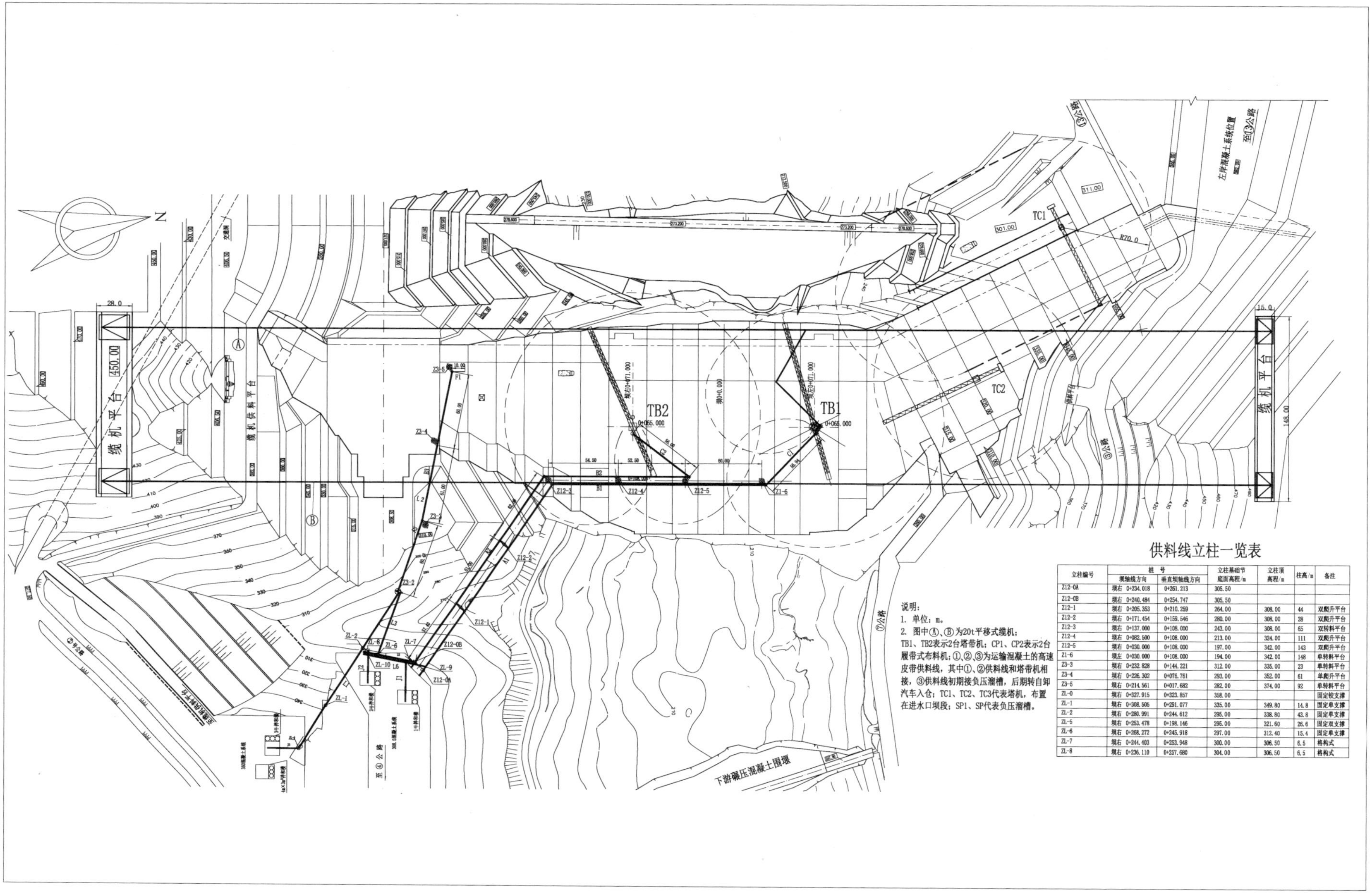

说明：

1. 单位：m。
2. 图中Ⓐ、Ⓑ为20t平移式缆机；TB1、TB2表示2台塔带机；CP1、CP2表示2台履带式布料机；①、②、③为运输混凝土的高速皮带供料线，其中①、②供料线和塔带机相接，③供料线初期接负压溜槽，后期转自卸汽车入仓；TC1、TC2、TC3代表塔机，布置在进水口坝段；SP1、SP代表负压溜槽。

供料线立柱一览表

立柱编号	桩号		立柱基础节底面高程/m	立柱顶高程/m	柱高/m	备注
	坝轴线方向	垂直坝轴线方向				
Z12-0A	坝右 0+234.018	0+261.213	305.50			
Z12-0B	坝右 0+240.484	0+254.747	305.50			
Z12-1	坝右 0+205.353	0+210.259	264.00	308.00	44	双爬升平台
Z12-2	坝右 0+171.454	0+159.546	280.00	308.00	28	双爬升平台
Z12-3	坝右 0+137.000	0+108.000	243.00	308.00	65	双转料平台
Z12-4	坝右 0+082.500	0+108.000	213.00	324.00	111	双爬升平台
Z12-5	坝右 0+030.000	0+108.000	197.00	342.00	143	双爬升平台
Z1-6	坝左 0+030.000	0+108.000	194.00	342.00	148	单转料平台
Z3-3	坝右 0+232.828	0+144.221	312.00	335.00	23	单转料平台
Z3-4	坝右 0+226.302	0+076.761	293.00	352.00	61	单爬升平台
Z3-5	坝右 0+214.561	0+017.682	282.00	374.00	92	单转料平台
ZL-0	坝右 0+327.915	0+323.857	358.00			固定铰支撑
ZL-1	坝右 0+308.505	0+291.077	335.00	349.80	14.8	固定单支撑
ZL-2	坝右 0+280.991	0+244.612	295.00	338.80	43.8	固定单支撑
ZL-5	坝右 0+253.478	0+198.146	295.00	321.60	26.6	固定双支撑
ZL-6	坝右 0+268.272	0+245.918	297.00	312.40	15.4	固定单支撑
ZL-7	坝右 0+244.403	0+253.948	300.00	306.50	6.5	格构式
ZL-8	坝右 0+236.110	0+257.680	304.00	306.50	6.5	格构式

图 3.1 浇筑方案平面布置图

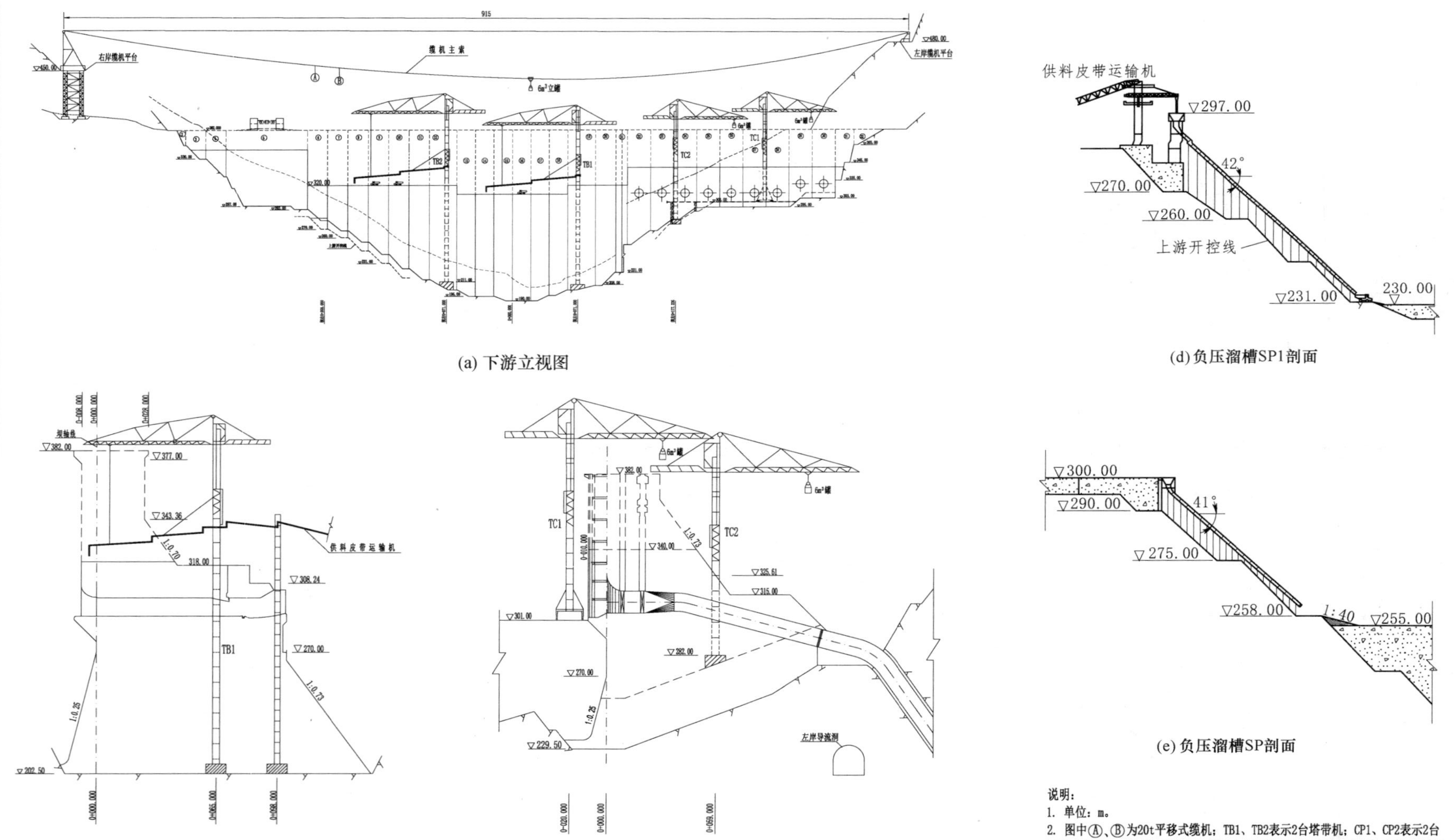

（d）负压溜槽SP1剖面

（e）负压溜槽SP剖面

说明：
1. 单位：m。
2. 图中①、⑧为20t平移式塔机，TB1、TB2表示2台塔带机，CP1、CP2表示2台履带式布料机，①、②、③为运输混凝土的高速皮带供料线，其中①、②供料线和塔机机械接线，③供料线初期接负压溜槽，后期转自卸汽车入仓；TC1、TC2、TC3代表塔机，布置在进水口坝段；SP1、SP代表负压溜槽。

（a）下游立视图

（c）①机进水口中心线剖面

（b）底孔坝段剖面

图3.2 浇筑方案立面布置图

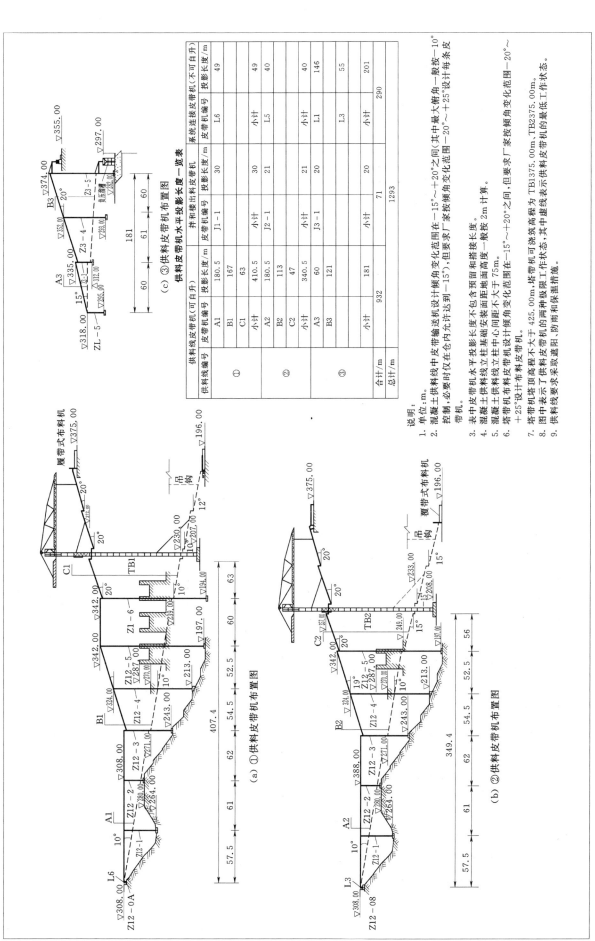

供料线皮带机水平投影长度一览表

供料线皮带机编号		皮带机编号	投影长度/m	拌和楼出料皮带机		系统连接皮带机(不可自升)	
				皮带机编号	投影长度/m	皮带机编号	投影长度/m
①		A1	180.5	J1－1	30	L6	49
		B1	167				
		C1	63				
	小计		410.5	小计	30	小计	49
②		A2	180.5	J2－1	21	L5	40
		B2	113				
		C2	47				
	小计		340.5	小计	21	小计	40
③		A3	60	J3－1	20	L1	146
		B3	121				
						L3	55
	小计		181	小计	20	小计	201
合计/m			932		71		290
总计/m				1293			

说明:
1. 单位:m。
2. 混凝土供料线中皮带输送机设计倾角变化范围在－15°~＋20°之间(其中最大俯角一般按－10°控制,必要时仅在仓内允许达到－15°),但要求厂家按倾角变化范围－20°~＋25°设计每条皮带机。
3. 表中皮带机水平投影长度不包含预留和搭接长度。
4. 混凝土供料线立柱基础安装面高度一般按2m计算。
5. 混凝土供料线立柱中心间距不大于75m。
6. 塔带机布料皮带机设计倾角变化范围在－15°~＋20°之间,塔带机可浇筑面高程为TB1375.00m、TB2375.00m。
7. 塔带机塔顶高程不大于425.00m,塔带机的两种极限工作状态,其中虚线表示供料皮带机的最低工作状态。
8. 图中表示了供料皮带机在倾角变化范围－15°~＋20°之间,但要求厂家按倾角变化范围－20°~＋25°设计布置皮带机。
9. 供料线要求采取遮阳、防雨和保温措施。

图 3.3　浇筑方案供料线图

后升层高度可为 3m，层间间歇时间 5d 左右。

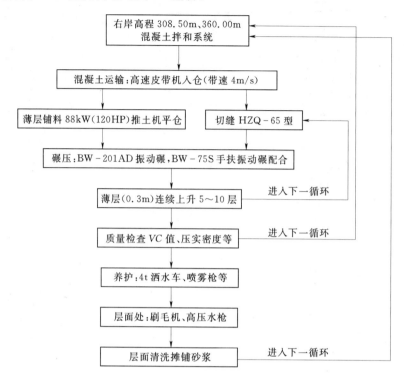

图 3.4　碾压混凝土施工工艺流程图

碾压混凝土一般按 3 班制施工，夏季高温季节（5—9 月）当采用平层浇筑时，按早晚 2 班制施工。

3.3.2　坝体分缝分仓及分层浇筑

坝体施工采用 RCC 施工工艺，即大仓面薄层（层厚 0.3m）连续上升，不设纵缝只设横缝，横缝间距根据水工结构布置和温控要求确定，溢流坝段为 20.0m，挡水坝段为 22.0m，底孔坝段为 30.0m。

坝体层面面积随高程变化而异，层面面积大多在 1 万～3 万 m² 之间，最大层面面积在高程 230.00～250.00m 之间为 3.3 万～3.9 万 m²。由于施工期有度汛要求，需在溢流坝段留缺口过水，故整个坝体不能平齐上升，必须分仓（分段）施工。

仓面的划分，除考虑度汛因素外，还考虑施工进度要求、设备浇筑能力、平仓或斜层铺料方式和不同季节混凝土直接允许铺筑时间等因素。

3.3.2.1　平层铺筑法的仓面划分

（1）常温季节施工的仓面划分。经分析坝体混凝土浇筑的第一个常温季节，高程 230.00m 以下的坝体层面面积大，坝面分仓虽无留缺口要求，但受施工设备生产率控制，经分析在高程 210.00～230.00m 需分 3～4 仓，最大仓面面积为 10930m²；其他年份的常温季节，由于坝体部分需留缺口，溢流坝段的上升高程低于两岸底孔及非溢流坝段，另外受浇筑设备生产率控制，一般需分 4～6 仓，最大仓面面积为 9480m²。

（2）夏季施工的仓面划分。根据施工总进度安排，坝体混凝土从 2004 年 9 月开始浇筑，至 2008 年 1 月达到坝顶，历时 41 个月，混凝土浇筑高峰主要经过 2 个高温季节，相应浇筑起止高程分别为 230.00～245.00m（2005 年）、282.50～318.00m（2006 年）。

2005 年夏季，坝体所处部位正是最大层面面积处，也是温控要求严格的基础约束区，为确保混凝土施工质量，严格控制混凝土浇筑一层的时间不大于混凝土初凝时间，整个坝面需分为 8 个仓面，最大仓面面积为 6200m²。

2006 年夏季为坝体挡水时段，溢流坝段需留缺口度汛，当浇筑一层混凝土所需时间仍控制在 4h 内、设备生产率同前的条件下，坝面需分为 5～7 仓，最大仓面面积为 5750m²。

由以上分析可知，夏季施工期内坝体仓面划分的最大面积为 6200m²。

3.3.2.2　斜层平推铺筑法的仓面划分

为争取大仓面连续作业，以充分发挥设备效率，根据国内已建工程施工经验及"九五"攻关的研究成果，在大仓面采用斜层平推铺筑法浇筑。这种方法的主要特征是碾压混凝土的碾压层面与浇筑块的顶面和底面相交。此外，其操作工艺和作业参数，与水平铺筑法并无明显差别。

采用斜层平推铺筑法，浇筑作业面积比仓面面积小，每层需要浇筑的混凝土方量比水平铺筑法小，因此，在不改变混凝土生产、运输及浇筑能力的前提下，能够缩短层间间歇时间。通过调整层面坡度，可以灵活地控制层间间歇时间的长短，使之满足施工进度和层间结合质量的要求。铺料方向有平行坝轴线和垂直坝轴线两种，垂直坝轴线铺料的方向必须倾向上游。

对高温季节需要采取斜层铺料的仓面，浇筑高度为 1.5m，斜面坡度为 1:15。在高程 290.00m 以下铺料方向垂直坝轴线，倾向上游。

（1）常温季节施工的仓面划分。根据施工进度安排，2005 年汛前常温季节，坝体在高程 230.00m 以下的混凝土浇筑可全线上升。坝面只受施工设备生产率、斜层坡度、方向及混凝土允许浇筑时间的控制，整个坝面均只需分 1 仓。

其他年份的常温季节，溢流坝段的上升高程始终低于两岸底孔及非溢流坝段，一般需分 3～4 仓，最大仓面面积为 4860m²。

（2）夏季施工的仓面划分。根据施工总进度安排，坝体施工主要历经 2 个高温季节，相应浇筑起止高程与平层铺筑法相同。

2005 年夏季，坝体所处部位（高程 240.00m）正是最大层面面积处，此部位是温控要求严格的基础约束区，为严格控制施工质量，层间间歇时间要求较严，整个坝面分为 3 个仓面，最大斜层浇筑面积为 3600m²，混凝土浇筑一层的时间在 2.5h 以内。

其他年份夏季溢流坝段都有留缺口度汛的要求，坝面分为 3 个仓面，最大的仓面面积为 3960m²，混凝土浇筑一层时间可控制在 2h 左右。

3.3.3　碾压混凝土的铺料、平仓及碾压

3.3.3.1　铺料及平仓

（1）平层浇筑方式的铺料及平仓。2 台履带式布料机共浇筑碾压混凝土约 300 万 m³，

施工时段为 2004 年 12 月至 2007 年 2 月。浇筑最大仓面 9480m² 时（位于高程 230.00m 处的溢流坝段，按 3 个坝段分为 1 仓），碾压混凝土层间（30cm）允许间隔时间以 6h 计（常温季节），平均小时入仓强度为 500m³/h，取单台塔带机的生产率为 250m³/h，即需要两台塔带机同时浇筑 1 仓。

按碾压条带平仓，平仓方向与坝轴线平行，卸料线则需与坝轴线垂直，两台塔带机合浇 1 仓，采用 4 台 D75A-1 推土机平仓。碾压混凝土摊铺作业应避免造成骨料分离并做到使碾压混凝土层面平整，厚度均匀，使碾压混凝土获得最佳压实效果。施工过程中采取以下措施防止碾压混凝土骨料分离。

1）塔带机与自卸汽车在直接入仓卸料时，为避免干扰也需在条带中部分料，采用退铺法依次卸料，铺筑方向与坝轴线平行。

2）避免直接卸料在同层已碾压好的层面上，汽车卸料时可以卸在摊铺混凝土的边缘外，采用边卸料边平仓的方法，减少粗骨料的分离。

3）卸料堆若出现骨料分离现象，应由人工配装载机将其均匀摊铺在混凝土面上。

4）采用大仓面薄层平层连续铺筑，铺筑厚度为 34cm（经现场碾压试验确定）。

5）每仓约取 20 个条带，条带宽约 8.0m、长 60.0m，按 3 个条带为一循环，即铺料平仓带、碾压带和质检带。

平层施工现场布置如图 3.5 所示。

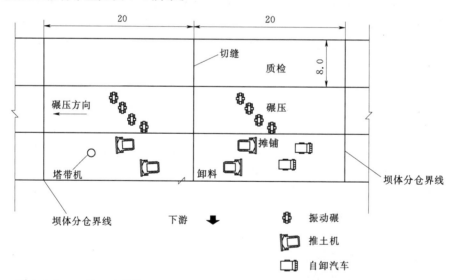

注：条带宽 8m，采用 1 台塔带机直接在 1 个坝段布料，11 辆 32t 自卸汽车担负另一坝段布料，4 台推土机平仓，第 2 条带采用 8 台 BW2002D 振动碾碾压。

图 3.5　平层施工现场布置图（尺寸单位：m）

（2）斜层浇筑方式的铺料及平仓。为便于比较，碾压混凝土斜层平推法铺筑的部位，仍以高程 230.00m 的溢流坝段为例进行说明。采用斜层平推铺筑法浇筑碾压混凝土时，"平推"方向可以有两种：一种是垂直于坝轴线，即碾压层面倾向上游，混凝土浇筑从下游向上游推进；第二种是平行于坝轴线，即碾压层面从一岸到另一岸。由于高程 230.00m 处溢流坝段底宽大（约为 158m），第一种铺料方式有利于施工，同时施工层面倾向上游对坝体抗渗及层面抗剪更有好处，故按铺料方式垂直于坝轴线，碾压层面倾向上游。根据江垭及大朝山碾压混凝土坝的施工经验，斜层铺料坡度在 1：10～1：20 为宜。仍以浇筑最大仓面为 9480m² 时为例（3 个溢流坝段为一大仓），大层的浇筑高度取 1.5m、斜面坡度取 1：20，斜层小仓的仓面面积约为 1802m²，碾压混凝土层间（30cm）允许间隔时间以小于 3h 计（常温季节），平均小时入仓强度为 250m³/h，即只需要 1 台履带式布料机浇筑 1 仓。另外，若以 6 个溢流坝段为一大仓，最大仓面为 18960m² 时，大层的浇筑高度及斜面坡度取值与前相同（取 1.5m、1：20），斜层小仓的仓面面积约为 3604m²，碾压混凝土层间（30cm）允许间隔时间以小于 3h 计（常温季节），平均小时入仓强度为 500m³/h，需要 2 台塔带机合浇筑 1 仓，仍采用与平层布料相同的方式从中部下料，即可满足要求。

按碾压条带平仓，平仓方向与坝轴线垂直，卸料线则需与坝轴线平行，采取 1 台布料机直接入仓，仓面配 2 台 D75A-1 推土机平仓。碾压混凝土摊铺作业应避免造成骨料分离并做到使碾压混凝土层面平整，厚度均匀，使碾压混凝土获得最佳压实效果。施工过程中除需采取与上述平层浇筑方式类似的处理措施外，还需按照斜层的工艺流程采取以下措施防止碾压混凝土骨料分离。

1）布料机直接入仓卸料时，采用退铺法依次卸料，铺筑方向与坝轴线垂直。

2）为了防止坡脚处的碾压混凝土骨料被压碎而形成质量缺陷，施工中应采取预铺水平垫层的方法，并控制振动碾不得行驶到老混凝土面上去。

3）每小仓约取 7 个条带，条带宽 8～12m、长约 30m，按 3 个条带为一循环，即铺料平仓带、碾压带和质检带。

斜层铺料方式如图 3.6 所示。

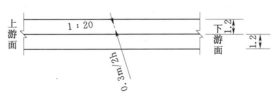

注：每碾压一层 0.3m 需要 2h，每升高一大层 1.2m 约需 2d，
每升层 1.2m（或 1.5m）后层间间歇 7d。

（a）垂直于坝轴线的斜层铺筑法（高程 232.00～244.00m）

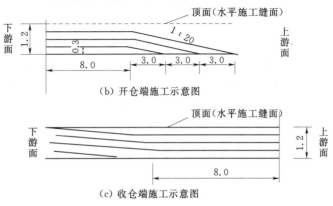

（b）开仓端施工示意图

（c）收仓端施工示意图

图 3.6　斜层铺料方式示意图（尺寸单位：m）

3.3.3.2 碾压及成缝

采用8台BW202AD振动碾配合布料机从中部沿坝轴线方向进行碾压，实际条带前后各布置4台。先无振碾压2遍，随后有振碾压8遍，再无振碾压2遍（通过试验确定）。碾压作业采用搭接法，搭接宽度为10~20cm，端头部位搭接长度1.0m左右，仓面碾压条带采用8台振动碾同时碾压，振动碾碾压行驶速度1.0~1.5km/h。每个条带碾压结束后，及时采用核子密度仪，按规范规定测点数检测混凝土密实度。

横缝采用切缝机，切缝机切缝应先碾后切，缝内填充聚乙烯泡沫隔缝板。

3.3.4 变态混凝土施工

变态混凝土主要用于大坝上下游面、靠岸坡部位、止水设施埋设处、廊道周边、电梯井和其他孔口周边以及振动碾碾压不到的部位。

变态混凝土应随着碾压混凝土浇筑逐层施工，变态混凝土铺层厚度与平仓厚度相同，加浆方式采取由制浆站制浆，经管路输送到坝面，再用专用设备入仓。入仓方式有以下3种（应经现场碾压试验确定一种）。

（1）平铺法（灰浆洒在新铺碾压混凝土的底部和中部）。

1）在处理好的层面上水平铺设一层水泥粉煤灰净浆，其体积为变态混凝土中规定浆液掺量的一半，铺设浆体采用专门设备及计量工具，确保铺洒均匀。

2）当铺筑层厚为34cm左右时，分2层摊铺，摊铺碾压层的第一层碾压混凝土后在摊铺后的碾压混凝土层面上水平铺设另外一半水泥净浆。

3）摊铺碾压层的第二层碾压混凝土并采用大功率的振捣器将碾压混凝土和浆液的混合物振捣密实。层面连续上升时，要求浇筑上层混凝土时振捣器应深入下层变态混凝土内5~10cm，振捣器拔出时，混凝土表面不得留有孔洞。

4）灰浆铺设的速度与碾压混凝土的摊铺速度相适应。在浆液的铺设过程中，需对浆液进行不停地搅拌，以保证浆液的均匀混合。

（2）注浆法。

1）摊铺碾压混凝土至一个碾压层厚，采用专用注浆设备，均匀地在碾压混凝土中造孔（孔的大小、密度和深度由试验确定），然后将浆液注入孔中。

2）采用大功率的振捣器将碾压混凝土和浆液的混合物振捣密实。振捣器拔出时，混凝土表面不得留有孔洞。

（3）抽槽法。

1）摊铺碾压混凝土至一个碾压层厚，采用特制的抽槽设备，以每间隔30cm左右间距连续地抽槽，并随后在槽内用注浆管均匀地注浆。

2）采用大功率的振捣器将碾压混凝土和浆液的混合物振捣密实。

3.3.5 碾压混凝土层面处理措施

因碾压混凝土层面结合质量直接影响到大坝的抗渗性及抗剪强度，故碾压混凝土的施工缝或冷缝层面必须严格处理。根据国家"八五""九五"科技攻关"龙滩高碾压混凝土坝施工层面处理措施研究"及已建工程的经验，提出层面处理方式及设备。

碾压混凝土层面处理方式从能有效提高层面结合强度、抗渗性及便于操作等因素进行研究，其处理方式主要有 3 种：①在层面上铺胶凝材料净浆或砂浆或小骨料混凝土；②层面铺砂浆前做刷毛或凿毛处理；③上游防渗区内（二级配范围内）每个碾压层面，铺水泥浆或水泥粉煤灰净浆。以下分述 3 种处理方式的适用范围。

（1）直接在层面上铺胶凝材料净浆或砂浆。此种方式只适宜连续上升铺筑的碾压混凝土，层间间隔时间超过直接铺筑允许时间的层面，但在混凝土终凝时间内（一般在 18～22h 之间，需经现场碾压试验确定）应先在层面上铺砂浆或小骨料常态混凝土（最大骨料粒径 20mm），再铺筑上一层碾压混凝土。超过了加垫层铺筑允许时间的层面即为冷缝。不同季节的铺筑允许时间应由现场试验确定。

（2）层面铺砂浆前做刷毛或凿毛处理。此种方式是对施工间歇缝面，或已初凝且层面间隔时间未超过 24h 时，在铺砂浆前采用冲毛或刷毛等方法清除混凝土表面的浮浆及松动骨料，将渣子清出坝外，处理合格后，均匀铺 1.5～2cm 厚的砂浆层或铺 3cm 厚的小骨料常态混凝土，其强度应比碾压混凝土等级高一级，在其上摊铺碾压混凝土后，须在砂浆或小骨料常态混凝土初凝前碾压完毕；对施工缝面间隔时间超过 24h 而无法刷毛的层面，对层面用高压水冲毛或先凿毛处理，处理合格后层面铺砂浆或小骨料混凝土的方法同前。

（3）上游防渗区内（二级配范围内）每个碾压层面，无论是在允许浇筑时间内或外，均要求在上层碾压混凝土铺筑前先铺水泥浆或水泥粉煤灰净浆。

3.3.6 雨天施工标准及措施

3.3.6.1 雨天施工标准

（1）我国现行规范提出的施工标准。对降雨条件下大坝碾压混凝土的施工，《水工碾压混凝土施工规范》（DL/T 5112—2000）规定，在降雨强度小于 3mm/h 的条件下，可采取措施继续施工。当降雨强度达到或超过 3mm/h 时，应停止拌和，并应迅速完成尚未进行的卸料、平仓和碾压作业。刚碾压完的仓面应采取防雨保护和排水措施。

（2）"九五"科技攻关"降雨对碾压混凝土连续施工的影响研究"。龙滩水电站碾压混凝土坝施工中，由于工程规模大，施工期长，雨季环境条件下的施工难以避免，为此，特作为国家"九五"科技攻关的项目进行了专题研究。该专题对降雨条件下的碾压混凝土施工主要进行了室内模拟试验研究，并结合江垭工程在现场进行了碾压测试分析研究，对完成的主要研究成果简述如下。

1）雨对碾压混凝土可碾性的影响程度。室内模拟试验表明，当雨水降落在正处于碾压的混凝土拌合物上时，随降雨强度的不同，混凝土拌合物的含水状态也随之发生不同程度的改变，这种改变的客观规律是由表及里直至混凝土表层一定深度。因碾压混凝土拌合物用水量少，属于干硬性混凝土，所以对因含水量的增加比常态混凝土更加敏感，其主要特征是混凝土拌合物工作度的改变。不同降雨强度时碾压混凝土拌合物单位体积含水量及 VC 值见表 3.4。

表 3.4 的实测资料表明，当碾压混凝土拌合物不受降雨影响时，混凝土压实层内各测点的混凝土单位体积含水量基本一致，其均值为 97.12kg/m³，与之对应的 VC 值为 8s。经分析，此时混凝土按设计条件碾压后可得到压实容重 2468kg/m³，相对压实度为 98.7%。

表 3.4　　　　　　不同降雨强度时碾压混凝土拌合物单位体积含水量及 *VC* 值表

测点距层面深度/cm	混凝土拌合物含水量/(kg/m³)		
	降雨强度 0mm/h	降雨强度 2.6mm/h	降雨强度 5.0mm/h
0	95.13	100.82	104.26
5.0	97.91	101.34	103.45
7.5	97.66	101.26	104.56
10.0	96.96	101.10	104.72
12.5	96.93	99.16	103.24
15.0	97.96	98.06	101.23
17.5	97.32	97.63	99.52
20.0	97.00	97.73	98.04
25.0	97.34	97.73	98.63
压实层内含水量均值	97.12	99.43	101.96
VC 均值/s	8*	7	6

注　带 "＊" 为最优稠度 *VC* 值，采用无振碾压 4 遍后测值。

当碾压混凝土拌合物摊铺至碾压期间遇到强度为 2.6mm/h 的降雨时，混凝土碾压后压实层内各测点的混凝土单位体积含水量已发生变化，表层 10cm 范围内的混凝土的含水量已有明显变化，这 10cm 范围内的混凝土拌合物含水量实测值为 101.10kg/m³，相对的 *VC* 值为 6s，混凝土按设计条件碾压后可得到压实容重（均值）2447kg/m³，相对压实度为 97.9%。而整个混凝土压实层（厚度 30cm）内各测点混凝土含水量实测值的平均值为 99.43kg/m³，相对应的 *VC* 值为 7s，混凝土按设计条件碾压后可得到压实容重（均值）2449kg/m³，相对压实度为 98.0%。

当碾压混凝土拌合物摊铺至碾压期间遇到强度为不小于 3mm/h 的降雨时，混凝土碾压后压实层内各测点的混凝土单位体积含水量变化及影响范围更大。经分析，当降雨强度为 3mm/h 时，若碾压混凝土拌合物摊铺后 1h 进行碾压，如果所有降雨均被混凝土拌合物吸收，当压实厚度为 30cm 时，每立方米碾压混凝土含水量平均增加了 10kg，即碾压混凝土的单位体积含水量变为 105kg/m³。此时碾压混凝土的质量已不能满足要求。

2）降雨对碾压混凝土压实容重的影响程度。江垭碾压混凝土坝施工中，在降雨条件下进行了碾压混凝土施工的现场试验。现场碾压试验表明，碾压混凝土 *VC* 值在 5～8s 时，受 8mm/h 以内的降雨作用后其 *VC* 值为 3～4s。混凝土拌合物初凝时间为 6～8h，在无降雨条件下对现场坝段进行了 12 点容重测试，其均值为 2455～2471kg/m³；当 1h 降雨量在 8mm 以下时，对现场碾压坝段进行了 22 点容重测试，其均值为 2401～2415kg/m³。在降雨条件下实测的碾压混凝土容重值相差 40～70kg/m³。在降雨条件下施工的碾压混凝土容重值降低了 1.63%～2.83%。

3）降雨对碾压混凝土施工层面结合质量的影响。试验模拟了以下两种施工工况。

第一种工况：在碾压混凝土施工过程中，碾压混凝土已碾压完毕并已形成施工层面，施工层面受不同降雨强度作用后，在其允许的间隔时间内铺筑上层碾压混凝土。

第二种工况：在碾压混凝土拌合料摊铺及碾压过程中受到不同降雨强度作用后，连续进行碾压混凝土施工。

层面抗剪断强度参数的测试采用多点峰值法，其实测数据见表3.5。

表 3.5 层面抗剪断强度参数试验成果表

试验工况	降雨强度/(mm/h)	c'/MPa	f'
第一种	0	3.72	1.67
	3	3.38	1.63
	5	3.28	1.58
	8	3.24	1.57
第二种	0	3.72	1.67
	3	3.27	1.57
	5	3.18	1.45
	8	2.96	1.37

实测数据分析，在第一种工况下，当已碾压成型的混凝土层面受不同降雨强度作用时，只要在层面允许的间隔时间范围内铺筑上层混凝土拌合料，其层面抗剪断强度参数指标所受影响不是很显著。当降雨达到8mm/h时，其实测层面抗剪断参数 c' 和 f' 值仍能达到设计所要求的规定值。如设计规定要求的 $c'=3.24\text{MPa}$，$f'=1.56$，表3.5中的实测值均达到设计所要求的规定值。在所有测试试件中，并非所有试件均沿层面被剪断。

在第二种工况条件下，由于未碾压的混凝土拌合物受降雨作用后其含水量会有显著增加，碾压混凝土层面抗剪断强度指标参数受降雨作用影响较显著。当降雨强度大于3mm/h时，所测得的层间抗剪断参数 c' 和 f' 值均低于设计所规定的值。这主要是因为降雨增加了碾压混凝土拌合物的含水量，特别是随着降雨强度的增大，混凝土层面泛浆越严重，致使层面出现较厚的砂浆，并产生泌水，从而使其成为层面结合的薄弱部位。

以上对碾压混凝土层面抗剪断强度参数的测试结果分析表明，在碾压混凝土已碾压形成层面后若突遇降雨，由于此时混凝土已碾压密实，只要上层混凝土能在允许的层间间隔时间内碾压完成，并在铺料前清除层面上的积水，则降雨对碾压混凝土层间结合质量无大的影响。而在碾压混凝土铺料、碾压过程中遇降雨，当降雨强度大于3mm/h时，若继续碾压混凝土施工，其层间抗剪断能力显著降低，各项指标均低于设计规定的要求值。

（3）降雨条件下大坝施工标准的确定。"九五"科技攻关专题之一"降雨对碾压混凝土连续施工的影响研究"结果表明，采用《水工碾压混凝土施工规范》（DL/T 5112—2000）中7.12.2款作为控制标准是切合实际的。由于降雨的不均匀性，为便于施工适时控制，故按在降雨强度每6min小于0.3mm时，可采取措施继续施工，降雨强度每6min不小于0.3mm时，应按停工处理的标准进行控制。

3.3.6.2 降雨条件下大坝的施工措施

（1）在降雨强度每 6min 小于 0.3mm 时，可采取以下措施继续施工。

1）在确保施工质量的前提下适当减少碾压混凝土拌和用水量，即适当减小水灰比，加大拌和楼机口拌合物 VC 值。

2）减小施工条带宽度，卸料后立即平仓、碾压，或覆盖，未碾压的拌和料暴露在雨中的受雨时间不宜超过 10min。

3）设置排水，以免积水浸入碾压混凝土中。

（2）当降雨强度每 6min 不小于 0.3mm，应暂停施工，并迅速做好仓面处理。

1）已入仓的拌合料迅速平仓、碾压。

2）如遇大雨或暴雨，来不及平仓碾压时，应用防雨布迅速全仓面覆盖，如拌合料搁置时间过长，应作废料处理。

（3）雨后恢复施工，应做好以下工作。

1）皮带机及停在露天运送混凝土的汽车车厢内的积水必须清除干净。

2）新拌混凝土的 VC 值恢复正常值，但取其上限控制。

3）清理仓面，排除积水。

4）若有漏碾尚未初凝者，应赶紧补碾；漏碾已初凝而无法恢复碾压者，以及有被雨水严重侵入者，应予清除。

（4）恢复施工前，应严格处理已损失灰浆的碾压混凝土，并按要求进行层、缝面处理。

3.3.7 高气温碾压混凝土连续施工的措施

龙滩坝址区的多年平均气温为 20.1℃，最高月平均气温 27.1℃（7月），最低月平均气温 11.0℃（1月），6—8月的月平均气温均高于 25℃，5月和9月的月平均气温接近 25℃，极端最高气温达 38.9℃，高温季节长达 3～5 个月。针对夏季碾压混凝土连续施工的要求，进行了多次室内试验，并且列入国家"八五""九五"科技攻关项目，分别在广西岩滩工地、湖南江垭大坝及福建涌溪等碾压混凝土坝进行了大量现场碾压试验。根据大量的研究成果，提出以下具体措施。

（1）混凝土中掺入高效缓凝剂，尽量延长混凝土初凝时间。

（2）充分利用早晚夜间浇筑混凝土，按 2 班制施工，避免太阳辐射。

（3）严格按照温控要求采取制冷和骨料预冷措施以降低混凝土浇筑温度。

（4）运送混凝土的皮带运输机应有遮阳隔热措施。

（5）混凝土浇筑仓面采用喷雾降温保湿措施，造成仓面小气候区，在雾罩下进行铺筑作业。

（6）加强洒水保养措施，有条件时可采用表面流水冷却的方法，以加速表面散热，降低浇筑块内部温升值。

（7）研究采用斜层平推铺筑法施工，加快混凝土入仓覆盖速度，提高层间结合强度。

（8）埋设冷却水管，降低坝内的最高温度，同时便于有接缝灌浆和接触灌浆部位的后期冷却。

3.4　温控标准及防裂措施

3.4.1　温控标准

3.4.1.1　基础温差

当基础混凝土极限拉伸值不低于 0.85×10^{-4}（常态混凝土 28d 龄期时）和 0.8×10^{-4}（碾压混凝土 90d 龄期时），垫层常态混凝土浇筑层厚 1.0m、间歇 7～9d，其上铺筑碾压混凝土均匀连续上升（升程 1.5～3.0m，间歇期 3～5d）时，各坝段混凝土的基础允许温差规定见表 3.6。

表 3.6　　　　　　　　　　　　基 础 允 许 温 差 表

部　　位		允许基础温差 $[T_0]$/℃	允许最高温度 $[T_{max}]$/℃
溢流及底孔坝段	(0～0.2)L　常态混凝土垫层	16	32
	(0～0.2)L　碾压混凝土		
	(0.2～0.4)L　碾压混凝土	19	35
非溢流坝段	(0～0.2)L　常态混凝土垫层	16	32
	(0～0.2)L　碾压混凝土		
	(0.2～0.4)L　碾压混凝土	19	35
进水口坝段	(0～0.2)L　常态混凝土垫层	16	32
	(0～0.2)L　碾压混凝土		
	(0.2～0.4)L　碾压混凝土	19	35
通航坝段	(0～0.2)L　常态混凝土	16	33
	(0.2～0.4)L	19	36

注　L 为浇筑块最大边长，单位为 m。

3.4.1.2　上、下层温差

上、下层温差系指在老混凝土面（龄期超过 28d）上、下各 $L/4$ 范围内，上层混凝土最高平均温度与新混凝土开始浇筑时下层实际平均温度之差。对于常态及碾压混凝土层间出现长间歇时，上、下层允许温差分别取 16～18℃ 和 10～12℃，当浇筑块侧面长期暴露时，上、下层允许温差应分别取其小值。

3.4.1.3　内外温差

坝体内外温差不大于 20℃，为便于施工管理，以控制混凝土的最高温度不超过允许值，并对脱离基础约束区（坝高大于 0.4L）的上部坝体混凝土，常态混凝土按最高温度不高于 38℃，碾压混凝土按最高温度不高于 36℃ 控制。坝体碾压及常态混凝土各月允许的最高温度见表 3.7 和表 3.8。

表 3.7 碾压混凝土允许最高温度值（坝高大于 0.4L）表

月　　份	1	2	3	4—10	11	12
允许最高温度 $[T_{max}]$/℃	29	31	34	36	34	31

表 3.8 常态混凝土允许最高温度值（坝高大于 0.4L）表

月　　份	1	2	3	4—5	6—8	9—10	11	12
允许最高温度 $[T_{max}]$/℃	29	31	34	36	38	36	34	31

3.4.1.4 混凝土表面保护标准

（1）如遇气温骤降，应随时覆盖，当预计日平均气温在 2～3d 内连续下降超过 6℃ 时，对 90d 龄期内的混凝土表面（非永久面），要求等效放热系数不大于 10kJ/（m² · h · ℃）。可采用保温被或 4cm 厚聚苯乙烯泡沫塑料板保温。

（2）当预计到气温日变幅大于 7.5℃ 时，不得在夜间拆模。

（3）低温季节，如预计到拆模后混凝土表面温降大于 6℃ 时，应推迟拆模时间，否则拆模后应立即覆盖保温材料，要求等效放热系数不大于 16.75kJ/（m² · h · ℃），可采用双层气垫薄膜保温。当气温降至 0℃ 以下时，龄期在 7d 以内的混凝土外露面（包括施工仓面），也要求等效放热系数不大于 16.75kJ/（m² · h · ℃）。浇筑仓面应边浇筑边覆盖。新浇的仓位应推迟拆模时间，如必须拆模时，应在 8h 内予以保温。

（4）坝体上游面，应随坝体的上升粘贴或喷涂耐久的保温材料，要求等效放热系数不大于 7.3kJ/（m² · h · ℃），可采用 4cm 厚聚苯乙烯泡沫塑料板保温，保温时间直到水库蓄水前；下游面、长期暴露的侧面也需进行表面保护，要求等效放热系数不大于 10.0kJ/（m² · h · ℃），同样可采用 4cm 厚聚苯乙烯泡沫塑料板保温。

（5）所有坝体棱角和突出部位的保温标准应较其相邻的平面部位要求严格，要求等效放热系数值不大于 2.1～4.2kJ/（m² · h · ℃）。对非溢流坝段高程 240.00m 平台范围应采取不小于 1.5m 的砂层（或砂袋）保温。

（6）9 月至次年 4 月应对孔洞封堵（如对底孔、廊道孔口、电梯井口）。对暂没有形成封闭孔洞而不能通过封堵进出口进行保温的孔洞侧面和过流面以及各溢流坝段和底孔坝段的墩墙、牛腿等结构部位混凝土也需进行保温，要求等效放热系数均不大于 10.0kJ/（m² · h · ℃），可采用保温被保温。

（7）大坝过水缺口的表面保护。缺口侧面当混凝土龄期未达到 14d 时，暂不拆除模板，以防冲刷。

3.4.2 温控防裂措施

（1）承包人应根据温控标准，并参照本节建议的坝体温控防裂措施经分析研究后制订详细的温控防裂措施，报监理人批准后实施。

（2）建议的主要防裂措施见表 3.9 和表 3.10，同时还需采取以下措施。

表 3.9

基础约束区混凝土温控措施简表

月份		1	2	3	4	5	6	7	8	9	10	11	12
气温/℃	月平均	11.0	12.6	16.9	21.2	24.3	26.1	27.1	26.7	24.8	21.0	16.6	12.7
	月平均最高	15.8	17.4	22.1	26.6	29.5	31.2	32.6	32.8	31.0	26.6	22.0	18.1
	月平均最低	8.1	9.6	13.4	17.6	20.9	22.8	23.9	23.5	21.4	17.8	13.6	9.6
允许浇筑温度/℃		13	15	20	20	20	20	20	20	20	20	20	15
温控措施		自然入仓或+A	自然入仓或+A	A+B	A+B+C	A+B+C	A+B+C	A+B+C	A+B+C	A+B+C	A+B+C	A	自然入仓或+A
允许浇筑温度/℃		13	15	17	17	17	17	17	17	17	17	17	15
温控方案		自然入仓或+A或+A	自然入仓或+A	A+B	A+B+C	A+B	A+B	A+B+C	A+B	A+B+C	A+B+C	自然入仓或A	自然入仓或+A

注　1. 表中 A 代表加冰或加冷水拌和；B 代表风冷骨料；C 代表冷却水管。

　　2. "允许浇筑温度"和"温控措施"栏中左半格为强约束区允许浇筑温度及温控措施，右半格为弱约束区允许浇筑温度及温控措施。

　　3. 混凝土"自然入仓"系指不采取温控措施浇筑温度不大于允许浇筑温度的情况，否则应按超出温度值的情况采取采取温控措施。

表 3.10　　　　　　　　　　　　上部混凝土温控措施简表

月　　份		1	2	3	4	5	6	7	8	9	10	11	12
允许浇筑温度/℃	常态混凝土	13	15	18	20	20	22	22	22	20	20	18	15
	碾压混凝土	13	15	20	22	22	22	22	22	22	22	20	15
温控措施		自然入仓	自然入仓	A	A+B	A+B	A+B	A+B	A+B	A+B	A+B	自然入仓	自然入仓

注　表中 A 表示加冰或冷水拌和，B 表示风冷骨料。

1）应在施工过程中，加强混凝土生产、运输和浇筑过程中各个环节的全过程质量控制管理，确保混凝土施工质量达到优良标准。

2）应采取措施控制最高温度不超过温控标准。

a. 控制浇筑温度。根据基础温差及内外温差提出的最高温度控制标准，对常态及碾压混凝土在基础强约束区范围要求允许浇筑温度 $T_p \leqslant 17℃$，弱约束区允许浇筑温度 $T_p \leqslant 20℃$，各月允许浇筑温度详见表 3.9；脱离基础约束区允许浇筑温度 $T_p \leqslant 22℃$，各月允许浇筑温度详见表 3.10。

应从降低混凝土出机口温度、减少运输途中和仓面的温度回升两方面来控制浇筑温度。为有效地降低混凝土出机口温度，要求成品骨料场的骨料堆高不宜低于 6.0m；搭盖凉棚，喷淋水雾降低环境温度；通过地垄取料，并采取一次、二次风冷及加冷水或加冰拌和措施。应严格控制混凝土运输时间和仓面浇筑层的覆盖时间，对混凝土运输设备如皮带机运输线上可设置遮阳及喷雾设施，以改善混凝土运输途中的小环境温度，减少混凝土温度回升，当自卸汽车直接入仓时应增加遮阳设施。仓面喷雾应尽量采用低温水，并应采用喷雾机，要求喷嘴必须形成雾状，喷雾应尽可能覆盖整个仓面，仓面喷雾应达到以下要求。

（a）当气温达 25℃ 以上时，仓面平均气温降温 4～6℃。

（b）仓面平均湿度不小于 80%。

（c）仓面雨量强度每 6min 小于 0.3mm。

b. 降低混凝土的水化热温升。根据大坝施工招标文件第Ⅱ卷技术条款中常态混凝土和碾压混凝土施工的有关条款规定，采用发热量低的水泥，优化配合比设计，施工中应采用合理层厚、间歇期和初期通水冷却等措施来降低混凝土的水化热温升。

为利于混凝土浇筑块的散热，常态混凝土在基础部位和老混凝土约束部位浇筑层高一般为 1～1.5m，层间间歇时间宜为 5～7d，一般不得少于 3d，也不大于 14d。在基础约束区以外浇筑高度可控制在 2.0～3.0m 以内，层间间歇时间宜为 7～10d；碾压混凝土在基础部位和老混凝土约束部位浇筑层高一般为 1.5m，层间间歇时间宜为 3～5d，一般不得少于 3d，也不应大于 14d。在基础约束区以外浇筑高度可为 3.0m（或大于 3.0m），短间歇均匀连续上升。

3）合理安排施工程序和进度。

a. 选择低温季节开浇基础混凝土，并尽可能在一个枯水季节将混凝土浇至脱离基础强约束区。

b. 对基础约束区混凝土、底孔周边混凝土等重要结构部位，在设计要求的间歇期内应连续均匀上升，尽量避免出现薄层长间歇，并宜安排在低温或常温季节施工；其余部位应做到短间歇连续均匀上升。对高温季节施工的部位，如采用平层摊铺，应利用早、晚、夜间进行浇筑。

c. 除特殊部位外［如 22 号坝段（1 号机进水口坝段）、5 号坝段（通航坝段）］，相邻坝段高差一般不大于 10.0～12.0m。

3.4.3 养护及表面保护

（1）混凝土浇筑完毕后，应严格按要求进行洒水养护，保持混凝土表面湿润。

（2）做好气象预报工作，严格按"混凝土表面保护标准"要求采取表面保护措施。夏季浇筑时，对预冷骨料混凝土表面也采取有效的保护措施，防止热量倒灌。

3.4.4 通水冷却

（1）冷却水管布置部位。对溢流坝段、底孔坝段等的基础常态混凝土垫层、底孔周边的常态混凝土及进水口坝段的基础混凝土，通航坝段需要进行接缝灌浆部位，左岸 31 号、32 号挡水坝段横缝和进水口坝段纵缝需要进行接缝灌浆部位（包括贴坡混凝土，灌区上层 6m 厚的混凝土）的混凝土以及坝坡有接触灌浆要求的坝段等，需埋设冷却水管；碾压混凝土基础约束区在高温期施工部位亦需埋设冷却水管进行通水冷却。

（2）仓面蛇行管布置要求。

1）冷却水管宜呈梅花形布置，宜为 25mm 钢管或 32mm 高密度聚乙烯冷却水管。高密度聚乙烯冷却水管其导热系数应不小于 1.6kJ/(m·h·℃)，材料的抗拉强度应大于 10MPa，经现场试验，在 3.5MPa 内水压力作用下不漏水，在承受卸料冲击和 10t 振动碾有振碾压条件下不损坏。

2）管布置间距。在常态混凝土基础约束区按（1.0～1.5）m（视浇筑层厚布置）×2.0m（水管间距），脱离基础约束区可放宽到 2～3m（浇筑层厚）布置；碾压混凝土基础约束区按 1.5m（浇筑层厚）×（1.5～3.0）m（水管间距，在距坝体上游面 1/3 范围取小值，逐渐放宽）。埋设时，仓面蛇形水管距上游坝面 2.0～2.5m，距下游坝面原则上 2.5～3.0m，水管距横缝、坝体孔及洞周边 1.0～1.5m，若遇特殊情况可适当调整，单根水管长度一般控制在 250m 以内。

3）混凝土下料时不准直接对着塑料管下料，塑料管在混凝土浇筑过程中宜先充水饱压，如发现漏水现象，应立即处理。对于铁管，混凝土浇筑前和在浇筑过程中对已安装好的冷却水管做一次通水（或通气）检查，通水（或通气）压力为 0.3～0.4MPa，如发现堵塞及漏水现象，应立即处理。

（3）初期通水冷却。对于坝体要求埋设冷却水管的部位，一般均应进行初期通水冷却，确保坝体最高温度控制在允许范围内。埋管应在混凝土浇筑开始后通水，通水时间一般为 10～15d，水管通水流量为 18～20L/min。初期通水宜为制冷水，制冷水水温为 10～12℃，混凝土温度与水温之差应不超过 22℃，冷却时混凝土日降温幅度不应超过 1℃，水流方向每半天改变 1 次，使混凝土块体均匀冷却。

混凝土通水时，当出水温度达 24～26℃（基础约束区）或 29℃（脱离约束区），通水时间超过 10d 的即可闷温，闷温时间为 3～5d；当闷温的温度在不超过 32℃（基础强约束区）、或不超过 35℃（基础弱约束区及脱离约束区）时，可结束初期通水，否则按超 1℃通水 3d 的原则来延长通水时间。

（4）中期通水冷却。为削减坝体内外温差，每年 10 月初开始对当年 6—8 月浇筑的大体积混凝土、11 月下旬开始对当年 5 月及 9 月浇筑的大体积混凝土进行中期通水冷却（均为有初期通水冷却的部位）。通水水温与混凝土内部温度之差不超过 20℃，日降温不超过 1℃。水流方向每天改变 1 次，使混凝土块体均匀冷却。中期通水前，应对通水冷却水管进行全面检查，对堵塞的水管采取措施做疏通处理，并对各组水管进行闷温，记录闷温的结果，认真做好中期通水的测温工作，每天测温 2 次，并认真做好记录，以了解坝体内部的温度情况。中期通水一般通河水，通水流量宜为 20～25L/min。在通水期间，凡进水水温与出水水温持平时，可暂停 5～10d 后再通水，当出水水温不高于 28℃时，可结束中期通水。

通水 1 个月进行抽样闷温，如水温不高于 29℃时进行全面闷温，闷温的时间为 3～5d。

（5）后期通水冷却。

1）通水前的准备工作。

a. 通水前应对蛇形管的高程、进出口位置进行核对、编号，并做好标记。

b. 通水检查。对仓面的每个蛇形管回路都进行通水检查（通水压力以 0.3～0.4MPa 为宜）以了解其通畅及外漏、串漏情况，如发现问题，应采取措施进行处理（对中期通水也同样需按此要求进行检查）。

c. 闷管测温。通水检查后，应对通水冷却的坝体进行一次普遍的闷温测温，各灌区选取 3～4 组冷却管进行闷温，以确定坝体通水的起始温度。

d. 后期冷却进度。后期冷却通水的开始时间和通水历时，应根据坝体实测温度和接缝灌浆技术要求决定。

2）后期冷却通水要求。

a. 为满足通航坝段接缝和 25～30 号进水口坝段纵缝及 31 号、32 号左岸非溢流坝段横缝接缝灌浆温度以及坝坡有接触灌浆要求的坝段的灌浆温度（如 5 号通航坝段为 17℃，31 号、32 号坝段为 20℃，25～30 号坝段均为 18℃）要求，应进行后期通水冷却。后期冷却一般在混凝土龄期超过 6 个月以后才能进行，当不能满足此要求时，则应以干缩龄期每差 1 个月超冷 1℃来进行补偿，一般情况下，其值应不大于 2℃。通水水温与混凝土温度内部温度之差不超过 20℃，日降温不超过 1℃。

b. 后期冷却应采用分层通水，由低到高，逐层进行。为改善基础部位混凝土的温度约束应力和保证接缝张开度，自基础向上第一次分区冷却层高度应至少附加 2 个灌浆层高，以上逐区冷却层高度亦附加 1 个灌浆层。

c. 后期通水一般通制冷水或河水，通制冷水时流量应不小于 18L/min，通河水时流量可加大到 20～25L/min。

d. 为满足坝体冷却均匀，通水期间每隔 1d 变换一次进出水方向，并且对通水情况进行记录。内容包括各进水干、支管流量，压力、进回水温度、通水时间等。当坝体达到灌浆温度时，停止通水。通水前及通水过程中，加强对已埋仪器的观测，开始观测时，每3d观测一次，接近或达到接缝灌浆温度期间，每天观测1次。通水过程中，每隔30d左右进行一次抽样闷温。闷温时间为3～5d，测温时用高压风将管内积水缓缓吹出（开始和结束约10m管长的流水水温不计），接于小桶内，随即用温度计测若干值，并取其平均值作为闷温测值。

3.5 碾压混凝土配合比及层间抗剪断参数研究

龙滩水电站大坝体形按照常规混凝土重力坝设计并优化确定，坝体断面先进，对碾压混凝土层面抗剪断参数要求高，碾压混凝土的配合比及层间抗剪断参数研究十分关键。

200m高的大坝在多大高度范围内可采用碾压混凝土，主要取决于大坝体形、层面抗剪断强度指标、层面扬压力及沿层面的抗滑稳定安全系数等因素。计算分析结果表明，随着坝高的增加，设计要求的层面抗剪断强度参数值也增加。在多年的设计研究中，进行了大量的室内试验，同时在国家"八五"科技攻关期间，通过在外部环境相当的岩滩工地进行的三场大规模现场碾压试验以及在现场试验块上进行的原位抗剪断试验和芯样抗剪断试验，论证了可用富胶凝材料实现200m级全高度全断面碾压混凝土筑坝。同时，通过坝体质量检查取芯采集的芯样进行了芯样抗剪断试验，取得了大量的实测数据。

大坝碾压混凝土设计技术指标要求见表3.11。

表3.11　　　　　　　　　　　　大坝碾压混凝土设计技术指标表

设 计 指 标		坝 体 部 位				
		下部 R_I（碾压混凝土）	中部 R_{II}（碾压混凝土）	上部 R_{III}（碾压混凝土）	上游面 R_{IV}（碾压混凝土）	上游面变态混凝土 C_{bI}
90d强度指标（90d、保证率80%）/MPa		25	20	15	25	25
抗渗等级（90d）		W6	W6	W4	W12	W12
抗冻等级（90d）		F100	F100	F50	F150	F150
极限拉伸值 ε_p（90d）		0.8×10^{-4}	0.75×10^{-4}	0.7×10^{-4}	0.8×10^{-4}	0.85×10^{-4}（28d）
VC 值/s		5～7	5～7	5～7	5～7	
坍落度/cm						1～2
最大水胶比		<0.5	<0.5	<0.55	<0.45	<0.45
层面原位抗剪断强度（180d、保证率80%）	f'	1.0～1.1	1.0～1.1	0.9～1.0	1.0	1.0
	c'/MPa	1.9～1.7	1.4～1.2	1.0	2.0	2.0

影响碾压混凝土层面抗剪强度参数主要有胶凝材料用量、层面间歇时间、外界气温条

件、层面处理工艺等。

自 1990 年 10 月至 1993 年 6 月依托岩滩水电站工程先后进行了 3 次 10 个工况的现场碾压试验，开展了现场原位抗剪断强度试验 129 组，现场取样室内碾压混凝土层面抗剪断强度试验 186 组。碾压混凝土层面抗剪断参数取值遵循以现场多点法抗剪断峰值强度为主、以层面不处理的为主、以 180d 龄期强度为主的三原则，以典型工况的现场原位碾压混凝土层面抗剪峰值强度作为层面抗剪断参数的主要选取依据。由于施工期间影响混凝土质量的因素远比试验期间多，因此，选用的 C_v 值应比试验得出的 C_v 值大。试验统计分析结果见表 3.12。

表 3.12　龙滩工程依托岩滩工程 RCC 现场试验统计分析结果及建议标准值表

混凝土强度等级	胶材用量/(kg/m³)		级配	常规统计法				综合值分析法				建议参数			
				综合值		小值平均值		保证率 80%		离差系数		$c'_{cf}=0.20$、$c'_{vc}=0.30$		$c'_{cf}=0.20$、$c'_{vc}=0.35$	
	C	F		f'	c'/MPa	f'	c'/MPa	f'	c'/MPa	c'_{cf}	c'_{vc}				
$R_{90}250$	90	110	三	1.29	2.80	1.13	1.92	1.19	2.59	0.09	0.09	1.07	2.09	1.07	1.97
$R_{90}200$	75	105	三	1.17	2.10	1.11	1.89	1.08	1.93	0.09	0.10	0.97	1.57	0.97	1.48

龙滩水电站工程开工后进行了 3 场（1 场常温环境、2 场高温环境）碾压混凝土现场试验，对配合比、施工工艺等进行试验论证。不同气温条件、不同混凝土配合比、不同层面处理工艺等多种工况共 91 组（90d 龄期 38 组、180d 龄期 53 组）原位抗剪（断）试验数据的统计分析成果（表 3.13）表明，碾压混凝土层面抗剪断强度可满足设计要求。由此可见，只要碾压混凝土配合比设计得当，施工中建立有效的质量检测与控制系统，保证碾压混凝土的施工质量，龙滩大坝除基础垫层混凝土外，从基础垫层顶面以上，均可采用碾压混凝土。

表 3.13　龙滩碾压混凝土现场试验层面抗剪断值表

混凝土分区	胶材用量/(kg/m³) C+F	级配	工 况	龄期/d	抗剪断参数标准值 $c'_{cf}=0.20$、$c'_{vc}=0.30$	
					f'	c'/MPa
$R_{90}250$	190~200	三级配	高温：层间间歇世界不超过 4h、层面不处理。	180	1.19	1.67
$R_{90}200$	170~180	三级配	常温：层间间歇世界不超过 10h、层面不处理。		1.15	1.66
$R_{90}150$	160	三级配	冷缝：冲毛、铺砂浆		1.15	1.22

通过室内和现场试验论证了 200m 级高坝全断面采用碾压混凝土的可行性。表明龙滩水电站大坝设计推荐配合比是合适的，可使坝体碾压混凝土具有良好的物理力学性能和工作性能，实际施工采用的配合比仅在设计推荐的配合比基础上进行了微调。通过坝体取芯试验，碾压混凝土芯样平均获得率为 97.2%，最长芯样为 12.74m，缝面折断率为 19.8%。龙滩水电站大坝设计推荐配合比及施工配合比见表 3.14。

表 3.14   碾压混凝土设计推荐配合比及施工配合比表

设 计 指 标	坝 体 部 位				
	下部 R_I（RCC）	中部 R_{II}（RCC）	上部 R_{III}（RCC）	上游面 R_{IV}（RCC）	上游面变态混凝土 C_{bI}
设计强度等级	$R_{90}250$	$R_{90}200$	$R_{90}150$	$R_{90}250$	$R_{90}250$
水胶比	0.42（0.41）	0.46（0.45）	0.51（0.48）	0.42（0.4）	0.42（0.4）
最大骨料粒径（级配）/mm	80（三）	80（三）	80（三）	40（二）	40（二）
粉煤灰掺量/（kg/m³）	110（106）	105（107）	105（109）	140（121）	140（121）
水泥用量/（kg/m³）	90（89）	75（68）	60（56）	100（99）	$100(1+A)$ [$99(1+4.6)$]
机口 VC 值/s	3～5	3～5	3～5	3～5	
坍落度/cm	1～4.2	1～4.2	1～4.2	1～4.2	1～2

注 1. 表中 A 为坝体上游面变态混凝土现场掺入的水泥及掺合料浆液体积百分比。变态混凝土现场掺入的水泥及掺合料浆液体积为该部位二级配碾压混凝土体积的 5%～10%。

     2. 表中括号前内数字为设计配合比，括弧内数字为施工配合比。

3.6 施工仿真

运用系统工程的原理、方法和混凝土施工技术及规范要求，紧密结合龙滩水电站工程施工特性，建立了大坝浇筑模型，并通过模型转换和对大坝混凝土施工程序的模拟，编制计算混凝土施工过程的计算机模拟的应用程序，提高施工进度和混凝土施工强度准确性和可靠性。分别用二维、三维图形直观地显示大坝各阶段形象面貌，通过施工强度、形象面貌与机械设备的使用情况的分析把握不同施工方案的特性，为方案优化决策提供依据。

3.6.1 模拟原理

3.6.1.1 计算机模拟的通用方法

计算机模拟的通用方法主要有等步长法、事件表法、实体时钟值扫描法。

（1）等步长法。等步长法也称为固定增量时间推进法。它是以某一规定的单位时间为增量 Δt，按时间的进展，一步步地对系统活动进行模拟。此时间增量为时间步长，在模拟过程中是固定不变的。

等步长法模拟的基本步骤为：首先选取系统的初始状态，并以它作为模拟钟的零点。从该起点开始，每次推进一个时间步长 Δt，对系统的活动进行考察分析，判断这个步长中是否有事件发生。如果有事件发生（指系统状态发生变化的瞬间事变，如模拟实体属性值的改变、产生和消失以及数量的变化，或者某一活动的开始或结束等），则它们就被认为发生在 Δt 的终止处，并相应地改变系统的状态；如果在 Δt 内无事件发生，则系统的状态不发生变化，只将模拟时钟推进。重复上述做法直到预定的时间或状态为止。

用时间步长法对系统进行模拟时，时间步长的选取是一个重要的问题。选取的越小，模拟的系统状态与真实的系统状态就越吻合，模拟的精度就越高。但是模拟过程中要增加状态检查的次数，增加运行的次数，从而增加了运行的时间。相反，当时间步长取的过大

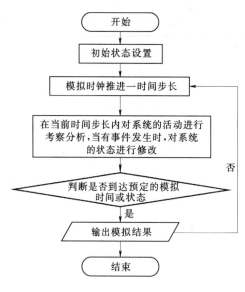

图 3.7　时间步长法模拟框图

时，虽然能减少状态检查的次数，从而缩短运行的时间，但容易使模拟系统失真，降低模拟的精度。其模拟框图如图 3.7 所示。

（2）事件表法。事件表法的主要思路是将系统的模拟过程看成是一个事件点序列，根据事件出现的时序，用一个称之为事件表的表格来调度事件执行的顺序。对于那些当前需要处理的事件进行处理，处理完毕后，自动退出事件表。在处理当前事件的过程中，会产生一个后续事件，并将它列入事件表中，以此使得系统的模拟过程有条不紊地进行下去。

事件表法在具体运用中，一般是用最短时间的事件步长（事件发生或终止时刻距当前模拟钟最近）来推进模拟钟的。其基本步骤是：首先选取系统的一个初始状态，然后在一系列事件中选取一个最短时间的事件，将模拟时钟推进到该事件的发生（或终止）处，使系统的状态发生变化并进行考察、分析、计算和记录，然后再在一系列的事件中选取另一个最短的时间的事件，将模拟时钟推进到该事件的发生（或终止）处，使系统的状态发生变化，重新进行考察、分析、计算和记录。如此继续下去，至模拟结束为止。其模拟框图如图 3.8 所示。

（3）实体时钟值扫描法。实体时钟值扫描法又称为活动扫描法，其主导实体的定义是指在整个模拟过程中始终不退出系统的实体。实体在系统中循环地运行，不断地改变其状态。模拟思路则是对每一实体定义其状态变化的子时钟值和其随时间变化的状态变量，把实体、状态与时间相结合，它们在时间轴上形成一系列的离散事件点，通过时钟值的扫描，把握系统中实体的运行规律，从而达到对系统模拟的目的。在水利水电工程施工过程模拟中，该方法通常用来模拟运输机械的运行情况。

3.6.1.2　本工程所采用的方法

对模拟全过程而言，采用等步长法来安排时间进程，即将施工期划分为天，再将天划分为台班，以一个台班为步长，这也符合水利水电工程施工的时间转变、循环的工序特点。

在一个台班时间范围内，针对不同的浇筑机械的特点（如塔机、缆机为离散型机械，需要同其他水平运输机械配套；而塔带机、皮带机为连续型机械），分别对不同的浇筑机械为中心采用不同的方法，对于塔机（缆机）首先采用主导实体时钟值扫描法，判断每台塔机所对应的可浇坝块，这时以水平运输机械为主导实体，面向水平运输机械的状态：在拌和楼前的等待、装料、重车运行、轻车运行等采用最短事件表法来处理。

对于塔带机等连续型的浇筑机械，由于来料均匀且连续不断，在坝块的浇筑过程中，机械配套运行的过程较简单，因此只要采用主导实体时钟扫描法，就可以解决一个台班内的浇筑模拟，即以塔带机为主导实体，逐一判断每台浇筑机械对应的可浇坝块，并计算所

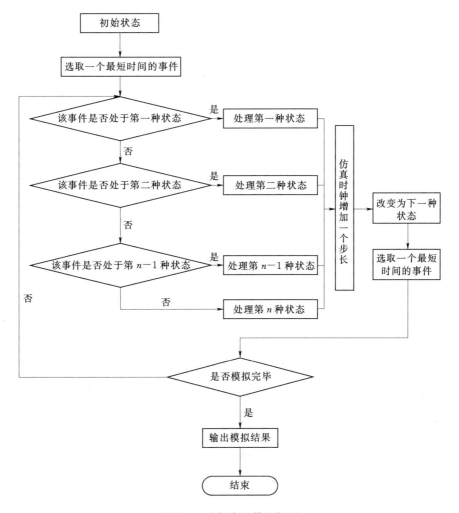

图 3.8 事件表法模拟框图

需的时间。

3.6.2 仿真假定

结合水工混凝土坝施工特点，参考以往成果的成功经验，并考虑龙滩工程大坝混凝土工程的特点，在龙滩工程进行了以下假设。

（1）混凝土骨料生产的供应能够保证拌和楼的需要，即在适当考虑混凝土的原材料的供应、生产的基础上确定了浇筑机械的生产率之后，混凝土的生产能满足要求。

（2）不考虑混凝土的回填（如接缝灌浆），该工作一般不在关键线路上，但大坝基础固结灌浆在模拟过程中占用了直线工期，需要考虑。

（3）金属结构安装等辅助作业基本上可在限定时间内完成，不致出现对浇筑机械影响很大的情况。

（4）在模拟计算中，混凝土浇筑的高度是一个层厚的整数倍（碾压混凝土在常温季节的一个升程为 3.0m，高温季节为 1.2m，常态混凝土的层厚为 2.0m）。在浇筑施工过程中如果遇到降雨等影响而停工且下层的覆盖时间超过混凝土的初凝时间，即必须间歇，冷缝在层的浇筑中间出现，所以整数层浇筑的假定在某种程度上与实际不一致。在实际浇筑中，其影响程度很复杂，难以用数字来加以量化，但其对总体结果影响很小。

（5）水平运输系统能充分保证混凝土水平输送要求。模拟中进度的安排主要是面向垂直运输，即以浇筑机械为主，实际处理中通常以其他非控制环节来进行校核，检验这些非控制环节是否转变为控制性环节，来确保进度安排的真实性。

以上假设除第（4）项属模拟模型的简化处理外，其他几项在实际情况中，基本上能够满足要求。

3.6.3 碾压混凝大坝施工模拟系统

混凝土大坝施工主要由混凝土的生产系统、混凝土的运输系统、混凝土的浇筑系统这3个系统组成，这3个系统相互协调、相互影响，同时还受到施工系统的所处的具体环境的影响。具体来说，大坝混凝土的浇筑是由一个混凝土的制备、混凝土的运输到混凝土的入仓和仓面作业的过程。在这4个环节中，混凝土的运输和混凝土入仓是影响浇筑工期、情况较为复杂和影响因素较多的两个。因此，大坝混凝土施工是一个以大坝上升为主要状态标志的混凝土浇筑的大系统，可以采用系统模拟的思想和方法进行研究，来了解大坝浇筑过程中的信息，从而为制定大坝具体浇筑进度计划、实施施工管理与控制提供服务。

3.6.3.1 工程原始数据

为使模拟计算数据输入尽量简洁，一般建立原始数据库，作为模拟的前提和基础。工程数据库包括以下内容。

（1）大坝几何特征数据。坝段编号、坝段的建基面高程、坝顶高程以及其他特殊高程、各坝段的混凝土量等。

（2）各浇筑仓位的数据。浇筑层层位编号、坝块的空间坐标（X，Y，Z）、坝块的几何坐标（长，宽，高）、各坝块的混凝土量、可选择的浇筑机械等。

（3）大坝施工规范数据。不同季节混凝土初凝时间、相邻坝块允许高差、基础约束区、非基础约束区的层厚及所对应的间歇时间、允许拆模时间等。

（4）施工参数。大坝浇筑施工机械性能参数、机械设备的布置情况等。

3.6.3.2 大坝混凝土浇筑可浇坝块的选择

（1）可浇坝块的选择的意义。跳仓选块是坝体混凝土浇筑施工的关键，是进行计算机模拟必须首要解决的关键问题。

可浇坝块就是大坝混凝土浇筑中满足混凝土浇筑相关条件的坝块。在同一时间内往往存在许多坝块都可以浇筑，如何确定这些坝块，并进一步选择即将浇筑坝块是大坝混凝土浇筑仓位进度安排的一个重要问题。

可浇坝块的确定涉及的因素很多，如大坝几何形状、浇筑机械的种类与使用时间、层间间歇时间、相邻坝块高差、施工限制条件、特殊高程段、天气状况等因素，且很多因素并不是一成不变的，一般在一定范围内波动。因此，可浇坝块的选择是一项复杂且具有一定灵活性的工作，无论是采用手工进行排序还是计算机进行选择，都具有一定的局限性。

大坝坝块多，限制条件多，人为排序相当困难；计算机排序常常很难处理一些没有明显规律性而又不断变化的因素，其计算结果只能是将各坝段作控制性进度编排的一种辅助性结果。利用计算机对大坝作可浇坝块的选择，对大坝混凝土浇筑作概括性的进度编排，然后人为地调整进度计划，使该计划满足控制性计划、资源分配、大坝浇筑强度等方面的要求，从而既利用了计算机处理高效的特性，又可体现设计施工的灵活性，同时吸取设计者的经验以处理施工中的特殊情况。

（2）确定可浇坝块。可浇坝块的确定是针对某一浇筑机械而言的，也就是说，浇筑机械的浇筑范围不同，扫描的范围也就不同；浇筑机械空闲或是检修，该浇筑机械所对应浇筑范围也就停下来，被标识为不可浇坝块。

可浇坝块的确定实质上是对大坝浇筑过程中每一时段最上层坝块的逐一扫描，根据施工规范、限制条件来判断这些坝块是否可以浇筑，并用 Boolean 变量予以标识。如果可以浇筑则根据机械控制范围及生产率仿真其浇筑过程，否则计入等待浇筑的对象，在下一台班循环中进行判断。

判断过程如图 3.9 所示。

坝块是仿真中的实体，某坝块 My-Block（I，J）为位于第 I 号坝段第 J 仓处于最上层的坝块，它有以下一些属性。

Zsite：浇筑仓所处高程，Z 坐标。

Ysite：浇筑仓下游端部与坝轴线距离，Y 坐标。

Xsite：浇筑仓 X 坐标。

Height：浇筑仓的厚度。

Width：浇筑仓的宽度。

Length：浇筑仓的长度。

Quantity：浇筑仓的混凝土量。

LengthQuantity：浇筑仓还没浇完的混凝土量。

StartTime：浇筑仓开始浇筑的时间。

FinishTime：浇筑仓浇筑完毕的时间。

FieldID：浇筑仓所在的坝段标识号。

StreamID：浇筑仓所在的仓位标识号。

LayerID：浇筑仓在该坝段中的浇筑层标识号。

MachineID：浇筑仓所对应的浇筑机械标识号。

WorkState：浇筑仓所处的状态。

1）天气状况的约束。根据水文统计资料，考虑高气温降雨环境等的影响确定每年中

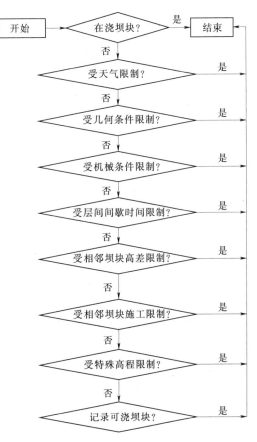

图 3.9 可浇坝块集合的确定

每月的有效施工工日。但是，未来具体一天的天气情况如何，是否可以施工，难以预料。从统计资料来看，每月的施工天数一定，则产生一随机数，用随机数和本月的总天数的乘积与本月可施工的天数来进行比较，以衡量该天是否可以施工。如果前者大，则该天不能施工；如果后者大，该天就可以施工。判断表达式为

$$\begin{cases} Rnd \cdot MonthDays > CanWorkDays \rightarrow 不能施工 \\ Rnd \cdot MonthDays \leqslant CanWorkDays \rightarrow 可以施工 \end{cases} \tag{3.1}$$

式中：Rnd 为 $[0，1]$ 上的均匀分布的随机函数；MonthDays 为本月的总天数；CanWorkDays 为本月的有效工日。

根据以往工程经验并经实际验证，利用该方法能够比较准确地模拟施工的天气状况。

2）受几何条件的约束。大坝空间位置所涉及的因素主要是随着高程的升高浇筑仓位的变化。碾压混凝土大坝在不同的高程，因其大坝层面面积的不同，其仓位数也不同。

3）浇筑机械条件的约束。每台浇筑机械在水平、高程范围内负责一些坝段的混凝土浇筑，同时还存在一定的使用时间，浇筑机械条件的限制如多种浇筑机械的联合浇筑，在两种机械之间的衔接过程中的干扰等。机械限制条件检验的目的在于判别该机械管理范围某一仓号是否可浇，由何种机械完成浇筑等。

4）层间间歇要求。此处层间间歇时间不是一般温控意义上的时间，而是指仓位浇筑完毕至浇筑上层仓位之间所间隔的时间。各坝块在不同高程范围间歇时间往往不同。

对基础块来说，即 $MyBlock(I，J) \cdot Workstate = 0$，层间间歇要求是指：

$$NowPointe > BlockStarttime(I,J) \tag{3.2}$$

式中：NowPointe 为模拟当前时钟；$BlockStarttime(I，J)$ 为该基础块基础处理等工作处理完毕的时间。

对于非基础块来说，即 $MyBlock(I，J) \cdot Workstate = 1$，层间间歇要求是指：

$$NowPointe > MyBlock(I,J) \cdot Finishingtime + Interbeddedtime \tag{3.3}$$

式中：$MyBlock(I，J) \cdot Finishingtime$ 为坝块浇筑完毕时间；Interbeddedtime 为层间间歇时间。

在龙滩水电站大坝混凝土施工中，浇完河床基础垫层后，大约须停工 15d 左右。常态混凝土基础垫层层间间歇时间为 7～9d，非基础约束区层间间歇时间为 7d；碾压混凝土基础约束区层间间歇时间为 5～7d，非基础约束区层间间歇时间为 7～9d；高温季节施工，层间间歇时间为 5～7d。

5）相邻坝块施工约束条件。相邻坝块施工限制条件也包括两方面的内容：①相邻施工机械的施工干扰问题；②相邻坝块高差较小，由于模板还未拆除而不能浇筑的施工限制。相邻坝块间模板的影响可以转换为时间来考虑。限制表达式为

$$\begin{cases} MyBlock(I,J) \cdot Zsite \leqslant MyBlock(I+1,J) \cdot Zsite \\ NowPointer) > MyBlock(I+1,J) \cdot FinishTime + Templettime \end{cases} \tag{3.4}$$

式中：$MyBlock(I，J) \cdot Zsite$ 为坝块的高程；$MyBlock(I+1，J) \cdot Zsite$ 为相邻坝块的高程；Templettime 为模板影响时间；其他表达式同前。

龙滩水电站工程中相邻坝块模板拆除的影响时间：常态混凝土为 3d，碾压混凝土为 2d。

6）相邻坝块高差的要求。控制相邻坝块高差的主要目的为：避免过大的剪切变形对于横缝止水设备的不利影响；避免先浇块长期暴露，受温度陡降而引起表面裂缝，相邻坝块高差应在允许高差范围内。对龙滩工程来说，相邻坝块高差的限制为

$$\begin{cases} MyBlock(I, J) \cdot Zsite - MyBlock(I+1, J) \cdot Zsite < HeightDiffer \\ MyBlock(I, J) \cdot Zsite - MyBlock(I-1, J) \cdot Zsite < HeightDiffer \end{cases} \tag{3.5}$$

式中：HeightDiffer 为不同坝段间的相邻坝块的高差限制；其他表达式同前。

龙滩水电站工程中相临块高差限制：最大为 12m（常态混凝土），最小为 1 个浇筑层（碾压混凝土在基础约束区为 1.5m，非基础约束区为 3m）。但是，特殊高程（汛期留缺口，高程 290.00m 底孔坝段的压力钢管安装停工）可放松要求。

7）特殊高程约束。大坝是一个非常复杂的结构工程。单就泄洪坝段的施工来说，很多部位由于结构形式的差别，施工工艺存在很大的差别。这些部位包括底孔坝段、泄洪坝段、通航坝段等。特殊高程约束条件是指在工程量计算、后期图形处理、间歇时间上需附加的工日等需进一步处理而人为加上的控制条件。根据部位结构特点、施工工艺的复杂程度等因素，可以在大坝浇筑到该高程范围时，适当改变控制条件。

（3）择拟浇坝块。对 1 台浇筑机械而言，可浇坝块往往有几个，但 1 台浇筑机械在一段时间内只能浇筑 1 个坝块，因此就必须对坝块作进一步的选择。选择拟浇坝块应该遵循以下两个原则。

1）最低高程原则。优先考虑高程最低的可浇坝块，以避免坝块之间高差过大。为避免产生反高差，上游坝块又优于下游坝块。

2）均衡上升原则。对于间歇期过长的坝块优先选择。

这两个原则基本体现了控制性工期的特点。控制性工期是指一定范围内某时刻需要达到的面貌，它是一个总体目标，从该目标出发，它要求该范围内的项目都要如期完成，即"连续、均衡、有节奏"的特点，体现水利水电工程进度控制的特点。

3.6.3.3 模拟模型的建立

浇筑机械涉及两种基本类型的模拟实体，即连续型浇筑机械（如皮带机、塔带机等）和离散型浇筑机械（如拌和楼、塔机、缆机等）。连续性浇筑机械的浇筑模拟来料均衡、连续，其服务范围相对固定、只承担混凝土的浇筑，不负责吊运等辅助工作；离散型浇筑机械的服务的模型实质上是排队问题，该排队系统基本上属于多服务台闭和系统，拌和楼、缆机为"服务台"，罐车为"顾客"，罐车在固定的拌和楼与缆机间来回接受服务，也存在罐车接受不同的缆机服务，使得系统变为一个复杂的复合闭合系统。

（1）浇筑机械的模拟模型。

1）连续型浇筑机械。连续型浇筑机械在模拟方法上先采用等步长法，再采用事件表法。浇筑机械主要有以下属性。

FieldStartNo：机械浇筑范围的起始仓位号。

FieldEndNo：机械浇筑范围的结束仓位号。

StartTimePointer：浇筑机械开始浇筑的时间指针。

EndTimePointer：浇筑机械结束浇筑的时间指针。

WorkState：浇筑机械的工作状态（工作、空闲）。

Ratio：浇筑机械设计的生产率。

WorkTimeSection：1 个台班内的工作时间。

QQuantity：1 个台班内的浇筑混凝土总量。

LQuantity：1 个台班内剩余混凝土量。

Anotherblock：选择另一可浇坝块。

MachineID：浇筑机械号。

TotalWorkTime：浇筑机械总的工作时间。

IdealWorkTime：浇筑机械的空闲时间。

主要浇筑设备塔带机（皮带机）服务模型思路是：在台班的开始，初始化一些台班内局部变量，判断该塔带机是否存在可浇坝块，如果不存在可浇坝块，则跳出本模型，转至下一塔带机或下一台班，否则继续推进。然后，读出可浇坝块混凝土量，由塔带机的生产率确定浇筑完该坝块所需时间，判断该时间是否超过一台班，如果不超过，塔带机的子时钟值向前推进，再判断是否存在另一可浇坝块，存在则转至读取可浇坝块的混凝土量，不存在则跳出本模型；如果超过一台班的时间，则确定台班结束时该在浇坝块的剩余混凝土量，同时记载塔带机本台班内有关变量，本台班模拟结束。塔带机浇筑模型的流程如图 3.10 所示。

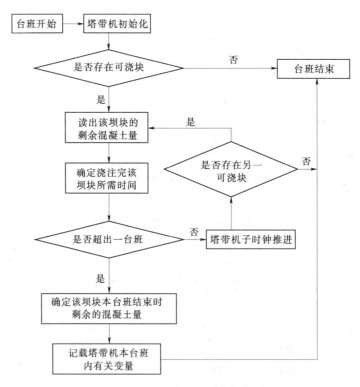

图 3.10　塔带机浇筑流程图

2）离散型浇筑机械。离散型浇筑机械（如拌和楼、缆机、塔机等）为实体，模型在模拟方法上先采用等步长法，然后采用主导实体扫描法。

拌和楼有以下属性。

Sequence：拌和楼前的罐车排队队列。

WorkState：拌和楼工作状态（工作、空闲）。

TotalWorkTime：拌和楼总的工作时间。

Quantity：拌和楼生产的混凝土总量。

Workstate：浇筑机械总的工作时间。

缆机和塔机的属性和塔带机的服务模型基本一样，只是多了 Sequence 一项罐车排队队列属性。

本模型的思路是：以一个台班为时间步长，在台班开始，初始化台班的一些局部变量，以拌和楼、缆机和罐车为实体。在模拟开始时，所有的罐车都在拌和楼前等待，将罐车随机排序并进行编号，确定系统的初始状态，然后对罐车逐一扫描，判断罐车对应的缆机是否有可浇坝块，如没有可浇坝块，则扫描下一辆罐车；如有可浇块，则进入罐车的事件处理，并记载相应的变量，直至本台班模拟结束。

1）拌和楼前的排队等待。排在最前面的罐车，寻找空闲的拌和楼，如果没有，则模拟时钟推进一个台班，再寻找；若有，则该罐车的代号从该拌和楼的排队队列中删除，其状态转换为"装料"，该拌和楼的状态由"空闲"转为"忙"。

2）罐车的装料状态。罐车装料产生一装料时间随机数，当该罐车的时间进程（子时钟）推进到装料的结束时刻时，状态转化"重车运行"，同时记载拌和楼的相应属性。

3）罐车处于重车运行。产生重车运行的时间随机数，该罐车的子时钟值推进，状态转化为缆机前的排队等待，并且对应的缆机的罐车排队队列中新增一罐车。

4）缆机前的排队等待。判断是否为排在最前面的罐车，是则该罐车的代号从该缆机的排队队列中删除，其状态转换为"卸料"；否则寻找下一台缆机。

5）罐车的卸料。产生一卸料随机数，该罐车的子时钟值向前推进，并且状态转换为"轻车运行"。同时，判断缆机浇筑的坝块是否浇筑完毕，如果浇筑完毕，则寻找新的可浇坝块，同时记载缆机的相应属性。

6）轻车运行。产生一轻车运行的随机数，该罐车的子时钟值推进，状态转化为"拌和楼前的排队等待"，同时拌和楼前新增一辆罐车。其服务模型如图 3.11 所示。

（2）模拟过程。在应用排队论构造施工模拟模型时，通常把浇筑机械视为"服务台"，而每一个浇筑块视为"顾客"。

碾压混凝土与常态混凝土施工过程基本类似，而不同点在于：对碾压混凝土施工而言，每次浇筑的仓面是由几个坝段组成的"顾客"，即每次服务过程是对一个"顾客"，多个坝段的同时服务，在排队过程中，一个序号是由几个坝段组成的一个仓面。所以，碾压混凝土可浇坝块的选择是按照施工的约束条件及仓面的高程进行排队，依照排队序列，对那些有可能同时浇筑的坝段，根据浇筑机械的生产能力、混凝土的初凝时间等划分为若干仓面。对常态混凝土而言，可浇坝块的选择是对系统中的所有柱块按照约束条件进行排队，按照排队序列，判断各柱块是否满足浇筑条件。

综合模型主要是完成以下工作。

1）数据初始化。读取开工日期、工程机械的性能参数、坝块原始数据及施工工艺所

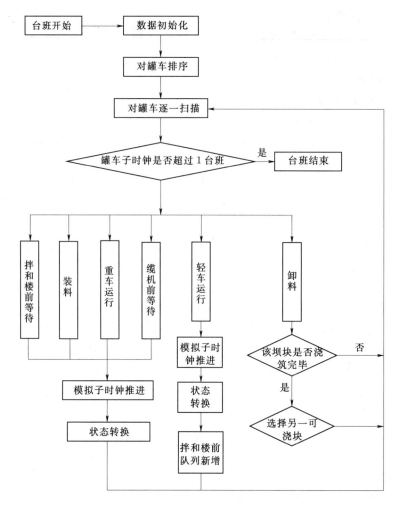

图 3.11　缆机浇筑流程图

要求的一些常量（如间歇时间、相邻坝块高差限制等）等方面数据。

2）确定模拟相关变量。是否以大坝开工日期为模拟起点，如果不是，则输入各坝段当前混凝土浇筑现状数据（主要是指每个仓位的浇筑高程、浇筑完毕的时间、当前时间等），依据这些数据绘制出大坝当前浇筑现状图，同时输入模拟终止时间。

3）以施工日历来限制模拟。模拟以一天为步长，每天起始时，判断该天是否已到模拟终止时间，是则模拟结束，否则继续判断该天是否可以施工，可以施工则继续推进，不可以施工则顺延至下一天。

4）每天的具体模拟。首先根据模拟时钟及浇筑机械的安装使用情况确定由哪些浇筑设备来完成今天的混凝土浇筑；然后将一天分为 3 个台班（或 2 个台班），在每个台班内，对每一台浇筑机械进行扫描，同时确定继续浇筑对应可浇坝块，再转到各自的浇筑机械服务子程序；在一个台班模拟结束后，记载本台班内相关变量（混凝土量、高程、时间等方面变量），转至下一台班，直至一天模拟结束；继续模拟，直至到达模拟终止时间。

一次模拟通常只是针对一个具体施工方案，施工方案的优选仅能通过多个方案的比较，确定经济合理的方案。

综合模型的流程如图 3.12 所示。

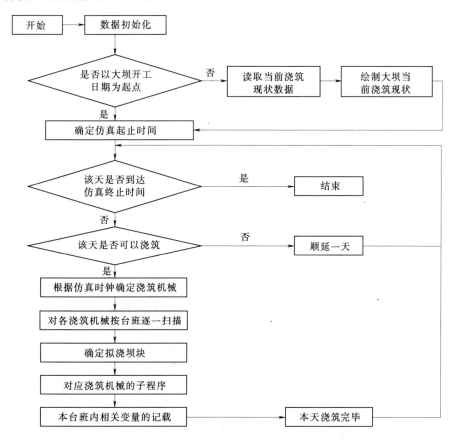

图 3.12 综合模型流程图

3.6.4 大坝浇筑特殊问题的模拟

3.6.4.1 汛期度汛混凝土的浇筑模拟

（1）缺口施工问题。鉴于龙滩水电站工程要求汛期施工，根据龙滩工程的施工期坝体临时拦洪方案，龙滩水电站工程整个施工期有两次形成缺口，第一次在 2006 年汛期，第二次在 2007 年汛期。两次汛期缺口均要求在 5 月底形成。对于缺口汛期继续浇筑的情况具有以下特征。

1）汛期缺口与两岸上升应保持同步，缺口上升应在两岸上升基础上，即底孔坝段优先上升，溢流坝段的上升速度慢于底孔坝段，溢流坝段汛期上升速度控制在 1.2～2.4m/月，以便保持缺口形象要求。

2）为了汛期能形成缺口，应在汛期前的一段时间内有意识地控制坝体上升，即缺口部分上升应视两岸坝段上升的情况而定，如果两岸上升时间不充足应使中间缺口暂缓上升。在模拟过程中，通过特殊高差限制条件和延长溢流坝段的层间间歇时间来控制其上升速度。

3）如果缺口部分预先到达缺口控制高程，应保持到汛期前。

4）因预留缺口以便汛期过水，所以汛期缺口的上升除了保持缺口形象外，溢流坝段汛期施工还要受到汛期可能过水的影响。

（2）缺口施工问题模拟。根据龙滩工程施工特点，在模拟模型中，按特殊高程控制条件来模拟，在模拟中主要通过特殊高差限制（根据设计的缺口高差要求）和缺口的间歇时间来加以控制，其控制条件有以下属性。

1）缺口位置。

FieldStartNo：缺口的起始仓位号。

FieldEndNo：缺口的结束仓位号。

2）缺口的控制。

StartZsite：缺口浇筑仓开始的高程。

EndZsite：缺口浇筑仓结束的高程。

StartTimePointer：缺口的开始浇筑的时间指针。

EndTimePointer：缺口的结束浇筑的时间指针。

在模拟过程中遵循以下原则。

1）在缺口形成的开始时间到缺口控制结束时间段内，如果两岸浇筑的上升速度所达到的施工形象面貌不能满足缺口的形象要求，缺口部分施工暂缓。

2）在缺口形成的开始时间到缺口控制结束时间段内，缺口上升要满足控制高度，即（两岸最低高程－缺口高程－缺口部分本次上升高度）不小于缺口控制高度。另外，为了保证缺口的形成，可适当延长其间歇时间。

3.6.4.2　高温、多雨对混凝土浇筑影响的模拟

（1）高温施工问题。龙滩水电站工程为全年施工，在高温季节的施工有以下问题。

1）高温季节时间，包括高温季节开始时间、结束时间及高温季节每天混凝土停浇的时段。

2）在模拟过程中，主要根据模拟时间指针来控制。

a. 混凝土的开始浇筑时间不能在高温时段。

b. 混凝土的浇筑结束时间必须在高温控制时段前完成。

3）碾压混凝土斜层平铺法施工和常态混凝土高温时段台阶法施工在模拟中不受高温时段的影响，但是混凝土的初凝时间必须满足夏季初凝时间的要求，混凝土浇筑一层的时间可控制在2～4h内。

4）仓面浇筑方式模拟。常态混凝土的施工控制按照平层控制，但是，当机械生产能力不能满足仓面混凝土的初凝时间的要求时，采用台阶法施工；对于碾压混凝土，则采用斜层碾压法施工，RCC斜层施工按照一定的坡度斜层平铺混凝土，坡度取1:15，单元的划分按照自下游向上游形成坡度的原则，以机械浇筑强度满足层间结合最小时间控制（层间间歇时间在基础约束区为3～7d，在非基础约束区为5d左右）。

（2）降雨施工问题。降雨的随机模拟：降雨模拟一直是计算机模拟的难点，其主要原因是每次降雨发生的时间、历时及强度具有随机性和不确定性，国内外有许多研究者提出了一些模型，由于混凝土工程的施工以台班为单位，因此存在较大的"口径"差异，其合

理性在实际工程中难以正确评估，仅仅是理论的合理性。

尽管每次降雨具有随机性，然而，从工程施工总体特征来看，降雨仍然服从一定的气象统计规律，根据设计资料中提供的降雨资料，并参考以往的科研成果，从方便施工组织设计及混凝土施工现场管理的要求出发，在龙滩水电站工程的混凝土施工模拟中，采用了有效工日法。

根据气象统计资料，考虑高气温降雨环境等的影响确定每年中每月的有效施工工日。但是，未来具体一天的天气情况如何，是否可以施工，难以预料。从统计资料来看，每月的施工天数一定，则产生一随机数，用随机数和本月的总天数的乘积与本月可施工的天数来进行比较，以衡量该天是否可以施工。如果前者大，则该天不能施工；如果后者大，该天就可以施工。判断表达式为

$$
\begin{cases}
Rnd \cdot MonthDays > CanWorkDays \rightarrow 不能施工 \\
Rnd \cdot MonthDays \leqslant CanWorkDays \rightarrow 可以施工
\end{cases}
\tag{3.6}
$$

式中：Rnd 为 $[0, 1]$ 上的均匀分布的随机数；$MonthDays$ 为本月的总天数；$CanWorkDays$ 为本月的有效工日（由设计资料提供）。

根据以往工程经验并经实际验证，利用该方法能够比较准确地模拟施工的天气状况。在本工程中采用该方法产生的随机施工天数也符合气象统计资料。

3.6.4.3 模拟统计分析

模拟输出数据记载了每个仓位浇筑的起始时间及工程量，在此基础上，输出数据还需进一步分析，模拟数据的统计分析包括以下几个方面。

（1）施工强度。针对某个具体坝段或整个枢纽的混凝土月浇筑强度、月平均浇筑强度、最高浇筑强度、年浇筑强度、浇筑高峰期。

（2）形象面貌。每个仓位每月（或给定时间）所到达的高程、大坝各坝段目前所到达高程、平均上升速度等。

（3）施工机械利用情况。投入使用的各工程机械的总工作时间、总利用时间、平均利用率、平均生产率、月浇筑强度等。

通过上述 3 个方面的结果分析，可以从总体上把握工程施工的特征，为施工计划的制定、机械的选型配套和现场施工管理、进度控制提供可靠的依据。

3.6.5 大坝浇筑过程动态显示

大坝二维、三维浇筑模拟是模拟信息的再加工，可表达任意施工面貌、浇筑形象，显示大坝已浇或计划浇筑的形象面貌。大坝二维上升模拟能够准确地显示各坝段模拟浇筑过程的施工技术指标（如某一坝段到达某一具体高程的时间、已浇筑的混凝土量等有关施工信息），而三维浇筑模拟则更加形象生动地表达大坝模拟浇筑过程及有关的施工信息，其模拟浇筑过程可在媒体播放器中播放。进行三维动画的制作需花费大量的时间进行建模。

3.6.5.1 AutoCAD 的三维建模过程

实现三维动画需做两方面的工作：一是在 AutoCAD 的建模过程；二是在 3DMAX 实现动画过程。

大坝三维图形建模过程思路如下。

（1）进行图形矢量化处理，即给每条等高线输入相应的高程，初步建立三维地形图的

雏形。

（2）线型矢量化后的模型只有单纯的线模型，还必须在线与线之间进行填充，考虑等高线平行且不闭合的特点，采用直纹曲面（ruled surface）填充，开挖处用边界曲面（edge surface）控制精确度。经过上述过程，可以建立与实际相符的三维地形图模型。

（3）建立坝体模型。建立的坝体模型是一个实体模型，依据模拟计算结果，按层厚切割，对坝块依次编号细分是很重要的工作。完成坝体建模后，便可以此为素材进行动画仿真编辑。

（4）模型导出。在完成网格及其他建模工作后，在 AutoCAD 中的模型导出 *.3DS 文件格式，使之能在 3DSMAX 中进一步处理，实现三维动画（即 *.AVI 格式）。经过 3DSMAX 处理后的模型可以在多媒体播放软件中播放，即是坝体填筑施工过程的三维动画。

3.6.5.2 大坝浇筑上升三维实体模型

大坝浇筑上升三维实体模型是建立在混凝土浇筑优化的结果之上的，由坝块和浇筑层厚控制实体单元，其上升过程真实地反映了大坝浇筑施工的全过程。

3.6.5.3 大坝浇筑上升二维模型

大坝浇筑二维模拟上升是在混凝土浇筑优化的成果数据上进行的，其上升过程实时动态显示了坝体模拟浇筑过程。实现坝体浇筑二维模拟需做以下工作。

（1）根据基坑开挖图和水工结构布置图，确定坝体剖面轮廓线的各个坝段的拐点二维坐标，将其转化为原始坝体剖面轮廓线数据。

（2）需对混凝土浇筑优化的成果数据做以下处理：将所有坝段的浇筑块数据按模拟浇筑的先后顺序采用快速排序法进行排序，同时统计到各浇筑时段的累计完成工程量。在二维上升模拟过程中，按浇筑时间的先后顺序读取各坝段浇筑块浇筑结束高程，用内插法取浇筑块与坝体剖面轮廓线的交点。

3.6.6 仿真模拟计算结论

（1）依据龙滩水电站大坝施工推荐的以塔带机为主的浇筑方案，对龙滩水电站大坝混凝土施工过程进行模拟计算，模拟结果表明，设计所要求的控制性工期是能满足的，浇筑分仓和机械使用是合理的，2007 年 8 月底除溢流坝段的闸墩和导墙外大坝整体到达坝顶高程，比计划提前约 5 个月；2008 年 7 月溢流坝段的闸墩和导墙完工，比计划提前 2 个月。考虑到模拟计算结果与实际施工的差异，留有一定的富余工期，设计文件要求的总体控制性进度计划是能够满足的，机械配套使用是合理的。

（2）龙滩水电站工程河床及右岸碾压混凝土重力坝浇筑施工的难点在于：

1）大坝右岸碾压混凝土的浇筑、运输设备需要采取有效的施工措施，保证其合理的配备和应用，以适应高强度碾压混凝土的施工速度和质量等综合要求。模拟计算表明，2005 年 10 月至 2006 年 2 月是大坝碾压混凝土的浇筑高峰时段，月浇筑量达到 28.7 万 m³（2005 年 11 月），塔带机的月浇筑量达到 9.1 万 m³。为了保证施工进度计划的顺利实现，各种浇筑机械要根据浇筑面貌、时间季节等进行动态的相互联合、支持，其合理配置与运用尤为重要。

2）在高温、多雨、度汛季节的施工质量和施工进度。碾压混凝土浇筑施工对降雨和高温比较敏感，根据施工组织设计，龙滩水电站大坝在高温多雨季节必须施工，应采取适当的施工方法、浇筑进程安排等工程措施和非工程措施来保证碾压混凝土在高温多雨季节的施工质量和施工进度。当采用斜层碾压时，存在坡度放样困难、斜层坡脚易引起骨料分离形成薄弱带，在施工中应严格加以控制。

3）如何根据浇筑施工进度、度汛要求、浇筑能力及其他施工条件，针对不同的浇筑高程，合理地分仓以保证浇筑进度和浇筑质量。这些难点集中体现在高程 230.00～300.00m 之间，模拟计算出现的时间是 2005 年 4 月至 2006 年 9 月，也是碾压混凝土的浇筑高峰时段。因此，龙滩工程右岸大坝混凝土浇筑的关键是 2006 年度汛和发电控制性浇筑形象面貌的实现。

（3）模拟计算的结果表明，左岸厂房进水口坝段的总工期计划安排是可行的。因进水口坝段浇筑仓面较小，施工浇筑强度较小，而中后期浇筑强度较大，为此建议适当调整初期的施工进度，减轻后期的浇筑压力，使进度计划的保障性更高。

通过对本书的计算和分析，给出以下建议。

1）缺口上升问题。RCC 的最大优点是可连续施工，它不仅能加快施工进度，而且在一定程度上有利于保证 RCC 层间结合质量，为此可以考虑底孔坝段在钢衬安装完成后、溢流坝段在 2006 年汛期过后，在适当的季节采取连续上升的施工方法，以利于碾压混凝土浇筑仓面的形成。

2）右岸大坝混凝土浇筑施工在施工设备、施工部位的协调与统一的问题。

a. 根据施工机械的浇筑能力、施工条件及施工规划，科学地划分浇筑仓的大小对右岸碾压混凝土的施工是非常必要的。

b. 在不增加混凝土运输设备的前提下，运用缆机辅助 TB1 塔带机浇筑河床坝段的碾压混凝土可以解决塔带机布料承担任务繁重的问题。

3）监控关键设备状况，充分提高设备利用效率。由于混凝土生产、运输、浇筑系统涉及大量的施工设备，其中关键设备的工况直接影响施工质量和生产效率，因此监控关键设备状况，充分提高设备利用效率具有重要意义，特别是在混凝土的浇筑高峰时段。

3.7 研究成果应用与小结

3.7.1 研究成果工程应用

（1）发包人考虑到在建设过程中可能会启动 400.00m 一次建成方案，决定采用新 375.00m 建设方案进行施工，即除溢流面采取过渡形式外，其他坝段坝体均按 400.00m 一次建设断面施工至高程 382.00m，以便于后期加高。新 375.00m 建设方案大坝混凝土量由原招标阶段 375.00m 建设方案的 548 万 m³（其中碾压混凝土 385 万 m³）调整为 644 万 m³（其中碾压混凝土 462 万 m³）。

（2）施工中发包人采纳了设计推荐的大坝混凝土浇筑方案，即左岸进水口坝段采用塔机浇筑方式，河床及右岸采用以塔带机（顶带机）配高速皮带机为主、缆机为辅的浇筑方式。由发包人负责采购 3 条高速皮带机供料线、2 台塔带机（顶带机）、2 台塔机、2 台缆机，交由承包人负责安装及运行，其中高速皮带机供料线及塔带机（顶带机）利用三峡使用过的设备进行改造,避免了国外采购新设备周期长的弊端,也节约了投资。

(3)缆机平台由承包人自行设计,因下游地形不符要求及地质条件较复杂,为了降低缆机平台的结构高度,施工中将缆机平台缩短了20.0m,下游侧缆机的控制线由原设计的0+125.00(溢流坝段高坎尾端)缩短至0+105.00,不得已只能在溢流坝段低坎反弧段布置门机进行下游侧溢流导墙的常态混凝土施工,由此影响到溢流堰低坎反弧段及溢流面的施工,溢流低坎反弧段仅施工完成12号、13号两个坝段。

(4)施工中左岸高程270.00m以下、河床及右岸高程260.00m以下均采用自卸汽车入仓,运输道路采用渣场回采石渣在下游基坑内填筑形成。由此影响到围堰内河道整治的施工,至2006年9月30日下闸时,围堰内河道整治未完成,边坡仅浇筑至高程235.00m。

(5)左岸进水口坝段按计划于2004年3月开始混凝土浇筑,并按期于2006年9月全部浇至坝顶高程,9扇工作闸门于2006年9月前全部安装完成,为工程提前2个月下闸(计划下闸时间为2006年11月底,实际下闸时间为2006年9月30日)创造了条件;河床及右岸大坝按计划于2004年9月开始基础混凝土浇筑,至2006年9月30日下闸时溢流坝段缺口最低浇筑高程达308.00m,提前2个月左右达到下闸形象要求。左岸进水口坝段月平均浇筑强度为3.91万 m³/月,高峰月浇筑强度为8.85万 m³/月;最高坝段月平均上升5.7m/月,月最大上升13.0m/月;河床及右岸大坝月平均浇筑强度为17.7万 m³/月,高峰月浇筑强度为38.0万 m³/月。

3.7.2 研究小结

(1)对于像龙滩水电站这样世界级高度的碾压混凝土大坝,在设计阶段认真研究其可行的施工方案是十分必要的,而且提前采购主要设备有利于确保施工进度。从施工实践看,碾压混凝土大坝采用高速皮带机配塔带机(顶带机)为主、缆机及自卸汽车运送碾压混凝土的浇筑运输方式是成功的,2条塔式布料机最高日产量达13050.5m³,当天单机平均强度为326.3m³/h(以20h运行时间计),并创造了2条供料线最高月强度27万 m³/月的纪录,创造了大坝主体工程碾压混凝土施工单仓日浇筑15816m³/d的纪录。河床及右岸坝段日最高浇筑混凝土20780m³/d,月最高强度31.6万 m³/月。工程提前2个月下闸、提前4个月第1台机组达到发电形象,也说明了大坝施工方案选择的合理性。

(2)碾压混凝土的入仓讲究连续、快速,在浇筑升程内要求碾压混凝土在直接铺筑允许时间内予以覆盖,而且时间越短越有利于层间结合质量。龙滩水电站的混凝土拌和系统、砂石成品皮带机运输系统、强制式搅拌机拌和系统、大坝混凝土高速皮带机配塔带机(顶带机)供料系统等各环节在设计上做到了连续、高效、快速。龙滩水电站大坝最大铺筑面积大于1.3万 m²,一般在6700m² 左右,基本未采用斜层碾压施工工艺,按平层施工工艺进行施工,碾压混凝土的入仓基本控制在直接铺筑允许时间内,说明上述一条龙的生产、运输及浇筑系统是成功的。

(3)在大坝混凝土施工方案中,缆机除了应充分考虑运送混凝土的主要设备外,辅助吊运作业同样应予以充分考虑。在设计阶段,龙滩大坝常态混凝土(通航坝段、溢流坝段的导墙及闸墩等)均考虑采用缆机进行施工,实际施工时2台20t中速缆机大部分时间只能用于辅助吊运作业,通航坝段增加了门机进行浇筑,由于浇筑能力及控制范围减小,溢流坝段导墙及闸墩只能在溢流低坎上增设门机施工，从而影响了溢流面的施工，溢流面只能推迟于下闸后采用门机、混凝土泵及溜槽等手段进行施工，造成施工工期很紧，此点需在今后设计中加以重视。

（4）根据工程区域的气象条件和工程的实际情况，做好大坝混凝土的温度控制设计，拟定好各种温差标准、允许的浇筑温度与允许的最高温度，并在工程实施中严格控制混凝土的浇筑温度与最高温度符合设计要求。这是坝体混凝土温控防裂的必要条件和充分条件，是坝体混凝土温控防裂的重要措施之一。经过龙滩碾压混凝土坝多年的研究与初步实施表明，高碾压混凝土重力坝的温控防裂问题，无论是理论上还是实践上都得到比较圆满的解决。但必须指出，高碾压混凝土重力坝的温控防裂问题是个复杂的系统工程，影响因素众多，各种参数多变，各个坝址区域的条件千差万别，需要在今后的实践中加以解决。相信，随着龙滩水电站碾压混凝土大坝的建成，必将有更多的碾压混凝土坝将会建设。期待着碾压混凝土坝的温控防裂设计与实施将是更加完善、更加简化，以大大降低温控费用和大大缩短施工周期，使碾压混凝土坝具有显著的经济效益和社会效益。

◎ 第 4 章

地下引水发电系统施工规划

4.1 地下引水发电系统布置及其施工特性

4.1.1 地下引水发电系统布置

4.1.1.1 地下引水发电系统总体布置

地下引水发电系统由三大系统（引水系统、厂房系统及尾水系统）组成。主要包括引水洞、主副厂房（含安装间）、母线洞、主变室、尾水调压井、尾水洞、厂房辅助洞室（通风洞、交通洞、排水洞等）等地下建筑物和进水口、尾水出口、开关站、出线平台及中央控制楼等地面建筑物。引水发电系统土建部分按 400.00m 设计一次建成，前期安装 7 台水轮发电机组，预留 2 台机组后期安装。

4.1.1.2 引水与尾水系统建筑物

引水系统由坝式进水口和 9 条引水隧洞组成，单机单管引水，1～7 号机进水口底板高程 305.00m，8～9 号机进水口底板高程 315.00m，引水隧洞过水断面洞径为 10.00m。除 1 号、2 号机进水口坝段（22 号和 23 号坝段）设有结构缝与坝后边坡分隔外，其余进水口坝段与坝后边坡整体连接。

尾水系统由 9 条尾水支洞、3 个长廊阻抗式调压井、3 条圆形尾水隧洞及尾水出口等建筑物组成。调压井采用"3 机 1 井"方案，井底高程 190.00m，顶拱跨度 24.85m，1～3 号井体平面尺寸分别为 67.00m×18.00m、75.40m×21.93m 和 94.70m×21.93m。3 个调压井顶部连通，其纵轴线与主厂房平行，位于主变洞下游侧。每 3 条尾水管穿过调压井后用"卜"形岔管汇合（1～3 号机尾水管在 1 号调压井下汇合）接 1 条尾水隧洞引出，3 条尾水隧洞开挖直径 22.60m，衬砌后直径 21.00m。

尾水出口布置在溢流坝段坝轴线下游 700～850m 处，避开了溢流坝段挑射水流的阻力波动区和左岸导流洞的下游出口。3 个尾水隧洞出口下部相对独立、上部连为一体，下部结构为与尾水隧洞口相连、长 28m 的圆-方渐扩段涵洞结构，每个尾水出口设两孔叠梁闸门，用一台门机启吊，孔口尺寸 14.00m×21.00m，闸门底坎高程 199.00m，顶部平台高程 260.00m，平台平面尺寸为 15.00m×146.00m。

4.1.1.3 发电系统建筑物

发电系统建筑物包括主厂房、母线洞、主变洞、GIS 开关站和出线平台以及中控楼等。

发电厂房布置在左岸坝后的山体内，初期装机 7 台，8 号、9 号机机窝浇筑至锥管层，2 台机组后期安装。主厂房纵轴方位角为 310°，与主要结构面及层面夹角大于 40°；9 台机组连续布置，机组间距 32.50m；主、副安装间布置在厂房两端，主安装间位于主厂房右端，长 60.00m，副安装间长 36.00m，位于主厂房左端；厂房总长度 388.50m；主厂房净宽为 28.50m，岩锚梁以上跨度 30.30m，安装场与主机间同宽。厂房总高度为75.40m。主厂房共分 6 层布置，由上往下依次为发电机层（高程 233.70m）、母线层（高程 227.70m）、水轮机层（高程 221.70m）、蜗壳层（高程 215.70m）、锥管层（高程209.70m）及尾水管操作廊道层（高程 206.50m）。

母线洞垂直于主厂房轴线，布置在厂房下游侧，长 43.00m。

主变洞位于厂房下游侧，洞轴与主厂房平行，两洞室之间岩墙厚 43.00m。主变洞总长度为 408.25m，宽 19.50m，高 32.05m。

GIS 开关站和出线平台集中布置在左岸坝下游约 500m 的山坡上。GIS 开关站高程365.00m，宽 50.60m，长 220.00m。

中控楼布置在开关站与出线平台附近的地面上。主体为两层，长 48.00m，宽 33.00m。

4.1.1.4 厂区地形地质

厂区地形整齐，山体雄厚，底宽约 1000m，山顶高程 650.00m。厂区地层皆为三叠系中统板纳组（T_2b）岩层。坝址出露的 T_2b^1 至 T_2b^{52} 层，总厚度 1219.07m，由厚层砂岩、粉砂岩、泥板岩互层夹少量层凝灰岩、硅质泥质灰岩组成，其中砂岩、粉砂岩占 68.2%，泥板岩占 30.8%，灰岩占 1%。

厂区岩层产状 345°～355°/NE∠57°～60°。对引水发电系统布置影响较大的断层主要有以下 4 组。

第一组：以层间错动为代表的顺层断层，是坝址区最发育的一组断层。对地下厂房影响较大的有 F_5、F_{12}、F_{18}、F_{22}、F_{75}。

第二组：走向 30°～60°，以倾向 NW 为主，倾角 60°～85°，与地下厂房布置关系较密切的有 F_{63}、F_{69}。

第三组：走向 270°～300°，以倾向 NE 为主，倾角 70°～85°，对地下厂房布置影响较大的有 F_1、F_4。

第四组：走向 65°～85°，以倾向 NW 或 SE，倾角 75°～85°，规模较大的有 F_{60}、F_{89} 和 F_{30}。

厂区节理共有 8 组，其中以 I 组、II 组节理最为发育，缓倾角节理很少，除 2～3 条延伸长度 10～15m 外，绝大多数节理规模短小，延伸长度不超过 3m，连续性差。

左岸山体内的地应力为压应力场，最大主应力方向为 280°～330°，倾角一般小于 20°，最大主应力平均量值 12～13MPa，属中等量级，侧压力系数 $\lambda = 1.2～1.9$。

4.1.2 地下引水发电系统施工特性
4.1.2.1 洞室断面尺寸及施工特性

根据龙滩水电站土建分标方案，引水发电系统中的进水口明挖及边坡处理划归 I 标（左岸岸坡＋左岸导流洞）施工；进水口坝段混凝土浇筑及金属结构安装划入 III 标（大坝

表 4.1

引水发电系统分部工程量及施工特性表

项　目	建筑物数量	总长度 /m	土石明挖 /万 m³	石方洞挖 /万 m³	混凝土 /万 m³	喷钢纤维混凝土 /m³	钢筋 /t	锚杆 /根	锚索 /根	排水孔 /m	回填灌浆 /m²	固结灌浆 /m	接触灌浆 /m²	钢管（板） /t
引水洞	9	2125.042		24.32	6.06	5943	2768	19692			29711	43892	13955	9213
主厂房	1	388.5		66.31	18.18	7824	10455	34201	524					34
母线洞	9	387		5.23	0.26	1427	135	8999		45028				
主变洞	1	405.5		20.50	1.11	4207	914	14029						
主变运输及联系洞	2			0.37	0.01	103（素喷）	5.4	512						
通风及排水系统				7.18	0.62	3671	235	15624						
电缆系统	3			4.79	0.43	433（素喷）		11095						
尾水管	9	589.5		11.23	2.38	2255	4343	10374			9554	10862		
井前尾水洞	9			14.37	3.01	2391		6678			5514	17033		
调压井	3	714		55.30	8.61		2850	15298	1767					
井间连接洞	2			0.70										
井后尾水洞	3	2249		84.60	15.11	10504	11286	31297		33878	34948	83130		
尾水出口	1		75.00		9.65	1423	3611	6988		25269				
地面开关站及出线场	1		22.21		3.10		2701							
地面中控楼	1		9.70		0.37		185							
提前招标的 6 条辅助洞室	6		14.17	18.39	0.80	7748（素喷）	280.6	28623			1547			
施工支洞	5		0.29	18.87	4.75	8985（素喷）		17054						
合计			121.37	332.16	74.45	56914	39769	220464	2291	104175	81274	155217	13955	9247

表 4.2 引水发电系统各单机沿纵轴线长度统计表

单位：m

部位（名称）	引水系统						厂房系统			尾水系统					
	上平段	上弯段	斜（竖）井段	下弯段	下平段	小计	厂房	母线洞	主变洞	尾水管	井前尾水支洞	调压井段	井后尾水支（岔）洞	尾水洞	小计
1号机纵轴线	—	—	48.008	28.798	104.344	181.15	总长 388.5，其中主厂房长 292.5，主安装间长 60.0，副安装间长 36.0，主副安装间下布置有两层副厂房，层高 6.0～6.5	43	总长 405.5，净宽 19.5，净高 32.2～34.2	65.5	53.590	42	—		517.92
2号机纵轴线	—	—	85.960	28.798	127.721	242.48		43		65.5	50.915	75	—	356.83	548.25
3号机纵轴线	—	—	85.960	28.798	123.020	237.78		43		65.5	79.560	67	—		568.89
4号机纵轴线	—	28.798	85.960	28.798	106.799	250.36		43		65.5	49.967	76	83		741.12
5号机纵轴线	—	28.798	85.960	28.798	111.163	254.72		43		65.5	50.329	76	116	466.65	774.48
6号机纵轴线	—	28.798	85.960	28.798	92.943	236.50		43		65.5	50.692	76	145		803.84
7号机纵轴线	54.280	47.124	36.000	47.124	58.906	243.43		43		65.5	48.545	95	135		916.64
8号机纵轴线	25.000	47.124	46.000	47.124	99.964	265.21		43		65.5	48.832	95	170	572.59	951.92
9号机纵轴线	—	39.270	46.000	47.124	81.022	213.42		43		65.5	49.117	95	204		986.21
合计	79.28	219.91	605.81	314.16	905.88	2125.04		387		589.5	481.58	697	853	1396.07	4017.15

注：7～9号机引水洞上下弯段间为竖井，其余均为斜井。

标）；另外由业主方单独组织发包或提前招标的项目有：尾水出口高程 260.00m 以上的开挖及坡面处理；厂房系统中的 6 条辅助洞室（进厂交通洞、尾调交通洞、主厂房进风洞、母线排风洞、主变排风洞、尾水施工支洞等）；地面开关站及中控楼、引水洞钢管加工、调压井和尾水出口闸门及启闭设备安装等。除上述以外的其他所有土建项目均含在Ⅳ标（地下引水发电系统标）内。

引水发电系统主要工程量（不含进水口）：明挖 121.37 万 m^3，洞挖 332.83 万 m^3，混凝土 74.45 万 m^3，喷混凝土 5.69 万 m^3，各种锚杆 22 万根，钢管（板）9247t。其细部工程量、洞室断面尺寸及施工特性等参数详见表 4.1～表 4.3。

表 4.3 各洞室典型断面尺寸表

项目（部位）	断面形式	开挖高程或地面高程 /m	开挖断面尺寸 /m	衬砌后断面尺寸 /m
引水洞	圆形	上平段 1～7 号机底板为 305.40，8 号、9 号机底板为 315.40；下平段底板均为 209.40	$\phi11.2$	$\phi10.0$
主厂房	弧形顶拱接直立边墙	底板 184.50，顶拱 261.20	宽 28.9（岩锚梁以上为 30.3），高 76.7	宽 28.5，高 74.5
主副安装间		底板 231.70	宽 28.9，高 28.2	宽 28.5，高 28.0
副厂房		底板 193.00、219.70、219.20、216.70	宽 28.9，高 6～38.7	宽 28.5，高 6～38.7
母线洞	城门洞形	底板 221.50，顶拱 234.40	宽 9.8，高 14.3～24.8	宽 9.0，高 14.1～24.6
主变洞	城门洞形	底板 221.50、231.150，顶拱 253.90～255.90	宽 19.8，高 32.4～34.4	宽 19.5，高 32.2～34.2
尾水管	城门洞形	底板 187.00，顶拱 194.90～205.90	宽 16.6，高 7.9～18.9	宽 14.6，高 6.9～16.9
调压井	弧形顶拱接直立边墙	井底高程 189.00，拱顶高程 272.50	宽 22.88，高 83.5	宽 21.58，高 82.3
井间连接洞	城门洞形	底板 251.50，顶拱 269.75	宽 8.2～11.05，高 18.25	
尾水洞	城门洞形、圆形	底板 189.00，顶拱 211.00	$\phi22.6$	$\phi21mm$

4.1.2.2 地下厂房工程施工特性

（1）龙滩水电站的地下厂房工程为当时国内在建工程中最大的地下工程，在不到 0.5km² 范围内共布置有 100 余条洞室，这些洞室以平、斜、竖的形式相连通，形成庞大复杂的地下洞室群，其中主厂房净尺寸为 388.5m×28.5m×73.2m，3 条长尾水隧洞衬砌洞径为 21.00m，因而，该地下工程施工是个复杂的系统工程。

（2）工程规模浩大，工期非常紧张，施工强度高，且持续时间长。地下厂房工程主体工程洞挖量为 314 万 m³，高峰期月平均洞挖强度约 12 万 m³/月。

（3）布置紧凑，洞室结构形式多变，体形复杂，施工干扰大。其中与主厂房直接交叉的洞室有 30 余条，其施工程序复杂，施工中应特别注意交叉洞口岩体的稳定。

（4）洞室跨度大、边墙高，洞与洞之间岩柱厚度非常有限，其中主厂房与主变室间岩墙厚度为 43.0m，主变室与尾水调压井岩墙厚度为 27.0m，与相邻洞室平均跨度比分别为 1.7 和 1.21，9 条引水隧洞之间的岩墙厚度为 13.6～18.06m。施工过程中围岩稳定问题突出。

（5）进水口、尾水出口的明挖量大，且尾水出口还受洪水的影响，故宜考虑和洞室群进行平行施工，此二洞口不能作为施工通道。

（6）各洞室的顶拱和边墙均采用锚喷支护，且支护的工程量大，类型多，工艺复杂，施工技术含量高，且厂房内采用能承受大吨位的岩锚梁结构，因此必须采用光面爆破或预裂爆破，故开挖要求高、难度大。

（7）主厂房内布置 9 台 700MW 的水轮发电机组（初期安装 7 台），机电设备及金属结构安装工程量大，要求高。

4.2 施工通道规划与布置

4.2.1 规划布置原则

施工通道布置的得当与否，是影响整个地下厂房系统施工进度的重要因素。支洞布置得太多，虽能加快施工进度，但临建工程量大，且支洞本身的施工时间长，而且也不经济；支洞布置得太少，又满足不了施工进度的要求，也达不到快速施工的目的。

一方面，地下引水发电系统各建筑物之间高差达 120 余 m，从单个洞室来看，上下层高差也较大，因此应将施工通道分为几个不同的层次布置；另一方面，地下引水发电系统在平面上分为引水、厂房及尾水等三大系统，各系统也应结合考虑布置单独的施工支洞，使三大系统成为相对独立的工作面。

根据本工程地下引水发电系统的布置特点、地质条件及施工总进度的要求，施工支洞布置考虑了以下原则。

（1）尽量利用永久洞室作为施工通道，以减少施工工程量和降低工程造价。

（2）应满足不同部位、不同高程洞室施工的需要，以及满足高峰期施工强度和加快进度的需要。

（3）断面尺寸、纵坡等必须与施工机械设备的外形尺寸、工作范围相适应，还应考虑各种管线布设及特殊材料或设备运输限界的要求。

（4）施工期的行车密度不宜过大，以减少行车难度和施工干扰。

（5）主厂房的施工是整个地下引水发电系统的关键线路，本工程主厂房长度达388.5m，为尽量压缩其开挖支护时间，以便为后续混凝土浇筑及机组安装预留相对较为充裕的时间，拟对主厂房施工按双工作面考虑，据此布置施工通道，以加快施工进度。

（6）1～7号引水洞进水口中心线高程均为311.00m，根据地质条件和水工布置特点，其进洞高程相差较大。其中，4～7号引水洞基本上维持在311.00m左右，而1～3号引水洞在276.00～285.00m之间。故其上平段和斜（竖）井上部施工通道宜分成两条布置，即一条支洞负责1～3号引水洞上部，另一条支洞负责4～7号引水洞上部；8～9号引水洞进水口中心线高程为321.00m，须布置另一条支洞作为其引水洞上部施工通道。

（7）尾水系统布置有9条尾水管、9条尾水支（岔）洞、3个调压井、3条尾水主洞，各建筑物断面及长度均很大，须分层施工；同时，尾水洞还肩负主厂房下部3层的开挖出渣，在布置施工支洞时，要综合考虑施工程序、施工交通、施工安全、开挖爆破影响、均衡施工强度等因素并确保主厂房开挖出渣时通道畅通。

4.2.2 施工通道规划布置

4.2.2.1 招标设计施工通道规划布置

根据以上原则，结合本建筑物的特点，对地下引水发电系统施工通道布置如下。

（1）结合水工建筑物布置，地下引水发电系统可利用作为通道的永久建筑物有进厂交通洞（含主变进风洞）、尾水调压井交通洞（含尾水连接洞）、母线洞排风廊道、主变排风道和左岸进水口。其中，进厂交通洞（含主变进风洞）主要承担主厂房中部、母线洞、主变室中下部及电缆竖井的施工通道；尾水调压井交通洞（含尾水连接洞）主要承担尾水调压井上部操作室施工通道；母线洞排风廊道（与5号施工支洞结合）主要承担主厂房上部顶拱施工通道；主变排风道（与6号施工支洞结合）主要承担主变室顶拱施工通道。

（2）新增设施工支洞。引水发电系统共新增设14条施工支洞，分别通至引水洞的上、下平段，主厂房、主变室的顶部，调压井的上、中部及尾水洞上、下层等部位，根据运输需要，施工支洞的形式分别采用8.6m×11.9m、8.5m×8.0m、8.0m×7.0m、7.0m×6.5m 4种形式的城门洞形。各施工支洞特性见表4.4。

表4.4 招标阶段施工支洞特性表

| 支洞编号 | 支洞名称 | 开挖尺寸（长×宽×高）/（m×m×m） | 工 程 量 | | | | | 起点高程/m | 终端高程/m | 平均坡度/% |
			洞口明挖/m³	洞挖/m³	喷混凝土/m³	混凝土/m³	锚杆/根			
1～3号支洞	1～3号机引水洞上支洞	350×8.6×11.9		31500	3217	5370	3125	260	285	7.2
4号支洞	引水洞下支洞	620×8.6×11.9		55800	1816	28444	5535	238	209.2	4.5

支洞编号	支洞名称	开挖尺寸（长×宽×高）/（m×m×m）	工程量					起点高程/m	终端高程/m	平均坡度/%
			洞口明挖/m³	洞挖/m³	喷混凝土/m³	混凝土/m³	锚杆/根			
5号支洞	主厂房左侧顶拱支洞	113.2×7.0×6.5	结合水工永久建筑物布置					260	252.5	6.63
6号支洞	主变室顶拱支洞	147.8×8.5×8.0	结合水工永久建筑物布置					260	247.9	8.1
7号支洞	尾水洞下层支洞	1033×8.0×7.0	18158	56915	2476	4895	6986	260	190.5	7.9
8号支洞	尾水洞上层支洞	250×8.0×7.0		13906	605	3838	1550	216	205.7	4.2
9号支洞	主厂房右侧顶拱支洞	50×8.0×7.0		2781	121	68	310	255	251	8.0
10号支洞	4～9号机引水洞上支洞	370×8.0×7.0		20581	896	3300	2293	281	305	6.5
11号支洞	尾水管支洞	120×8.0×7.0		6675	291	6837	744	190.5	186	3.75
12号支洞	调压井中部支洞	81×8.0×7.0		4086	196	2210	502	232.7	233.2	0.6
13号支洞	调压井上部支洞	330×8.0×7.0		18356	800	446	2046	251	251	
14号支洞	第四层排水廊道支洞	40×7.0×6.5		1800	90	47	250	210	203	17.5
合计			18158	212382	10508	55455	22698			

4.2.2.2 实施阶段施工通道布置

工程实施阶段的施工通道布置格局与招标设计考虑的思路基本一致，并在此基础上进一步优化，施工支洞数量及工程量有所增加，其主要思路是将主厂房、主变室及调压井三大洞室均在上、中、下分3层布置有双向通道，主要变化有：①将母线排风洞与三大洞室的左端连通，形成三大洞室左端的上层通道，形成三大洞室施工的左右侧双向通道；②将调压井中层支洞在左侧与引水洞下支洞连通，形成洞室群的双向回路；③将9条尾水管由一条支洞全部连通；④由于9条引水洞的上平段及斜（竖）井段在空间上不相互平行，对引水系统上支洞作了进一步优化，分成多条叉洞将9条引水洞的上平段及斜（竖）段连通。经过以上调整，有利于地下洞室群的施工。实施阶段施工支洞特性见表4.5，施工支洞布置效果图如图4.1所示。

表4.5 工程实施阶段施工支洞特性表

编号		支洞名称	开挖断面（宽×高）/（m×m）	长度/m	起点/终点开挖高程/m	最大坡度	承担的主要任务	备注
主洞			8.6×11.9	233	261.50	5.38%	1～9号洞上平段、上弯段施工通道	
			7.0×6.5	340.8				
1号施工支洞	1号-1	引水洞上支洞	12.0×7.5	27	/273.00（终点）	0.51%	1号引水隧洞上弯段施工通道	
	1号-2		12.0×7.5	45	/278.00（终点）	6.52%	2号引水隧洞斜井段上部施工通道	
	1号-3		12.0×7.5	43	/279.00（终点）	5.55%	3号引水隧洞斜井段上部施工通道	
	1号-4		4.5×5.0	57.4	/305.00（终点）		4号引水隧洞上弯段施工通道	
	1号-5		4.5×5.0	39.6	/305.00（终点）		5号、6号引水隧洞上弯段施工通道	
	1号-6		4.5×5.0	130.1	/305.00（终点）/307.50、312.20（终点）		7号引水隧洞上弯段施工通道 8号、9号引水隧洞上平段施工通道	
小计				916				
2号施工支洞		引水洞下支洞	8.6×11.9	586	236.82/209.40	8.38%	1～9号下平（弯）段及斜（竖）井段开挖出渣、混凝土及钢管运输通道	
3号施工支洞		母线排风廊道施工兼厂房施工支洞	7.2×6.5	444.24	255.31/252.30	9.44%	主厂房右、左段Ⅰ层开挖支护，岩壁吊车梁施工；与排风（烟）竖井开挖施工运输；与8号支洞配合承担3号调压井施工；支洞配合、承担3号调压井施工	扩挖母线排风廊道 风廊道
4号施工支洞		紧急出口、排水廊道兼主厂房混凝土施工支洞	4.7×4.8	534.83	234.79/233.50	1.01%	主厂房3号机Ⅱ期混凝土及4号机以后的Ⅰ期、Ⅱ期混凝土施工运输	
5号施工支洞		油气管廊道施工支洞	下平段4.5×4.5，斜井及上平段2.5×2.8	40.33	211.87/221.50	斜井倾角60°	主厂房油气管廊道开挖支护通道	
6号施工支洞		第四层排水廊道施工支洞	2.0×2.2	30.45	204.20/204.35	0.5%	第四层排水廊道左部分开挖及底板混凝土浇筑通道	

续表

编 号	支洞名称	开挖断面（宽×高）/（m×m）	长度/m	起点/终点开挖高程/m	最大坡度	承担的主要任务	备 注
	主变排风洞兼主变室顶拱施工支洞	8.5×8.0	147.8	260.00/247.90	8.1%	主变室顶拱施工通道	设计单位设计
	母线排风廊道兼排风（烟）竖井施工支洞	7.2×6.5	4.20	253.17/253.00	3.95%	排风（烟）竖井开挖出渣及下部混凝土浇筑运输。与3号施工支洞接合进行主厂房左段I层、II层开挖支护	
	第一层排水廊道施工支洞	2.5×2.8	9.31	282.94	0	第一层排水廊道上游部分开挖及混凝土浇筑通道	
	7号施工支洞	8×7	210	252.00/251.00	0.5%	2号排水廊道施工交通运输	
	8号施工支洞	7×6.5	108	255.32/251.00	4%	3号排水廊道施工交通运输	
9号施工支洞	主洞	7×6.5	363.24	239.20/233.50	5%	调压井中部开挖支护和混凝土施工	扩挖第三层排水廊道
	9号-1施工支洞	7×6.5	11	234.50/234.50	0	1号调压井中部开挖支护和混凝土施工	
	9号-2施工支洞	7×6.5	11	234.00/234.00	0	2号调压井中部开挖支护和混凝土施工	
	9号-3施工支洞	7×6.5	11	233.50/233.50	0	3号调压井中部开挖支护和混凝土施工	
	10号施工支洞	8×7	265	216.00/205.50	7.24%	尾水隧洞第I层、II层开挖支护	
	11号施工支洞	8×7	105	190.50/188.50	1.9%	尾水隧洞第III层、调压井下部、主厂房下三层施工交通运输	
	12号施工支洞	8×7	345	188.50/188.50	0	尾水支洞、尾水隧洞第III开挖支护及厂房、调压井下部施工交通运输	
	尾水施工支洞	10×12.75	883.211	260.00/190.50	7.9%	尾水支洞、尾水调、主厂房下部施工交通运输的主干道	设计单位设计
	进厂交通洞	8×7	520.27	260.00/231.70	5.4%	连接2号、4号、9号施工交通主干道	设计单位设计
	尾调交通洞	8×9.5	205.26	260.00/251.00	4.38%	尾水调压井上部施工交通主干道	设计单位设计

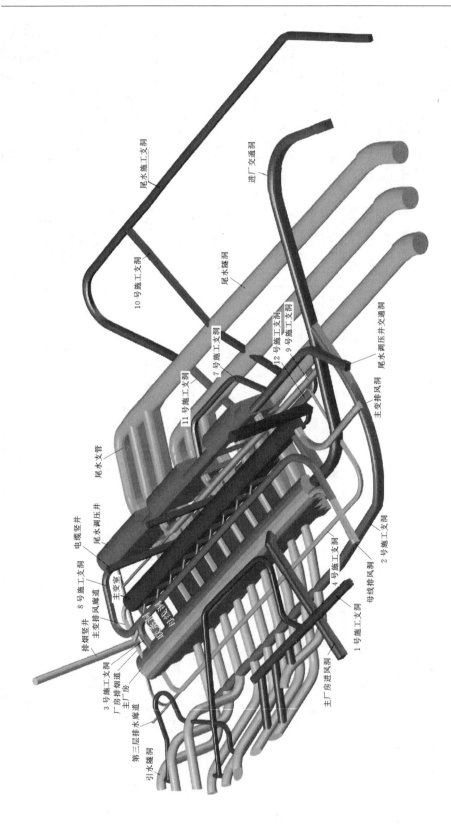

注：厂房部分洞室洞限于图幅未示。

图 4.1　工程实施阶段主要洞室及施工通道布置效果图

4.3 施工程序与施工方法总体规划思路

4.3.1 施工程序安排总体思路

（1）要确保 2007 年 7 月第 1 台机组发电这一总控制性进度目标的按期实现。

（2）各洞室的施工程序应根据施工支洞的布置和主要洞室断面形式与尺寸以及施工设备的特性和施工进度衔接关系进行安排。

（3）厂房系统是引水发电三大系统施工中的关键线路，因此，施工程序和进度的安排是以厂房系统施工为主线进行的，其他系统的施工可安排在厂房系统施工的同时进行或穿插进行。

（4）根据施工支洞的布置，地下工程开工后首先进行引水洞上平段支洞、主厂房顶拱支洞、尾水洞支洞以及进厂交通洞和调压井交通洞共 6 个工作面施工，至各岔洞口后，又同时对岔洞进行施工，并从施工通道分别进入地下主洞施工工作面。

（5）各主要建筑物开挖断面大，如主厂房最大开挖断面为 388.5m×30.3m×75.4m，须根据施工支洞具体布置、施工机械选型等合理安排分层分块开挖程序。

（6）对于主厂房系统，待厂顶支洞开挖后，即可进行主厂房开挖，主厂房从上至下分 9 层进行施工。首先开挖顶拱，中导洞先进，然后扩挖两侧，顶拱开挖完后进行喷锚支护，随后进行以下各层开挖，喷锚支护也在其中穿插进行。每层的开挖高度 6～7m，第Ⅲ层开挖高度应能满足岩锚吊车梁的混凝土施工方便，第Ⅴ、Ⅵ层的开挖高度，应能满足母线洞开挖方便。

（7）对于引水洞，上平段施工支洞开挖完成后，进行引水洞上平段施工，并为各斜井（或竖井）段施工开辟工作面；下平段施工支洞开挖至引水洞下平段后，先开挖下水平段，随后可开挖各斜井（竖井）段，开挖完成后即可进行引水洞钢管安装和混凝土衬砌；下水平段钢管安装则待主厂房基本开挖完成后进行。

（8）对于尾水系统，开工后先进行尾水调压室交通洞和尾水施工支洞的施工，支洞进入工作面后，进行上游侧尾水洞施工，先进占到调压井下部，可开挖调压井，同时亦开挖尾水管扩散段，尾水洞的施工与调压井和尾水扩散段交替进行。

（9）地下洞室纵横交错，洞与洞之间岩墙厚度有限，在安排施工开挖程序时要充分考虑到爆破振动对洞室稳定的影响并采取措施加以避免，如平行的长隧洞可考虑间隔交错施工等。

（10）采取合理的施工程序，解决地下洞室中大跨度、高边墙的稳定问题，尤其要合理安排开挖、锚固、衬砌三者之间的相互关系。

4.3.2 施工方法总体思路

（1）根据地下厂房工程洞室布置集中、高差大的特点，对厂房系统、主变室、尾水调压井及尾水洞等大型洞、井采取分层分部开挖、适时支护的施工原则，结合所选设备及施工方法，合理地进行施工通道布置，应优先利用永久交通洞室，其次根据施工需要新增施工支洞，为地下系统顺利施工创造条件。

（2）对各主要洞室合理地进行分层开挖支护及混凝土浇筑。通过多个方案比选，围绕地下厂房主关键线路施工的需要，组织"平面各工序，立体多层次"施工，对加速地下厂房的施工行之有效，具体做法为：主厂房Ⅰ～Ⅳ层的开挖布置双向的施工通道，以满足两个工作面同时施工，加快开挖速度；厂房上一层支护施工进展到一定程度后，适时进行下一层开挖拉槽作业，实现工序合理搭接，节省直线工期；在厂房Ⅲ层开挖的同时从各引水支管提前进入厂房上游测，为Ⅴ层上游侧与Ⅲ层开挖平行作业创造条件；各条母线洞提前进入厂房2～3m，并做好混凝土锁口，确保下游墙的稳定；在厂房第Ⅴ层开挖的同时，从尾水支洞进入厂房开挖Ⅷ层、Ⅸ层两层；在每层开挖的同时，锚杆、挂网、喷混凝土平行作业。主厂房应尽量缩短开挖支护的时间，以便为后期混凝土浇筑预留相对充裕的时间。主变室和尾水支洞分三层开挖，对这些部位开挖后适时进行支护，支护结束后方可进行下一层开挖。其他洞室原则上全断面一次开挖，喷锚支护跟进。对Ⅳ类、Ⅴ类围岩洞段则采用分部分块短台阶开挖，及时进行一次支护；对竖井和斜井则采用反井钻机打通反导井，再自上而下进行扩挖，竖井和斜井在扩挖完后及时跟进一次支护，以减少围岩变形。

（3）为保证施工质量，避免岩体坍塌，施工中要特别注意做好以下几个方面的工作。

1）在洞与洞、洞与井等交叉部位提前做好超前支护，在交叉口两倍洞径的洞段范围内采用浅孔多循环短进尺的开挖方式开挖。

2）对引水洞、母线洞及尾水管（洞）等与厂房高边墙交叉的洞口，在厂房高边墙开挖至上述部位前先将引水洞、母线洞及尾水管（洞）开挖完毕，并做好锁口喷锚支护。在开挖后的高边墙上开洞口则采取超前锚杆、小导洞浅孔多循环爆破，浅孔密孔小药量扩大开挖跟进等措施，同时做好支护，加强监测。

3）合理应用光面爆破、预裂爆破技术，确保开挖轮廓，减少爆破震动对围岩及相邻建筑物的影响，重点是主厂房中下部高边墙开挖的预裂。

4）注重围岩原型观测以指导施工。

5）为保证浇筑好的岩壁梁、锁口混凝土不被爆破损坏，后续开挖采取预裂缝减震、晚拆模板、表面再加覆盖以及控制药量、合理安排施工间隔等措施进行施工。

6）引水洞、母线洞及尾支管、尾水洞的施工应按相邻两洞错开施工的原则进行，必须相邻开挖时，开挖的掌子面要错开30～40m，并且超前的隧洞应及时支护。

7）尾水管及尾水支洞间岩柱要作为重点加强加固处理。

（4）为保证岩锚梁岩台成型，开挖时采用控制爆破技术、预留保护层的开挖方式，保护层与中部槽挖采用预裂爆破分开。保护层以浅孔多循环推进，钻孔过程中保证凿岩台车钻孔水平，钻臂尽量靠边，以减少超挖。轮廓线光面爆破，采用钻密孔、隔孔装药，非电起爆，一次爆破成型。

（5）施工通风分三期布置。前期引水、厂房、尾水三大系统相互不关联，主要是从各自施工支洞进入主体进行施工，通风采用在洞口和洞内接入的强力轴流风机进行强制式负压通风；中期尽快开挖施工通风竖井和永久斜（竖）井的导井，形成局部的自然通风，原施工支洞的负压通风机可部分拆除或改为正压通风；后期所有洞室开挖基本结束，进入混凝土和机电安装阶段后，以自然通风为主，仅施工通风竖井的风机在必要时保留负压通风。

（6）地下洞室群施工排水的重点集中在地下厂房及尾水系统岩塞段上游侧地下渗水及

施工废水的排放。为解决地下厂区施工期排水问题，首先是地下厂区的排水系统应及早进行施工，并结合利用前期的勘探洞等进行导水处理，即在地下厂房系统施工前完成地下厂房上部第一、二层排水廊道及自流排水洞的施工，形成地下厂房洞室群上部排水系统；其次是在地下洞室群施工过程中，根据施工通道的特点，采取集中抽排方式排至洞外或结合永久排水设施自流排放至洞外。

（7）研究洞室围岩开挖后的合理支护形式及支护时机，建立健全围岩量测系统，为适时支护提供科学依据，在严密的施工安全监测控制下展开施工。

（8）尾水出口施工项目多且受水流控制影响，加之由于河道狭窄，施工围堰只能考虑枯水期围堰，因而施工时间较短、工期紧、施工强度较高，应作为重点部位加强管理，合理地安排施工进度，精心组织施工。

（9）洞内混凝土施工根据各单项工程进行合理安排。主厂房岩壁梁混凝土施工在开挖结束后即开始进行分块浇筑；主厂房混凝土则根据其结构特点在开挖结束后采用从下往上逐层分块浇筑；其他洞室则根据其结构体形，采取不同的模板形式分层分块进行浇筑。

（10）本工程喷锚支护、各类灌浆等隐蔽工程量大，应加强施工过程的控制，并采取无损检测等较先进的手段予以检测，保证隐蔽工程施工质量。

（11）对断层带等不良地质洞段的施工，根据合同要求严格按"新奥法"原则施工，强调"超前预测、超前支护、短进尺、弱爆破、少扰动、早封闭、强支护、勤量测"的工艺要旨，确保围岩稳定。施工中贯彻"稳扎稳打、步步为营、稳中求快"的指导思想，杜绝围岩塌方等重大事故造成损失，安全顺利地通过不良地质洞段。

（12）各工作面开挖阶段认真组织开挖、支护及排水孔施工的平行交叉作业，混凝土施工阶段则以满足机组按期投产发电目标要求为原则，服从协调，处理好混凝土浇筑与压力钢管安装、金结及机电埋件、桥机的安装使用、堵头施工和灌浆施工之间的关系问题。

4.4　施工进度安排与分析

4.4.1　单项工程开挖支护进度分析
4.4.1.1　分析原则和依据
（1）每一循环分为测量、钻孔、装药、联网爆破、通风散烟、安全处理、出渣等工序。

（2）对于较大洞室（如厂房、主变、尾水支岔洞等），其顶拱以下各层开挖采用类似于明挖梯段爆破，可考虑上一循环出渣与下一循环钻孔交叉作业；但对于引水洞、尾水洞等圆形断面的洞室，因主要考虑台车钻水平孔的开挖爆破方法，一般不考虑交叉作业。

（3）三臂凿岩台车钻孔效率：铭牌钻速 1.6m/min（广蓄工程采用芬兰造的三臂台车，每钻深 4.5m 孔实际耗时 10～15min）。液压履带钻机：铭牌钻速 0.5m/min。3～5m³ 装载机生产率：60～80m³/h。

（4）装药放炮时间 2～4h，散烟时间 1～2h，安全处理 1～2h（对于顶拱部位、断面大、钻孔多取大值）。

（5）每一层开挖完成后，另考虑支护占直线工期 1～3 个月（顶拱等部位支护量大时取大值)。

(6) 每月有效工作时间按 500h 计。

4.4.1.2 单项工程开挖进度分析

(1) 引水洞。

1) 平段。分为上、下 2 层进行开挖，上层由三臂凿岩台车钻孔，按循环进尺 3.0m，每炮循环时间 18h，则月平均进尺 85m；下层按循环进尺 4.5m，每炮循环时间 12h，则月平均进尺 185m。

2) 斜 (竖) 井段。导井开挖按每天 2m，扩挖按每月 4 次循环 (考虑支护后等待时间/龄期 7d 左右)，每循环进尺 6.0m，则综合月进尺按 25m 考虑。

(2) 主厂房。

1) 第 I 层，即顶拱 (中间导洞部分)。由三臂凿岩台车钻孔，按循环进尺 3.0m，每炮循环时间 19h (钻孔 5h、装药放炮 3h、散烟 2h、安全处理 2h、出渣 7h)，则月平均进尺 80m，总长为 388.5m，前期为 1 个工作面，待 9 号施工支洞完成后形成两个施工工作面，则开挖耗时 3.5 个月，另考虑支护时间 3.5 个月，则施工时间 7 个月。

2) 第 II 层 (含岩锚吊车梁)。层高 10m，其两侧岩锚吊车梁部分采用光面爆破，按循环进尺 2.0m，每炮循环时间 12h，则月平均进尺 80m。总长为 388.5m，按两个工作面施工，考虑到岩锚梁开挖质量要求高，拟定开挖耗时 4 个月，另支护及岩锚吊车梁混凝土施工 4 个月，则施工时间 8 个月。

3) 第 III 层。层高约 10m，按循环进尺 6.0m (4 排孔，排距 1.5m)，每炮循环时间 49h (钻孔 25h、装药放炮 3h、散烟 1h、安全处理 2h、出渣 18h)，考虑上一循环出渣与下一循环钻孔交叉作业，则每炮净循环时间 31h，按每月 500h 计，则月平均进尺 90m。该层总长为 388.5m，考虑支护时间 1.5 个月，则施工时间 5.5 个月，该层施工时同时考虑从主变室经主变联系洞在厂房左边墙开设另一个工作面，以节约工期 (这样施工时间可缩短到 3.5 个月)。

4) 第 IV 层。层高 9.7m，按循环进尺 6.0m，每炮循环时间 46h (钻孔 23h、装药放炮 3h、散烟 1h、安全处理 3h、出渣 16h)，考虑上一循环出渣与下一循环钻孔交叉作业，则每炮净循环时间 30h，按每月 500h 计，则月平均进尺约 110m。总长为 343.2m，因该层施工除进厂交通洞一个工作面 (厂房右端墙) 外，还可从主变室经母线洞在厂房左边墙开设其他工作面，至少可安排 2~3 个工作面同时施工，另考虑支护时间 1.5 个月，则本层施工时间 3 个月。

5) 第 V 层：层高 9m，按循环进尺 6.0m，每炮循环时间 45h (钻孔 23h、装药放炮 3h、散烟 1h、安全处理 3h、出渣 15h)，考虑上一循环出渣与下一循环钻孔交叉作业，则每炮净循环时间 30h，按每月 500h 计，则月平均进尺 100m。总长为 326.5m，因该层施工时是从引水洞下平段开设工作面，按同时开设 2~3 个工作面，另考虑支护时间 1.5 个月，则本层施工时间 3 个月。

6) 第 VI 层。层高 7.5m，按循环进尺 6.0m，每炮循环时间 37h (钻孔 17h、装药放炮 2h、散烟 1h、安全处理 2h、出渣 12h)，考虑上一循环出渣与下一循环钻孔交叉作业，则每炮净循环时间 22h，按每月 500h 计，则月平均进尺 140m。总长为 307.5m，考虑支护时间 1 个月，则施工时间 3.5 个月。

7) 第Ⅶ层。层高 8m，本层采用先导井后溜渣经尾水管转 7 号施工支洞出渣的施工方案，且属于机坑部位，其开挖平面尺寸为 15m×18.5m（宽×高），考虑导井施工 10d，扩挖 10d，则一个机坑开挖时间共 20d，共有 9 个这样的机坑，按至少 2 个工作面同时施工，另考虑支护 1 个月时间，则本层施工时间 3.5 个月。

8) 第Ⅷ～Ⅸ层。两层高 12m，同样属于机坑部位，其开挖平面尺寸为 17.5m×18.5m（宽×高），按循环进尺 6.0m，每炮循环时间 37h（钻孔 17h、装药放炮 2h、散烟 1h、安全处理 2h、出渣 12h），因断面狭小，不考虑交叉作业，则每炮净循环时间 22h，按每月 500h 计，则月平均进尺 140m。总长为 9×18.5m＝166.5（m），按至少 2 个工作面同时施工，另考虑支护 1 个月时间，则两层施工时间 3.5 个月。

实例（第Ⅲ层）分析如下。

钻孔耗时：液压履带钻机理论钻孔速度 0.5m/min，按 1.5m×1.5m 间排距布孔，共布孔 75 个，总孔深 750m，考虑地质条件、同时利用系数（0.75）及时间利用系数（0.75），2 台履带钻钻孔效率按 30m/h 计，则需钻孔时间 25h。

出渣耗时：$4m^3$ 装载机技术生产率 $70m^3/h$，采用 2 台 $4m^3$ 装载机，考虑时间利用系数（0.75）后其实际生产率按 $100m^3/h$ 考虑，共有爆渣 $1700m^3$，需出渣时间 17h。

（3）母线洞。

1) 顶拱。由手风钻钻孔，按循环进尺 3.0m，每炮循环时间 31h（钻孔 8h、装药放炮 2h、散烟 1h、安全处理 2h、出渣 18h），则月平均进尺 50m，总长为 43.0m，考虑支护时间 1 个月，则施工时间 2 个月，按奇数洞先施工、偶数洞后施工的原则，全部完成需 4 个月。

2) 第Ⅱ层。层高 9.7m，采用台车钻水平孔，按循环进尺 3.0m，每炮循环时间 15h（钻孔 4h、装药放炮 2h、散烟 1h、安全处理 1h、出渣 6h），按每月 500h 计，则月平均进尺 100m。总长为 43.0m，考虑支护时间 1 个月，则该层施工时间 1.5 个月，按奇数洞先施工、偶数洞后施工的原则，全部完成需 3 个月。

（4）主变室。

1) 顶拱（中间导洞部分）。由三臂凿岩台车钻孔，按循环进尺 3.0m，每炮循环时间 19h（钻孔 5h、装药放炮 3h、散烟 2h、安全处理 2h、出渣 7h），则月平均进尺 80m，总长为 405.5m，考虑支护时间 3 个月，则施工时间 8 个月。

2) 第Ⅱ、Ⅲ层。层高 7～8m，按循环进尺 6.0m，每炮循环时间 25h（钻孔 9h、装药放炮 3h、散烟 1h、安全处理 2h、出渣 10h），考虑上一循环出渣与下一循环钻孔部分交叉作业，则每炮净循环时间 18h，按每月 500h 计，则月平均进尺 160m。总长为 405.5m，考虑支护 1 个月，则每层施工时间 3.5 个月，两层施工时间 7 个月（考虑 2 台钻机钻孔）。

（5）尾水洞。

1) 顶拱（中间导洞部分）。由三臂凿岩台车钻孔，按循环进尺 3.0m，每炮循环时间 14h（钻孔 4h、装药放炮 2h、散烟 1h、安全处理 2h、出渣 6h），则月平均进尺 100m。

2) 第Ⅱ、Ⅲ层。层高 7～8m，采用台车钻水平孔，按循环进尺 4.5m，每炮循环时间 23h（钻孔 6h、装药放炮 3h、散烟 1h、安全处理 3h、出渣 10h），按每月 500h 计，则月平均进尺 95m。

对于上游段尾水洞（即支洞以上），包括 9 条尾水支（岔）洞和尾水管，从加快施工进度出发，在施工程序上考虑当尾水洞开挖至尾水支洞时，两条不相邻的尾水支洞同时施工，故在安排其单项施工进度时须考虑这一因素。

（6）尾水调压井及井间连接洞。

1）顶拱（中间导洞部分）。由三臂凿岩台车钻孔，按循环进尺 3.0m，每炮循环时间 15h（钻孔 4h、装药放炮 2h、散烟 1h、安全处理 2h、出渣 6h），则月平均进尺 100m。

2）第Ⅱ、Ⅲ层。层高 6～7m，按循环进尺 6.0m，每炮循环时间 45h（钻孔 24h、装药放炮 3h、散烟 1h、安全处理 3h、出渣 14h），考虑上一循环出渣与下一循环钻孔交叉作业，则每炮净循环时间 31h，按每月 500h 计，则月平均进尺 100m。

3）第Ⅳ～Ⅹ层。导井开挖按每天 2m，扩挖时平面上按每循环进尺 6.0m，月进尺 100m，3 个调压井分别长 67m、76m、95m，宽均为 22.88m，调压井第Ⅳ～Ⅸ层深约 40m，则每一调压井导井开挖需耗时 1 个月，扩挖耗时（考虑每层支护 1 个月）为：1 号调压井 10 个月，2 号调压井 11 个月，3 号调压井 12 个月。

各单项工程进度分析结果汇总见表 4.6。

表 4.6　　　　　　　　　　各单项工程进度分析结果汇总表

部位及分层		循环进尺/ m	循环时间/ h	月平均进尺/ （m/月）	工期/ 月
主厂房	顶拱（中间导洞）	3.0	19	80	7
	第Ⅱ层两侧岩锚梁	2.0	12	80	8
	第Ⅲ层	6.0	总循环时间 49，净循环时间 33	90	3.5
	第Ⅳ层	6.0	总循环时间 42，净循环时间 28	110	3
	第Ⅴ层	6.0	总循环时间 45，净循环时间 30	100	3
	第Ⅵ层	6.0	总循环时间 37，净循环时间 22	140	3.5
	第Ⅶ层	先反导井后扩挖			3.5
	第Ⅷ层	6.0	37	80	3.5
	第Ⅸ层	6.0	37	80	
母线洞	顶拱	3.0	31	50	3
	第Ⅱ层	3.0	14	100	1.5
主变室	顶拱（中间导洞）	3.0	19	80	8
	第Ⅱ、Ⅲ层	6.0	总循环时间 25，净循环时间 18	160	2×3.5
尾水洞	顶拱	3.0	15	100	
	第Ⅱ、Ⅲ层	4.5	23	95	
尾水调压井	顶拱	3.0	15	100	
	第Ⅱ、Ⅲ层	6.0	总循环时间 45，净循环时间 31	100	
	第Ⅳ～Ⅸ层	先反导井后扩挖			11～13

注　净循环时间是指考虑工序交叉作业后的实际循环时间。

国内部分类似工程隧洞开挖循环时间统计见表4.7。

表 4.7　　　　　　　国内部分类似工程隧洞开挖循环时间统计表

部　位	断面尺寸	循环进尺 /m	各工序循环时间 /h						
			测量	钻孔	装药	散烟	出渣	安全处理	合计
广蓄上平洞	φ9.8m	4.5	0.5	7.0	4.5	1.0	6.0	1.0	20.0
广蓄下平洞、尾水洞	φ9.8~ 8.8m	3.0	0.5	5.0	2.0	1.0	6.0	0.7	15.2
天生桥引水洞	70.9m²	3.0							16.0
紧水滩导流洞上台阶	80~100m²	钻孔深 3.6		8.0	3.5	0.5	10.5		22.5
隔河岩导流洞上台阶	279m²	钻孔深 5.0	0.5	6.8	2.5	0.5	3.2	0.5	14.0
隔河岩导流洞下台阶		钻孔深 5.0		7.0	4.0	0.5	5.0		16.5

注　采用三臂（或四臂）台车钻孔，966D、980C型侧卸式装载机（3~4m³）配15~25t自卸汽车出渣。

国内大型地下厂房各层开挖支护时间统计见表4.8。

表 4.8　　　　　　　国内大型地下厂房各层开挖支护时间统计表

工程名称	厂房尺寸 （长×宽×高）	各层耗时			
		顶拱	第Ⅱ层	第Ⅲ层	第Ⅳ层
广蓄一期	146.5m×22m ×44.54m	开挖3.5个月，支护2.5个月（层高8.5m）	4.5个月（其中岩锚梁施工2个月，层高7.5m）	2.5个月（层高4.3m）	1.5个月（层高5.7m）
小浪底	251.5m×26.2m ×61.44m	原定7个月，后因支护工作量增加，延长到12个月			
龙滩	388.5m×30.3m ×75.4m	开挖3.5个月，支护3.5个月（层高10m）	8个月（其中岩锚梁施工4个月，层高10m）	3.5个月（层高10m，两个工作面）	3个月（层高9.7m，两个工作面）

国内大型地下厂房主变室各层开挖支护时间统计见表4.9。

表 4.9　　　　　　　国内大型地下厂房主变室各层开挖时间统计表

工程名称	主变尺寸 （长×宽×高）	各 层 耗 时		
		顶拱	Ⅱ	Ⅲ
广蓄一期	138.1m×17.24m×27.5m	7个月（层高8m）	4.5个月（层高4m）	3个月（层高6.2m）
小浪底	174.8m×14.4m×17.85m	6个月（层高7.1m）	5个月（层高6m）	2.5个月（层高4.75m）
龙滩	405.5m×19.8m×34.55m	8个月（层高8~10m）	3.5个月（层高7.5m）	3.5个月（层高7.5m）

国内外大型洞室掘进指标统计见表4.10。

表 4.10　　　　　　　　　　国内外大型洞室掘进指标统计表

工程名称	国别	断面尺寸	月平均成洞进尺/（m/月）	地质情况	备　注
格兰峡	美国	160m²	105		分 2 层开挖
约克登（引水洞）	瑞典	60m²	160		全断面开挖
约克登（尾水洞）		80m²	110		全断面开挖
佐久间	日本	110m²	110		全断面开挖
哈斯普兰克（尾水洞）	瑞典	96m²	110		全断面开挖
天生桥一级电站放空洞	中国	100～130m²	上台阶 50，下台阶 100	薄层泥岩、泥灰岩和灰岩互层	分上、下台阶开挖
隔河岩导流洞	中国	279m²	上台阶 76，下台阶 167	灰岩和页岩	灰岩段分上、下台阶开挖
紧水滩导流洞	中国	167～273m²	上台阶 78，下台阶 178	中细粒花岗斑岩	分上、下台阶开挖
鲁布革	中国	60.82m²	231	白云岩、石灰岩	全断面开挖
广蓄引水洞	中国	75.4m²（φ9.8m）	100		全断面开挖
广蓄下平段、尾水洞	中国	67.9m²（φ9.8～8.8m）	140		全断面开挖
龙滩引水洞	中国	98.5m²（φ11.2m）	上台阶 85，下台阶 185	泥板岩、砂岩和粉砂岩互层	分 2 层开挖
龙滩主变室	中国	19.8m×34.55m	上台阶 80，下台阶 110		分 3 层开挖
龙滩尾水洞	中国	401.1m²（φ22.6m）	上台阶 100，下台阶 95		分 3 层开挖

4.4.2　总体施工进度安排及施工强度分析

引水发电系统 6 个辅助洞室提前单独发标建设，为引水发电系统开展招标设计留有余地，初拟引水发电系统标开工时间为 2001 年 10 月。根据施工程序安排及单项工程进度分析，并结合龙滩水电站总控制性进度目标，对各项目施工进度进行详细安排，分述如下。

4.4.2.1　引水系统

2001 年 10 月工程开工后首先进行 1～3 号施工支洞的开挖，此时辅助洞室标所属的进厂交通洞应已挖至 4 号施工支洞岔洞口，可同时进行 4 号施工支洞的开挖，支洞开挖历时 6 个月，于 2002 年 3 月开挖完成，之后进行引水洞的开挖，其中 4～9 号引水洞上平段及斜（竖）井段的开挖需待左岸进水口边坡挖至高程 301.00m 后进行，引水洞开挖支护历时 20 个月，于 2003 年 11 月完成，月平均最大开挖强度 2.1 万 m³/月。

开挖完成后，于 2003 年 12 月开始混凝土衬砌及钢管安装，历时 31 个月，于 2006 年 6 月施工完成，月平均混凝土浇筑强度 0.2 万 m³/月，之后即可进行 1～4 号施工支洞的封堵。整个引水系统于 2006 年 12 月底施工完成，历时 63 个月。

4.4.2.2 厂房系统

开工后，利用辅助洞室标已施工完成的 5 号、6 号施工支洞（同时尽快完成 9 号施工支洞的施工）进行主厂房及主变室顶拱的开挖，至 2004 年 9 月完成主厂房的开挖支护，厂房平均开挖强度 1.89 万 m^3/月；主变室开挖支护历时 15 个月，于 2003 年 1 月开挖完成，月平均开挖强度 1.5 万 m^3/月；母线洞的开挖主要从主变室开设工作面进行，共历时 11 个月，于 2003 年 11 月完成母线洞的开挖支护工作。整个厂房系统开挖共历时 36 个月，高峰期月最大开挖强度（含母线洞、主变室）3.5 万 m^3/月。

厂房开挖完成后，于 2004 年 9 月开始混凝土（一期、二期）浇筑，历时 24 个月，于 2006 年 9 月施工完成，月平均浇筑强度 0.75 万 m^3/月。母线洞混凝土于 2003 年 11 月开始施工，历时 6 个月，至 2004 年 4 月完成，月平均浇筑强度 0.04 万 m^3/月；主变室混凝土在 2004 年 4 月开始施工，历时 10 个月，至 2005 年 1 月施工完成，月平均浇筑强度 0.11 万 m^3/月。

主厂房二期混凝土浇筑一段时间后，即可穿插进行机组安装，并于 2007 年 7 月达到第 1 台机组发电的目标。

4.4.2.3 尾水系统

开工后，利用已形成的尾水调压井交通洞进行井间连接洞及尾水调压井操作室（Ⅰ～Ⅲ层）的开挖，并于 2002 年 12 月完成；待辅助洞室标的 7 号施工支洞开挖完成后立即进行 8 号施工支洞的开挖及 7 号施工支洞向前延伸，之后进行尾水洞及调压井的开挖，历时 51 个月，于 2006 年 6 月底完成，高峰期月最大开挖强度 5.1 万 m^3/月；混凝土浇筑于 2004 年 6 月开始，历时 34 个月，至 2007 年 4 月施工完成，高峰期月最大浇筑强度 1.1 万 m^3/月，调压井混凝土浇筑完成后即可进行闸门安装。

尾水出口开挖分两期进行，一期开挖是在保证 5 号公路通车顺畅的前提下进行公路外侧开挖，在 2003 年 10 月之前完成，二期开挖是在 2003 年 11—12 月进行 5 号公路占压段的开挖，之后利用 2004 年春季和 2004 年冬季至 2005 年春季两个枯水季节进行预留岩坎内侧和尾水洞出口段的开挖及部分混凝土浇筑，2006 年 1 月进行尾水出口闸门安装，2006 年 4 月以后即可利用闸门挡水进行尾水洞预留岩塞的拆除及混凝土浇筑，2007 年 1 月前拆除岩坎。

4.4.2.4 施工强度分析

根据地下引水发电系统施工进度的安排，得出各主要项目（洞挖、明挖、混凝土）的施工强度曲线，主要进度指标见表 4.11。

表 4.11　　　　　　　　　地下引水发电系统施工分部位进度指标表

项目	洞　挖		混　凝　土	
	工期/月	高峰强度/（万 m^3/月）	工期/月	高峰强度/（万 m^3/月）
引水系统	22	2.1	31	0.20
厂房系统	35	5.1	45	0.43
尾水系统	54	5.4	49	1.30
地下厂房标	54	10.3	49	1.90（不含尾水出口混凝土）

4.4.2.5　工程类比资料

国内外大型地下厂房系统施工指标统计见表4.12。

表4.12　　　　　　　　国内外大型地下厂房系统施工指标统计表

工程名称	装机容量 /MW	厂房尺寸 （长×宽×高）	主变室尺寸 （长×宽×高）	总洞 挖量/ 万m³	平均开挖 强度/ （万m³/月）	首台机组发 电工期/ 月	厂房开 挖量/ 万m³	厂房开 挖工期 /月	厂房开挖 完成后至 首台机组 发电/ 月
买加（加拿大）	2610	236m×24.5m×44m		74	4.4			16	
丘吉尔（加拿大）	5225	300m×25m×50m		175	3.0		45	15	
马尼克三级 （加拿大）	1176	177m×23m×38m		30	4.1				
拉格朗德 （加拿大）	5325	483m×26.3m×47.5m		274	6.5				
二滩	6×550	191.9m×30.7m× 65.38m （长度不含安装间）	214.9m×18.3m ×25.0m	195	2.83	66	40.5	32	34
广州抽水 蓄能	4×300	146.5m×22m ×44.54m	138.1m×17.24m ×27.5m	91	2.9	46	12.7	21	25
小浪底	6×300	251.5m×26.2m× 61.44m	174.8m×14.4m× 17.85m	140		58	26.3	34	24
大朝山		225m×25.5m×62m		109.7		48			
龙滩	9×600 （前期7 ×600）	388.5m×30.3m× 75.4m	405.5m×19.8m× 34.55m	309		69	66.31	36	33

注　二滩工程一期混凝土浇筑8个月，二期混凝土浇筑及埋件安装16个月，机组安装（首台机组发电前）10个月。

4.5　施工全过程动态仿真模拟研究

龙滩水电站地下引水发电系统研究起始于20世纪80年代初期，洞室群的施工是一个极其复杂的过程，施工系统无论在规模上还是在复杂程度上都十分罕见，没有成熟的经验可供借鉴，仅靠设计人员采用传统的方法计算，难以优选施工机械设备及施工方案、难以定量地确定各施工工序之间的干扰程度，尤其对施工通道动态交通流的分析，采用传统方法难以得出明确而定量的结论。为此，中南勘测设计研究院与天津大学合作，采用系统工程的理论对地下厂房洞室群的施工过程进行全过程动态仿真模拟研究，并获得了满意的结果。

4.5.1　基本原理

地下洞室群施工系统仿真及进度研究综合运用循环网络计算机技术、可视化面向建模技术、网络计划分析与优化技术和动态演示技术，并根据系统分析的理论与方法将整个工作划分为以下4个部分。

（1）以各个单洞与三大洞室（主厂房、主变室、调压井）的施工为研究对象，主要寻求各单洞室经济合理的机械设备配套组合以及合理的施工工期。这一步采用循环网络计算机技术、可视化面向资源建模技术建立单洞施工循环网络模型，并对各单项洞室采用循环网络计算机技术分别进行计算，获得各单洞室的施工工期、费用以及机械设备配套等数据。

（2）在通过单洞室施工模拟分析得到各单项洞室施工工期的基础上，采用网络计划技术，编制整个地下洞室群施工系统的网络进度计划，建立地下引水发电系统施工网络模型，通过施工强度优化，合理地安排洞室群总体施工进度。

（3）在既定的施工进度基础上，找出若干个施工强度较大的典型时段，建立多工作面同时施工循环网络模型，并进行地下洞室群多工作面同时施工的模拟计算，以便对既定的施工进度给予论证，并获得交通拥塞情况、行车密度等重要数据。

（4）采用动态演示技术研制开发出地下洞室群施工过程的三维演示系统，把复杂的地下洞室群施工用动态的画面形象地描绘出来，为直观充分地掌握了解地下洞室群施工过程提供有利的分析工具。

4.5.2 仿真软件设计及主要功能

全过程动态图形仿真软件使用 Visual C++语言来编程实现，利用 VC++面向对象的特性，可以很容易地实现面向对象的施工系统仿真。

全过程动态图形仿真软件由参数输入模块、数字仿真模块、图形实时显示模块、结果分析模块等多个模块组成，其中数字仿真模块和图形实时显示模块是本软件的核心内容。模拟流程图如图 4.2 所示。

数字仿真程序的主要功能有获得施工进度计划、转换日历时间、寻找关键路线、寻找典型时段、统计施工强度、资源优化、分析道路系统行车密度等。为实现上述功能，本程序做了以下设计。

（1）工序持续时间的计算方法。单项工程分为两种，一种是洞挖工程，如主厂房、主变室的开挖等；另外一种是非洞挖工程，如混凝土浇筑、机组安装、支洞封堵等。洞挖工程可以根据开挖作业顺序调用相应的模拟子程序，例如，钻孔与出渣顺序进行的工程可调用顺序作业子程序，采用漏渣法的工程可调用漏渣作业子程序。这些子程序是根据循环网络仿真思想编写的。根据洞室尺寸、机械设备型号、数量、开挖循环进尺等对开挖过程进行模拟，从而获得该单项工程的工期。非洞挖工程由于受到外界众多因素的影响也呈现随机特征，程序中对非洞挖工程工期考虑了 9 种不同的时间分布类型，它们是均匀分布、正态分布、指数分布、对数分布、尔兰分布、γ 分布、泊松分布和 β 分布等。可以根据需要为非洞挖工程选择合适的工期分布类型并利用随机变量生成方法生成工期。

（2）施工进度计划分析。本软件可以考虑工程活动之间的各种逻辑关系，但在建立模型时，需对常见的搭接关系做一些处理，常见的搭接关系有：①结束-开始（FTS）关系。根据施工实践经验，一般工程活动完成即可开始其紧后工程，故通常 FTS＝0；如有特殊要求，即 FTS＞0 时，在两工程之间增加一个虚拟工程，假设其工程工期为 FTS。②开始-开始（STS）关系。通常也采用类似于单代号转换为双代号网络图的方法，在受限制工程活动前增加工序，设其工期为 STS。以此类推，可以处理所有活动的搭接关系。

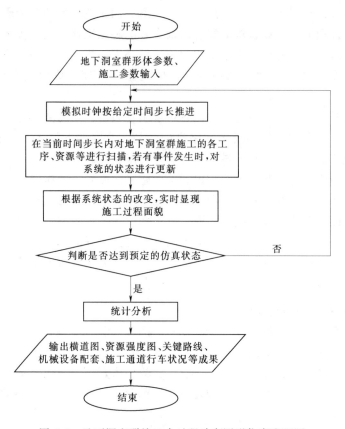

图 4.2　地下洞室群施工全过程动态图形仿真流程图

模拟钟推进的过程其实就是对各项活动最早开工时间和最早结束时间的分析过程，检查一个活动能否开工也就是检查它的所有紧前活动是否完工。其所有紧前活动的最迟完工时间即该工程的最早开工时间。

（3）转换成日历时间。在实际施工中，工程进度计划采用的是日历时间。为了与实际相一致，将模拟所得的工期时间转换成日历时间。

（4）寻找关键路线。首先寻找关键工作，关键路线上的工作没有机动时间，即 TF＝0，然后确定关键路线，从首节点开始搜索，检查所有紧后工序是否为关键工作，如果是则连接到关键路线上，并保存在数组中。此后继续检查所有关键路线的紧后工序，重复上述工作直到关键路线到达尾节点。

（5）统计施工强度。模拟时间每推进一次（Δt），检查有哪些工序正在施工，对正在施工的工序根据其石方开挖强度、土方开挖强度和混凝土浇筑强度（m^3/d）统计这一时间段内的工程量。根据输出要求，将每天的工程量累加为月工程量再以柱状图的形式输出。

（6）寻找施工强度高峰时段。根据统计的每天石方开挖强度，首先找出开挖强度最大值 D_{max}，然后确定开挖强度不小于 $0.75D_{max}$ 的时段为施工强度高峰时段。

（7）道路系统行车情况。对道路系统的行车情况的仿真是与施工进度仿真同时进行的。随着工期推进，检查有无可以开始的工序或有无完成的工序，如果有，则激活模拟程序，即构造模型、修改参数、进行模拟，得到一定时段内（100h）的行车密度，各交叉口的排队情况等参数。当所有的工序都完成，即整个工期的模拟结束，就可得到各工况下一定时段的道路行车情况，可以根据这些参数调整机械配套或对繁忙路段及交叉路口采取一定分流手段，为指导和论证施工组织设计提供科学依据。

4.5.3　运输系统仿真模型

4.5.3.1　地下厂房施工运输系统简化

地下厂房施工运输系统是由一系列特定运输环节构成的一个循环过程。例如，在洞室开挖出渣运输中，各开挖工作面的汽车经装载后，沿途经过若干道路交叉口，并汇合从其他开挖面而来的运输车辆，然后到达各自的卸料场，卸完后即返回到原先工作面的装载机前等待装车。这个过程循环往复，一直到出渣工作结束。

把运输车辆看成是运输系统中的流动实体，在运输过程中经过的各运输环节需滞留的时间看成是符合某种分布规律的随机变量；把运输过程中的各个环节看成是按照不同服务规则和机制对流动实体进行服务的服务机构，则可以将一个复杂运输系统抽象为一个有限源多级随机服务系统。根据施工运输系统的运营特征，对多级服务系统做以下的假定。

（1）各级服务系统的服务规则均为等待制，遵循先到先服务和各服务机构服务时间相互独立的原则。

（2）系统中的所有车辆依次接受各级服务，接受服务后马上进入下一级服务系统，一直持续下去构成一个闭合循环回路。

（3）系统中的车辆在每一循环过程中所经过的服务机构的次序及数量依工程施工运输条件而定，且在某种工况条件下是确定不变的。

（4）在运输过程中，装车、卸车及交叉路口服务系统均为有服务台的服务机构；当为多个服务台时，实体流队列，依据施工运输系统的工况，可以为单队或多队。

4.5.3.2　运输系统仿真模型应遵循的原则

建立实际的运输系统仿真模型应遵循以下原则。

（1）服务节点紧前必须是排队节点。

（2）每个工作面的车辆所经过的节点必须构成一个闭合回路。

（3）重行与空返分别表示为两个节点。

（4）对相互间无干扰的道路系统建立各自的运输系统仿真模型。

根据以上原则，可对地下引水发电运输系统建立相应的仿真模型。模型中，装车系统及叉口均设为单队排列，遵循先到先服务原则，然后根据装载机数量及道路情况设为单服务台或多服务台。

4.5.4　地下洞室群施工仿真成果分析

通过龙滩水电站地下洞室群施工全过程可视化动态仿真计算，可以得出施工工期、施工进度计划、关键路线、资源强度以及施工道路系统行车密度等成果，洞室的开挖过程面貌在计算过程中也会实时演示出来。另外，龙滩水电站地下洞室群施工全过程可视化动态仿真研究进行了资源均衡优化。通过均衡施工强度，可部分解决施工交通拥挤问题，得到了均衡后的资源强度情况和施工进度计划。

龙滩水电站地下洞室系统施工总进度，原可行性研究阶段为7年半发电方案，布置有1～8号共8条施工支洞，招标阶段调整为6年半发电，考虑到工期缩短1年，施工支洞增加至14条。

4.5.4.1 施工进度计划与关键路线

根据龙滩水电站地下洞室群施工全过程可视化动态仿真计算，总工期为74个月（6年2个月），开始于2001年5月1日的地下辅助洞室施工，结束于2007年6月20日的第1台机组发电。

引水系统的总工期为45个月，开始于2001年10月10日，结束于2005年7月18日。

主厂房系统的总工期为69个月。从2001年10月1日至2004年9月1日主要进行石方洞挖，历时35个月；2004年9月1日至2007年6月20日主要进行混凝土施工、机电设备安装及调试，历时34个月。

尾水系统的总工期为55个月，开始于2002年1月24日，结束于2006年8月14日。

有1条关键路线，其组成工序为：5号施工支洞、主厂房Ⅰ层下游侧、顶拱支护下游侧、主厂房Ⅱ层下游侧、主厂房岩锚梁、主厂房Ⅲ层、主厂房Ⅳ层、主厂房Ⅴ层、主厂房Ⅵ层、主厂房Ⅶ层 、主厂房Ⅷ层、主厂房Ⅸ层、主厂房一期混凝土浇筑、主厂房二期混凝土浇筑、机电设备安装、第1台机组发电 。

4.5.4.2 初始横道图及均衡横道图

横道图具有易于编制直观易懂的优点，特别适合于现场施工管理。因此，经全过程动态可视化仿真软件计算后的进度计划以横道图的形式输出供实际施工使用。

考虑到地下厂房施工工序繁多、工序间逻辑关系复杂，在进行横道图绘制时，将工序分组并加入了工序间的逻辑关系。根据地下厂房施工的几个重要组成部分，将工序分为主厂房系统施工、主变室系统施工、尾水系统施工、引水段施工及其他施工项目等5组。工序的分组由程序识别工序名称中的关键字自动进行。根据工序的紧前、紧后节点关系，绘制工序间逻辑关系，以矢线表示。此外，为了突出网络优化前后施工进度的调整，横道图中示出了各工序的最早开工日期及最迟完工日期。从横道图中可以获得关键线路、各工序时间参数、工序间逻辑关系、优化前后工序安排的调整等信息。

4.5.4.3 资源强度

地下洞室群施工初始洞挖强度最大值为15.90万 m^3/月，发生在2002年6月；主厂房系统施工初始洞挖强度最大值为5.2万 m^3/月，发生在2002年6月；主变室系统施工初始洞挖强度最大值为2.46万 m^3/月，发生在2002年10—12月；尾水系统施工初始洞挖强度最大值为8.04万 m^3/月，发生在2003年4月。

地下洞室群施工初始洞挖强度很不均匀，通过施工强度均衡后，洞挖强度最大值降为11.50万 m^3/月，降低了4.40万 m^3/月。

4.5.4.4 全过程施工三维动态面貌

在仿真计算中，地下洞室群施工面貌会实时演示出来，这是与仿真计算同步的实时动画。按时间顺序显示龙滩地下洞室群施工面貌形象进度图。

4.5.4.5 地下洞室群施工交通运输系统仿真成果

可以把复杂的施工运输系统用一个仿真模型进行描述。这个仿真模型由资源实体、节点和矢线组成，整个模拟过程就是资源实体的动态流动过程，即主动状态与被动状态的相互转换。

通过对地下厂房系统进行施工进度仿真和资源强度均衡之后，获得各交叉路口的行车密度、自卸汽车的排队长度及发生概率，并可绘制出各交叉路口单向行车流量过程图。

通过对各种工况的行车流量综合对比分析得出运输最繁忙的时段为第 2 年 12 月到第 3 年 8 月。这段时期正是施工开挖强度较大的阶段；最繁忙的进厂交通洞口单向行车峰值为 72 辆/h。

4.6 研究成果应用与小结

4.6.1 研究成果应用

承包人按照设计总体规划及自身积累的工程经验进行施工，确保了工程进度及施工质量。典型的主厂房施工程序及方法见图 4.3 及表 4.13。

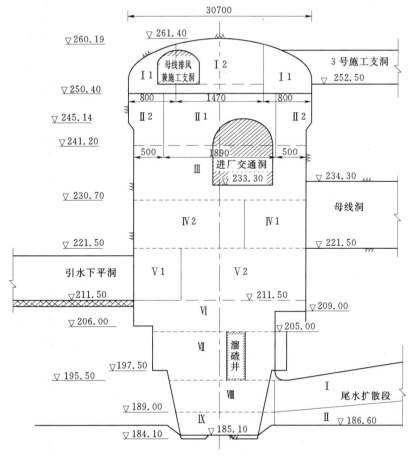

图 4.3 厂房开挖分层示意图（尺寸单位：mm）

表 4.13　　　　　　　　　主厂房及主、副安装场开挖程序及方法一览表

分层编号	高程/m	高度/m	施工通道	开挖程序及方法简述
I	261.40～252.50（中部）；260.19～250.40（两侧导洞）	8.9（中部）；9.79（两侧）	母线排风兼厂顶施工支洞；母线排风廊道兼3号施工支洞	开挖采用两侧导洞（宽8.0m）超前，中间扩挖（14.7m）跟进的方法，三臂台车造孔，周边光爆，PC200反铲安全处理，两侧导洞出渣3m³侧装机配15t自卸汽车，中部出渣用4m³正铲配25t自卸汽车
II	252.50～241.20（中部）；250.40～241.20（两侧）	11.3（中部）；9.2（两侧）	前期利用I层施工的两条通道在厂房开挖区内以10%纵坡降至II层底部进行开挖	手风钻配合台车进行降坡开挖至II层底部，形成梯段爆破工作面；潜孔钻中部（宽18.9m）梯段拉槽开挖超前，两边预留保护层（5m），台车水平扩挖跟进，岩壁梁岩台开挖采用造浅孔、加密规格孔、光面爆破、短进尺多循环的方式进行。4m³正铲配25t自卸汽车出渣
III	241.20～228.30	12.9	进厂交通洞；联系洞	III层开挖前除1～3号母线洞受临时通道影响外，其余各母线洞从主变洞进入完成开挖和混凝土锁口工作；岩锚梁施工前先用电动钻机对上下游边墙进行预裂。开挖分别从进厂交通洞和联系洞两工作面同时进行，潜孔钻中部（宽16.9m）梯段拉槽开挖超前，两边（6.0m）梯段扩挖跟进。4m³正铲和装载机配合25t自卸汽车出渣
IV	228.30～221.50	6.8	进厂交通洞和联系洞以10%坡降至IV层底部；引水下平洞	为配合母线洞施工，首先利用手风钻配合台车从主安装场和联系洞沿厂房中部降坡拉槽至IV层底部，并与4号母线洞贯通，做完剩余母线洞的开挖和混凝土锁口工作。同时，利用进厂交通洞、联系洞以及V层已形成的引水下平洞提前进入厂房的通道（先将引水下平洞洞口上方爆通），形成多个开挖和出渣工作面进行施工。开挖采用潜孔钻梯段钻爆，边墙提前用电动钻机进行预裂。出渣方式采用4m³正铲配25t自卸汽车
V	221.50～211.50	10.0	引水下平洞	在II层、III层施工时，充分利用引水下平洞先形成的有利条件，从引水下平洞进入厂房，提前对引水下平洞洞口进行支护，并为厂房IV层、V层施工创造条件。V层开挖时先对上下游边墙进行预裂，然后利用引水下平洞提前进入厂房所开挖出的掌子面，用潜孔钻分别从3号、6号、9号引水下平洞洞口以辐射状进行梯段钻爆开挖。施工中合理安排，保证钻孔机械设备通道畅通。4m³正铲配25t自卸汽车出渣

分层编号	高程/m	高度/m	施工通道	开挖程序及方法简述
Ⅵ	211.50～205.00	6.5	引水下平洞（3号、6号、9号）以10%的坡降至Ⅵ层底部	开挖前首先对上游边墙进行预裂；用手风钻配合台车从中部降坡至Ⅵ层底部，开挖采用潜孔钻沿通道成辐射状梯段爆破，斜坡道相互交替开挖，最后退挖。上下边墙建基面保护层用台车水平开挖。4 m³ 正铲配合 25t 自卸汽车出渣
Ⅶ	205.00～195.50	9.5	9号引水下平洞沿厂房上游边墙垫渣至Ⅶ层顶部；尾水支洞为出渣通道	Ⅶ层施工前利用尾水洞已形成的工作面，先施工厂房Ⅷ层、Ⅸ层中部，为Ⅶ层开挖施工形成出渣通道，钻孔设备从9号引水垫渣道路进入。开挖从1号机坑往9号机坑后退施工。各基坑开挖分两次进行，先用潜孔钻在基坑内开挖（一次爆通）出一溜渣井（2.0m×2.0m）；然后沿导井分段进行扩挖（潜孔钻打孔，一次爆通），周边光爆。钻爆后弃渣自然溜至Ⅷ层、Ⅸ层，3 m³ 装载机装 15t 自卸汽车出渣。最后石渣不出渣，填平至Ⅶ层底部，为Ⅶ层喷锚支护创造条件。厂房Ⅶ层挖后，人工手风钻开挖渗漏排水廊道，人工手推车推运弃渣至厂房基坑内出渣
Ⅷ	195.50～189.00	6.5	尾水支洞上部	开挖从尾水扩散段上层水平进入，以液压台车钻爆；基坑四周预留保护层手风钻自上而下开挖，周边光爆，3m³ 装载机装 15t 自卸汽车出渣
Ⅸ	189.00～184.10	4.9	尾水支洞下部	高程 186.60m 以上，从尾水扩散段进入，台车开挖，周边光面爆破，局部手风钻配合修整规格，3 m³ 装载机装 15t 自卸汽车出渣；高程 186.60m 以下底部基坑及集水井等采用手风钻开挖，周边光面爆破，反铲配 15t 自卸汽车出渣；当深度超过 4m 时，采用人工配合反铲出渣。厂房Ⅺ层开挖后，手风钻开挖检修排水廊道，人工手推车推运弃渣至厂房基坑内出渣

主要节点的施工完成情况如下。

2001 年 5 月开始进行施工支洞和辅助洞室开挖，同年 11 月完成母线洞兼主厂房施工支洞。主厂房开挖于 2001 年 11 月 23 日开工，2002 年 9 月 20 日完成顶拱（Ⅰ层）开挖；2003 年 1 月 22 日完成第Ⅱ层开挖；岩锚梁第 1 仓混凝土于 2002 年 2 月 21 日开始浇筑，2003 年 4 月 17 日结束；2004 年 1 月底完成第Ⅵ层开挖；2004 年 4 月 15 日 1 号机机窝开挖结束，2004 年 7 月主厂房开挖全部完成。主厂房开挖共历时 32 个月，月平均开挖强度 2.1 万 m³/月，月最高开挖量为 2002 年 10 月的 3.4 万 m³。

地下厂房系统的开挖于 2006 年 4 月全部完成，土建工程于 2007 年 12 月基本完成，从厂房系统辅助洞室开挖至土建工程结束历时 6 年 8 个月。整个地下厂房洞室群月平均开挖强度为 5.9 万 m³/月，高峰期月平均开挖强度为 12.3 万 m³/月，月最高开挖量 16 万 m³，年最大开挖量 127.7 万 m³；混凝土年最大浇筑量为 35 万 m³。

2004 年 4 月开始浇筑 1 号机的尾水管底板混凝土，同年 6 月下旬开始安装 1 号机肘管，2005 年 3 月 1 日 1 号机组座环吊装，4 月初开始蜗壳安装，2005 年 11 月底开始 1 号机定子组装，2006 年 6 月安装完成，2007 年 3 月底第 1 台机组具备发电条件，由于蓄水期间需向珠江补水，致使蓄水时间延长，工程至 2007 年 5 月 21 日第 1 台机组发电。从准备工程开始到第 1 台机组发电，工期为 6 年 5 个月。与第 1 台机组发电相关的引水系统、调压井和尾水洞等，均于 2007 年 4 月一起完成，满足了第 1 台机组发电的要求。

2～7 号机组投产时间依次为 2007 年 7 月 22 日、2007 年 10 月 31 日、2008 年 4 月 23 日、2008 年 8 月 24 日、2008 年 12 月 7 日、2008 年 12 月 23 日。

4.6.2 研究小结

（1）为了给主要洞室的设计优化及招投标留足充裕的时间，以及为主厂房等大型洞室施工创造有利条件，实施中将进厂交通洞、尾水调压室交通洞、母线排风洞兼主厂房顶部施工支洞、主厂房进风洞及排水廊道、主变室排风洞兼主变室顶部施工支洞、尾水施工支洞等 6 条辅助洞室提前单独发标进行施工无疑是一条有益的经验，这在以后开工的多座特大型地下厂房系统施工中也得到了应用。

（2）在招标文件中明确施工支洞按单价方式承包，并明确只要是施工需要，经监理人批准增加的施工支洞均可计量支付，此种方式有利于实施过程中的合同管理。承包人提出的施工通道布置格局与设计考虑的基本一致，并在此基础上进一步优化，其主要思路是将主厂房、主变室及调压井三大洞室均在上、中、下分三层布置双向通道，主要变化有：①将母线排风洞与三大洞室的左端连通，形成三大洞室左端的上层通道；②扩挖第三层排水廊道与三大洞室的中层连通，形成三大洞室左端的中层通道；③将连通 9 条尾水管的尾水管支洞与引水洞下支洞在左端连通，形成整个洞室群的下层双向通道；④由于 9 条引水洞的上平段及斜（竖）井段在空间上相互不平行，对引水系统上支洞作了进一步优化。以上调整使地下洞室群的施工更加方便快捷。龙滩施工中施工支洞总的开挖量约 30 万 m³，较设计阶段增加近 20%，实践证明增加的施工支洞对于加快地下洞室群的施工进度是必要的。

（3）发包人向承包人提供 6 台液压三臂台车、4 台锚杆台车及 3 台喷射混凝土台车，约占该项设备所需数量的一半，缓解了承包人的压力，有利于工程施工。实践证明，施工设备的数量和质量是影响施工进度和施工质量的又一关键因素。发包人为地下厂房系统标的承包人提供了部分关键设备，并在招标文件予以明确，其中三臂台车和喷混凝土台车约为所需数量的一半，锚杆台车是所需数量的全部。设备到位后不但施工进度明显加快，而且施工质量明显提高。

第5章

施 工 场 地 动 态 规 划

　　龙滩水电站地处高山峡谷地区，施工场地十分紧张，施工布置难度较大，只能充分利用工程弃渣填筑冲沟，从而构建部分施工场地，以满足施工总布置的需要。在施工组织设计中，设计者引进动态规划理念，即在前期进行总体规划时充分考虑施工场地的动态性，在施工过程中根据施工实际进展情况分期进行动态调整，以满足工程施工需要。

5.1　施工条件及施工总布置原则

5.1.1　工程条件

　　龙滩水电站为一大型工程，施工场地规划应重点研究的主要工程条件如下。

　　(1) 龙滩水电站土石方开挖量巨大，其中主体工程开挖量（包括导流工程）为 1821 万 m³，折算成弃渣量为 2729 万 m³。坝区施工临建设施自身平衡后，开挖弃渣量 535 万 m³，工程总弃渣量 3264 万 m³，其中左岸弃渣 1630 万 m³，右岸弃渣 1634 万 m³。两岸弃渣量基本相同。

　　(2) 工程规模巨大，建设期属世界上坝体最高、工程量最大的碾压混凝土大坝，工程分两期建设，初期建设最大坝高 192m，坝顶高程 382.00m，大坝混凝土总量 660 万 m³，其中碾压混凝土 457 万 m³，占混凝土总量的 69%。

　　(3) 左岸布置地下厂房洞室群，建设时属世界同类在建工程之最，洞挖量达 326 万 m³（含施工支洞），安装单机容量为 700MW 机组。由于对外交通条件制约，转轮分瓣运输，现场加工，压力钢管加工量达 14397t。

　　(4) 天然建筑材料。混凝土骨料料源选用灰岩，设两个料场。位于右岸坝址以下 5.5km 麻村沟内的大法坪料场，供应大坝骨料，在其北侧的麻村沟内布置大法坪砂石料加工系统，右岸大坝混凝土骨料采用皮带经皮带运输洞运输至坝下的大坝右岸混凝土系统；左岸大坝混凝土骨料采用自卸汽车运至左岸坝头混凝土系统。位于麻村沟口上游侧的麻村料场，供应地下厂房、施工导流及施工临建设施的骨料，在麻村沟口布置砂石料加工系统，汽车运输至各标段混凝土系统。

　　(5) 按照施工总进度计划，龙滩水电站主体工程（包括导流工程）于 2001 年 7 月正式开工，2003 年 11 月河床截流，2007 年 7 月第 1 台机组发电，2009 年年底工程全部完工。从准备工程开工至第 1 台机组发电，工期为 6 年 6 个月，总工期为 9 年。

　　(6) 大坝 21 号段以右坝段混凝土以进口高速皮带机转仓面塔式布料机为主，真空溜管、缆机、门机为辅运输方案。21 号段以左的非溢流坝段及厂房进水口坝段，下部 RCC

采用真空溜管垂直运输,上部常态混凝土采用 1 台 K1800 移动式塔机和 1 台 MD2200 固定式塔机浇筑。

(7) 工程施工分标。根据龙滩水电站枢纽布置特点进行分标,其中主体工程左岸施工标有土建Ⅰ标(左岸岸坡及导流洞标)、土建Ⅳ标(地下引水发电系统标)、机电安装标、钢管加工标、引水发电系统金结安装标等;右岸施工标有土建Ⅱ标(右岸岸坡及导流洞标)、土建Ⅴ标(通航建筑物标)、大坝泄洪系统金结安装标、通航建筑物金结安装标等。土建Ⅲ标为大坝标,砂石料来自右岸大法坪系统,施工布置以右岸为主,施工右岸及河床坝段(Ⅲ-1 标),左岸为辅,施工左岸非溢流坝段及厂房进水口坝段(Ⅲ-2 标)。

将一些与主体标段相关,但相对独立的部分工程项目从主体标中分出,由业主组织以小型合同形式先期单独进行发包,便于为主体工程标段大规模施工创造条件。这些项目有:从大坝标分出的大法坪砂石加工系统建设及运行标;成品砂石料运输洞土建施工标及皮带机运输系统安装标;地下厂房进厂交通洞、排风洞等 5 条洞室及 7 号施工支洞(尾水洞施工支洞)组成的厂辅标;厂房系统的地面开关站、出线平台及中控楼标;大坝帷幕灌浆标等。

金属结构分为现场钢管加工标、发电系统金结安装标、泄洪系统金结安装标、通航建筑物系统金结安装标。机组安装单独发包。

施工临建标包括场内交通 4 个标、供水系统 3 个标、供电系统 3 个标、渣场排水涵洞 3 个标、麻村砂石加工系统建设及运行标等。

工程施工分标段时空特性见表 5.1。

表 5.1　　　　　　　　　　　工程施工分标段时空特性表

分类	标段名	主要项目	施工时段 /(年-月)	高峰年份	备注
主体土建工程	Ⅰ标	左岸坡、左岸导流洞、蠕变体开挖处理	2001-07—2003-09	2002	左岸
	Ⅱ标	右岸坡、右岸导流洞、通航建筑物一期开挖	2001-07—2003-09	2002	右岸
	Ⅲ-1标	截流、围堰、河床开挖、右岸及河床坝段	2003-10—2009-12	2006	右岸
	Ⅲ-2标	左岸引水挡水坝段混凝土	2004-01—2007-06	2005	左岸
	Ⅳ标	地下厂房的引水、厂房、尾水系统	2001-10—2009-12	2005	左岸
	Ⅴ标	通航建筑物的二期开挖、混凝土	2005-01—2009-12	2008	右岸
主体土建附属工程	大法坪标	大法坪砂石系统建设、运行	2002-07—2009-12	2003 2006	右岸
	皮带洞土建标	皮带运输洞开挖和跨沟路堤的填筑	2002-01—2002-10	2002	右岸
	皮带机安装标	皮带机设备采购、安装、调试	2003-01—2003-11	2003	右岸
	厂辅标	为主体厂房标提供进洞和通风条件的 6 条洞室	2001-04—2002-05	2001	左岸
	厂房地面构筑物标	地面开关站、出线平台及中控楼	2003-06—2005-09	2005	左岸
	帷幕灌浆标	大坝坝基帷幕灌浆	2005-06—2007-06	2006	坝肩、河床

分类	标段名	主要项目	施工时段/（年-月）	高峰年份	备注
金属结构	钢管加工标	现场加工引水系统钢管，为Ⅲ-2标和Ⅳ标提供钢管	2002-08—2006-12	2005	左岸
	发电系统金结安装标	进水口拦污栅、工作门，尾水调压井门、出口门	2006-02—2007-05	2007	左岸
	泄洪系统金结安装标	溢洪道闸门、底孔闸门及相应设备安装	2006-10—2009-06	2009	右岸
	升船机系统金结安装标	上闸首闸门，一级、二级闸门及垂直升船机	2008-01—2009-12	2009	右岸
机电安装标		1~7号机组机电设备安装和部分设备的现场制造、拼装	2004-06—2009-12	2008	左岸
施工临建项目	左公路Ⅰ标	左岸1号、3号、5号、7号公路	2000-11—2001-06		左岸
	左公路Ⅱ标	左岸9号、11号、13号公路	2001-02—2001-09		左岸
	右公路Ⅰ标	右岸公路2号、8号、10号公路	2000-10—2001-06		右岸
	右公路Ⅱ标	右岸公路4号、6号公路	2001-02—2001-09		右岸
	麻村—塘英公路标	右岸进厂公路局部改建和混凝土路面施工	2001-02—2001-06		右岸
	渣场排水涵洞标	姚里沟、龙滩沟及那边沟3个渣场排水涵洞施工	2000-01—2000-07		
	纳付堡水厂标	纳付堡水厂土建、管路及机电施工	2001-02—2001-09		右岸
	左岸水厂标	左岸水厂土建、管路及机电施工	2001-02—2001-07		左岸
	右岸水厂标	右岸水厂土建、管路及机电施工	2002-01—2003-09		右岸
	施工供电工程标	变电站、35kV和10kV送变电工程施工	2001-02—2001-06		
	麻村砂石料加工系统标	麻村砂石料加工系统建设	2000-05—2001-09		右岸

标段之间在工序及时空上既有相互衔接，又有相互交错。如何合理调配使用坝区施工场地，满足各个标段对施工布置在时间和空间的要求，是施工总布置时空设计的重要内容。

5.1.2 场地条件

坝址位于高山峡谷区，两岸冲沟发育、地形复杂。坝址上游右岸有纳付堡，左岸有雷公滩；下游4.5km范围内，左岸有姚里沟，右岸有那边沟、龙滩沟及麻村沟，其间地形相对较缓，可作为工程弃渣及施工场地，施工场地主要依靠开挖弃渣堆填冲沟形成。根据地形地质条件，本工程布置的施工场地较分散、高差大、条件差，分布在坝址上游

1.5km 至坝址下游约 4.5km 范围的左、右两岸，共计 6 个区，其中左岸 3 个区，分别为上游雷公滩区，下游拉重区、姚里沟区；右岸 3 个区，分别为上游纳付堡区，下游红光区、右桥头区。另外，在右岸坝址下游 4.5km 的麻村沟内布置砂石料加工生产区。坝址下游 15.0km 的峡谷出口处为天峨县城，右岸有塘英台地。工程规划该区作为龙滩水电站工程运行期的后方基地；在龙滩水电站工程建设期，作为业主、设计、监理的驻地，并提供主标承包商高级管理人员驻地。

5.1.3 施工总布置原则

根据工程枢纽布置特点、施工场地条件、分标方案特点、建设进度要求等方面，工程业主方对设计方提出了施工弃渣及施工场地规划设计的基本要求。

（1）统一规划，统一标准，分标段建设，调配使用。

（2）施工区内边坡整治、施工排水、营地建设、环境保护与水土保持等统筹规划设计。

（3）生活、生产场地各施工标段相对独立，减少干扰。

依据上述基本要求，并与业主方详细沟通后，确定施工弃渣及施工场地规划设计的原则。

（1）根据本工程的地形条件，采用集中和分散相结合的方式在左、右两岸进行布置。结合分标方案，使各标段的施工营地尽量靠近本标段的施工现场。

（2）本工程采用分标建设，各标的施工场区和弃渣场应统筹规划，合理划分，有利于各标施工，以免造成相互干扰和产生纠纷。

（3）根据各标的施工进度，对施工场地进行空间、时间上的分析，最大限度地提高施工场地的重复利用率，以达到节约场地、有利于业主对施工场地的动态管理的目的。

（4）对于施工场地的重复利用，应尽量避免标段之间的干扰和纠纷，从时间和性能上协调研究。

（5）场地布置要多利用荒山坡地，尽量少占良田，充分利用前期开挖弃渣填沟造地作为后期使用的场地。

（6）下游施工场地按 20 年一遇洪水标准设防，布置高程一般不低于 260.00m，同时应满足国家有关安全、防火、卫生和环保等规范要求。

（7）上游施工场地受施工期水库水位控制，场地使用期的布置高程不低于 20 年一遇的度汛水位。

（8）生活营地和施工场地相对分开，施工场地尽量靠近前方施工区，并尽量避免材料倒运。

（9）民工和职工的生活营区相对独立，便于管理。

5.2 施工场内交通、供电供水及材料供应系统

5.2.1 场内交通

龙滩水电站外来物资采用铁路转公路的运输方式，在黔桂铁路线的南丹站设物资转运站，从南丹站新建二级公路至龙滩大桥左桥头。右岸桥头与坝下 15.0km 的天峨县城塘英

区将原地方简易公路改建为三级公路，以改善地方交通，并为龙滩工程提供环线交通，天峨县城塘英区与经六排区的对外交通公路由天峨大桥连通。

龙滩水电站工程两岸交通联系是坝址下游 2.5km 的龙滩大桥，桥长 313.1m，桥面行车宽 11.0m，荷载标准汽 40-挂 400。

根据坝址地形地质条件和主体建筑物施工的需要，并结合各部位施工场地布置，规划场内施工主干道路共 14 条，左、右岸各 7 条。场内左、右岸主干道路特性见表 5.2 和表 5.3。

表 5.2　　　　　　　　　　　　场内左岸主干道路特性表

道路编号		公路名称	等级	长度 /km		宽度 /m		路面形式
				永久	临时	路基	路面	
左岸	1	进厂公路	三级	2.16	—	13.0	11.0	混凝土
	3	左岸上坝公路		2.95	—	12.0	10.0	混凝土
	5	左岸高程 245.00m 公路		—	0.59	11.0	9.0	混凝土
	7	左岸高程 260.00m 公路		0.69	—	11.0	9.0	混凝土
	9	左岸上缆公路		—	1.65	11.0	9.0	混凝土
	11	至左岸上游弃渣场公路		—	1.05	9.0	7.0	混凝土
	13	左岸上游高程 303.00m 公路		—	1.18	11.0	9.0	混凝土、泥结石
		合计		5.80	4.47	—	—	—

表 5.3　　　　　　　　　　　　场内右岸主干道路特性表

道路编号		公路名称	等级	长度 /km		宽度 /m		路面形式
				永久	临时	路基	路面	
右岸	2	右岸上坝公路	三级	3.39	—	11.0	9.0	混凝土
	4	右岸下基坑公路		2.60	—	11.0	9.0	混凝土
	6	右桥头至麻村口公路		1.53	—	10.0	8.0	混凝土
	8	右岸上缆公路		—	0.92	9.0	7.0	混凝土
	10	右坝头至右岸导流洞进口公路		—	3.86	11.0	9.0	混凝土
	12	麻村口至麻村料场顶公路		3.38	1.15	8.0	6.5	混凝土、泥结石
	14	至大法坪采石场公路		—	4.00	8.0	6.0	泥结石
		合计		10.90	9.93	—	—	—

5.2.2　供电供水系统

施工供电从南丹境内的车河架设 2 回 110kV 线路至工地，工地 110kV 施工变电站设于右岸坝线下游 800.0m 处，布置高程 400.00m。从 110kV 变电站引 22 回线向整个施工区供电，其中 2 回线路引至大法坪砂石系统 35kV 变电站；3 回 10kV 线路跨河引至坝区左岸 10kV 开闭所；其余均分别引至各用电负荷点。从大法坪 35kV 变电所引 2 回 10kV 线路向麻村砂石系统供电。

　　根据工程施工进度和用户分布情况，坝区布置5个供水系统，即纳付堡生活供水系统（供水能力 16560m³/d）、左岸生产供水系统（供水能力 18000m³/d）、右岸生产供水系统（供水能力 72000m³/d）、大法坪砂石系统（供水能力 12000m³/d）、麻村砂石系统供水系统（供水能力 60000m³/d）。

　　龙滩水电站工程除大法坪、麻村砂石加工系统的供水设施由系统承包商自建自管，塘英区的办公、生活区由县城供水管网供水外，其余各标供水设施的主干管网均由业主统一规划、建设，并单独委托一家承包商负责运行管理。

　　纳付堡生活、生产供水系统承担坝区所有人员的生活用水和右岸土建Ⅱ标的生产用水；左岸生产供水系统承担左岸土建Ⅱ标、地下输水发电系统（Ⅳ标）和大坝Ⅲ-2标的生产用水；右岸生产供水系统承担大坝Ⅲ-1标、通航建筑（Ⅴ标）的生产用水；麻村及大法坪供水系统分别供应各自砂石开采、加工的生产用水。5个供水系统中除纳付堡供水的水源为布柳河外，其他4个供水系统的水源均为红水河。

5.2.3　材料物资供应系统

　　龙滩水电站工程物资供应量巨大，为加强管理、节约用地，对特殊材料实行集中管理。

　　（1）炸药库。龙滩水电站工程坝区主体土建Ⅰ标、Ⅱ标、Ⅲ标、Ⅳ标、Ⅴ标均有开挖，根据坝区的布置条件，左岸上游雷公滩沟布置炸药库供Ⅰ标使用，在左岸下游的姚里沟主沟渣场的尾部，利用冲沟布置中心炸药库，炸药最大库存量49t，雷管10万发，导爆管 60 万 m。因姚里沟区刺猪坪生活营地与炸药库的距离较近，为满足安全距离的要求，炸药库的存药量与刺猪坪生活营地的建设使用应协调，2003年进驻刺猪坪的钢管标生活区，布置在距炸药库较远端，满足坝区开挖高峰最大库存炸药量的安全距离；2004年机电标进驻整个刺猪坪生活区后，坝区的开挖高峰已过，须控制姚里沟中心炸药库的炸药库存量小于 30t，以满足安全距离的要求。姚里沟中心炸药库为坝区开挖提供炸药。大法坪料场开采高峰期为 2004—2007 年，历时长，用药量大，总开采量 1110 万 m³，高峰开采量 40 万 m³/月，在上料场的 14 号公路边布置炸药库，炸药最大库存量 29t。

　　（2）油库。为加强管理、节约用地，坝区设中心油库，布置在龙滩大桥下游 400m、进场二级公路两边。

　　龙滩水电站工程在黔桂线的南丹车站西南侧设置有物资转运站，主要材料用火车经黔桂线运至南丹火车站，再经南丹火车站至龙滩大桥的 81.0km 山岭重丘二级公路运至工地，转运站主要转运的物资为水泥、粉煤灰、钢筋钢材、外加剂等。这些物资在南丹转运站设置中转仓库，如水泥和粉煤灰罐共设有 13 个（单个水泥容量 1500t）。工地现场的材料库布置在相应的施工工厂内，不再独立建库。

　　永久机电设备库利用弃渣形成的后期平台布置。

5.3　施工场地总体规划与动态调整

5.3.1　施工场地总体规划

5.3.1.1　左岸场地

　　（1）雷公滩区。位于坝址上游 0.5～1.5km 范围的红水河边的滩地上，滩地地形平缓，坡度 $25°\sim30°$，位于库区内。作为左岸主要弃渣场，前期可布置左岸上游公路施工的临时施工场地，后期渣场顶部平台可布置施工场地。

（2）拉重区。位于坝址下游 $1.5\sim2.5km$ 范围，此区有拉重、纳玩 3 条冲沟。开挖拉重山头，堆填 3 条冲沟，结合 3 号主干公路进行施工场平，形成拉重生产、生活区。

（3）姚里沟区。坝址下游 $2.5km$ 处有两条大冲沟在此汇合，北端为纳芋沟、东端为姚里沟，为左岸主要弃渣场。根据施工进度安排，工程弃渣形成的低平台可作为施工场地使用，并利用两沟两侧的平缓坡地进行场地平整，布置施工生产、生活区。姚里沟区，既是工程的主要弃渣场，又是左岸工程的主要施工场地布置区，要求工程弃渣调配和施工场地布置在时间和空间上协调统一。

左岸施工场地总体规划汇总见表5.4。

表 5.4　　　　　　　　　　　　　左岸施工场地总体规划汇总表

分区名		场地名	高程 /m	面积 /万 m²	形成日期 /（年-月）	备注
左岸	拉重区	施工场地	330.00	0.52	2001-07	
			330.00	2.90	2001-07	
			335.00	0.40	2001-07	
			320.00	1.27	2001-07	
		生活营地	342.00	2.19	2001-07	
			340.00	0.40	2001-07	
		纳玩营地	284.00～310.00	1.00	2002-03	
		纳玩山头	385.00、395.00	0.72	2003-01	
	姚里沟	施工场地	270.00	3.10	2002-08	
			273.40	0.31	2002-08	
			285.00	0.22	2002-10	
			295.00	0.19	2002-10	
			320.00	5.20	2003-04	
		刺猪坪	345.00	1.03	2002-08	
		纳芋沟	320.00	3.56	2002-10	
			330.00	3.10	2001-07	
	雷公滩	渣场顶平台	340.00	2.91	2003-12	受施工期库水位制约
			315.00	2.25	2003-12	
			300.00	1.39	2003-12	
	左桥头		260.00	1.05	2002-01	
合计				34.16		

5.3.1.2　右岸场地

（1）纳付堡区。位于坝址上游 $0.5\sim1.5km$。在 $0.6km$ 处有南北走向的大冲沟，沟长约 $1.2km$，为右岸上游主要弃渣场地，其顶平台可作为后期的施工场地布置区。在冲沟和布柳河间的山梁有一垭口和山包，经平整后形成较大的施工场地。场地高程 360.00 $\sim380.00m$。

（2）坝址至红光区。坝址至红光区，有多条冲沟，其中坝址下游350m处的冲沟，高程360.00m以上地势较缓，是大坝混凝土系统布置区。上坝的2号公路内侧在多个冲沟处形成小片填方平台，可布置相对独立的小型现场设施。右岸下基坑的4号公路两侧在红光区有较平缓的地带可布置施工场地。在通航建筑物下游引航道以下200.0m的红光区，2号、4号公路之间，地形较缓，可平整出施工场地，但该区为右岸Ⅱ号松散堆积体，经地质分析，在自然状态下，堆积体处于基本稳定状态，因地基稳定条件较差，该区以布置堆场和综合加工系统为宜。为防止局部坍滑，施工场地应做好排水。

（3）右桥头区。右桥头区上游为那边沟，下游为龙滩沟，中间一条山梁，地形坡度15°～20°，两冲沟为右岸下游主要弃渣场，山梁平整与弃渣相结合，可形成大片施工场地，此处交通方便，场地宽敞，是工程的主要施工布置区。

（4）砂石料加工区。龙滩工程利用灰岩人工骨料，设有两个砂石料加工系统，即麻村砂石料加工系统和大法坪砂石加工系统。麻村系统生活区布置在麻村沟口上游6号公路内侧，大法坪系统的生活区布置在右桥头区。

右岸施工场地总体规划汇总见表5.5。

表5.5　　　　　　　　　　右岸施工场地总体规划汇总表

分区名		场地名	高程/m	面积/万 m²	形成日期/(年-月)	备注
右岸	纳付堡	施工场地	362.00	1.5	2001-09	
		生活营地	360.00	3.66	2001-07	
		施工场地	365.00	1.64	2001-07	
		生活营地	380.00	1.03	2001-07	
		施工场地	382.00	7.00	2001-07	
	坝址至红光区		317.00	1.58	2003-01	红光区
			260.00	0.40	2002-10	
			360.00	5.30	2003-02	混凝土系统
			308.50	2.30	2003-01	
	通航建筑物航道平台		260.00	3.00	2003-10	
	右桥头区	施工场地	275.00	1.36	2002-08	
		施工场地	283.00	0.86	2003-01	
		施工场地	295.00	0.83	2003-01	
		施工场地	305.00	0.74	2003-01	
		施工场地	320.00	1.43	2003-01	
		生活营地	303.00	2.08	2003-01	
		生活营地	310.00	1.10	2003-01	
合计				35.81		

5.3.2　基于工程分标及其时空布局条件调配施工场地

根据龙滩水电站工程布置特点进行分标，其中主体工程左岸施工标有土建Ⅰ标、土建

Ⅳ标、机电安装标、钢管加工标、引水发电系统金结安装标。右岸施工标有土建Ⅱ标、土建Ⅴ标、泄洪系统金属结构安装标、升船机系统金结安装标。土建Ⅲ标为大坝标，砂石料来自右岸大法坪系统，施工布置以右岸为主，施工右岸及河床坝段（Ⅲ-1标），左岸为辅，施工左岸引水坝段（Ⅲ-2标）。主体工程标时空特性见表5.1。

根据坝区施工场地情况，两岸施工场地面积大致相当，可实现施工场地布置与施工项目同岸的原则，故施工场地的调配在同岸标段之间进行。

左岸以地下厂房施工为主，施工布置遵循土建Ⅳ标为主的布置原则；右岸以大坝施工为主，施工布置遵循土建Ⅲ标为主的布置原则。

左岸施工标段中，Ⅲ-2标为Ⅰ标的后续标段，机电安装标和钢管加工标施工项目相关，施工时段可基本衔接。场地调配主要在它们之间进行。

右岸施工标段中，Ⅲ-1标为Ⅱ标的后续标段，Ⅴ标施工项目也是Ⅱ标的后续项目，但根据施工进度安排，其开工时间在2005年，右岸场地调配主要在Ⅲ-1标和Ⅱ标之间进行，同时综合考虑与Ⅴ标布置的协调性。

主体附属工程标和临建标的施工布置依托主体工程标段和预留机动场地，灵活布置。

5.3.3 施工场地规划分区和场地规模

5.3.3.1 基于标段施工特性和场地条件确定各标布置区

左岸场地规划分区：左岸主标（Ⅳ标）及与其项目相关的机电安装标、钢管加工标布置在姚里沟区；Ⅰ标及其后续标Ⅲ-2标布置在拉重区，并用雷公滩区作为补充。

右岸场地规划分区：Ⅱ标、Ⅴ标布置在纳付堡区，并部分协调调配给Ⅲ-1标，Ⅲ-1为龙滩工程最大的土建标段，主要布置在右桥头区及坝址至红光区。

5.3.3.2 基于各标要求确定各区场地规模和布置

（1）办公生活营地分区布置，根据各区对应标段的施工高峰人数进行规划，对调配使用的营地，以工程全过程在该区的高峰人数进行规划控制。坝区各标施工高峰期人数及办公生活营地规模见表5.6。

表5.6　　　　坝区各标施工高峰期人数及办公生活营地规模表

标段名	坝区施工人数	坝区建筑面积/m²	塘英区管理人员数	高峰年份	进场日期/（年-月）	退场日期/（年-月）
Ⅰ	1500	15000	100	2002	2001-05	2003-12
Ⅱ	1500	15000	100	2002	2001-05	2003-12
Ⅲ-1	3500	35000	350	2006	2003-01	2009-12
Ⅲ-2	2000	20000	150	2005	2003-01	2007-09
Ⅳ	2300	23000	200	2005	2001-09	2009-12
Ⅴ	1000	10000	100	2008	2004-06	2009-12
大法坪	500	5000		2005	2002-07	2009-12
机电	800	8000	200	2007	2004-05	2009-12
钢管	200	2000		2005	2002-08	2006-12
金结	300	3000		2007	2006-01	2007-07

考虑坝区场地狭窄，各标段坝区的办公生活区的规模按建筑面积 $10m^2/$人计，并在地基条件较好的挖方区修建 3～5 层的楼房，以节约占地。

表 5.6 中，大法坪砂石料系统运行人员、建设期施工人员约 1000 人，除利用运行期的永久生活区外，另利用龙滩水电站沟口堆渣前的低平台布置临时生活区。

金结标仅指发电系统金结标，其他金结标在主体工程和发电系统金结标等承包商之间招标，不单独考虑生活营地。

左岸办公生活区规模：拉重区和雷公滩区按Ⅲ-2标＋金结标控制；姚里沟区按Ⅳ标＋机电标控制。

右岸办公生活区规模：纳付堡区前期由Ⅱ标使用，后期调配给Ⅲ-1标和Ⅴ标使用，从经济角度出发，Ⅱ标营地退场后，必须尽快利用，故Ⅱ标的生活营地全部移交Ⅲ-1标使用，Ⅲ-1标的施工高峰为 2005 年和 2006 年，与Ⅴ标的施工高峰 2008 年错开，故Ⅲ-1标在施工高峰后，可以调配部分生活营地给Ⅴ标使用，即 2007 年 6 月后调整高程380.00m 平台和 382.00 m 平台的营地给Ⅴ标使用。高程 365.00m 平台营地因只能使用至2008 年汛前，不能满足Ⅴ标施工高峰期的要求，故不调配，不够部分在纳付堡渣场顶平台新建。纳付堡区办公生活区规模为Ⅱ标＋Ⅴ标新建，建筑面积 $20000m^2$。右桥头区按Ⅲ-1标（利用Ⅱ标后）＋大法坪标控制，建筑面积 $31500m^2$。

（2）施工生产区，根据工程条件，在经济合理的前提下，考虑调配场地使用功能的衔接，场地规模以满足各使用标段高峰要求控制。本工程施工生产区布置有以下特点。

1）各标以混凝土系统为重点协调生产场地布置。结合永久建筑物布置，合理利用场地的时空关系，使混凝土系统布置运行经济合理。例如，Ⅰ标混凝土施工主要为左岸导流洞，混凝土系统利用左岸导流洞出口下游厂房尾水出口的一期开挖平台布置。Ⅱ标混凝土施工主要为右岸导流洞，混凝土系统利用Ⅲ标施工区在导流洞进出口附近分散布置。Ⅲ-1标混凝土系统巨大，分两级布置，低系统结合利用通航建建筑物渠系区域开挖平台布置，高系统开挖坝址右岸下游山坡形成多级平台进行布置。Ⅲ-2标布置在左坝头开挖平台上。

2）调配使用场地根据服务标段特点确定规划原则。Ⅲ-2标与Ⅰ标施工规模基本相当，除混凝土系统外，Ⅲ-2标施工生产场地功能大部分沿用Ⅰ标功能，场地规模以满足两标需要控制，两标场地功能不可沿用的有：Ⅰ标炸药移动地面站的区域布置Ⅲ-2标混凝土预制构件厂，并利用Ⅰ标堆渣形成的雷公滩渣场顶平台布置Ⅲ-2标机械停放场地、材料堆场和施工模板的拼装、中转、清理场。机电标的蜗壳尾水管加工厂、水轮机转轮拼装厂、钢管标的钢管加工厂协调布置在交通条件好的姚里沟口、高程 270.00m 平台上，要求 3 个厂的堆场协调共用。2006 年后钢管加工厂区域可作为机电标前方露天堆场，2006 年所需机电露天堆场利用机动场地布置。

3）右岸施工生产场地以Ⅲ-1标为主布置，前期的Ⅱ标利用渣场和Ⅲ-1标施工区布置临时生产场地，Ⅴ标利用渣场顶平台布置生产场地。要求Ⅱ标堆渣满足Ⅲ-1标场地要求。

5.3.3.3 施工场地使用的时空综合协调

根据工程施工场地的整体调配方案，Ⅰ标调配给Ⅲ-2标，钢管标利用机电标场地，Ⅱ标调配给Ⅲ-1标和Ⅴ标。从使用的大时段分析，调配使用是合理的。但在具体操作过程中，存在有场地交接时进、退场时间重叠的矛盾。根据后续标段规模大于前期标段的特点，为减少干扰，龙滩工程的生活营地按前期开工标段（Ⅰ标、Ⅱ标、Ⅳ标）分标建设，后续标段由业主统一补充建设，并一次完成，营地建成时间满足各标进场准备的要求。通过上述组织措施，各场地可从容调配，以满足施工全过程对场地的要求。

龙滩水电站工程在施工过程中将有一些配套施工项目，须单独招标。工程在左、右岸各设置调节场地，以解决零星项目的施工布置。左岸纳玩山头经平整后，有7200m²的场地平台，高程为385.00～395.00m。在金结标2005年11月进场前可作调节营地使用。右岸右桥头区E区，高程320.00m场地面积14300m²，该场地北侧5000m²作为右岸调节场地使用，南侧9300m²建成集贸市场，以方便坝区生活供应。

5.3.3.4 主要标段施工场地规划成果

根据施工场地规划原则，上述分区和时空协调关系，规划各标施工场地。左岸主要标段有Ⅰ标、Ⅳ标、Ⅲ-2标。场地规划成果见表5.7～表5.10。右岸主要标段有Ⅱ标、Ⅲ-1标、Ⅴ标。场地规划成果见表5.11～表5.15。施工场地规划布置如图5.1所示。

表5.7　　　　　　　　　　　　　Ⅰ标施工场地汇总表

项目		布置区域	布置高程/m	场地面积/m²	建筑面积/m²
生活办公营地	职工办公生活区	拉重E区	342.00	21900	8500
		拉重C区	335.00～350.00	4000	2280
	民工生活区	雷公滩渣场	340.00	3000	2000
	前方指挥中心	9号公路旁	422.00	80	100
	小计			28980	12880
施工生产场地	机械维修厂	拉重A区	330.00	5200	1385
	物资仓库、试验室	拉重B区	335.00	4000	1142
施工生产场地	汽车停放修理厂	拉重D区	330.00	29000	680
	金结及基础设备堆放修理厂				929
	混装炸药地面站				
	电力设施综合场	拉重F区	325.00	12700	264
	钢筋木材综合加工厂		320.00		1090
	预应力锚索加工厂		320.00		756
	混凝土系统	尾水出口一期开挖平台	260.00	5300	155
	小计			56200	6401
合计				85180	19281

147

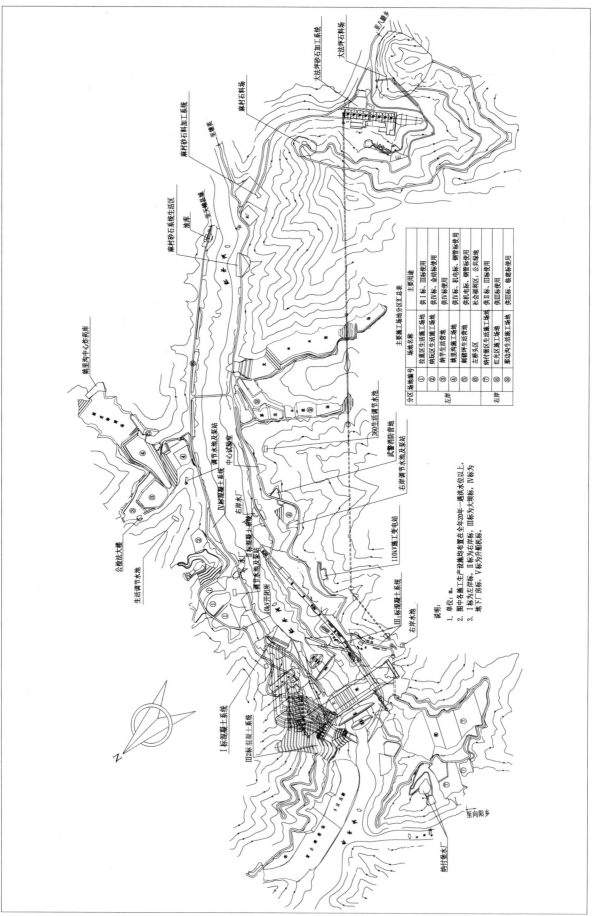

图 5.1 施工场地规划布置图

表 5.8 Ⅳ标施工场地汇总表

项目		布置区域	布置高程/m	场地面积/m²	建筑面积/m²
生活办公营地	职工办公生活区	纳芊高程330.00m平台	330.00	20000	14579
	民工生活区	纳玩沟	285.00～310.00	10000	4700
	前方指挥中心	1号公路旁	260.00、263.00	3000	1300
	小计			33000	20579
施工生产场地	机械汽车维修厂	纳芊高程330.00m平台	330.00	20000	3380
	钢筋木材加工厂	纳芊高程320.00m平台	320.00	20000	1780
	金结制作厂	姚里沟高程320.00m平台	320.00	20000	980
	设备汽车停放场	姚里沟高程320.00m平台	320.00	30000	0
	中心仓库	姚里沟主干道旁	285.00、295.00	2200、1900	700
	混凝土系统	1号、3号公路交叉口	260.00	9700	480
	现场临时设施	洞口洞内及1号公路旁		1700	1220
	小计			105500	8540
合计				138500	29119

表 5.9 Ⅲ-2标办公生活营地动态规划表

规划区域		高程/m	使用时段/(年-月)		
			2003-01—2004-01	2004-01—2006-12	2006-12—2007-09
拉重区	E区营地利用	342.00	Ⅰ标使用	8500（14000）m²	
	E区营地新建	342.00		3220（7000）m²	
	C区营地利用	335.00～350.00	Ⅰ标使用	2280（4000）m²	
雷公滩	营地利用	340.00	Ⅰ标使用	2000（5000）m²	
	营地新建	340.00		4000（10000）m²	
小计			3220（7000）m²	20000（40000）m²	14000（25000）m²
指挥中心	灵活布置		300m²		

注 括号外为营地建筑面积，括号内为营地占地面积。

表 5.10 Ⅲ-2标施工生产场地汇总表

项目		布置区域	布置高程/m	场地面积/m²	建筑面积/m²
施工生产场地	机械设备停放场	雷公滩渣场	315.00、300.00	5200	1385
	物资仓库、试验室	拉重B区	335.00	4000	1142
	汽车停放修理厂	拉重D区	330.00	22000	680
	基础处理基地				929
	混凝土预制构件厂				100
	钢筋木材综合加工厂	拉重F区	320.00	12700	1090
	混凝土系统	左坝头	382.00	10000	1900
合计				53900	7226

注 混凝土系统布置利用坝头高程382.00m开挖平台，骨料料仓利用开挖边坡的高程406.50m马道布置。

表 5.11　　　　　　　　　　　　　　Ⅱ标施工场地汇总表

项　目		布置区域	布置高程 /m	场地面积 /m²	建筑面积 /m²
生活办公营地	办公生活区	纳付堡垭口区	365.00	16400	3840
			360.00	36400	6888
			345.00	700	662
			380.00	10000	3903
		纳付堡渣场尾部	382.00	3500	1130
	前方指挥中心	导流洞支洞口	245.00	250	125
	小计			62450	16548
施工生产场地	机械汽车停放维配厂	纳付堡渣场	360.00～365.00	15000	1000
	岸坡钢筋、锚索加工厂				600
	物资仓库	纳付堡垭口区	360.00	6000	720
	临时混凝土拌和站	导流洞出口上游	245.00	1000	
	导流洞进口混凝土系统	纳付堡沟口	245.00	1500	
	Ⅱ标混凝土系统	红光区	255.00～250.00	1500	
	导流洞衬砌钢筋厂	红光区	255.00	2080	400
	小计			156780	35816

表 5.12　　　　　　　　　　　　　Ⅲ-1标施工生产场地汇总表

项　目		布置区域	布置高程 /m	场地面积 /m²	建筑面积 /m²	备　注
施工生产场地	混凝土系统	坝下高程 350.00m	360.00	53000	4600	本标全期
			308.50	23000	5650	
	机械汽车停放修配厂	航道开挖平台	260.00	10000	1000	围堰施工期
	大型设备转存场			20000		
	钢筋加工厂	红光区	255.00	3580		
	机械汽车停放修配厂	纳付堡	365.00	35000	4000	大坝浇筑期
	金结加工厂			15000	1000	
	钢筋木材加工厂	红光区	317.00	18000	1200	
	混凝土预制构件厂	纳付堡渣场顶	382.00	6200	200	
	模板中转清理场	坝肩平台	297.00、337.00	6000		
	中心仓库	右桥头区	283.00	8600	2000	本标全期
	基础处理基地		295.00	8300	1000	
合　　计				206680	20650	

表 5.13 Ⅲ-1 标办公生活营地动态规划表

<table>
<tr><td rowspan="2" colspan="2">规划区域</td><td colspan="4">使用时段/(年-月)</td></tr>
<tr><td>2003-01—2004-01</td><td>2004-01—2007-04</td><td>2007-04—2008-04</td><td>2008-04—2009-12</td></tr>
<tr><td rowspan="4">纳付堡区利用</td><td>345 营地</td><td>Ⅱ标使用</td><td>662 (700) m²</td><td colspan="2">库水位影响</td></tr>
<tr><td>365 营地</td><td>Ⅱ标使用</td><td colspan="2">3840 (16400) m²</td><td>库水位影响</td></tr>
<tr><td>380 营地</td><td>Ⅱ标使用</td><td>3903 (10300) m²</td><td colspan="2">给Ⅴ标使用</td></tr>
<tr><td>382 营地</td><td colspan="2">1130 (3000) m²</td><td colspan="2">给Ⅴ标使用</td></tr>
<tr><td rowspan="3">右桥头区新建</td><td>F303</td><td colspan="4" rowspan="2">24500 (31800) m²</td></tr>
<tr><td>G310</td></tr>
<tr><td>D305</td><td colspan="4">2000 (7400) m²</td></tr>
<tr><td colspan="2">合计</td><td>27530 (42200) m²</td><td>35935 (69600) m²</td><td>30340 (55600) m²</td><td>26500 (39200) m²</td></tr>
</table>

注 括号外为营地建筑面积，括号内为营地占地面积。

表 5.14 Ⅴ标施工场地汇总表

<table>
<tr><td colspan="2">项 目</td><td>布置区域</td><td>布置高程/m</td><td>场地面积/m²</td><td>建筑面积/m²</td><td>备注</td></tr>
<tr><td rowspan="6">施工生产场地</td><td>混凝土系统</td><td>红光区</td><td>355.00</td><td>8000</td><td>300</td><td></td></tr>
<tr><td>钢筋加工厂</td><td rowspan="4">纳付堡渣场顶平台</td><td rowspan="4">382.00</td><td rowspan="3">15000</td><td rowspan="3">1000</td><td></td></tr>
<tr><td>木材加工厂</td><td></td></tr>
<tr><td>混凝土预制构件厂</td><td></td></tr>
<tr><td>中心仓库</td><td>3000</td><td>800</td><td></td></tr>
<tr><td>机械汽车停放修配厂</td><td></td><td></td><td>10000</td><td>700</td><td></td></tr>
<tr><td colspan="2">合计</td><td></td><td></td><td>36000</td><td>2800</td><td></td></tr>
</table>

表 5.15 Ⅴ标办公生活营地动态规划表

<table>
<tr><td rowspan="2">规划区域</td><td rowspan="2">高程/m</td><td colspan="2">使用时段/(年-月)</td></tr>
<tr><td>2004-06—2007-04</td><td>2007-04—2009-12</td></tr>
<tr><td rowspan="3">纳付堡渣场</td><td>382.00 (新建)</td><td colspan="2">4967 (10000) m²</td></tr>
<tr><td>382.00 (利用)</td><td>Ⅲ-1 标使用</td><td>1130 (3000) m²</td></tr>
<tr><td>380.00 (利用)</td><td>Ⅲ-1 标使用</td><td>3903 (10000) m²</td></tr>
<tr><td colspan="2">合计</td><td>4967 (10000) m²</td><td>10000 (23300) m²</td></tr>
</table>

5.4 弃渣场规划及动态调整

龙滩水电站工程开挖量巨大，开挖区点多面广，施工场区冲沟发育，地形地质条件复杂。对巨大弃渣量的时空规划，关系到本工程施工总布置成败，关系到工程能否按计划顺利实施。在设计中，对弃渣规划做了深入细致的研究。

5.4.1 弃渣量及渣场分布条件

龙滩水电站土石方开挖量巨大，其中主体工程开挖量（包括导流工程）为 1821 万 m³，折算成弃渣量 2729 万 m³。主要开挖部位有左、右岸岸坡及导流洞，地下厂房系统，通航建筑物，大坝地基，围堰地基及河道等，坝区的施工临建设施在建设过程中产生大量弃渣的项目主要有场内主干道、施工场地平整、大坝混凝土系统、纳付堡水厂、砂石皮带运输洞、大法坪及麻村砂石加工系统等，这些项目经自身土石平衡后，余开挖量 357 万 m³，折算成弃渣 535 万 m³，坝区其他零星临建设施场地的开挖量如水池、变电所及临时道路等，在尽量满足自身平衡后，余量就近运往规划中几大渣场。

主体工程和坝区主要临建设施弃渣进行统一调配平衡，工程总弃渣量 3264 万 m³。其中，左岸弃渣 1630 万 m³，右岸弃渣 1634 万 m³。两岸弃渣量基本相同。

龙滩水电站工程土石方填筑共计 258 万 m³，其中雷公滩 B 区压脚处理 224 万 m³，土石子围堰填筑 34 万 m³，雷公滩 B 区压脚与雷公滩渣场连成一体，压脚区作为渣场的一部分进行统一调渣，施工时按压脚要求施工。土石子围堰填筑部分（21 万 m³）可直接利用河床开挖料预进占。

坝址地处高山峡谷区、两岸冲沟发育，根据环保要求，坝址下游原则上不占用河床滩地弃渣。故渣场选择时，坝址上游可利用水库淹没区布置弃渣场，下游利用冲沟布置弃渣场，在坝址上游 1.5km 至坝址下游 3km 范围内共布置大型渣场 5 个。

左岸可选择的大型渣场有坝址上游（0.5～1.5km）的雷公滩渣场、坝址下游 2.5km 处的姚里沟渣场。另有拉重 1 号、2 号沟和纳玩沟等小冲沟可作为填场堆填临建工程弃渣并形成施工场地。

右岸可选的大型渣场有 3 个，即坝址上游 0.6km 处的纳付堡和坝址下游 3km 处的那边沟、龙滩沟。另有纳付堡垭口堆填临建弃渣形成场地。

左、右岸渣场能满足坝区弃渣容量的要求，各渣场的具体布置和使用要求，应根据弃渣调配方案和作为施工场地使用要求具体确定。

弃渣场分布见表 5.16。

表 5.16 弃 渣 场 分 布 表

渣 场 名 称			位 置	堆渣高程 /m
左岸	雷公滩		坝址上游 0.5～1.5km	220.00～340.00
	姚里沟	主沟	坝址下游 3～4.5km	230.00～340.00
		纳芋沟	坝址下游 3.2km	270.00～330.00
	填场	拉重 1 号沟	坝址下游 1.6km	260.00～330.00
		拉重 2 号沟	坝址下游 1.9km	260.00～320.00
		纳玩沟	坝址下游 2.3km	270.00～310.00
右岸	纳付堡		坝址上游 0.6km	270.00～395.00
	那边沟		坝址下游 3.0km	235.00～320.00
	龙滩沟		坝址下游 3.5km	235.00～345.00
	填场	纳付堡垭口	坝址上游 1.0km	340.00～360.00

5.4.2 弃渣调配动态平衡设计

弃渣调配规划原则如下：

（1）时间、空间上综合平衡，时间上与生活、生产营地布置相衔接，空间上尽量达到弃渣运输综合运输量最小的经济弃渣方式。

（2）弃渣调配两个优先原则为一次挖填平衡的优先、容易形成场地的优先。

（3）左、右岸自身平衡，左岸开挖料弃至左岸，右岸开挖料弃至右岸。

（4）弃渣与备料利用相结合。

本工程设计时进行了多个弃渣调配方案比较，最终选定最能满足调配原则要求的方案。主干道沿线的小冲沟，利用公路和临建弃渣尽快形成场地，渣量不够者由主体工程调运。几大渣场根据运输经济原则分配弃渣，左岸以优先形成姚里沟低平台进行渣场布置设计，右岸以优先形成那边沟场地进行渣场布置。

在对龙滩水电站工程弃渣特性、开挖进度及施工生活营地要求分项的基础上，根据就近弃渣、便于管理并考虑进度与示意要求的原则，与武汉大学水电学院合作，对龙滩水电站工程各弃渣场、开挖部位间的月方量、时段及渣场月上升高程进行了调配模拟。调配模拟获得了渣场形成进度、公路运行状况、开挖填渣调配详细情况及渣场形成面貌动态显示等成果。

5.4.3 弃渣场布置与施工场地的时空协调

龙滩水电站工程共有5个大型渣场，坝线上游左岸为雷公滩渣场，右岸为纳付堡渣场，上游渣场距大坝最近，大坝岸坡和坝基开挖弃渣尽量弃至上游渣场，上游渣场根据交通条件及安全稳定要求，以最大容量进行布置设计。

坝址下游龙滩大桥的左岸桥头上游有姚里沟渣场，右岸桥头上游为那边沟渣场、下游为龙滩沟渣场。下游渣场容量由工程弃渣调配结果确定，并需留有余地，满足工程不确定因素产生的弃渣。渣场布置在满足容量的前提下，结合施工场地布置要求，根据弃渣进度分析，进行渣场布置设计。

利用渣场布置施工场地，弃渣调配和场地布置遵循两个优先的原则。姚里沟渣场场地布置在低平台和支沟纳芋沟内，主沟高平台作为渣场主体，承担大部分弃渣。右桥头的两个渣场距离很近，那边沟相对龙滩沟较窄，低高程容量较小，容易形成场地，利用临建工程和右岸导流洞弃渣，优先形成场地，满足工程需要，龙滩沟作为右岸下游主渣场。

龙滩工程的大部分施工场地利用工程弃渣堆填形成，左岸3个区总场地面积34.16万m^2，其中由填渣形成的场地23.58万m^2，占69%，通过场平挖填平衡形成的场地占31%。右岸3个区总场地面积35.81万m^2，其中由填渣形成的场地18.96万m^2，占53%，通过场平挖填平衡形成的场地占47%。

5.4.4 弃渣场调配成果

5.4.4.1 坝区施工临建设施弃渣调配

为给主体工程承包商进场提供条件，保证2001年6月主体工程开工，2001年6月以前，业主组织实施的坝区施工临建设施项目主要有场内主干道、供电、供水设施，这些设施要求在2001年6月完工，其开挖弃渣为主体工程Ⅰ标、Ⅱ标施工场地平整的主要料源，应按要求堆弃，以满足Ⅰ标、Ⅱ标施工进场要求。

左岸1号、3号、5号、7号公路的弃渣调往拉重1号沟、2号沟和姚里沟，2001年5月可形成拉重1号沟、2号沟平台，形成Ⅰ标拉重区施工场地的进场条件。Ⅰ标进场后，拉重山头场平开挖弃渣填筑纳玩沟高程310.00m平台，其余弃渣运往姚里沟。姚里沟区是地下厂房Ⅳ标的施工布置区，同时也是工程的主弃渣场之一，左岸下游弃渣在优先形成拉重区场地后，应尽早形成姚里沟渣场的低平台（高程270.00m），以满足地下厂房施工场地的需要。左岸9号、11号、13号公路为左岸边坡开挖，弃渣至上游雷公滩的出渣道路。纳芋区施工营地场地平整产生的弃渣就近弃于姚里沟。

右岸2号公路下游段弃渣至那边沟渣场，上游段至纳付堡渣场，8号、10号公路弃渣应优先堆弃纳付堡垭口，以尽快形成纳付堡区施工场地、满足Ⅱ标进场要求。纳付堡水厂弃渣就近弃至纳付堡垭口。在弃渣完成垭口平整后，纳付堡区的场地平整弃渣至纳付堡渣场。4号公路弃渣至那边沟，6号公路弃渣至龙滩沟。那边沟和龙滩沟之间的山梁平整弃渣就近弃至那边沟。大坝混凝土系统开挖弃渣就近弃至纳付堡渣场，皮带运输洞根据出渣方向就近弃至右岸三大渣场。

坝区主要施工临建设施弃渣535万 m³。2001年6月完工的弃渣项目，可形成填场：左岸，拉重1、2号沟；右岸，纳付堡垭口大部分。Ⅰ标、Ⅱ标进行施工场地平整后，可形成拉重区和纳付堡区的施工场地，同时姚里沟已弃渣86万 m³，可基本形成高程270.00m平台。

5.4.4.2 主体及导流工程弃渣调配

龙滩地处高山峡谷区，施工场地的布置有部分利用工程弃渣填筑的场地，故龙滩弃渣要求达到时间和空间上的综合平衡，为达到综合平衡的要求，招标设计阶段进行多个弃渣方案的综合比选。比选主要包括以下内容。

（1）运输工程量。运输工程量按弃渣量乘运距计算，其结果直接影响工程造价。

（2）填渣造地。龙滩水电站工程弃渣完成后，各大渣场将形成多处大片平台场地，要求堆渣平台的形成时间能满足施工场地的使用时间要求，临建工程弃渣和Ⅰ标、Ⅱ标自身场平弃渣填筑能满足Ⅰ标、Ⅱ标场地使用的要求，主体及导流工程弃渣为Ⅲ标、Ⅳ标、Ⅴ标及机电标提供施工场地。

（3）施工管理。分析各标段弃渣流向、道路行车强度、标段弃渣管理等因素，综合评定各方案施工管理难度。

经综合比选，确定左右岸自身平衡、运输量最小、优先形成那边沟场地的弃渣调配方案。该方案弃渣总运量为8397万 m³·km，相对最多运输量方案，减少运输量1164万m³·km，该方案截流前提供给Ⅲ标、Ⅳ标的施工场地比较少，但加强管理仍能满足Ⅲ标、Ⅳ标对场地的要求。姚里沟渣场截流前同时给Ⅱ标和Ⅳ标使用，需加强管理、协调，以满足整体规划对弃渣的要求。坝区施工场地布置和工程招标以此调配方案为基础进行。

工程实施过程中，在工程初期，Ⅳ标场地未能及时到位，通过加强管理，利用进厂公路两侧的零星场地临时过渡，工程整体上有序顺利实施。

经多方案比选确定的弃渣调配方案，为龙滩工程巨大土石方工程的经济有序的实施提供了良好的技术支撑，弃渣为工程提供了60％的施工场地，为整个工程建设提供了满足时空要求的施工场地，创造了良好的施工条件。

5.4.5 弃渣场设计

5.4.5.1 渣场排水及防护

龙滩水电站工程地处我国南方多雨地区，多年平均年降雨量 1343.5mm，场平和渣场设计中，排水设计是重要内容。

坝后大型冲沟渣场排水（姚里沟、那边沟、龙滩沟），按 20 年一遇洪水标准设计明流排水涵洞，因其施工时间长，在工程开工前作为准备工程实施，在主标开工前完建，为工程按要求调配弃渣提供了条件。排水涵洞为永久结构，顶部最大弃渣高度达 100m，涵洞结构采用拱涵形式，顶拱护拱采用钢筋混凝土，边墙为浆砌石，地基要求处理至基岩。填渣荷载计算，采用浅埋隧洞理论，考虑两侧摩擦力的作用，用浅埋隧洞临界深度确定的竖向最大均布压力验算涵洞结构，以保证涵洞安全，并使渣场调整不受涵洞结构制约。

位于坝前水库的大型渣场排水（纳付堡、雷公滩），纳付堡渣场为冲沟型（堆填冲沟形成）渣场，其排水分为施工期排水和永久排水。施工期排水采用能快速施工的盖板涵，布置在沟底，防止施工期泥石流产生。永久排水采用明渠接跌水方式接至水库，排水沿渣场周边布置，并将排水设施布置在挖方区。雷公滩渣场为岸坡式渣场，冲沟位于渣场上游侧面，主排水由填渣范围控制，保证原排水断面，渣场沿沟侧利用弃渣大块石防护坡脚。

弃渣场本身的排水防护，为防止渣场表面冲刷，沿渣场周边设置排水沟及跌水，坡面设分级排水沟引入周边排水，坡面采用干砌石防护。冲沟型渣场底部主排水涵洞外侧周边设排水盲沟，集水引出渣场或直接引入主涵。

5.4.5.2 弃渣场布置

渣场布置综合考虑渣场容量、根据场地需要的渣场时空要求、结合交通要求及弃渣运输的道路设计及渣场特殊利用的要求等因素。设计步骤如下。

（1）根据坝区地形条件和工程弃渣及交通条件进行渣场的选择规划。

（2）根据初步规划，进行渣场动态容量（分高程）计算。

（3）根据土石方调配平衡结果，确定渣场容量。

（4）根据容量及总布置对渣场平台要求确定渣场初步轮廓设计。

（5）根据交通及场地使用要求完成渣场设计。

（6）根据现场弃渣情况复核并局部调整设计。

5.4.5.3 弃渣场的特殊利用

龙滩水电站工程弃渣除成功为工程提供 60％的施工场地外，同时有以下成功利用的特殊项目。

（1）砂石料皮带运输线路跨沟路堤。龙滩水电站主体工程的成品人工砂石料采用皮带运输供应至混凝土系统，线路长约 4.0km，以隧洞方式为主，其中有跨过龙滩沟、那边沟两段明线，方案研究时，考虑过栈桥跨沟方案，因栈桥跨度大，净空高，工程实施困难，工期难以保证，工程实施时选定利用工程弃渣填筑跨沟路堤方案。利用工程前期导流洞开挖的洞渣料，在渣场范围按要求填筑路堤，形成跨沟通道，路堤形成并沉降一年后，进行皮带安装。该项目实施后，路堤在施工期运行正常，保证了皮带运输线的畅通。

（2）砂石料生产废水处理库。在龙滩水电站工地沟渣场的皮带运输路堤两侧利用弃渣填筑挡渣坝修建了两个废水处理库，沉淀处理砂石料加工废水。挡渣坝体沿坝肩设台阶式分级排水口，各级排水由岸边管涵连接，通向渣场主排水涵洞。砂石系统加工废水经皮带运输洞泵送至废水库，废水在库内沉淀后，清水经台阶式排水口流入排水主涵后排向红水河。库坝坝前设防渗反滤层，坝体用石渣填筑，坝后坡脚设大块石排水棱体，与坝体底部排水层相连，坝后集水后设涵洞通向渣场主涵。废水处理坝参考面板堆石坝和尾矿坝设计。龙滩工程砂石料加工的废水处理与主体工程弃渣相结合，是一经济有效的成功例证。

第 6 章

施 工 总 进 度 计 划

6.1 施工总进度计划的优化过程

龙滩水电站的施工总进度计划经过多次优化，最终实施的是 2000 年 8 月经中国国际工程咨询公司评估的《龙滩水电站可行性研究补充报告》（以下简称《可研补充报告》）中推荐的施工总进度计划方案，即 6 年半发电方案。

6.1.1 初步设计阶段的施工总进度计划

1990 年以前，在初步设计阶段，采用常态混凝土重力坝，发电厂房分别布置在坝后和左岸地下，坝后布置 5 台机组，左岸地下布置 4 台机组，右岸布置通航建筑物。由于坝后厂房的引水系统和厂房与大坝施工存在较大干扰，加之当时选定的围堰挡水标准仅 2 年一遇，大坝施工期度汛对施工进度有较大影响，故施工总进度提出 8 年半发电和 7 年半发电两个方案进行比较，最终选定第 1 台机组发电工期为 7 年半、总工期为 10 年的总进度方案。

1990 年 8 月，能源部、水利部水利水电规划设计总院在北京对初步设计进行了审查，审查意见指出："基本同意施工总工期 10 年，第 1 台机组发电工期为 7 年半的初步安排。为实现这一安排，需要先进的装备，精干的建设队伍和高效的管理水平。但施工进度回旋余地较小，有待改进枢纽布置，采用或部分采用碾压混凝土的先进技术，以及加快进度的施工措施进行解决。"

6.1.2 枢纽布置优化设计阶段的施工总进度计划

初步设计被审查后，中南勘测设计研究院对大坝和厂房布置进行了大量的优化工作。常态混凝土重力坝改为碾压混凝土重力坝；对于厂房布置，在初设报告推荐的坝后 5 台机、左岸地下 4 台机方案的基础上，研究了"5＋4""4＋5""3＋6""2＋7"和"0＋9"等多种布置方案。从施工总进度的角度认为"0＋9"方案具有以下的主要优点。

（1）红水河汛期流量大，而坝址处河谷相对较狭窄，"0＋9"方案省去了河床坝段的进水口和引水钢管，以及相应的多个孔洞，因而有利于大坝的施工期度汛。

（2）由于坝后没有布置厂房，因而可以避免大量的施工干扰。

（3）有利于大坝碾压混凝土的大仓面碾压，从而加快上升速度。

以上 3 个主要优点，都有利于加快大坝的施工进度。经过各专业的综合比较，最终选定了"0＋9"方案，即左岸全地下厂房方案，这就为加快龙滩水电站的建设速度提供了有利条件。因而本阶段提出了 6 年半发电方案，与初步设计已经审定的 7 年半发电方案进行比较。枢纽布置优化设计阶段编制的两个方案的施工总进度计划如图6.1所示。

7年半发电方案

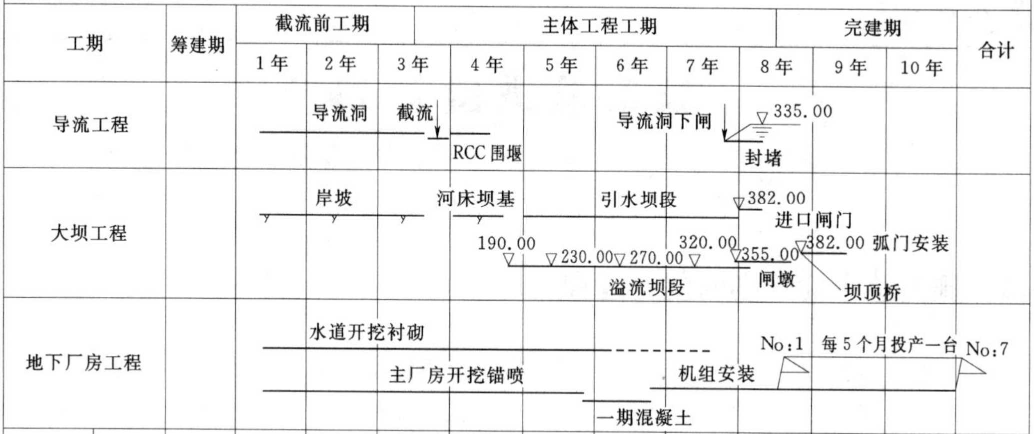

工期	筹建期	截流前工期			主体工程工期					完建期		合计
		1年	2年	3年	4年	5年	6年	7年	8年	9年	10年	
导流工程			导流洞	截流	RCC围堰			导流洞下闸 ▽335.00 封堵				
大坝工程			岸坡		河床坝基 ▽190.00	▽230.00	▽270.00 溢流坝段	引水坝段 320.00 ▽355.00 闸墩	▽382.00 进口闸门 382.00弧门安装 坝顶桥			
地下厂房工程			水道开挖衬砌 主厂房开挖锚喷		一期混凝土			机组安装	No.1 每5个月投产一台 No.7			
施工强度 /(万m³/a)	明挖		286	359	268	121	16		15		88		1153
	洞挖		52	118	65	56	40	26					357
	混凝土			8	12	92	187	181	136	70	20	11	717
水泥/万t		16.5	3.3	3.6	5.5	13.3	22.6	24.4	20.7	14.3	4.9	4.0	133.1
投资 /亿元	外资	0.19	0.24	0.46	0.68	0.81	1.45	2.18	1.05	0.57	0.07		7.70
	内资	12.93	1.59	2.04	3.98	6.81	8.69	9.33	9.19	6.00	4.91	3.60	69.06

6年半发电方案

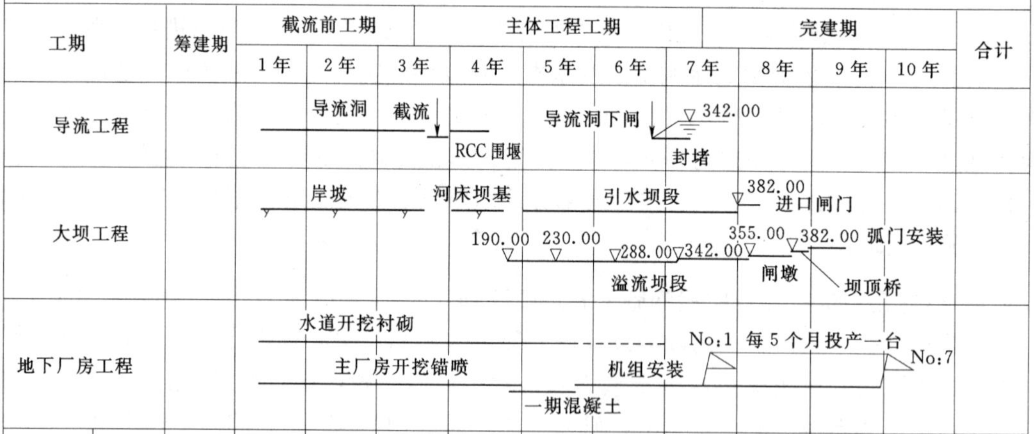

工期	筹建期	截流前工期			主体工程工期					完建期		合计
		1年	2年	3年	4年	5年	6年	7年	8年	9年	10年	
导流工程			导流洞	截流	RCC围堰			导流洞下闸 ▽342.00 封堵				
大坝工程			岸坡		河床坝基 ▽190.00 230.00		▽288.00 ▽342.00 溢流坝段	引水坝段 355.00 闸墩	382.00 进口闸门 ▽382.00弧门安装 坝顶桥			
地下厂房工程			水道开挖衬砌 主厂房开挖锚喷		一期混凝土			机组安装	No.1 每5个月投产一台 No.7			
施工强度 /(万m³/a)	明挖		287	358	268	121	16		15		88		1153
	洞挖		69	128	67	54	34	5					357
	混凝土			9	13	99	214	221	120	30		11	717
水泥/万t		16.5	3.3	3.6	6.9	16.5	27.3	31.4	16.5	7.0	4.0		133
投资 /亿元	外资	0.19	0.32	0.54	0.83	1.10	2.36	1.44	0.82	0.10			7.70
	内资	12.93	1.80	2.23	4.50	7.84	10.80	11.35	8.83	5.05	2.23	1.51	69.06

注：1. 右岸通航建筑因不控制发电工期，故未列出其进度安排。
2. 施工规划阶段，大坝采用世行贷款、国际招标，故投资按外资和内资分别计算，实施施工时改为全部国内招标。

图6.1 施工总进度计划方案比较图

由图 6.1 可见，7 年半发电方案和 6 年半发电方案的大坝工程，在第 5 年汛前的进度安排完全相同，都要将坝体浇筑到高程 230.00m，以便脱离混凝土的强约束区。其主要不同在于：7 年半发电方案在第 8 年汛前溢流坝浇筑到溢流堰顶高程 355.00m，超过了死水位 330.00m，具备了发电形象，因而在前一年的枯水期（即第 7 年的枯水期）导流洞下闸，水库开始蓄水，第 8 年 6 月水库蓄水至死水位以上，第 1 台机组投产发电，发电工期为 7 年半，总工期为 10 年。而 6 年半发电方案，提前一年在第 7 年汛前溢流坝浇筑到缺口高程 342.00m，具备了发电形象，因而在第 6 年底导流洞下闸，从而使发电工期和总工期都比 7 年半发电方案缩短 1 年。

由图 6.1 还可看出，6 年半发电方案在发电前的施工强度、外来建筑材料和资金投入都较 7 年半发电方案要高，但是，可得到提前一年发电的巨大经济效益和社会效益。

1994 年 3 月，南方电力联营公司（龙滩水电站工程当时的业主方）在广州召开"龙滩水电站主体工程招标文件编制有关问题讨论会"，会上中南勘测设计研究院汇报了 6 年半发电和 7 年半发电的施工总进度方案。会议经过认真讨论，认为：6 年半发电方案和 7 年半发电方案在技术上都是可行的，但是 7 年半发电方案留有较多余地，另外从资金、材料和施工设备较易保证的观点出发，以 7 年半发电方案为妥。

1994 年 5 月，业主邀请国内知名专家在长沙对编标重大技术问题进行了咨询，关于总进度的咨询意见，可归纳为以下几点。

（1）第 1 台机组 6 年半和 7 年半发电在技术上均属可行，建议业主单位认真分析工程建设的内、外部条件，充分考虑各种有利和不利因素，然后作出决策。

（2）在大坝开始浇筑的第一个枯水期，须按设计要求，高速、优质、全面、连续升高至高程 230.00m 以上。

（3）筹建期必须完成的各项准备工程，包括对外交通、供电和通信等，以及开工前须由业主提供的各项临时设施，都必须抓紧按时完成，丝毫不能放松。

根据业主方和专家咨询意见，在施工组织设计中，施工总进度按 7 年半发电方案进行编制。

6.1.3 《可研补充报告》设计阶段的施工总进度计划

1995 年，由于国家宏观经济调整，对龙滩水电站工程实行"小步走，不断线"的方针。在以后的几年中，中南勘测设计研究院在勘测设计经费极端困难的情况下，对设计方案在初步设计的基础上进行了深入细致的优化工作。施工组织设计对大坝施工作了进一步的研究，结合"八五""九五"攻关的科研成果，对砂石料开采、加工和运输、混凝土生产系统、混凝土运输和坝面上的浇筑设备以及高温季节碾压混凝土的施工和温控措施，都进行了深入的研究和优化。同时，通过这几年国内已建工程的实践，我国水电工程的施工设备和施工管理水平有了长足的进步，特别是碾压混凝土筑坝技术得到了较大的发展，所有这些，都为龙滩水电站工程缩短建设工期在技术上创造了有利条件。

1999 年前后，国民经济状况良好，国家综合实力提升，国内资金充足，且资金成本相对较低，随着国家西部开发战略的实施，为龙滩水电站工程提前发电提供了有利的外部条件。

1999年12月，"龙滩水电开发有限责任公司"（以下简称业主方）正式挂牌成立，从此龙滩水电站工程有了新的业主，加快了开工前的筹建工程步伐。

中南勘测设计研究院在研究了上述有利条件后，认为应当抓住该有利时机，改变枢纽布置优化设计阶段确定的总进度方案，龙滩水电站工程完全有可能做到6年半第1台机组发电。因而在2000年7月提出的《可研补充报告》中，推荐采用6年半发电方案。此总进度方案得到了业主方的支持。同年8月，该方案在中国国际工程咨询公司受国家发展计划委员会委托召开的《可研补充报告》评估会上得以顺利通过。

此6年半发电方案，就是2001年龙滩水电站正式开工后，实际采用的总进度方案。

6.2 6年半发电方案的施工进度安排

6.2.1 关于6年半发电方案的几点说明

（1）6年半发电方案是《可研补充报告》中推荐的总进度方案。所谓6年半发电，是从2001年1月开始进行场内施工准备时算起，到2007年7月第1台机组发电，发电工期为6年半（实际施工是2001年7月主体工程正式开工）。

（2）按施工组织设计规范规定，筹建期不计入总工期。以往历次施工总进度设计中，根据龙滩水电站筹建工程的项目和施工难度，筹建期均定为2年，曾编制过多次筹建期专题报告。但是，龙滩水电站工程的实际情况是，受国民经济宏观调控和"小步走，不断线"方针的影响，筹建工程处于"停停打打"的状态，例如，对外交通二级公路的修建，1992年就曾经动工，1997年12月曾举行竣工典礼，实际上到了2000年7月才正式通车；其他筹建工程如龙滩红水河大桥、右岸坝址至天峨县的四级公路、施工供电线路的架设和施工场地征地移民等项目，都用了相当长的时期，因此，筹建工程的工期，在编制6年半发电方案总进度的过程中，没有再进行研究。

（3）场内准备工程，如场内主干公路、供水、供电、渣场排水涵洞、承包商营地和砂石加工系统建设等项目，在1999年12月业主方成立以后，即与未完成的筹建工程同步进行。各承包商本标段范围内的准备工程，如承包商施工辅助设施的修建、施工机械设备进场、混凝土系统的建设等，由各承包商进场后自己完成，本次施工总进度亦未详细安排。

（4）上、下游围堰挡水标准为全年10年一遇，相应流量为14700m^3/s，此流量在1992年以前共34年的实测流量中，仅出现2次，可见基坑过水的几率甚小；同时，由于在施工导流设计中，已把上游天生桥一级电站的水库调蓄作用作为龙滩水电站施工期超标准洪水的安全裕度，因此，大坝混凝土施工不再考虑过水对工期的影响。

（5）大坝的大部分坝段，全断面采用碾压混凝土，在施工进度安排中，使尽可能多的坝段同步升高，加快大坝的上升速度；碾压混凝土在高温季节施工时，根据"八五""九五"攻关和历次现场试验的成果，在施工工艺和温控方面已采取了严格的措施，因此，施工进度安排上，考虑高温季节不停止浇筑混凝土，只是把上升速度适当降低。根据龙滩水电站坝址的气象资料，高温季节定为6—8月。

（6）由于红水河龙滩水电站坝址上、下游河段近期无通航要求，故升船机工程除高程255.00m以上的开挖和上游引航道的混凝土施工分别与右岸岸坡开挖和大坝混凝土浇筑同步施工以外，其余部分均适当推迟施工。本节未包括其进度安排。

（7）《可研补充报告》综合了数年来大坝、地下厂房和枢纽布置多方面的优化成果，是开工前的设计最终报告，因此，总进度的编制以《可研补充报告》的枢纽布置和主体工程量为依据，并按正常蓄水位 400.00m 设计、水位 375.00m 建设的原则进行编制。主体建筑工程量汇总见表 6.1。

表 6.1　　　　　　　　　　　　　主体建筑工程量汇总表

项　目	土石方明挖 /万 m³	石方洞挖 /万 m³	混凝土 /万 m³	喷混凝土 /万 m³	钢筋钢材 /万 t	锚杆 /万 t	锚索/ (亿 kN·m)	帷幕灌浆 /万 m	固结灌浆 /万 m³
左岸岸坡及导流洞	450.63	33.07	13.59	2.51	1.04	0.40	2.63	—	2.21
右岸岸坡及导流洞	588.03	43.90	16.31	3.84	0.92	0.25	0.09	—	3.32
大坝及围堰	162.82	0.69	638.49	—	3.63	—	0.19	10.96	16.97
地下厂房	138.96	326.11	71.00	5.10	5.55	0.53	0.64	—	15.53
通航建筑物	110.20	—	55.68	—	2.50	—	—	—	1.25
其他	49.18	—	4.99	0.55	0.20	0.02	—	—	—
合计	1499.82	403.77	800.06	12.00	13.84	1.20	3.55	10.96	39.28

注　工程量中已计入施工导流、缆机平台及施工支洞的工程量。

6.2.2　导流工程和主体工程施工进度

6.2.2.1　导流工程

可行性研究补充设计阶段左岸导流洞长度 585.89m，右岸导流洞长度 857.65m，过水断面均为 17m×22m（宽×高）的圆拱直墙型（施工详图设计过水断面改为 16m×21m）。

2001 年 7 月，左右岸导流洞同时开工，2003 年 9 月完成，具备过水条件，同年 11 月临时土石围堰截流，12 月进行主围堰清基，2004 年 1—5 月浇筑上、下游 RCC 主围堰。由上游围堰控制工期，上游围堰高度为 74.9m，混凝土量 42.9 万 m³，月平均上升速度为15.0m/月，月平均浇筑强度为 8.6 万 m³/月。

6.2.2.2　大坝工程

左、右岸岸坡工程包括土石方开挖和高边坡处理，于 2001 年 7 月正式开工，2003 年9 月与两岸导流洞工程同时完工。施工程序为自上而下，分层开挖，边开挖边处理，开挖和处理平行流水作业。左、右岸岸坡开挖量分别为 412.3 万 m³ 和 546.4 万 m³（含右岸升船机下游引航道高程 255.00m 以上的开挖），月平均开挖强度左岸为 15.3 万 m³/月，右岸为 20.2 万 m³/月。

2003 年 12 月开始进行河床坝基开挖的准备，2004 年 1 月开始进行开挖，同年 8 月开挖完成，开挖量 142.7 万 m³，月平均开挖强度 17.8 万 m³/月。

大坝初期建设时，坝顶高程 382.00m，最低建基面高程 190.00m，最大坝高 192m，混凝土总量 573.4 万 m³，其中碾压混凝土 389.0 万 m³，占坝体混凝土总量的 67.8%。大坝自右至左分为 33 个坝段，2～12 号坝段为右岸非溢流坝段，其中 5 号、6 号坝段为通航坝段，13～20 号坝段为溢流坝段，其中 13 号、20 号坝段分别为左、右岸底孔坝段，21～33 号坝段为左岸非溢流坝段，其中 23～31 号坝段为地下厂房的引水坝段（需要说明的是，施工详图设计阶段通航坝段合并为 88.0m 宽的一个坝段，因此，相应的坝段编号也有所调整）。

左岸引水坝段均为常态混凝土，由于机组安装的顺序是靠安装间的 1～3 号机组，而安装间是布置在地下厂房靠河床的一端，因而要求在 2006 年年底以前必须将 23～25 号坝段（即 1～3 号机组的引水坝段）浇筑到坝顶高程 382.00m，以便在 2007 年 6 月以前安装完成相应的进水口启闭机和闸门，满足同年 7 月第 1 台机组发电的要求。进度安排为：2004 年 9 月开始浇筑混凝土，2005 年 5 月浇至高程 300.00m，随后进行坝内引水钢管安装，同年 12 月浇至高程 330.00m，2006 年 5 月浇至高程 352.00m，年底浇至坝顶高程 382.00m。26～33 号坝段由于靠近左坝头，坝的高度又较小，应自左至右优先浇筑至坝顶，以便早日连通上坝公路，从而使坝顶设备及早运至工作面。

左、右岸非溢流坝段与河中溢流坝段，除 5 号、6 号坝段（升船机坝段）有部分常态混凝土外，大部均为碾压混凝土。溢流坝于 2004 年 9 月开始进行大坝基础处理，同时进行底板常态混凝土浇筑，用 2 个月的时间，将坝体浇筑至高程 196.00m，完成坝基排水灌浆廊道的浇筑，同年 11 月开始浇筑碾压混凝土，2005 年 5 月底坝体全面升高至高程 230.00m 以上，脱离混凝土的强约束区。同年 6—8 月高温时段，碾压混凝土上升 10m，2006 年汛前溢流坝段浇至高程 288.00m，由于坝体已升高至上游围堰顶高程以上，因此应在坝上留缺口度汛。根据规范，度汛标准取 100 年一遇洪水，流量为 23200m³/s，缺口定在溢流坝 14～19 号坝段，宽度为 120.0m，经调洪计算，两岸非溢流坝应浇筑至高程 300.00m 以上。汛期缺口坝体在保持与两岸坝体 12.0m 高差的条件下继续升高，8 月底缺口坝段达高程 296.00m，同年 12 月底缺口坝段抢高至 324.00m，月平均升高达 7.0m，2007 年 4 月底缺口坝段浇至高程 342.00m，两岸非溢流坝达高程 367.00m，至此大坝具备挡水发电形象。

导流洞于 2006 年汛后的枯水期下闸封堵，2007 年汛期，洪水将由大坝 342.00m 缺口下泄，度汛标准取 200 年一遇洪水，洪峰流量为 25100m³/s，为保证两岸坝体不过水，要求汛前两岸非溢流坝浇至高程 367.00m，汛期继续升高，于 2008 年 1 月浇至坝顶高程。

2007 年 11 月开始，利用 2 个放空底孔＋1 台机组发电流量作为后期导流通道，溢流坝从缺口高程继续升高，闸墩和溢流面混凝土同步浇筑，2008 年 2 月，溢流坝缺口达溢流堰顶高程 355.00m，3 月完成溢流面，10 月形成坝顶桥，2009 年 6 月完成坝顶弧门和检修门的安装，至此，大坝施工完成。

大坝混凝土浇筑由建基面至坝顶，历时 42 个月，坝体月平均升高速度 4.57m/月，高峰时段月平均升高 7.0m；混凝土高峰年浇筑量 236.8 万 m³，其中碾压混凝土 187.2 万 m³，高峰时段月平均浇筑强度 21.2 万 m³/月，其中碾压混凝土 17.3 万 m³/月。

大坝各阶段浇筑形象如图 6.2 所示。

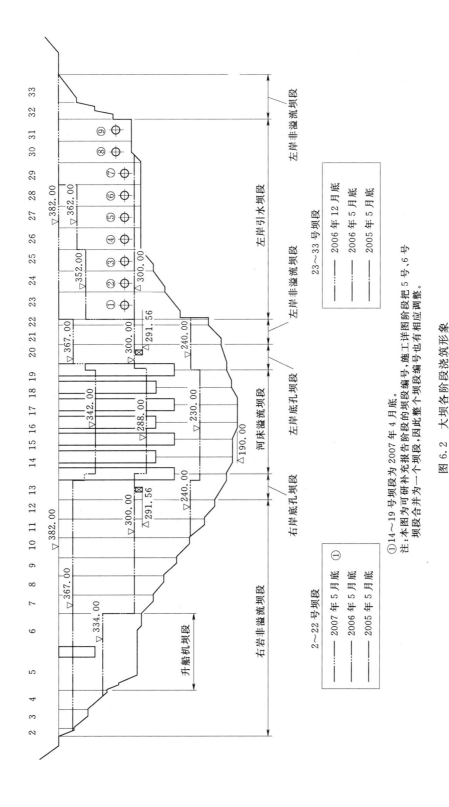

图 6.2 大坝各阶段浇筑形象

① 14～19 号坝段为 2007 年 4 月底。
注：本图为可研补充无报告阶段的坝段编号，施工详图阶段把 5 号、6 号坝段合并为一个坝段，因此整个坝段编号也有相应调整。

6.2.2.3　地下厂房工程

地下厂房系统由引水道、主厂房、主变洞、尾水调压井和尾水隧洞组成，土石方明挖总量 139.0 万 m^3，石方洞挖总量 326.1 万 m^3，混凝土浇筑总量 71.0 万 m^3。主厂房内装 9 台单机容量 700MW 水轮发电机组。初期建设时把土建工程全部完成，只剩下 8 号、9 号机组到后期进行安装。各主要洞室的尺寸及洞挖量见表 6.2。

表 6.2　　　　　　　　　　　　　　主要洞室尺寸及洞挖量表

名　称	尺　寸	洞挖量 /万 m^3
主厂房（长×宽×高）	388.5m×28.5m×74.4m	66.63
主变室（长×宽×高）	405.5m×19.5m×（32.2～34.2）m	18.16
引水洞（9 条）	直径 10.0～8.7m， 长度 248.94～256.55m	22.92
尾水调压井（3 个） （长×宽×高）	67.0m×21.6m×87.7m	
	76.0m×21.6m×65.7m	50.30
	95.0m×21.6m×65.7m	
尾水洞（3 条）	直径 21m， 长度 356.8m、566.7m、572.5m	96.03

2001 年 4 月，首先开始进厂交通洞和施工支洞开挖，7 月开始主厂房顶拱开挖，至 2004 年 12 月主厂房开挖完成，工期为 42 个月。主厂房包括安装间在内的开挖量 66.6 万 m^3，月平均开挖强度 1.59 万 m^3/月。2005 年 1 月开始浇筑主厂房一期混凝土，同年 10 月开始机电设备安装，2007 年 6 月第 1 台机组安装完成（1 号机），7 月投产发电，其后每隔 5 个月投产 1 台机组，至 2009 年底，1～7 号机组依次安装完成投产发电。主变洞、母线洞和电缆洞的施工，与主厂房施工同步穿插进行。

引水洞于 2001 年 7 月开始开挖 1～3 号施工支洞，上水平段于 2002 年 1—6 月先后开挖完成。同期开挖下水平段施工支洞（4 号支洞），同年 7 月至 2004 年 3 月完成下水平段斜井和竖井段开挖，2006 年 4 月完成引水钢管安装和混凝土衬砌，同年 12 月进行施工支洞封堵。

2001 年 4 月开始尾水施工支洞（7 号、8 号支洞）开挖，10 月开始尾水洞开挖，随后进行锚喷和混凝土衬砌，至 2006 年 12 月完成尾水洞施工，尾水调压井同时施工完成，2007 年 6 月底以前完成闸门安装和施工支洞封堵。

地下厂房系统建设总工期 9 年，第 1 台机组发电工期 6 年半。高峰时段月平均施工强度为：石方洞挖 8.89 万 m^3/月，混凝土浇筑（衬砌）2.46 万 m^3/月。施工总进度简图如图 6.3 所示。施工总进度技术参数见表 6.3。

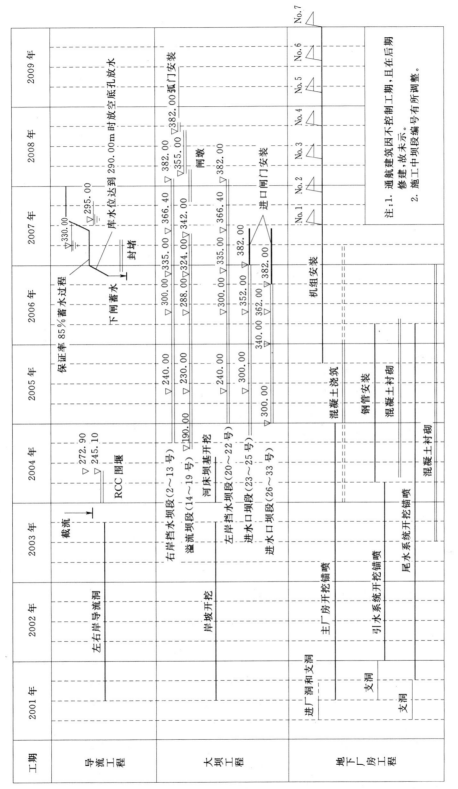

图 6.3　龙滩水电站施工总进度简图（可行性研究补充报告阶段）

165

表 6.3 施工总进度技术参数表

项 目			技术参数	备 注
控制工期		工程开工/(年-月)	2001 - 01	主体工程开工时间为 2001 年 7 月
		截流/(年-月)	2003 - 11	
		第 1 台机组发电/(年-月)	2007 - 07	
		工程竣工/(年-月)	2009 - 12	7 台机组全部发电
	岸坡开挖	开挖量/万 m³	958.7	左岸 412.3 万 m³,右岸 546.4 万 m³
		起讫日期/(年-月)	2001 - 07—2003 - 09	
	河床坝基开挖	开挖量/万 m³	142.7	
		起讫日期/(年-月)	2004 - 01—2004 - 08	
大坝混凝土浇筑	大坝总计	混凝土量/万 m³	573.4	其中碾压混凝土 389.0 万 m³
		起讫日期/(年-月)	2004 - 09—2008 - 11	共 51 个月
		高峰时段月平均强度/(万 m³/月)	•21.2	
		高峰年浇筑量/万 m³	236.8	
	完成发电形象	开挖量/万 m³	544.7	
		起讫日期/(年-月)	2004 - 09—2007 - 04	共 32 个月
		月平均升高/m	4.75	
		高峰时段月升高/m	7.0	
地下厂房系统	地下厂房系统	混凝土量/万 m³	326.1	
		起讫日期/(年-月)	2001 - 07—2006 - 03	共 57 个月
		高峰时段月开挖强度/(万 m³/月)	8.9	
	主厂房	开挖量/万 m³	66.6	含安装间
		起讫日期/(年-月)	2001 - 07—2004 - 12	共 42 个月
		月平均开挖强度/(万 m³/月)	1.6	
		第 1 台机组安装工期/月	21	
		后续机组每台发电间隔期/月	5	

6.3 施工总进度安排中几个关键问题分析

6.3.1 导流隧洞施工进度

龙滩水电站工程导流洞过水断面为 17.0m×22.0m(宽×高),系圆拱直墙型(实际施工断面改为 16.0m×21.0m),衬砌厚度一般为 1.5m,进出口段及断层破碎带地段适当加厚,左、右岸导流洞长度在可行性研究补充设计阶段分别为 585.89m 和 857.65m,施工工期为 27 个月,综合月平均进尺分别为 21.7m 和 31.8m。由于右岸导流洞地质条件相对较差,左岸导流洞进口明挖与蠕变体施工存在干扰,因而导流洞的施工进度显得较紧。

但是,考虑到龙滩水电站工程的上游碾压混凝土围堰高度达 74.9m,要求在一个枯水期内建成,施工工期也很紧张,因此截流时间最迟也要安排在 11 月,这就要求导流洞必须在 2003 年的 9 月建成。

为了加快导流洞的施工进度，左、右岸导流洞分别布置 2 条施工支洞，以增加工作面，与国内已建同类工程对比，二滩水电站导流洞断面尺寸 17.5m×23m（宽×高），2 条洞长分别为 1087m 和 1167m，施工综合月平均进尺为 32.4m；小湾工程导流洞断面尺寸 16m×19m（宽×高）（2 条），设计综合月平均进尺为 28.0m；龙滩水电站工程的导流洞断面虽然较大，但较二滩工程的施工期晚 10 年左右，我国水电工程施工技术不断提高，只要采用先进的施工设备，加强施工管理，导流洞的施工进度是不难实现的。

6.3.2 上游围堰施工进度

上游围堰为碾压混凝土围堰，基础底部高程 198.00m，堰顶高程 272.90m，最大堰高 74.9m，碾压混凝土量 42.9 万 m^3。施工进度安排 2003 年 12 月进行围堰清基，2004 年 1—5 月浇筑混凝土，月平均升高 15.0m，月平均浇筑量 8.6 万 m^3。

围堰施工的同时，要进行大坝基础开挖，为了保证围堰施工和大坝基础开挖期间不受洪水影响，围堰升高必须赶在洪水的前面。为此，对 1959—1992 年共 34 年实测水文资料进行了分析：红水河 1—3 月为最枯时段，基坑在上游临时围堰的保护下施工，4 月最大流量为 3470m^3/s，5 月最大流量为 9560m^3/s，相应上游水位分别为 234.03m 和 255.43m，因此要求 3 月底和 4 月底上游围堰的浇筑高程应分别达到 235.00m 和 256.00m。如按 4 月底控制浇筑进度，则在 2004 年 1—4 月围堰月平均上升速度只要达到 14.5m，即可满足围堰施工期不过水的要求。对比国内已建碾压混凝土围堰的上升速度，大朝山工程上游围堰 2 个月上升 43.0m；三峡工程的三期上游围堰，最大堰高 120.0m，混凝土量 173 万 m^3，在一期工程施工期间，已完成下部 30.0m 的混凝土量 45.4 万 m^3，剩余部分高度为 90m，混凝土量为 127.6 万 m^3，在 5 个月内浇筑完成，月平均上升速度达 18.0m，月平均浇筑量达 25.5 万 m^3。由此可见，龙滩水电站工程 74.9m 高的碾压混凝土围堰，在 5 个月的工期内是有把握完成的。

6.3.3 溢流坝基础混凝土开始浇筑时间

溢流坝位于河床中部的最低部位，建基面高程 190.00m。由于对基础部位的混凝土质量和温控要求都特别严格，因此最好安排在低温季节开始浇筑。龙滩水电站坝址 6—8 月是高温季节，相应月平均气温为 26.1℃、27.1℃ 和 26.7℃，而 9 月、10 月气温明显降低，相应月平均气温为 24.8℃ 和 21.0℃，11 月开始进入低温季节，月平均气温为 16.6℃，因此把基础混凝土安排在 11 月开始浇筑，对保证基础块混凝土的质量最为有利。但考虑到在下一个高温季节到来之前，至少应该把溢流坝浇筑到混凝土的强约束区范围以上，相应高程为 230.00m，从高程 190.00m 到高程 230.00m，高度为 40.0m，在高程 190.00～196.00m 是常态混凝土层，其间还布置有灌浆、排水廊道。基础混凝土的浇筑层厚度受到限制，还有固结灌浆的施工干扰，施工进度肯定会慢一些，因此要求混凝土开始浇筑的时间尽量提前。经过慎重分析和温控措施的研究，定在气温较低的 9 月开始浇筑溢流坝第一层混凝土。

6.3.4 大坝混凝土浇筑进度

龙滩水电站工程初期建设时，大坝混凝土总量为 573.4 万 m^3（未含 2005 年年初，把原375.00m建设的溢流坝断面改为溢流堰顶以下按400.00m设计断面施工，即"新375.00m建设断面"，大坝新增混凝土量约100万m³），左岸引水坝段采用常态混凝土，两岸非溢流坝段和溢流坝段绝大部分均采用碾压混凝土。

溢流坝的坝高192.0m，是控制发电的关键部位，总进度安排2004年9月开始浇筑混凝土，到2007年4月形成发电形象，此时为度汛所留的过水缺口高程为342.00m，相应的坝高为152.0m，浇筑工期为32个月，月平均升高4.75m，受高温季节上升速度降低的影响，高峰时段月平均上升速度达到7.0m/月。全坝的月平均浇筑强度11.2万m³/月，高峰时段月平均浇筑强度达到21.2万m³/月（其中碾压混凝土17.3万m³/月），如不均衡系数取1.25，则月高峰强度将达到26.5万m³/月。不论是上升速度还是浇筑强度，都达到了当时国内外水电建设工程的先进水平。

为了完成上述上升速度和浇筑强度指标，施工组织设计进行了充分的研究：从骨料开采加工到骨料运输，从混凝土生产到混凝土浇筑布置，都进行了认真的研究；采用了当代国内外最先进的施工设备，各个环节都可以保证达到月浇筑混凝土30万m³以上；对每个代表性高程的上升速度都进行了充分的论证；对碾压混凝土的施工工艺，结合"八五""九五"攻关的科研成果作了细致的规定；加以我国近年已成功建成多座大型碾压混凝土坝，特别是通过三峡工程的建设，我国施工队伍已积累了丰富的大型施工设备的运行和管理经验。只要选择有经验的施工队伍，保证施工设备按时到货，加强施工管理，总进度所要求的指标是可以达到的。

6.3.5 发电前大坝缺口高程

总进度安排2006年年底导流洞下闸，下闸后水库开始蓄水，2007年6月水库水位将蓄至死水位330.00m以上，以满足第1台机组发电的要求。经对大坝施工进度的综合研究，2007年的汛前，不可能将溢流坝上升到堰顶高程355.00m、形成溢流面，因此，在2007年的汛期仍然需要在坝上留缺口度汛，缺口高程将由下一个枯水期的导流要求而定。

2007年汛后的枯水期，将把溢流坝由缺口高程加高到溢流堰顶高程355.00m，并形成溢流面，这个枯水期将由溢流坝上的2个放空底孔加1台机组的发电流量担负后期导流任务。

当库水位为340.00m时，2个放空底孔泄水流量为2008m³/s，1台机组的发电流量为530m³/s，两者合计泄量为2538m³/s。枯水时段12月1日至次年4月15日的20年一遇流量为2210m³/s（11月1日至次年4月15日同标准的流量为2680m³/s），因此当库水位保持在340.00m时，参与导流的泄量大于12月1日至次年4月15日的20年一遇流量（接近于11月1日至次年4月15日同标准的流量），施工期有4个半月到5个半月，经研究，在这个工期内，完全可能完成溢流坝由高程342.00m到高程355.00m的混凝土浇筑和修建溢流面的任务。因此，把2007年汛前，即发电前的缺口高程定为342.00m。

6.3.6 水库初期蓄水

龙滩水电站水库初期蓄水，具有以下4个特点。

（1）龙滩水电站水库库容大，死水位330.00m以下库容为51亿m³，相当于1970m³/（s·月）的水量。

（2）为了保证下游梯级岩滩水电站的发电用水，龙滩水电站初期蓄水期间需向下游放水，放水流量不少于 400m³/s。

（3）龙滩水电站坝址枯水期流量小，5 月、6 月流量明显增大，坝址不同保证率的月平均流量见表 6.4。

表 6.4 坝址初期蓄水时段月平均流量表 单位：m³/s

项目	11 月	12 月	1 月	2 月	3 月	4 月	5 月	6 月
多年月平均	1040	636	453	390	362	484	1280	2980
75%月平均	700	490	370	320	285	320	770	2000
85%月平均	600	440	310	300	265	270	620	1600

由表 6.4 可见，如果按保证率 75%～85%的月平均流量计算，即使不向下游供水，则 12 月至次年 4 月的月平均流量仍不足 1970m³/s。因此，龙滩水电站水库初期蓄水主要依靠 5 月、6 月的水量。

（4）导流洞下闸后，需要立即进行封堵，堵头施工工期按 4 个月考虑。

根据以上特点，总进度安排为：2006 年 11 月中旬左洞先下闸，下闸设计流量为该旬的 10 年一遇旬平均流量 1760m³/s，11 月下旬或 12 月上旬右洞下闸，下闸设计流量取 11 月下旬的 10 年一遇旬平均流量 1200m³/s。按 12 月 11 日开始蓄水计算，月底水库可蓄至放空底孔的底板高程 290.00m，此 20d 龙滩水电站不向下游放水，岩滩电站发电靠自身水库调节供水。2007 年 1 月开始由放空底孔向下游敞开放水，由于 1—4 月的自然流量均接近于 400m³/s（指月平均流量），因此龙滩水电站的库水位大约只能保持在 295.00m 以下。5 月、6 月自然流量已大于 400m³/s，因此，可由放空底孔控制向下游放水，多余的水量全部蓄在龙滩水电站水库，根据 34 年实测水文资料计算，6 月底库水位蓄至死水位 330.00m 的保证率为 85%。

这样的蓄水过程有以下优点。

（1）下闸设计流量较小，可减轻下闸难度。

（2）2006 年 12 月至 2007 年 4 月，有 4 个多月的时间，库水位保持在 295.00m 以下，有利于导流洞的堵头施工。

（3）12 月至次年 4 月枯水时段 50 年一遇和 100 年一遇的流量分别为 4030m³/s 和 4660m³/s，经调洪计算，其相应的水库最高水位为 314.81m 和 322.28m，因此导流洞封堵闸门的设计挡水水头在 100.0～107.0m 之间。

（4）既满足了下游电站用水的要求，又能保证龙滩水电站在 2007 年 7 月第 1 台机组发电有较高的水位保证率。

由上述可见，龙滩水电站水库初期蓄水的设计是比较全面的和切合实际的。

6.3.7 地下厂房开挖进度

龙滩水电站装机容量 9 台 700MW（前期装机 7 台），地下厂房系统的洞室复杂，纵横交错。主厂房尺寸 388.5m×28.5m×74.4m（长×宽×高），洞挖量 66.6 万 m³，地下洞室群的洞挖总量达 326.1 万 m³，是当时世界规模最大的地下厂房之一。

总进度安排地下厂房系统的开挖总工期是 57 个月，月平均开挖强度 5.7 万 m³/月。根据国内外大型地下厂房的施工经验，控制发电工期的项目，主要是主厂房的开挖工期。龙滩水电站工程主厂房从 2001 年 7 月开挖顶拱第 1 层开始，到 2004 年 12 月开挖完成，工期为 42 个月，月平均开挖强度为 1.6 万 m³/月。与国内外已建大型地下厂房系统的主厂房开挖工期相比，龙滩水电站工程已达到国内外大型地下厂房的先进水平。

地下厂房系统的开挖工期，在很大限度上决定于施工支洞的布置。为了在总进度规定的工期内完成地下厂房的开挖，除了利用永久建筑物作为施工通道外，还布置了 14 条施工支洞担负各洞室的出渣任务。同时，在施工组织设计中，对主要大型洞室开挖方法和采用的施工设备，都进行了精心的研究，对单项洞室的开挖进度进行了仔细的分析，而且还与天津大学合作，对地下系统的施工全过程进行了动态仿真模拟，所有这些研究成果，都反映在《可研补充报告》以及以后提出的施工总进度专题研究报告中，提供给业主，以帮助业主方作为组织施工的依据之一。

6.4　研究成果应用与小结

6.4.1　研究成果应用

龙滩水电站将本章研究成果应用于施工。于 2001 年 1 月正式开工，到 2007 年 5 月第 1 台机组发电，共经历 6 年零 5 个月，比总进度设定的发电工期提前 1 个月。2008 年 12 月 7 号机组投产发电，总工期为 8 年，比总进度设定的总工期提前 1 年。

6.4.1.1　导流工程与岸坡工程

两岸岸坡于 2001 年 5 月开始进行开挖，同年 7 月导流隧洞正式开工，首先开挖支洞，10 月进入主洞开挖，左、右岸导流隧洞分别于 2003 年 6 月、7 月建成，具备过水条件。2003 年 11 月 6 日河道截流。截流前两岸岸坡开挖支护基本完成，左岸少量未完部分并入大坝基坑开挖，于截流后进行。

上、下游 RCC 主围堰分别于 2004 年 1 月下旬和 2 月中旬开始浇筑混凝土，主围堰施工期由上、下游临时土石围堰挡水，于 2004 年 5 月下旬在洪水到来之前建成挡水。

6.4.1.2　大坝工程

2004 年初开始大坝基坑开挖，6 月挖到设计的建基高程 190.00m，至此坝基开挖工程全部完成。

左岸引水坝段 2004 年 3 月开始浇筑 22～25 号坝段的混凝土，2005 年 5 月底 22 号坝段以左全部升高至高程 303.00m 以上，2006 年 5 月底浇筑至高程 357.00m 以上（其中 28～32 号坝段提前于 2006 年 2 月前达到坝顶高程 382.00m），2006 年 12 月左岸引水坝段全部达到坝顶高程。

河床溢流坝段于 2004 年 7—8 月浇筑填塘混凝土，9 月开始正式浇筑坝体混凝土，同年 11 月右岸坝段陆续开浇，2005 年 5 月底，除个别坝段外，全坝基本上浇筑到高程 230.00m 以上，2006 年 5 月底，河床坝段最低高程达 285.00m，右岸坝段浇筑到高程 310.00m 以上；同年 9 月底下闸前，除 15 号、16 号溢流坝段浇至高程 303.00m 外，其余溢流坝段浇至高程 308.70～318.00m，右岸坝段至高程 336.50m 以上；2007 年 4 月底河床为度汛预留的缺口坝段及溢流面全部达到高程 342.00m，同年 5 月右岸坝段大部分达到坝顶高程，2008 年 1 月底溢流面闸墩浇至坝顶，至此，大坝施工全部完成，较大坝设计进度提前约 10 个月工期。

河床溢流坝段是控制大坝浇筑进度的关键坝段，由建基面高程 190.00m 浇筑至 2007 年度汛的缺口高程 342.00m，历时 32 个月，月平均升高 4.75m，最大升高速度出现在 2005 年 9—11 月，为 10～11m/月。从大坝正式开始浇筑混凝土，到 2007 年 5 月，共浇筑混凝土 653 万 m³，完成全坝混凝土量的 97%（大坝的设计混凝土量按"新 375 断面"共计 670 万 m³ 计），年最高浇筑量是 2005 年的 320 万 m³，月最高为同年 11 月的 37.4 万 m³，高峰年的月不均衡系数为 1.4。大坝分月的混凝土实际浇筑量见表 6.5。大坝混凝土实际浇筑进度如图 6.4 所示。

6.4.1.3 地下厂房工程

2001 年 5 月开始进行施工支洞和辅助洞室开挖，同年 11 月完成母线洞兼主厂房施工支洞。主厂房开挖于 2001 年 11 月 23 日开工，2002 年 9 月 20 日完成顶拱（Ⅰ层）开挖；2003 年 1 月 22 日完成第Ⅱ层开挖；岩锚梁第 1 仓混凝土于 2002 年 2 月 21 日开始浇筑，2003 年 4 月 17 日结束；2004 年 1 月底完成第Ⅵ层开挖；2004 年 4 月 15 日 1 号机机窝开挖结束，2004 年 7 月主厂房开挖全部完成。主厂房开挖共历时 32 个月，月平均开挖强度 2.1 万 m³/月，月最高开挖量为 2002 年 10 月的 3.4 万 m³。

地下厂房系统的开挖于 2006 年 4 月全部完成，土建工程于 2007 年 12 月基本完成，从厂房系统辅助洞室开挖至土建工程结束历时 6 年 8 个月。整个地下厂房洞室群月平均开挖强度为 5.9 万 m³/月，高峰期月平均开挖强度为 12.3 万 m³/月，月最高开挖量 16 万 m³，年最大开挖量 127.7 万 m³；混凝土年最大浇筑量为 35 万 m³。

2004 年 4 月开始浇筑 1 号机的尾水管底板混凝土，同年 6 月下旬开始安装 1 号机肘管，2005 年 3 月 1 日 1 号机组座环吊装，4 月初开始蜗壳安装，2005 年 11 月底开始 1 号机定子组装，2006 年 6 月安装完成，2007 年 5 月 21 日第 1 台机组发电，从准备工程开始到第 1 台机组发电，工期为 6 年 5 个月，较设计工期提前 1 个月。与第 1 台机组发电相关的引水系统、调压井和尾水洞等，均于 2007 年 4 月一起完成，满足了第 1 台机组发电的要求。

2～7 号机组投产时间依次为 2007 年 7 月 22 日、2007 年 10 月 31 日、2008 年 4 月 23 日、2008 年 8 月 24 日、2008 年 12 月 7 日、2008 年 12 月 23 日。第 7 台机组投产后整个工程全部完工，较设计工期提前 1 年。

6.4.2 研究小结

（1）龙滩水电站的施工进度计划和控制已达到国内外大型水电工程的先进水平。龙滩水电站的建设，在业主方的精心组织和参建单位的共同努力下，基本上按照施工总进度所规划的里程碑实施。第 1 台机组已于 2007 年 5 月投产发电，比总进度规划的发电工期提前 1 个月，截至 2009 年已安装完成 7 台机组，剩余 2 台机组待安装。

龙滩水电站大坝是当今世界第一高度的碾压混凝土坝，地下厂房的规模在国内外也首屈一指，对这样一个特大型工程，从准备工程开工到第 1 台机组发电，工期为 6 年零 5 个月，从导流洞开工到发电，仅用不到 6 年的时间，可以毫不夸张地说，龙滩水电站工程的施工进度，已达到当今世界先进水平。龙滩水电站的施工总进度设计是成功的。

表6.5

大坝分月的混凝土实际浇筑量表

月份	2004			2005			2006			2007			2008		
	常态混凝土/万 m³	碾压混凝土/万 m³	合计/万 m³	常态混凝土/万 m³	碾压混凝土/万 m³	合计/万 m³	常态混凝土/万 m³	碾压混凝土/万 m³	合计/万 m³	常态混凝土/万 m³	碾压混凝土/万 m³	合计/万 m³	常态混凝土/万 m³	碾压混凝土/万 m³	合计/万 m³
1				2.38	12.30	14.68	4.96	15.30	20.26	1.26	4.13	5.39	1.05		1.05
2				3.29	23.48	26.77	4.60	26.31	30.91	0.47	6.82	7.29	0.46		0.46
3				3.64	21.15	24.79	6.77	23.19	29.96	1.35	9.12	10.47	0.03		0.03
4				5.73	24.99	30.72	6.39	19.98	26.37	3.68	4.05	7.73	0.02		0.02
5				5.85	20.80	26.65	9.40	8.98	18.38	2.42	3.30	5.72			
6				4.44	17.51	21.95	7.13	9.94	17.07	3.10		3.10			
7	1.31		1.31	5.88	17.4	23.28	6.96	8.94	15.90	1.85		1.85			
8	1.10		1.10	6.17	11.80	17.97	5.64	13.05	18.69	2.05		2.05			
9	1.81		1.81	8.52	9.92	18.44	3.08	13.55	16.63	1.84		1.84			
10	3.00	0.39	3.39	9.02	11.87	20.89	3.06	10.21	13.27	2.07		2.07			
11	6.08	7.00	13.08	11.88	25.56	37.44	1.73	16.07	17.80	3.56		3.56			
12	9.64	25.75	35.39	15.51	40.08	55.59	2.65	12.72	15.37						
全年	22.94	33.14	56.08	82.31	236.86	319.17	62.37	178.24	240.61	23.65	27.42	51.07	1.56		1.56

注：1. 本表为大坝实际浇筑量，即按"新375断面"的浇筑量，混凝土量中包含填塘混凝土和进水口拦污栅排架混凝土。
2. 每年的1月产量是从1月1—20日共20d的产量，12月的产量是从11月21日至12月31日共41d的产量。

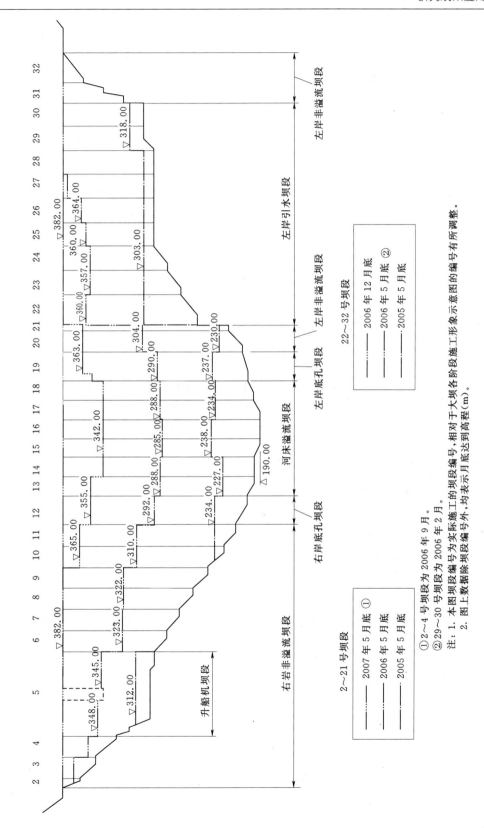

图 6.4 大坝混凝土实际浇筑进度示意图

（2）正确的枢纽布置方案是快速施工的前提。龙滩水电站坝址左坝头存在蠕变岩体，其总体积达 1288 万 m³，靠近坝头的 A 区体积也有 356 万 m³。设计初期研究枢纽布置方案时，意图尽量少触动蠕变体，以避免由于岸坡开挖而造成过高的边坡。但坝址处河谷较狭窄，不可能把 9 台机组全布置在坝后，而左岸地质条件又允许布置地下厂房，因此在初步设计报告中推荐了"5＋4"方案，即河床坝后布置 5 台机、左岸地下布置 4 台机组。以后的研究表明，坝后厂房不仅不利于施工期坝体度汛，而且与大坝施工存在很多干扰，特别是不利于碾压混凝土重力坝的大仓面碾压，不利于加快大坝的施工速度。经过多种布置方案的比较，最终选定了现在实施的"0＋9"方案，即 9 台机全布置在左岸地下，对进水口部位的蠕变体 A 区采用了全部挖除的方案。

施工实践证明，选定"0＋9"的布置方案是正确的。首先它避免了施工期大坝度汛的矛盾；其次避免了施工干扰，碾压混凝土坝上升速度加快，从而能做到 6 年半第 1 台机组发电。如采用"5＋4"方案或"4＋5"方案，坝后有厂房，坝面有 4～5 条大直径的背管，钢管还要从坝体水平穿过，闸墩中有 8～10 个闸门井及多个附属孔洞，其施工干扰不言而喻，发电工期将至少推迟一年。

回顾 20 世纪 70 年代中南勘测设计研究院设计的乌江渡和凤滩水电站，当时由于我国地下厂房的施工技术尚很落后，设计人员对地下厂房的优越性认识不足，因而乌江渡采用了坝后挑流式厂房，凤滩则采用了坝内式厂房的布置方案，而且限于当时的情况，两工程均采用了过低的导流标准，因而施工中每年汛期都要过水数次，两工程都造成了水淹厂房的严重后果，既浪费了资源，又拖延了工期，加上大坝施工与坝后（坝内）厂房的施工干扰，使坝高分别为 165.0m 和 112.5m 的两工程，发电工期分别达到 8 年和 7 年零 8 个月。龙滩水电站工程采用全地下厂房的布置方案，接受了上述两工程的经验教训。

（3）施工装备成龙配套是加快大坝施工的保证。大坝浇筑进程表明，大坝在各个阶段基本达到了施工总进度所要求的各阶段的形象，有些部位甚至提前达到要求的高程。2007年 4 月达到或超过发电前所要求的形象，即缺口坝段高程 342.0m，缺口两侧高程达到 200 年一遇洪水位 366.36m 以上。

从浇筑进程实录还可以看到，大坝的实际浇筑强度，也达到并超过了总进度的要求，2004 年 9—12 月浇筑混凝土 56 万 m³（因浇筑初期大型设备未及时投入，比总进度要求略低），2005 年和 2006 年分别浇筑混凝土 320 万 m³ 和 240 万 m³，2007 年 1—5 月浇筑混凝土 37 万 m³，完成了大坝初期建设混凝土总量的 97％（混凝土总量因 2005 年改为"新375 断面"而较原设计有所增加），创造了月浇筑碾压混凝土 38 万 m³，日浇筑碾压混凝土 2 万 m³ 的纪录。

分析大坝所以能够快速施工的主要原因是：施工组织设计能够精心设计，大胆选择大型的先进的施工设备，业主方和参建单位能够根据工程进展的客观情况，不断对设备进行补充和改进，而且加强了对设备的管理与维护，从而保证了稳定的高效连续生产。例如，大法坪骨料加工生产系统，设计毛料处理能力为 2000t/h，成品生产能力为 1600t/h，后经过扩容改造，把处理和生产能力分别提高到 2500t/h 和 2000t/h，保证了大坝高强度浇筑的需要；骨料输送采用长距离带式输送机，平均输送能力为 2800t/h，最高达 3200t/h，使骨料生产系统和混凝土生产系统连成整体；混凝土生产系统分左右布置，右岸 2 座主系统共配备 3 座 $2 \times 6.0 m^3$ 双卧轴强制式搅拌楼和 1 座 $4 \times 3.0 m^3$ 自落式搅拌楼,这些搅拌楼既能生产碾压混凝土,又能生产常态混凝土,2 座系统总设计生产能力为 $1080 m^3 /h$;左岸设计布置 1 座混凝土生产系统,配备 2 座 HL120 - 3F1500L 自落式搅拌楼,2005 年为了满足左岸引水坝段快速施工的需要,业主方又增加了 1 座 HL120 - 2S1500L 强制式搅拌楼;大坝浇筑设备主要有 2 台塔式布料机,这 2 台设备通过水平运输系统皮带机供料线,可以将拌和楼生产的混凝土连续不断的直接送入仓内;而且对运输混凝土的系统加强了保温措施,使高温季节基本不影响混凝土的运输;在左岸引水坝段布置有 1 台 MD1800 移动式塔机和 1 台 MD2200 固定式塔机;为满足混凝土浇筑强度的需要,在施工中又增加了 2 台门机和 1 台胎带机;此外还有 2 台 20t/25t 的平移式缆机作辅助工作,兼作运送常态混凝土之用。

有了这些大型的世界级水平的施工设备,业主方制定了一套完整的管理制度,加强了设备的维护与管理,使各个生产环节能够成龙配套,持续高强度的生产,所有这些都使得龙滩水电站大坝的快速施工得到了可靠的保证。

(4) 优化支洞布置,采用先进的施工技术和设备是保证地下洞室群快速施工的关键。龙滩水电站地下厂房不论装机容量、洞室尺寸还是洞挖量,都居当今世界之前列。洞室开挖总量 326.1 万 m^3,实际开挖工期仅用 37 个月,月平均开挖强度 8.8 万 m^3/月,并创造了月洞挖量 15 万 m^3,年洞挖量 127 万 m^3 的世界纪录。主厂房是一座超大型洞室,洞挖量 66.6 万 m^3,从 2001 年 11 月进洞开挖顶拱,到 2004 年 5 月开挖支护基本完成,交出工作面,仅用 32 个月的时间,月平均开挖强度 2.1 万 m^3/月,月最高开挖量达 6.5 万 m^3;而且在开挖过程中未出现重大的安全和质量事故,开挖支护速度之快,达到了当今国内外的最高水平。

地下洞室群所以能够快速安全施工,首先得益于施工组织设计对施工支洞进行了精心的布置,在施工初期会同施工单位又进行了认真的优化。同时,施工单位采用了先进的施工技术和先进的施工设备,为地下洞室群快速安全施工提供了保证。

在枢纽布置优化阶段,除了利用永久建筑物作施工通道之外,布置了 8 条施工支洞,在可行性研究补充报告设计阶段,吸取各方意见后,对支洞的布置进行了优化,在原有基础上将施工支洞增加到 14 条,这样就使得在 $0.5 km^2$ 的范围内,出渣道路可以上下交错,四通八达,给大型出渣设备创造了畅行无阻的运行条件。

在高边墙施工中,为了确保边墙的稳定,采用中间抽槽、两侧保护层、错距跟进的方法,布置 2 道预裂缝,确保中间拉槽梯段爆破不致影响高边墙的稳定;运用“薄层开挖、及时支护”的理念,自始至终将“新奥法”贯彻到开挖支护的全过程中,做到“平面多工序,立体多层次”;针对主厂房长度较大的特点,在施工中采用层间搭接施工,把一个厂房分作 2 个大工作面进行开挖等。

先进的施工机械设备是实现先进施工技术的保障,龙滩水电站地下厂房开挖支护过程中,采用了当时世界上最先进的三臂液压台车和全电脑三臂液压台车,加快了凿岩速度,提高了工效;地下洞室群支护工程量大,而且技术要求高,施工中采用电脑控制喷射机械手、全液压启动的 Meyco Potenza 混凝土湿喷射机,提高了喷射的速度和质量;出渣采用铰接式自卸汽车,装载容积为 $13.5 m^3$ 和 $17.8 m^3$,该车具有机动灵活的转向装置,6 轮同时驱动，特别适用于在隧道等有限空间内作业。以上先进的施工设备和先进的施工技术相互配套，再配备高素质的操作人员，加强施工管理，保证了龙滩水电站工程地下洞室群快速安全地施工。

回顾20世纪70年代后期施工的白山水电站的地下厂房，装机3×300MW，主厂房尺寸为121.5m×25.0m×54.25m（长×宽×高），开挖量为37.2万 m³，是当时国内尺寸最大的地下厂房，开挖工期用了5~6年；到了20世纪80年代末，我国地下厂房的施工技术有了较大的提高，广州抽水蓄能电站一期地下厂房，装机4×300MW，主厂房开挖量12.7万 m³，开挖工期也用了21个月，月平均开挖强度也只达到0.6万 m³/月。我国近代地下厂房的施工水平得到了较大提高，以二滩工程为代表，地下厂房尺寸280.3m×25.5m×63.9m（长×宽×高），开挖工期仅用了32个月，小浪底工程的地下厂房，尺寸为251.5m×26.2m×61.4m（长×宽×高），开挖工期为34个月，大朝山地下厂房开挖工期为31个月。龙滩水电站地下厂房的规模超过了上述几个工程，施工总进度设计安排主厂房的开挖工期为41个月，现在看来是保守了，实际施工在31个月的工期里开挖支护完成，开创了我国大型地下厂房施工技术的新纪元，为今后的设计和施工提供了宝贵的借鉴。

第 7 章

砂 石 加 工 系 统

7.1 砂石料供应方案与供应任务

7.1.1 砂石料供应方案

龙滩水电站坝型在初步设计阶段以柱状法浇筑的常规混凝土重力坝为推荐方案,面板堆石坝方案为备用方案。1990 年 8 月在北京通过初步设计审查,最终审定为混凝土重力坝方案。针对重力坝工程量大、工期长的缺点,在初步设计审查后,研究大规模采用碾压混凝土筑坝技术,并相应优化电站枢纽布置和施工方案,最终确定采用碾压混凝土重力坝、河床布置泄洪建筑物、左岸布置地下厂房、右岸布置通航建筑物的枢纽布置方案。

在初步设计及随后进行的枢纽布置格局优化阶段,整个工程的混凝土砂石骨料均推荐采用大法坪料场开采料。1992 年 4 月,国家计划委员会批复原则同意利用世界银行贷款开展工程筹建工作,其中大坝建安工程采用国际竞争性招标,为此中南勘测设计院按世界银行贷款要求完成了施工规划报告的编制。为了使大坝国际标具有相对独立性,同时也为及早给先期开工建设的临建工程提供骨料,砂石料改由麻村及大法坪 2 个料场供应。

7.1.2 砂石料供应任务

龙滩水电站按前期正常蓄水位 375.00m 建设时,混凝土总量 711 万 m³,其中碾压混凝土 525 万 m³,常态混凝土 186 万 m³;共需生产成品砂石 1564 万 t,其中粗骨料 1047 万 t、细骨料 516 万 t;按后期正常蓄水位 400.00m 建设时,混凝土总量约 809 万 m³。其中,大坝碾压混凝土约 569 万 m³、常态混凝土约 240 万 m³,共需生产成品砂石 1780 万 t,其中粗骨料 1190 万 t、细骨料 590 万 t。

麻村砂石系统主要担负主体土建工程Ⅰ标、Ⅱ标、Ⅳ标、Ⅴ标以及临建工程约 160 万 m³ 混凝土所需砂石料的供应任务,共需生产成品砂石 352 万 t;大法坪砂石系统主要担负主体土建工程Ⅲ标(即大坝标)混凝土骨料生产任务,共需生产成品砂石 1420 多万 t。

1995 年以后,由于国家宏观经济调整,龙滩水电站工程进入"小步走,不断线"阶段,利用世界银行贷款的工作及工程筹建工作相应停止。1999 年下半年龙滩水电站工程重新启动,且大坝工程改为国内招标,工程的砂石供应方案仍采用 2 个系统供应。招标阶段由设计单位进行砂石加工系统设计,技施阶段(或实施阶段)由承包人设计,2 个系统实施阶段的总体格局与招标阶段基本相同。

7.2 麻村砂石加工系统

7.2.1 系统设计方案

7.2.1.1 基本条件

经调查,当地缺乏天然砂石料,因此只能采用人工石料场作为混凝土骨料料源。麻村灰岩料场位于坝址右岸下游 6.0km(与大法坪料场直线距离 1.0km),该料场为山腰陡坡形,基岩裸露,料场高程 468.00~620.00m,储量在 470 万 m^3 以上。麻村砂石加工系统位于坝址右岸下游 5.0km 的红水河边、麻村沟口(距料场底部直线距离 600m,距料场开采工作面平均运距 4.0km),系统场区内分布有南北向和东西向的大、小冲沟各一条,地形坡度 25°~40°,地面高程 250.00~340.00m。

7.2.1.2 系统工艺及特点

系统承担的混凝土高峰浇筑强度为 3 万 m^3/月,砂石系统按两班制生产设计,设计生产能力 240t/h,设计处理能力 300 t/h。砂石系统以生产二级配骨料为主,同时也能生产三级配骨料,工艺流程按粗碎开路、中细碎和筛分构成闭路生产粗骨料,超细碎和筛分构成闭路生产人工砂为主、棒磨机制砂为辅进行设计。

砂石系统布置在坝址右岸下游约 5.0km 处的麻村沟口,砂石系统加工的成品骨料通过自卸汽车运往各标混凝土生产系统。

设计方案具有以下技术特点。

(1)砂石加工所需毛料由麻村灰岩料场供应,共需开采毛料 225 万 m^3。料场与砂石系统之间高差约 200 余 m,水平直线距离约 600m,如采用汽车运输平均运距在 4km 以上。为降低运输费用,毛料采取溜井垂直运输转带式输送机水平运输方式。溜井深 140 余 m、直径 6.0m,井下布置 1 台颚式破碎机。开采的毛料(粒径不大于 750mm)经井下破碎机破碎后,由带式输送机运往麻村砂石系统粗碎车间。

(2)砂石加工采用较为先进的工艺流程,该流程能灵活调整混凝土骨料生产级配,使其与混凝土骨料使用级配相适应。粗碎开路,中细碎与筛分采用闭路循环工艺流程,人工砂采取以破碎为主、棒磨为辅的生产工艺,能较好地控制成品骨料质量。

(3)为使砂石系统长期稳定生产,提高系统运行的可靠性,主要破碎设备采用国外质量相对较好的先进设备,其他加工设备采用国产设备。

(4)为符合国家有关环保要求,采用辐流式沉淀池+压滤机对砂石加工产生的废水进行处理。

(5)砂石系统主要由麻村料场(含溜井)、料场进场公路、砂石加工、给排水、废水处理及供配电设施等 6 个部分组成。其中,砂石加工部分由粗碎车间、半成品堆场、预筛分中细碎车间、筛分车间、超细碎制砂车间、棒磨机制砂车间、成品堆场等组成,车间、设施顺山坡地形自上而下呈阶梯形布置。

麻村砂石加工系统设计方案主要技术指标见表 7.1。麻村砂石加工系统设计方案主要设备见表 7.2。

表 7.1   麻村砂石加工系统设计方案主要技术指标表

序号	项目		指标	备注
1	生产规模/(t/h)	处理能力	300	
		生产能力	240	
2	生产班制/(班/d)		2	
3	定员/(人/班)		50	
4	系统总装机容量/kW		1162	
5	系统需水量/(m³/h)		600	
6	半成品堆场容积/万 m³		1.50	
7	成品骨料堆场容积/万 m³		2.40	可满足混凝土浇筑高峰期 7d 用量
8	系统建筑面积/m²		800	
9	系统占地面积/万 m²		3.8	

表 7.2   麻村砂石加工系统设计方案主要设备表

序号	名称	规格型号	数量/台	功率/kW 单台	功率/kW 合计	备注
1	颚式破碎机	PE-900×1200	1	110	110	溜井井下
2	反击式破碎机	P400	1	200	200	粗碎车间
3	圆锥破碎机	S-3000C	1	250	250	中细碎车间
4	立轴冲击式破碎机	BARMAC7100	2	150	300	超细碎车间
5	圆振动筛	VFS48/21 3D	1	22	22	预筛分车间
6	圆振动筛	VFS48/21 3D	3	22	66	筛分车间
7	棒磨机	MBZ2136	1	210	210	棒磨机制砂车间
8	螺旋分级机	FC-15	1	7.5	7.5	棒磨机制砂车间
9	螺旋洗砂机	WCD914	3	10	30	筛分车间
10	砂水浓缩器	CN-250	3			筛分车间
11	棒条式振动给料机	VMOT48/10	1	13.4	13.4	粗碎车间
12	电机振动给料机	GZG803	18	1.5	27	

7.2.2 废水处理系统

7.2.2.1 废水处理的必要性

砂石生产废水排放量大、废水泥沙含量高，从砂石系统投产到工程建设结束，排放期长达 7 年。红水河枯水期水质浊度 4～25NTU，废水泥沙含量 80～120kg/m³，如果含泥沙量高的生产废水直接排入红水河，将会使枯水期清澈的河水变得浑浊，形成明显的污染带，给下游城镇居民用水造成影响。

根据国家环境保护的有关规定，当地环保部门与业主方多次研究，拟定龙滩水电站工程砂石加工生产废水的排放标准为 400mg/L。根据废水沉淀模拟试验结果，采取自然沉淀可达到 400mg/L 排放标准，若将废水处理后的出水浊度标准提高至 100mg/L，则可回收循环利用。经研究确定麻村砂石生产废水采用混凝沉淀后回收利用的处理工艺，使砂石生产废水基本达到"零排放"标准，从而避免砂石生产废水对红水河的污染。

7.2.2.2　废水处理规模

麻村砂石加工系统生产用水量为 600m³/h，考虑砂石加工冲洗过程中的水量损耗后，废水处理规模为 500m³/h。

7.2.2.3　水处理构筑物设计

废水处理工艺按满足"环境保护、回收利用废水、回收利用细砂"3 项功能要求进行设计。麻村废水处理系统由细砂回收站、废水处理厂、加药间及排水槽等构筑物组成。

（1）细砂回收站。细砂回收站由平流沉砂池和水力旋流器两个单元组成，紧靠 12 号公路及筛分车间布置，场地布置高程 283.30m，细砂回收站设计废水处理能力 500 m³/h。

1）平流沉砂池单元。该单元由 1 个 45m² 平流沉砂池和 1 台 ZKR1237 脱水筛等组成，筛分车间排放的一部分废水进入平流沉砂池，沉淀的细砂由链板式刮砂机刮出池外送入脱水筛脱水，脱水后的细砂进入成品砂堆场；平流沉砂池设计沉砂时间 15min，沉砂池水平段长 15m、宽 3m、深 1.7m，可将粒径 0.07mm 以上的细砂回收利用。

2）水力旋流器单元。该单元由调节水池、加压泵站、水力旋流器及脱水筛等组成，筛分车间排放的另一部分废水进入水力旋流器单元的调节水池，通过加压泵送入水力旋流器进行浓缩分级，浓缩分级后的细砂从旋流器底部排入脱水筛脱水，脱水后的细砂进入成品砂堆场；选用 2 台 150Z-50 型离心式渣浆泵、1 台 FX-660J 型衬胶水力旋流器和 1 台 ZKR1237 型直线振动脱水筛，旋流器回收细砂粒径为 0.07mm。

（2）废水处理厂。废水处理厂由沉淀池、调节水池、泥浆罐、渣浆泵、回水泵站、压滤机车间等组成。处理厂位于筛分车间对面铁塔附近的缓坡地带，分高程 275.00m、270.60m 和 268.00m 3 个平台进行布置。

1）沉淀池。沉淀池设计停留时间 3h，出水浊度低于 100mg/L，达到砂石加工生产用水水质标准。沉淀池布置在高程 275.00m 平台上，由 2 个直径均为 20.0m 的辐流式沉淀池组成。沉淀池泥沙由提耙式刮泥机刮向池中心，重力排至泥浆罐。

2）调节水池。调节水池共设 2 个，单池容积 100m³，净尺寸（长×宽×高）6.0m×6.0m×3.5m，布置高程 268.00m。辐流式沉淀池出水及压滤机滤清液均自流进入清水池，再由回水泵提升至高程 340.00m 生产调节水池回收利用。

3）回水泵站。回水泵站设计抽水能力 500m³/h，选用 3 台 200S95A 型水泵，其中 1 台备用，泵站布置高程 268.00m。

4）泥浆罐。泥浆罐共设 2 个，单个容积 15m³，尺寸（直径×高）3.0m×3.3m，布置高程 270.60m。

5）渣浆泵站。渣浆泵站设计抽水能力 130m³/h，选用 2 台 80Z-90A 型渣浆泵，其中 1 台备用，泵站布置高程 268.00m。

6）压滤机车间。沉淀池积泥脱水是砂石废水处理的关键环节。按废水量 500 m³/h、废水泥沙含量 100kg/m³ 以及废水中可回收细砂占泥沙总量 10%～20% 计，需脱水的泥沙量 40～45t/h，选用 2 台 XMZ1060 型全自动压滤机，单台处理能力 27t/h，压滤机车间布置高程 270.60m。

7.2.3 砂石系统建设及运行

麻村砂石系统于 2001 年 6 月建成投产，运行期间总体运行状况良好，生产的混凝土骨料质量优良，实际生产能力达到设计生产能力。该系统的主要运行特点、运行初期出现的问题及解决办法简述如下。

（1）料场开采初期，由于顶部砂岩无用料剥离与灰岩有用料开采未能有效分区，导致灰岩有用料中含泥量相对较高。经设计现场指出，施工单位将无用料剥离和有用料开采分区进行，取得了较好的效果，有用料中含泥量大大降低，保证了砂石原料的质量。

（2）招标设计阶段，麻村料场溜井底部结构设计为三角形断面。施工详图阶段，施工单位请有关设计院对溜井底部结构重新进行设计后，将溜井底部结构改为梯形断面，并照此施工。溜井投入运行后，发现溜井底部经常出现堵料现象。为解决这一问题，又将溜井底部结构改为三角形断面，改后溜井底部卸料运行基本正常，很少发生堵料现象。

麻村砂石加工系统是我国水电行业第一个采用深溜井进行料场石料垂直运输的工程，为此在设计前先后前往北京水泥厂及太钢尖山铁矿等有关行业作了大量的调查研究，主要调查了解避免溜井跑矿的技术措施及跑矿后的处理方法、避免溜井堵矿的技术措施及堵矿后的处理方法、采石场降段期间对溜井运行的影响程度等。

麻村料场溜井运行期间（特别是运行初期）曾发现过数次溜井卸料口石料堵塞故障，通过采取控制溜井石料最大粒径（不大于 700mm）、控制进入溜井石料的含泥量、控制溜井储料高度（保证溜井空段高度小于 20.0m）、防止地表水流入溜井内、保证溜井经常性放料等技术措施，溜井卸料口石料堵塞故障大大减少，保证了溜井长期正常运行。

（3）招标设计阶段，预筛分车间未设冲洗工序，设计采取国外设备厂家建议的去泥方法，即在粗碎给料过程中筛除小于 20mm 的含泥石渣，来解决粗骨料的含泥问题。砂石系统运行一段时间后，发现弃料中还含有一定数量的有用料，且 40~80mm 级配骨料表面仍存在带泥现象。为解决这一问题，决定在预筛分车间增设冲洗工序，并适当减少筛分车间的冲洗用水量，在不增加砂石系统总用水量的前提下，较好地解决了 40~80mm 级配粗骨料含泥的问题。

（4）砂石系统运行初期，采用超细碎立轴冲击破碎机生产人工砂，由于石粉回收效果不理想，成品砂的细度模数偏粗（细度模数为 3.0~3.2），且破碎产品中 3~5mm 含量较高，3~5mm 骨料循环破碎、效率较低。经研究决定增加 1 台棒磨机，采用 3~5mm 骨料生产细砂，棒磨机生产的细砂与破碎机生产的中粗砂按一定比例掺混后形成的成品砂质量符合规范要求。

（5）废水处理系统建成投产后运行正常，细砂回收站回收的细砂与成品砂掺混使用，质量符合有关规范要求。回收处理后的生产废水，出水浊度低于 20NTU，满足砂石生产用水水质要求。经箱式压滤机脱水后的泥渣在汽车运输过程中未产生滴漏现象。麻村废水处理系统总体运行工况良好，细砂及废水通过回收处理，得以有效循环利用，基本做到了"零排放"。处理后产生的泥饼与料场开采剥离弃渣堆于同一渣场，分层堆存，渣场安全稳定。

7.3 大法坪砂石加工系统

初步设计阶段，对坝区附近的灰岩料场、砂板岩料场及基坑开挖料进行过技术经济比较工作，最终选定大法坪灰岩料场作为大坝的混凝土骨料。大法坪灰岩料场位于坝址右岸下游约5km（直线距离），料场山势陡峻，山顶高程827.30m，山脚高程约440.00m，高差近400m，料场山体的东、北、西为三面临空的悬崖，南面与更高的山体相连。料场岩性为二叠系厚层灰岩夹白云质灰岩，岩石饱和抗压强度26.9～89.6MPa，软化系数0.52～0.89，岩石各项技术指标均符合有关规范要求。料场开采面积约400m×400m，储量丰富（可采储量为1467万 m^3）。

大法坪砂石加工系统布置在坝址右岸下游约4.5km处（直线距离）的大法坪灰岩料场山脚下的山间盆地上，盆地长约600m，宽约300m。系统布置区地形较为平缓，布置高程400.00～485.00m。布置区地质条件较差，地层全为坡积和岩溶崩塌堆积层，布置区中部覆盖层厚30.0～60.0m，周边覆盖层厚10.0～30.0m，覆盖层由砂质黏土夹块石组成，渗透性较高。鉴于砂石加工系统布置区特殊的地质条件，在砂石系统的设计、施工中应注意做好边坡防护及排水工作。

大法坪砂石系统是当时国内已建、在建水电工程中最大的砂石系统，系统按两班制生产设计，按混凝土高峰时段浇筑强度30万 m^3/月计算，设计生产能力2000t/h，设计处理能力2500 t/h。砂石系统以生产三级配碾压混凝土骨料为主，同时也能生产四级配骨料。工艺流程按粗碎开路、中细碎和筛分构成闭路生产粗骨料，超细碎和筛分构成闭路生产人工砂进行设计。砂石系统加工的成品骨料通过长距离带式输送机（长约4.0km）运往大坝混凝土系统。

7.3.1 招标设计方案

7.3.1.1 系统规模

大法坪砂石加工系统承担大坝混凝土骨料加工任务，按水库蓄水375.00m方案混凝土高峰浇筑强度为20万 m^3/月，砂石系统按两班制生产设计，设计生产能力1600t/h，设计处理能力2000t/h；按水库蓄水400.00m方案混凝土高峰浇筑强度为30万 m^3/月，设计生产能力2000t/h，设计处理能力2500t/h。

为兼顾上述两方案，招标时要求砂石系统除主要设备（破碎、筛分设备）暂按处理能力2000t/h进行配置外，土建及胶带机等其他设备的建安工程均按处理能力2500t/h一次建成。

大法坪砂石加工系统总平面布置如图7.1所示。大法坪砂石加工系统招标设计方案主要技术指标见表7.3。

7.3.1.2 工艺流程

根据砂石系统料源岩性为灰岩、岩层局部含泥量可能较多，同时考虑三级配碾压混凝土骨料需要量相对较大等特点，砂石加工系统按生产三级配碾压混凝土为主，同时也能生产四级配常态混凝土骨料的原则进行工艺流程设计。流程采用粗碎、中碎开路，细碎和筛分构成闭路生产粗骨料，超细碎和筛分构成闭路生产人工砂为主、棒磨机制砂为辅进行工艺流程设计，并专门设置洗石工序对含泥量较多的半成品料进行清洗（其中不大于80mm

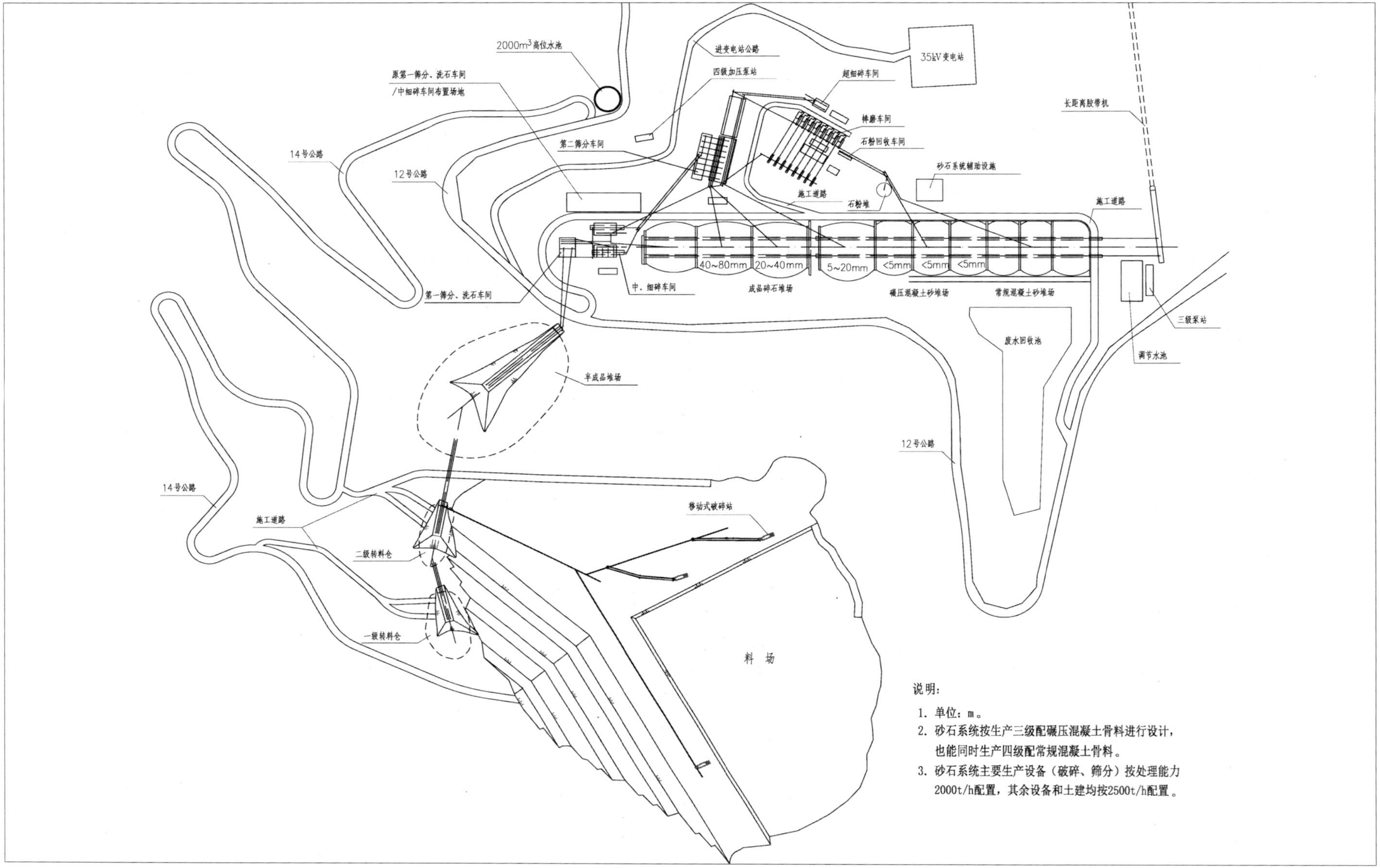

图 7.1 大法坪砂石加工系统总平面布置图

说明：
1. 单位：m。
2. 砂石系统按生产三级配碾压混凝土骨料进行设计，也能同时生产四级配常规混凝土骨料。
3. 砂石系统主要生产设备（破碎、筛分）按处理能力 2000t/h 配置，其余设备和土建均按 2500t/h 配置。

的半成品料需经洗石机清洗)。该流程具有能灵活调整砂石生产级配、系统循环负荷量相对较低、成品骨料质量较易控制、生产成本相对较低的特点。

大法坪砂石加工系统工艺流程如图7.2所示。

表7.3　　　大法坪砂石加工系统招标设计方案主要技术指标表

序号	项　目		指标	备　注
1	生产规模/(t/h)	处理能力	2500	
		生产能力	2000	
2	生产班制/(班/d)		2	
3	定员/(人/班)		200	
4	系统总装机容量/kW		14909	
5	系统需水量/(m³/h)		4000	
6	半成品堆场容积/万 m³		20.0	其中活容积约10.5万 m³
7	成品骨料堆场容积/万 m³		36.0	其中活容积约16.0万 m³
8	系统建筑面积/m²		2000	
9	系统占地面积/万 m²		10.0	

7.3.1.3　主要设备选型及配置

大法坪砂石加工系统具有生产规模大、运行期长、主要生产三级配混凝土骨料、料场高差大等特点，为确保砂石加工系统能长期、稳定、高效地生产混凝土骨料，加工系统所需关键设备如破碎机和洗石机，均选用技术先进、单机生产率高、质量可靠的国外设备，其他设备诸如筛分、分级、给料等设备，则选用国内大型厂家生产的质量相对较好的产品。

大法坪砂石加工系统招标设计方案主要加工设备见表7.4。

表7.4　　　　大法坪砂石加工系统招标设计方案主要加工设备表

序号	名　称	规格型号	数量/台（套）	单机功率/kW	备注
1	移动颚式破碎站	LT140	3	200	粗碎
2	圆锥破碎机	HP500EC	4	355	中碎车间
3	圆锥破碎机	HP500F	4	355	细碎车间
4	立轴冲击破碎机	BARMAC9100	8	370	超细碎车间
5	圆筒洗石机	3200×7455	2	250	洗石车间
6	圆振动筛	2YKR2.4×6.0	26	30	第一、第二、第三筛分车间
7	直线振动筛	ZKR1230	16	8	第三筛分车间
8	螺旋洗砂机	WCD-914	18	11	洗石、第三筛分车间
9	砂水浓缩器	CN-250	16		第三筛分车间
10	石粉回收装置	2E48-120W-4A	4	94	第三筛分车间

注　表中序号1～5、10为进口设备。

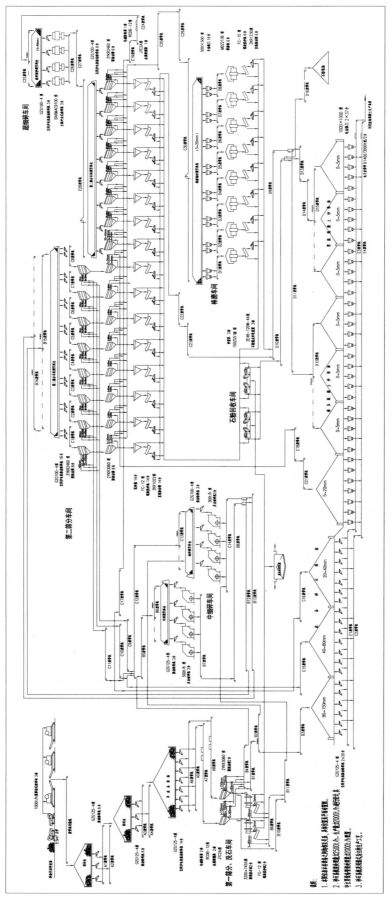

图 7.2 大法坪砂石加工系统工艺流程图

7.3.1.4 加工设施布置

根据工艺流程设计要求，砂石系统由料场内移动式破碎站（粗碎）及溜井、半成品堆场、第一筛分洗石车间、第二筛分车间、中细碎车间、超细碎车间（制砂）、第三筛分车间、成品堆场、给排水工程、废水处理工程、供配电工程及临时设施等组成。车间、设施顺山坡地形自上而下呈阶梯形布置。

（1）移动式破碎站。移动式破碎站（粗碎）设计处理能力 2500t，配置 LT140 型移动式破碎站 3 座（采用颚式破碎机）。

移动式破碎站布置于大法坪料场开采工作面上，可随工作面移动。颚式破碎机最大进料粒径为 1000mm。爆破后的石料由装载设备喂入受料斗，经格筛分级，大于 300mm 石料进入破碎机破碎，然后与筛下小于 300mm 石料混合，由移动带式输送机运往溜井内储存。

（2）溜井。根据大法坪料场运输强度高、运行可靠性要求高、料场山体高差大、岩层完整性好的特点，确定料场内移动破碎机加工的半成品料采用竖井垂直运输加井底水平运输至半成品堆场的输送方式。

按照料场上、下水平运输距离相对较短，每个溜井所通过的石料量基本均衡的原则，确定在料场中心部位，对称布置 2 个深溜井，料场中心距约为 120.0m。为避免由于溜井降段造成 2 个溜井同时停产的局面，在垂直于料场工作线的方向上，2 个溜井水平距离错开约 58m，以保证在料场开采运输期间，至少有 1 个溜井能正常运行。

溜井井筒直径 6.0m，高约 250.0m；溜井下部储料仓直径 12.0m，高约 30.0m，储料仓底部配置 2 台 FZC－4/1.2×7.5×2 型双台板并联振动放料机。井口卸料平台高程随料场开采工作面的降低而降低。

考虑溜井检修、堵塞、降段等对生产的影响，为确保溜井长期稳定运行，确定每个溜井设计运输能力为 2500t/h。

根据大法坪料场 2 个溜井的具体布置情况，考虑到石料运输强度大，运行期可靠性要求高，确定井底采用带式输送机双线水平运输方案。为与带式输送机运输方案相配套，溜井井底采用双向单溜口布置形式。每个溜井对称布置 2 个放料溜口，每个放料溜口分别向 1 条可逆带式输送机给料。4 条可逆带式输送机上的石料可分别通过 2 条带式输送机运输线运往半成品堆场。每个放料溜口的设计供料能力为 2500t/h，每条带式输送机运输线的设计运输能力同样为 2500t/h。

（3）半成品堆场。料场开采的石料由装载设备装车，经自卸汽车运至溜井井口，经设在井口的移动式破碎站破碎后进入溜井，再由溜井底部的振动给料机喂料，经带式输送机运往半成品堆存。半成品堆场总容积 20 万 m³（其中活容积 10.5 万 m³），可满足高峰期 4d 的需要量。

（4）洗石车间。车间设计处理能力为 2500t/h，配置 3200×7455 型圆筒洗石机 2 台，WCD－914 型螺旋分级机 4 台。车间地面高程 430.00m。

当料场来料含泥量较高时，半成品料经电机振动给料机和带式输送机由半成品堆场运至车间调节料仓。调节料仓容积约 1500m³（其中活容积 700 m³），可满足约 30min 的需要量。料仓下设有电机振动给料机 4 台（同时运行 2 台），分别向 2 条带式输送机供料，半成品料经带式输送机分别送入 2 台圆筒洗石机冲洗。冲洗后不大于 5mm 的石屑进入螺旋分级机脱水，再与不小于 5mm 的石料混合，经带式输送机运往第一筛分车间。

当来料含泥量较低时，半成品料可不通过洗石车间，直接经带式输送机运往第一筛分车间。

（5）第一筛分车间。车间设计处理能力 2000t/h，配置 2YKR2.4×6.0 型圆振动筛 2台。车间地面高程 425.00m。

不大于 350mm 骨料由洗石车间经带式输送机分别送入 2 台圆振动筛，筛分分级成不小于 150mm、80～150mm、不大于 80mm 3 种骨料，其中不小于 150mm 骨料及部分 80～150mm 骨料经带式输送机送往中细碎车间；另一部分 80～150mm 骨料经带式输送机送往成品堆场，不大于 80mm 骨料经带式输送机送往第二筛分车间。

（6）第二筛分车间。车间设计处理能力为 3825t/h，配置 2YKR2.4×6.0 型圆振动筛 8 台。车间地面高程 420.00m。

不大于 80mm 骨料经第一筛分车间和中细碎车间经带式输送机运至第二筛分车间调节料仓。调节料仓容积约 2070m³（其中活容积 1240m³），可满足约 35min 的需要量。料仓下设有电机振动给料机 8 台，不大于 80mm 骨料经振动给料机分别送入 8 台圆振动筛，筛分分级成 40～80mm、20～40mm、0～20mm 3 种骨料，其中部分 40～80mm 和 20～40mm 成品骨料分别经带式输送机运往成品堆场堆存。为实现级配平衡，多余的 20～80mm 骨料可运往中细碎车间破碎。0～20mm 的骨料经带式输送机运往第三筛分车间调节料仓。

（7）中细碎车间。车间设计处理能力为 1825t/h，配置 HP500EC 型圆锥破碎机 4 台；细碎车间设计处理能力为 1325t/h，配置 HP500F 型圆锥破碎机 4 台。地面高程 425.00m。

由第一筛分车间来的大于 80mm 骨料，进入中细碎车间调节料仓，料仓容积约 790m³（其中活容积 470m³），可满足约 30min 的需要量。料仓下设有电机振动给料机 4 台，分别向 4 台 HP500C 型圆锥破碎机供料；由第二筛分车间来的 20～80mm 骨料进入细碎车间调节料仓，料仓容积约 790m³（其中活容积 470m³），可满足约 40min 的需要量。料仓下设有电机振动给料机 4 台，分别向 4 台 HP500F 型圆锥破碎机供料；中细碎后的骨料经带式输送机返回第二筛分车间，实现闭路循环。

（8）第三筛分车间。车间设计处理能力为 3150t/h，配置 2YKR2.4×6.0 型圆振动筛 16 台。车间地面高程 425.00m。

不大于 20mm 骨料由第二筛分车间和超细碎车间经带式输送机运至第三筛分车间调节料仓。调节料仓容积约 2950m³（其中活容积 1180m³），可满足约 40min 的需要量。料仓下设有电机振动给料机 16 台，分别向 8 条带式输送机供料，不大于 20mm 骨料经振动给料机分别送入 16 台圆振动筛，筛分分级成 5～20mm、3～5mm、0～3mm 3 种骨料，其中部分 5～20mm 成品骨料经带式输送机运往成品堆场堆存；0～3mm 和部分 3～5mm 骨料掺混成为成品砂，由带式输送机运往成品堆场堆存。为实现级配平衡，多余的 3～20mm 骨料则运往超细碎车间破碎制砂。

为较好地调整成品砂的细度模数和石粉含量，部分砂采用干式筛分，另一部分砂采用湿式筛分（经螺旋洗砂机去除部分石粉），两部分砂按一定比例掺混成为合格的成品砂。

（9）超细碎车间。车间设计处理能力为 1750t/h，配置 BARMAC9100 型立轴冲击破碎机 8 台。地面高程 420.00m。

由第三筛分车间来的 3～20mm 骨料进入超细碎车间调节料仓，料仓容积约 1660m³（其中活容积 660m³），可满足约 40min 的需要量。料仓下设有电机振动给料机 16 台，分别向 8 条带式输送机供料，3～20mm 经带式输送机分别送入 8 台立轴冲击破碎机破碎，破碎后的骨料经带式输送机返回第三筛分车间，形成闭路循环。为调整砂的级配，后增设了棒磨机，采用部分 3～5mm 骨料经棒磨机生产细砂，棒磨机生产的细砂与破碎机生产的中粗砂按一定比例掺混后形成的成品砂质量符合规范要求。

（10）成品堆场。成品堆场采取定点堆料方式，共设 7 个料堆，其中粗骨料料堆各 1 个，细骨料料堆 3 个。堆场总容积 36 万 m³（其中活容积 16 万 m³），可满足混凝土浇筑高峰期 6d 的骨料需要量。80～150mm 和 40～80mm 料堆各设置 1 个缓降器，以减少骨料的逊径含量。骨料由成品堆场底部的电机振动给料机喂料，经带式输送机运往大坝混凝土生产系统。

7.3.1.5 废水处理

（1）废水处理规模。按砂石生产用水规模 5000m³/h，计入损耗系数，确定废水处理规模为 4500m³/h。按废水回收利用率约 55% 计，确定废水回收能力不低于 2500m³/h。

（2）废水处理标准。废水处理出水浊度要求不低于 200mg/L。

（3）废水处理厂设计压滤机车间。废水处理厂由沉淀池、调节水池、回水泵站、渣浆泵站、压滤机车间、加药间、控制室、排水槽及输水干管等组成。砂石生产废水从第一筛分车间和第三筛分车间经管渠自流进入废水处理厂，加药后进入辐射式沉淀池沉淀。沉淀后的上清水进入调节水池，由回水泵输往供水系统的高程 476.00m 稳压水池回收利用。沉淀池底的积泥由刮泥机刮向池中心，再通过渣浆泵输入压滤机进行固液分离，压滤机的滤清液引入调节水池，脱水后的泥饼由汽车运至渣场堆存。废水处理厂紧靠大法坪砂石加工系统成品堆场布置。

7.3.1.6 工艺流程设计特点

（1）针对料场高差大（顶部与底部开采高差近 300m）、运输总量大、运输强度高的特点，采用带式输送机结合深溜井（井深 280.0m）取代常规自卸汽车运输石料，石料经移动颚式破碎机（3 台）破碎→移动带式输送机→深溜井（2 座）→巷道内带式输送机→半成品堆场。该方案所运输石料粒径较小（不大于 400mm），可防止溜井堵塞；运输距离较短，可有效降低石料运输费用。

（2）针对料场岩性为灰岩（局部含泥），砂石系统生产规模大（处理能力达 2500t/h）的特点，采用进口大型圆筒洗石机对粗碎后的半成品料进行清洗，该设备清洗骨料粒径大（最大粒径 400mm）、单机产量高（处理能力 500t/h）。

（3）为灵活调整骨料级配，达到级配平衡，中、细碎设备采用进口多缸液压圆锥破碎机，超细碎设备采用进口立轴冲击式破碎机。

（4）为保证碾压混凝土用砂的石粉含量符合招标文件要求（石粉含量 16%～20%），

选用进口高效石粉回收装置回收加工废水中流失的石粉。

（5）为符合国家有关环保要求，采用辐流式沉淀池＋压滤机对砂石加工产生的废水进行处理，处理后的废水符合国家环保规范要求，可基本做到"零排放"。

7.3.2 实施方案与招标设计方案的主要不同点

（1）毛料运输方式。前期将深溜井垂直运输方式改为梯级料堆（三级）垂直运输方式，石料经装载设备（或自卸汽车运输）→2 台移动颚式破碎机（布置在开采工作面或料场一侧）→带式输送机→3 个梯级料堆（垂直落差分别为 75m＋55m＋125m）→半成品堆场。中、后期在半山腰增设 1 个浅溜井（井深约 80m），井下布置 2 台固定颚式破碎机。

（2）中、细碎设备。进口圆锥破碎机改为进口反击式破碎机。

（3）废水处理方式。砂石加工产生的废水通过沟渠自流进入大型沉淀池（容积 16 万 m³）。沉淀于池底的泥沙通过劲马泵（高浓度泥浆泵）抽吸，经管道输送至龙滩沟尾渣库（运距约 2km）；上清水通过加压泵输送至砂石系统调节水池，循环使用。

大法坪砂石加工系统实施方案主要加工设备见表 7.5。

表 7.5　　　　　大法坪砂石加工系统实施方案主要加工设备表

序　号	地　　点	型　　号	数　量
1	粗破车间	LT140 移动式破碎机	2 台
2	溜井车间	JM1312 颚式破碎机	2 台
3	第一筛分车间	圆筒式洗石机	2 台
4		筛分机	2 组
5	中细破车间	反击式破碎机	5 台
6		圆锥式破碎机	2 台
7	第二筛分车间	筛分机	8 组
8	第三筛分车间	筛分机	6 组
9	超细碎车间	立轴式破碎机	4 台
10	制砂车间	棒磨机	8 台
11	石粉回收车间	石粉回收装置	3 台
12		刮砂机	3 台
13	其他	洗砂机	24 台
14		直线脱水筛	25 台
15		各型胶带机	137 台（套）
16	供水车间	水泵	16 台（套）

7.3.3 砂石系统建设及运行

2002 年 7 月砂石加工系统开始兴建，2003 年 9 月 27 日进行系统工艺性能调试。2004 年 1 月 10 日通过竣工验收并投入生产。2004 年 2 月开始向混凝土拌和系统供料。为满足龙滩工程 2005 年混凝土高峰浇筑月超过 35 万 m³/月的强度需求，2004 年 6 月 3 日至

2005 年 2 月 20 日对系统进行了扩容改造，使系统生产能力达到 2600t/h。2005 年 11 月、12 月分别向大坝供应砂石骨料 84 万 t 和 95 万 t，大大超过了系统扩容生产能力。

7.3.3.1 移动式破碎机运行

为解决料场大高差（高差约 300m）条件下的石料大规模垂直运输问题，可行性研究设计阶段，通过对类似矿山工程项目调研，认为采用深溜井运输方案是可行的，为避免爆破后的大粒径石块（最大粒径 1000mm）对溜井卸料口造成堵塞，且便于采用带式输送机运输（自卸汽车运输费用较高），决定采用的运输方案为：3 台大型移动式破碎机（布置在开采工作面）→移动带式输送机→2 个深溜井（实施方案为"梯级料堆"）→巷道带式输送机→山下半成品堆场。该方案实施的技术难点为：料场开采降段过程中，如何在较短的时间内实现大型移动式破碎机、移动带式输送机等设备的移位和避炮。

大法坪料场的应用实践表明，采用上述开采运输方案是可行的。由于在国内是首次采用该项先进技术，有以下经验教训值得借鉴。

（1）移动式破碎机用于大高差料场是合理可行的，采用带式输送机与溜井（或"梯级料堆"）结合，解决石料的垂直运输问题，可有效降低石料的运输费用（与公路运输相比节约投资约 1 亿元）。

（2）由于大型移动式破碎机等设备体积庞大 $[17.9m×6.6m×7.8m$（长×宽×高）]、重达 136.5t，降段移位难度较大，所需时间较长，更适用于开采面积较大的料场（设备布置较为方便、降段移位次数相对较少、辅助工作时间相对较少）。

（3）为充分发挥大型移动式破碎机的生产效率，应配置与其生产能力相适应的装载设备，应用实践表明，采用进口 $5m^3$ 液压挖掘机较为匹配。

7.3.3.2 大型圆筒洗石机运行

大法坪料场的岩性为灰岩，石料中存在夹泥层，为保证成品骨料质量，需对骨料作专门清洗。鉴于大法坪砂石系统处理能力达 2500t/h，若采用常规的槽式洗石机，则需配置多台才能满足需要，因此设计采用单机处理能力大的进口大型圆筒洗石机作为洗石设备。由于该洗石设备规格较大，在国内首次使用，设备厂家第一次生产，设备运行初期曾出现过机械故障，经厂家维修人员修理完善，中、后期设备运行状况良好。

7.3.3.3 石粉回收装置运行

进口高效石粉回收装置在国内应用的时间不长，当时尚无可供借鉴的运行经验，为充分发挥该设备的生产效率，运行单位通过调整水力旋流器工作压力、进料浓度、进料粒度、进料量等技术参数，较好地解决了运行过程中出现的排料口堵塞等技术问题，使设备的产量保持稳定，回收石粉的质量满足要求，设备运行状况良好。石粉回收装置的应用，为生产碾压混凝土用砂积累了成功的经验。

7.3.3.4 加工、运输对骨料粒度的影响

大法坪砂石系统实施方案采用梯级料堆解决料场石料垂直运输问题，由于灰岩石料本身抗压强度不高（岩石饱和抗压强度 26.9～89.6 MPa），石料经梯级料堆"三级跳"（第三级落差达 125m），造成石料一定程度破碎，且中、细碎设备改为反击式破碎机，破碎产品中细粒料（不大于 40mm）偏多，导致生产初期成品大石的中径含量（60～80mm 骨料）偏低。通过采取尽可能保持料堆高度、降低落料高差，并用 2 台进口圆锥破碎机（招

标设计方案）替换 2 台反击式破碎机（以增加 60～80mm 骨料的比率）等技术措施，使骨料质量达到有关规范要求。

7.3.3.5 成品砂的石粉含量、含水率控制

龙滩水电站工程为碾压混凝土重力坝，碾压混凝土用砂的石粉含量需控制在 16％～20％，比常态混凝土用砂的石粉含量高出近 1 倍。为保证成品砂质量，选用具有国际先进水平的石粉回收装置，辅以刮砂机回收砂石加工废水中流失的石粉，石粉回收装置的单机产量在 25t/h 左右。通过将回收的石粉均匀地掺混到成品砂中，较好地保证了碾压混凝土用砂的质量。

为控制成品砂的含水率，采取了将加工后的成品砂经脱水筛脱水后进入成品砂堆场和在堆场内布置 6 个成品砂料堆（常态砂 3 个、碾压砂 3 个，其中 1 个堆料、1 个脱水、1 个使用）等技术措施。

7.3.3.6 废水处理系统运行

废水处理系统运行的关键在于劲马泵的运行效果。劲马泵运行一段时间后，发现排除的泥沙浓度有所降低，经检查分析，其主要原因是：排入沉淀池的泥沙粗颗粒较多、沉淀较快，造成泥沙沉积物板结，泥沙难以被劲马泵吸入。

为使砂石系统正常运行，将砂石加工产生的废水通过沟渠直接自流进入管道，经管道输送至龙滩沟尾渣库，泥沙沉于尾渣库内，上清水达标利用。

7.4 长距离带式输送机

针对工程施工区山势陡峻，公路运输运距远（运距约 8.0km）、费用高的特点，经技术经济比较，大坝工程混凝土骨料采用长距离带式输送机输送方式，带式输送机起点位于大法坪砂石加工系统，终点位于大坝混凝土生产系统，全长 4km，设计输送能力 3000t/h，驱动功率 3×560kW，是当时国内水电行业单机最长、输送量最大、功率最大的带式输送机。

7.4.1 长距离带式输送机设计方案

为开展长距离带式输送机的设计，在设计前先后前往秦皇岛煤码头（胶带机长度 1.3km，输送能力 6000t/h）、大柳塔煤矿（胶带机长度 4.64km，输送能力 2500t/h）及太钢尖山铁矿（胶带机长度 3.08km，输送能力 1000t/h）等有关行业做了大量的调查研究，主要调查了解长距离胶带机设计所采用的有关技术参数及设计工作量、长距离胶带机运行过程中存在的技术问题及解决办法、多点驱动的长距离胶带机的驱动装置布置方式、如何解决多点驱动电机同步运行问题及负荷合理分配问题、如何合理地降段胶带机的最大张力等问题。

龙滩水电站工程长距离带式输送机沿线穿过高山，跨越龙滩沟和那边沟，整机大部分布置在隧洞内，隧洞段总长约 3km，断面尺寸为 3.50m×3.25m（宽×高），城门洞形。为适应沟谷地形，带式输送机布置为两端高、中间低，尾部高程 400.00m，中部最低点高程 350.00m，头部高程 380.00m。长距离带式输送机主要技术参数见表 7.6。

表 7.6   长距离带式输送机主要技术参数表

序号	项 目	数量	备 注
1	设计输送量/(t/h)	3000	
2	输送物料	灰岩骨料	粒径小于150mm
3	水平长/km	4.0	
4	带宽/m	1.2	
5	带速/(m/s)	4.0	
6	带强/(N/mm)	ST2000	
7	驱动功率/kW	3×560	

本工程长距离带式输送机具有长距离（单机长度约 4 km）、变倾角（两端高、中段低）、高带速（带速4m/s）、大运量（3000t/h）的技术特点，且对运行可靠性的要求很高。为了提出技术先进、运行可靠、经济合理的带式输送机设计方案，中南勘测设计研究院与相关带式输送机设计、制造单位联合，在借鉴国内外已有长距离带式输送机设计、运行经验的基础上，针对长距离带式输送机设计、施工、运行过程中的各种关键技术问题，进行了大量分析研究工作。结合沿线地形、地质条件，对带式输送机布置进行了多方案比较，包括平面布置、纵向布置、单线或双线布置、单条或多条布置等，最终确定采用单线、单条长距离带式输送机设计方案。

长距离带式输送机采用头部双滚筒三电机驱动方案。传动滚筒功率配比为 2：1；驱动装置配置为 Y 系列电机＋CST 可控驱动系统；拉紧装置为液压自动拉紧装置。

该方案的主要特点为：采取单线布置方式，为确保长距离带式输送机能长期、稳定、可靠地运输大坝混凝土所需骨料，关键设备均采用国际先进、质量可靠的设备，且主要设备、部件均考虑整机备用。

7.4.2 长距离带式输送机建设及运行

砂石长距离带式输送系统于 2003 年 11 月按设计方案建成投入运行，设备总体运行工况良好。针对长距离带式输送机运行过程中出现的问题，做了以下完善和改进。

（1）增设喷水清扫器。由于灰岩粗骨料表面裹粉、细骨料石粉含量较高，导致长距离带式输送机头部清扫器清扫效果较差，部分石粉随输送带下带面进入隧洞，造成洞内积尘严重。根据现场实际运行工况，在带式输送机头部清扫器后方加装 3 道喷水清扫器，喷水清扫器将带面附着的石粉冲洗干净，清扫效果明显提高。

（2）增设自动回转料斗。长距离带式输送机头部通过分叉料斗分别向高程 308.50m、高程 360.00m 混凝土生产系统的带式输送机输送线供料，由于带式输送机输送线的紧急停机时间只有 3～5s，而长距离带式输送机紧急停机时间长达 80s，一旦带式输送机输送线发生故障，将导致长距离带式输送机头部料斗积料，危及设备安全。根据现场实际运行工况，在长距离带式输送机头部增设自动回转料斗，回转料斗可按左、中、右三部位自动定位，一旦带式输送机输送线（左或右部位）发生故障，回转料斗即自动转至中部卸料，有效地避免了长距离带式输送机头部积料故障发生。

（3）更换锥形调心托辊。为防止长距离带式输送机的输送带跑偏，按设计手册规定，每隔 9 组槽型托辊，布置 1 组锥形调心托辊，运行一段时间后发现锥形调心托辊对输送带胶面磨损较严重，具体表现为锥形辊小直径端接触部位的胶面脱落。经分析，由于锥形辊小直径端与输送带接触部位的摩擦力较大，高速运行的输送带（带速为 4m/s）在摩擦力的作用下导致胶面脱落。根据现场实际运行工况，采取将全部锥形调心托辊更换为普通托辊，并在输送带两侧相应增设挡辊的措施，既防止了输送带跑偏，又避免了输送带非常规磨损。

龙滩水电站工程在国内水电行业首次采用长距离、大运量、高带速的带式输送机运输成品骨料，该机采用动态分析等先进手段进行辅助设计，选用具有国际先进水平的 CST 软启动驱动装置、钢绳芯输送带、托辊、轴承等设备及部件，保证了带式输送机的长期、连续、稳定运行，工程建设期间，共输送成品骨料 1423 万 t。该带式输送机的成功运行，为今后在类似工程项目推广应用，取得了有益的经验。

第8章

大坝混凝土生产系统

龙滩水电站大坝混凝土分左、右岸两个标，相应混凝土生产系统也分左、右岸两个系统。左岸混凝土生产系统需提供混凝土总量约 119 万 m³，其中碾压混凝土量约 23 万 m³；右岸混凝土生产系统需提供混凝土总量约 592 万 m³，其中大坝右岸和上下游围堰碾压混凝土量 500 多万 m³。左岸设有高程 382.00m、高程 345.00m 两个混凝土拌和站，由施工承包方自带方案进行设计施工。本章重点介绍大坝右岸混凝土生产系统。

8.1 大坝混凝土生产任务与入仓方式

8.1.1 大坝混凝土生产任务

根据施工规划安排，Ⅲ标混凝土系统主要担负龙滩水电站大坝、围堰等混凝土供应任务，按 375.00m 方案建设时的混凝土总量约 711 万 m³，其中大坝碾压混凝土约 462 万 m³、常态混凝土约 182 万 m³，上、下游碾压混凝土围堰及导流洞封堵混凝土约 67 万 m³。混凝土系统运行时间为 2004 年 1 月至 2008 年 9 月，共计 57 个月。按 400.00m 方案建设时的混凝土总量约 809 万 m³，其中大坝碾压混凝土约 506 万 m³、常态混凝土约 236 万 m³，上、下游碾压混凝土围堰及导流洞封堵混凝土约 67 万 m³。

根据工程建设需要，混凝土系统以能满足 375.00m 方案及 400.00m 方案所需混凝土生产规模进行规划设计。

根据招标建设方案，大坝标又分左、右两个标进行施工，需在两岸分别设置混凝土系统。

左岸混凝土系统主要担负Ⅲ₂标即左岸厂房进水口坝段及非溢流坝段（22～30 号坝段）的混凝土供应任务，混凝土总量约 119 万 m³，其中碾压混凝土量约 23 万 m³。

右岸混凝土系统主要担负Ⅲ₁标即河床及右岸大坝工程（2～21 号坝段）和上、下游碾压混凝土围堰等工程的混凝土供应任务，混凝土总量约 592 万 m³，其中大坝右岸混凝土量约 525 万 m³（碾压混凝土量约 439 万 m³），上、下游碾压混凝土围堰及导流洞封堵混凝土量约 67 万 m³。

左、右岸混凝土系统所需成品骨料均由距坝址 4.0km（直线距离）的大法坪砂石加工系统供应，其中右岸混凝土系统经 4.0km 长的皮带机运输，左岸混凝土生产系统由自卸汽车经龙滩大桥运输至左岸。所需水泥、粉煤灰由南丹中转站经对外公路运至工地。

8.1.2 河床及右岸坝段混凝土入仓方式

大坝混凝土生产系统的布置应与大坝浇筑系统相适应。河床和右岸坝段是本工程的关键项目，混凝土量巨大，且以碾压混凝土为主，混凝土月高峰浇筑强度达 25.5 万 m³/月，不仅高温期需施工，且汛期受缺口度汛的影响，故大坝混凝土浇筑方案的研究以河床和右岸坝段为重点，根据本工程施工特性和已建工程的施工经验，采用以高速皮带机与 2 台塔式布料机为主，配负压溜槽、自卸汽车及缆机为辅的入仓方式。

8.1.2.1 塔式布料机及高速皮带机布置

（1）塔式布料机布置。为充分发挥塔式布料机的浇筑能力，在平面、空间上尽量覆盖碾压混凝土浇筑范围，另外考虑到溢流坝段在坝体拦洪度汛期需留缺口过水，故塔式布料机只宜布置在缺口和两侧的非溢流坝段，采用固定式。左侧 TB1 塔式布料机适宜布置在左岸 19 号底孔坝段，除可控制 21 号转弯坝段以右的混凝土浇筑外，同时可直接覆盖溢流坝段的大部分范围（可控制到 15 号坝段以左）。右侧 TB2 塔式布料机布置在 12 号底孔坝段，可浇筑溢流坝段大部分范围（16 号坝段以右）及 8 号右岸非溢流坝段以左的混凝土，混凝土直接入仓量大。立柱中心线位于坝轴线下游桩号 0+065.00。

塔柱将随着坝体的升高埋入坝体内。塔式布料机直接布料最大浇筑半径为 100.0m，如与履带式布料机联合后最大浇筑半径加大为 120.0m。TB1 塔式布料机主要浇筑溢流坝段、左岸底孔坝段、左岸电梯井坝段和左岸转弯坝段的混凝土，TB2 塔式布料机浇筑溢流坝段、右岸底孔坝段、右岸部分挡水坝段的混凝土。塔式布料机的理论角度为 ±20°，实际角度大部分在 ±10° 范围内，局部达到 ±15°。当履带式布料机与塔式布料机联合浇筑碾压混凝土时，塔机则可灵活地用来吊运其他设备。

（2）高速皮带机运输线的布置。与塔式布料机相匹配的 2 条高速皮带机直接与低系统（拌和楼平台高程 308.50m）2 座强制式混凝土拌和楼相接，首部接塔式布料机。在每座拌和楼出料处设 1 条可移动伸缩皮带机，可向任何 1 条供料皮带机供料（又称为计量皮带，可计量调速）。为确保皮带机运输线路不因拌和楼故障停机，另外从高系统（平台高程 360.00m）强制式拌和楼布置 1 条皮带和 1 号、2 号运输系统连接皮带机相接，达到 3 座强制式拌和楼可向每一塔带机供料，以确保塔带机系统连续运行。

1 号、2 号高速皮带机运输线采用一柱两挂式，立柱间跨度不大于 75.0m，立柱最大自由高度为 74.0m，运输线坝外最大角度控制在 ±10°，坝内控制在 −15°～+20° 范围，皮带机全线长度分别为 489.5m、401.5m。其中，1 号皮带机不但线路长，且因需跨河布置，难度大，故进行了详细的布置研究：1 号皮带机中拌和楼出料皮带机长 30.0m、系统连接皮带机长 49.0m，供料线皮带机长 410.5m，坝外及坝内皮带机均按一级布置，坝内皮带机直接布置在仓内，立柱埋入溢流坝段的导墙处。

8.1.2.2 负压溜槽与供料线的布置

负压溜槽主要协助 2 号塔式布料机担负右岸非溢流坝的部分碾压混凝土浇筑，经仓面浇筑强度分析需配 2 条 φ600mm 的负压溜槽，另考虑 1 条备用，共 3 条。受 5 号通航坝段的常态混凝土影响，负压溜槽只宜布置在 6 号坝段。由于右岸坝基开挖坡度较缓，仅为 30° 左右，为满足负压溜槽角度要求（宜不小于 45°），且支撑工程量适中，负压溜槽按一级布置，控制坝体高程 231.00～280.00m 范围的混凝土浇筑。

用 1 条带宽 760～800mm 的 3 号高速皮带机供料，混凝土从拌和楼接皮带机到受料斗，线路全长约为 347.0m。坝体高程 280.00m 以上的部分混凝土运输，可利用本条高速皮带机直接入仓，转汽车布料。

8.1.2.3　自卸汽车直接入仓

坝体高程 230.00m 以下部分混凝土采用 32t 自卸汽车从低平台（高程 308.50m）拌和系统接料，经开挖出渣道路运输（平均运距约 2.0km），在到达坝区附近时车轮经过专门设施清洗后入仓布料。

8.1.2.4　缆机与水平运输的布置

（1）缆机布置。根据地形条件与缆机所承担的混凝土浇筑范围，选用的 2 台 20t 平移式中速缆机布置在同一平台上，设计主索控制范围 138.00m（桩号 0－013.00～0＋125.00），为避免与塔式布料机的干扰，同时也为坝体后期加高创造条件，主塔布置在右岸高程 450.00m 平台，副塔布置在左岸高程 480.00m 平台。主塔塔高 45.0m，塔顶高程 495.00m；副塔塔高 10.0m，塔顶高程 490.00m，跨度为 915.0m，缆机吊钩底控制高程为 190.00～442.00m。

（2）混凝土水平运输。采用 6 辆 20t 侧卸式自卸汽车，从混凝土拌和系统（高程 360.00m 平台 4×3m³ 混凝土拌和楼）接料，沿右岸上坝公路运输到缆机受料点（坝头高程 382.00m 平台），运距约 400m，由缆机不摘钩直接吊运 6m³ 混凝土罐入仓。

8.1.3　左岸坝段混凝土入仓方式

由于左岸大坝混凝土工程量相对较小（约占坝体混凝土总量的 20%），以常态混凝土为主（碾压混凝土仅占左岸混凝土量的 19.5%），且属岸坡坝段，汛期施工不受缺口度汛的影响，故设备选型相对简单。经分析常态混凝土（兼顾钢管等）运输方案主要采用 20t 自卸汽车水平运输，转 3 台塔机吊运 6m³（或 3m³）罐垂直运输入仓；碾压混凝土运输方案，采用 20t 自卸汽车水平运输，转 1 条负压溜槽垂直运输入仓，配合其他辅助运输设备即可满足混凝土月高峰浇筑强度 6 万 m³/月的要求。

8.2　大坝右岸混凝土系统

8.2.1　系统设计要求

右岸混凝土系统是建设龙滩大坝工程的主混凝土系统，其主要特点是：

（1）混凝土生产规模大，混凝土品种多，碾压、常态混凝土生产强度高（碾压混凝土 900m³/h，常态混凝土 520m³/h）且高峰时段不重叠。

（2）高温时段预冷碾压混凝土的施工强度高、温控标准严（混凝土出机口温度 12℃）。

（3）系统布置厂区地势陡峻、场地狭窄且地质条件复杂，系统布置难度大。

（4）拌和楼机口既要适应高速皮带机直接接料运输上坝的要求，同时也应满足自卸汽车接料运输的要求。

右岸混凝土系统的建设以设计方提供的招标设计方案为总体设计方案，承包方根据招标设计方案确定的混凝土系统生产规模、主要设备配置及工艺布置实施。

右岸大坝混凝土运输方案为"高速带式输送机转塔式布料机上坝为主，负压溜槽、缆机为辅"，其中，高速带式输送机供料线有 3 条，1 号、2 号高速带式输送机供料线供应 2 台塔式布料机；3 号高速带式输送机供料线供应负压溜槽；自卸汽车供应缆机等供料线。右岸混凝土生产系统平面布置如图 8.1 所示。

8.2.2　生产规模

根据施工进度安排，375.00m 方案、400.00m 方案右岸大坝混凝土浇筑高峰时段以碾压混凝土为主，高峰月强度均为 30 万 m^3/月，相应要求系统碾压混凝土的生产能力均为 900m^3/h（375.00m 方案除溢流堰外均按 400.00m 方案断面一次建成）；两方案右岸大坝混凝土浇筑高峰时段仓面最大浇筑强度均为 1080m^3/h。混凝土系统的生产规模根据右岸大坝混凝土浇筑高峰时段仓面最大浇筑强度确定为 1080m^3/h，其中碾压混凝土生产能力为 900m^3/h，供应 1~3 号高速带式输送机供料线，同期常态混凝土生产能力为 180m^3/h，供应自卸汽车转缆机等供料线；高温时段预冷碾压混凝土生产能力为 660m^3/h（出机口温度为 12℃），预冷常态混凝土生产能力为 150m^3/h（出机口温度为 10℃），系统能生产多种级配的碾压混凝土（以三级配为主）及常态混凝土（以四级配为主），既可满足 375.00m 方案的建设要求，又能满足 400.00m 方案建设时的混凝土生产需要。

8.2.3　系统规划

8.2.3.1　方案拟定

混凝土系统布置厂区位于右岸坝线下游直线距离 350.0m、8~10 号冲沟之间的山坡上。厂区地势陡峻、布置场地狭窄、岩体风化较深，存在崩积体和滑塌体，地质条件复杂，由于系统场地位于通航建筑物的高边坡和已建成的 2 号公路之间，要求系统的布置和建设不能影响通航建筑物的高边坡稳定及 2 号公路的正常交通。根据混凝土浇筑方案、混凝土生产工艺，结合厂区地形、地质条件，对"集中布置方案"和"分散布置方案"两个主要规划方案进行了研究。

"集中布置方案"将右岸混凝土生产系统集中布置于坝址右岸下游约 350.0m 处，担负龙滩大坝右岸及河床部位所需混凝土的生产任务。4 座拌和楼集中布置在高程 360.00m 平台，系统设计生产能力 1080m^3/h（其中碾压混凝土 900m^3/h，常规混凝土 180m^3/h），预冷混凝土生产能力 810m^3/h（其中碾压混凝土生产能力为 660m^3/h，常态混凝土生产能力为 150m^3/h）。拌和楼出料线地面高程 360.00m。已有公路通往混凝土系统厂区，厂区地表高程 360.00~403.00m，总占地面积约 6.0 万 m^2。顺山坡地形由上至下，依次布置有关车间及设施。

"分散布置方案"将右岸混凝土系统分为高、低两个系统，高系统为高程 360.00m 系统，厂区布置高程 360.00~403.00m，混凝土拌和楼布置高程 360.00m，主要担负大部分常态混凝土及部分碾压混凝土的生产任务，生产能力 480m^3/h（其中碾压混凝土 300m^3/h、常态混凝土 180m^3/h），预冷混凝土生产能力 370m^3/h（其中碾压混凝土 220m^3/h、常态混凝土 150m^3/h）；低系统为高程 308.50m 系统，利用通航建筑物中间渠系一期开挖形成的平台，扩挖其靠河侧的边坡，厂区布置高程 308.50~320.00m，混凝土拌和楼布置高程 308.50m，主要担负大部分碾压混凝土及部分常态混凝土的生产任务，生产能力 600m^3/h（以碾压混凝土控制），预冷混凝土生产能力为 440m^3/h（以碾压混凝土控制）。

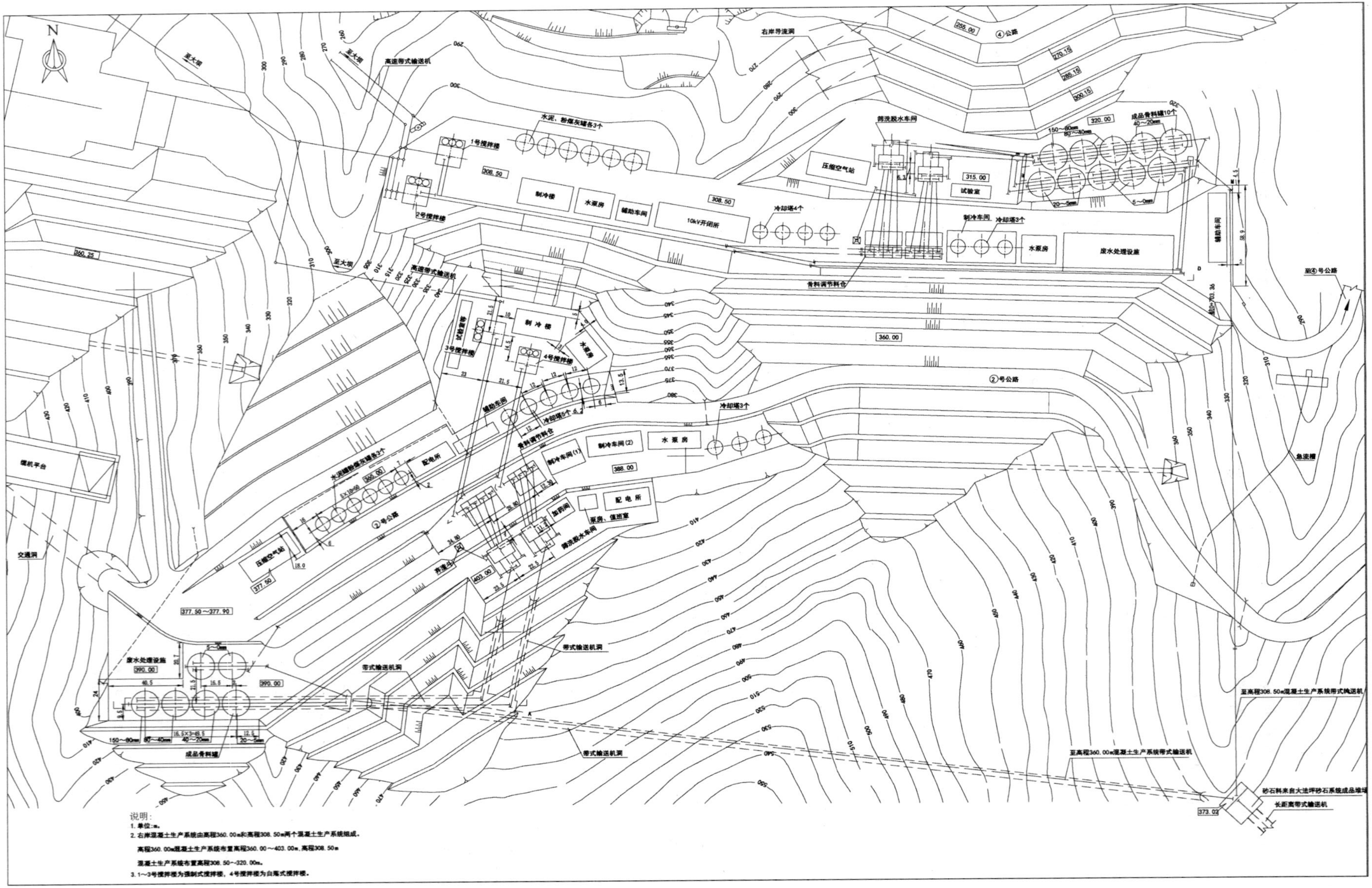

图 8.1　右岸混凝土生产系统平面布置图

8.2.3.2 方案比选

集中布置方案和分散布置方案最大的不同是工艺布置方案上的差别。

（1）集中布置方案的特点。

1）混凝土系统布置紧凑、集中，拌和楼出料线地面高程均为360.00m。

2）由于一个混凝土系统内集中布置4座大型拌和楼，系统混凝土生产规模达30万m³/月以上，骨料储运系统的运输强度很高（总运输强度达4000t/h），工艺布置和运行难度相对较大（需同时调配运行8条骨料运输线，5种级配骨料），运行可靠性相对略差。

3）由于高程360.00m以上可供布置混凝土系统的场地十分紧张，因此部分构筑物需布置在不良地质区域，基础处理工程量相对较高。

4）由于只布置一个混凝土系统，系统的运行人员相对较少。

（2）分散布置方案的特点。

1）分高程布置2个混凝土系统，拌和楼出料线地面高程分别为360.00m和308.50m。

2）每个系统的生产规模为15万～20万m³/月，较为适中。骨料储运系统的运输强度适中，工艺布置和运行难度相对较小，运行可靠性相对较高。

3）高程308.50m以下的混凝土量占大坝混凝土总量约3/4，低系统（高程308.50m系统）的混凝土出料高程较为适中，混凝土运输距离相对较短。

4）低系统（高程308.50m系统）布置在通航建筑物已开挖形成的平台之上，可省去系统一期土石方工程量；高系统（高程360.00m系统）由于布置面积减小，构筑物均可布置在地质条件相对较好的场地上。

5）由于分设2个混凝土系统，除混凝土拌和楼配置相同外，其他附属设施的数量均有一定程度增加。

6）需新建一条4号公路到高程308.50m平台（长约800m）。

7）砂石系统的骨料需分别送往2个混凝土系统，在长距离带式输送机头部需设置分叉溜槽，输送不同种类骨料时的切换频率相对较高。

通过比较选定生产效率高、运行可靠、经济的"分散布置方案"作为招标设计实施方案。

8.2.4 混凝土生产工艺

混凝土生产系统由成品骨料运输线、成品骨料储运系统、水泥和粉煤灰储运系统、预冷系统及混凝土拌和楼等组成。

成品骨料经长距离带式输送机由大法坪砂石加工系统运至混凝土系统成品骨料罐储存。在长距离带式输送机头部设分叉溜槽或回转漏斗，骨料可经带式输送机分别上运或下运至高、低系统的成品骨料罐。

成品骨料罐内的粗骨料按混凝土配比混合放料，在筛洗脱水车间进行二次筛洗脱水，然后进入骨料调节料仓（一次风冷料仓），各设施之间采用带式输送机连接，最终由带式输送机送入拌和楼；细骨料则由成品骨料罐直接经带式输送机送入混凝土拌和楼。

水泥、粉煤灰经散装水泥罐车由中转站运至混凝土系统，用气送入罐储存；然后采用双套管输送装置，同样用气将其送入拌和楼。

根据温控要求，高温季节碾压混凝土的出机口温度为12℃，采用二次风冷粗骨料、适当加冰和低温水搅拌的方式对混凝土进行预冷；常规混凝土的出机口温度为10℃，采用二次风冷粗骨料、加冰及低温水搅拌的方式对混凝土进行预冷，使混凝土出机口温度满足温控要求。

大坝右岸混凝土生产系统工艺流程如图8.2所示。

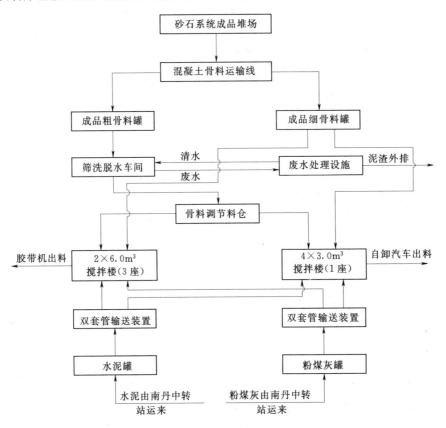

图8.2　大坝右岸混凝土生产系统工艺流程图

8.2.5　主要设备选择

8.2.5.1　混凝土搅拌设备选择

（1）方案拟定。根据大坝右岸混凝土生产系统的生产规模、混凝土种类、浇筑运输方案、厂区布置条件以及国内外大型水电站混凝土搅拌设备实际使用情况，设计中初步考虑了3种设备配置组合方案，即连续式搅拌站与自落式搅拌楼组合方案（方案一）、全部采用自落式搅拌楼方案（方案二）、强制式搅拌楼与自落式搅拌楼组合方案（方案三），设计推荐按"方案三"配置混凝土搅拌设备。各方案主要特点比较见表8.1。

（2）方案比选。右岸混凝土生产系统具有生产规模大、运行周期长、主要生产三级配碾压混凝土，同时也能生产四级配常规混凝土的特点。为适应混凝土生产系统的上述特点，混凝土生产所需主要设备——混凝土搅拌楼的选型十分重要。

表 8.1　　　　　　　　　搅拌设备配置型号、数量以及主要特点比较表

方案	搅拌设备型号及数量	主 要 特 点
一	LFK1130 型连续式搅拌站 3 座；4×4.5m³ 自落式搅拌楼 2 座	(1) 设备总生产能力能满足大坝混凝土浇筑强度要求。 (2) 连续式搅拌站单机生产能力大，混凝土生产工艺相对简单，碾压混凝土生产成本相对略低。 (3) 由于连续式搅拌站只适用于生产碾压混凝土和三级配常规混凝土，不能生产四级配常规混凝土，故还需配置 2 座大容量的自落式搅拌楼，以满足常规混凝土浇筑高峰强度的需要。这样，连续式搅拌站生产能力大的特点不能充分发挥，且混凝土生产调配灵活性较差，混凝土出料运输线布置复杂，设备利用率相对较低。 (4) 连续式混凝土搅拌设备在国内大型水电工程还没有使用的先例，设备运行的可靠性和混凝土的生产质量均难以保证。 (5) 搅拌楼（站）数量较多，不适用集中布置方案，对分散布置方案，混凝土运输线数量相对较多，布置复杂
二	4×4.5m³ 自落式搅拌楼 4 座	(1) 设备总生产能力能满足大坝混凝土浇筑强度要求。 (2) 自落式搅拌楼生产三级配碾压混凝土，搅拌时间相对较长，生产效率相对较低。 (3) 搅拌机数量相对最多，配料系统相对复杂。 (4) 碾压混凝土浇筑高峰时需同时投入 4 座楼，其中 1 座楼还需生产常规混凝土，设备负荷率偏高。 (5) 自落式混凝土搅拌设备已在国内多个大型水电工程使用，设备运行的可靠性和混凝土的生产质量均有保证。 (6) 搅拌楼数量适中，可适用集中布置方案和分散布置方案，但高峰期混凝土生产需调配使用，尤其是分散布置方案，还需高、低系统的搅拌楼调配使用，混凝土运输线数量相对较多，系统运行管理复杂
三	2×6.0m³ 强制式搅拌楼 3 座；4×3.0m³ 自落式搅拌楼 1 座	(1) 设备总生产能力能满足大坝混凝土浇筑强度要求。 (2) 强制式搅拌楼搅拌时间短、生产效率高，生产碾压混凝土质量相对较好。 (3) 3 座强制式搅拌楼与 3 条混凝土高速带式输送机运输线相对应，既可生产碾压混凝土，又能生产常规混凝土，调配灵活；对于不同的混凝土系统布置方案，1 座自落式搅拌楼既可专用于生产常规混凝土，供应缆机运输线，也可生产碾压混凝土，供应高速带式输送机运输线，混凝土生产保证性相对较高。 (4) 强制式混凝土搅拌设备已在国内多个大型水电工程使用，设备运行的可靠性和混凝土的生产质量均有保证。 (5) 搅拌楼数量适中，既适用集中布置方案，也可用于分散布置方案，混凝土生产调配灵活，运行管理方便，混凝土运输线布置较前两个方案简单，供料保证性高

　　碾压混凝土生产强度：以仓面控制的碾压混凝土生产能力为 900m³/h（采用高速带式输送机转塔带机和高速带式输送机转自卸汽车运输），同时段常规混凝土生产能力为 180m³/h（采用侧卸汽车转缆机运输）。常规混凝土生产强度：以仓面控制的常规混凝土生产能力为 570m³/h（其中 440m³/h 采用高速带式输送机转塔带机运输，130m³/h 采用侧卸汽车转缆机运输），同时段不需浇筑碾压混凝土；以满足缆机运输能力控制，常规混凝土生产能力为 180m³/h。因此，混凝土搅拌设备的配置，应既能满足碾压混凝土仓面最大浇筑强度要求，又能保证常规混凝土仓面最大浇筑强度需要。

根据右岸混凝土生产系统的生产规模、混凝土种类、浇筑运输方案、厂区布置条件以及国内外大型水电站混凝土搅拌设备实际使用情况，在对不同类型混凝土搅拌设备进行综合比较后，确定混凝土系统搅拌设备采用强制式搅拌楼与自落式搅拌楼相组合的设计方案。

设计方案配置 $2\times6.0m^3$ 强制式搅拌楼 3 座（搅拌楼碾压混凝土生产能力为 $3\times330m^3/h$，），用于生产碾压混凝土和部分常规混凝土，以满足工程混凝土高峰期碾压混凝土 $900m^3/h$ 的生产要求（亦可满足常规混凝土浇筑高峰强度的需要）；配置 $4\times3.0m^3$ 自落式搅拌楼 1 座（搅拌楼常规混凝土生产能力为 $240m^3/h$，碾压混凝土生产能力为 $200m^3/h$），以满足常规混凝土 $180m^3/h$ 的生产需要。

高程 360.00m 混凝土系统：布置强制式搅拌楼、自落式搅拌楼各 1 座，强制式搅拌楼主要供应高速带式输送机转自卸汽车运输线，也可供应高速带式输送机转塔带机运输线；自落式搅拌楼供应侧卸汽车转缆机运输线。

高程 308.50m 混凝土系统：布置强制式搅拌楼 2 座，主要供应 2 条高速带式输送机转塔带机运输线，其中 1 座楼也可供应高速带式输送机转塔带机运输线。

该设计方案混凝土生产调配灵活，运行管理方便，混凝土运输线布置方案相对简单，供料保证性相对较高。

设计方案的设备配置型号、数量以及主要特性见表8.2。

表 8.2 搅拌设备配置型号、数量及主要特性表

搅拌设备型号及数量	主 要 特 性
$2\times6.0m^3$ 强制式搅拌楼 3 座，$4\times3.0m^3$ 自落式搅拌楼 1 座	（1）设备生产能力能满足大坝混凝土浇筑强度要求。 （2）强制式搅拌楼搅拌时间短、生产效率高，生产碾压混凝土质量相对较好。 （3）3 座强制式搅拌楼可分别与 2 条高速带式输送机转塔带机运输线、1 条高速带式输送机转自卸汽车运输线相对应，既可生产碾压混凝土，又能生产常规混凝土，调配灵活，3 座强制式搅拌楼可互为备用；1 座自落式搅拌楼专门用于生产常规混凝土，供应侧卸汽车转缆机运输线，混凝土生产保证性相对较高。 （4）强制式混凝土搅拌设备已在国内多个大型水电工程使用，设备运行的可靠性和混凝土的生产质量均有保证。 （5）每个混凝土系统配置 2 座大型搅拌楼，生产规模适中，混凝土生产调配灵活，运行管理方便，混凝土运输线布置方案相对简单，供料保证性较高

8.2.5.2 其他设备选择

筛洗脱水、气力输送以及制冷等设备，均选用国内相关厂家生产的质量相对较好的产品。

8.2.5.3 系统主要技术指标及主要设备

右岸混凝土生产系统主要技术指标见表8.3。右岸混凝土生产系统主要设备见表8.4。

8.2.6 预冷系统

坝址区属亚热带地区，高温时段长（5—9 月），其中 7 月多年平均气温 27.1℃，平均水温 25.1℃。大坝混凝土工程量大，工期紧，强度高，为充分发挥碾压混凝土快速施工的特性，高温时段必须连续浇筑碾压混凝土，因此，高、低系统均需设置预冷系统，其中

高系统还担负大坝一期通水冷却的冷水生产任务。

表 8.3　　　　　　　　　右岸混凝土生产系统主要技术指标表

序号	项　　目	单位	技术指标			备　　注
			高程 360.00m 系统	高程 308.50m 系统	合计	
1	混凝土设计生产能力	m³/h	480	600	1080	
	预冷混凝土设计生产能力	m³/h	220	440	660	碾压混凝土出机口温度为 12℃
			150	360	510	常态混凝土出机口温度为 10℃
2	筛洗脱水车间处理能力	m³/h	1300	1400	2700	筛洗粗骨料
3	成品骨料设计输送能力	t/h	2400	2700	5100	其中砂分别为 600t/h、700t/h
4	成品骨料活容量	万 t	2.7	4.5	7.2	满足高峰期 1d 用量
5	水泥设计输送能力	t/h	35	35	70	
6	水泥储量	t	3000	4500	7500	满足高峰期 4～7d 用量
7	粉煤灰设计输送能力	t/h	65	95	160	
8	粉煤灰储量	t	1700	2550	4250	满足高峰期 3d 用量
9	用风量	m³/min	160	160	320	
10	冷风循环量	万 m³/h	56	64	120	未计二次风冷风量
11	片冰生产能力	t/h	11.25	9	20.25	
12	5℃冷水生产能力	m³/h	145	35	180	高程 360.00m 预冷系统含大坝冷却水 120m³/h
13	需水量	m³/h	950	850	1800	其中预冷系统各为 800m³/h、680m³/h
14	制冷装机容量	万 kW	1.56	1.62	3.18	标准工况
		万 kcal/h	1343	1399	2742	标准工况
15	系统装机容量	kW	13500	14500	28000	其中预冷系统各为 8500kW、9600kW
16	工作制度	班/d	3	3		
17	系统建筑面积	m²	4600	5650	10250	其中预冷系统各为 2800m²、3250m²
18	系统占地面积	万 m²	5.3	4.1	9.4	

表 8.4 右岸混凝土生产系统主要设备表

序号	名　称	规　格	单位	数量 高程 360.00m 系统	数量 高程 308.50m 系统	单机功率 /kW	备　注
1	混凝土拌和楼	$2×6.0m^3$	座	1	2	710	搅拌机为强制式
2	混凝土拌和楼	$4×3.0m^3$	座	1		400	搅拌机为自落式
3	双层圆振动筛	3.0×6.0m	台	3	6	55	
4	双层圆振动筛	2.4×6.0m	台	3		37	
5	螺旋洗砂机	WCD762	台	2	2	11	
6	空压机	5L-40/8	台	3	3	250	
7	空压机	4L-20/8	台	3	3	130	其中各备用1台
8	双套管输送装置	35t/h	台	6	6		输送水泥
9	双套管输送装置	25t/h	台	6	6		输送粉煤灰
10	螺杆制冷压缩机	制冷量1164kW	台	8	11	450	标准工况
11	螺杆制冷压缩机	制冷量582kW	台	3	3	220	标准工况
12	螺杆制冷压缩机	制冷量582kW	台	4	2	200	标准工况
13	螺杆冷水机组	冷冻水产量200m³/h	台	4	1	250	冷却水进水温度32℃，冷冻水出水温度7℃
14	片冰机	30t/d	台	9	8	4.65	制冰能力以每日24h计算
15	冰库	50t	座	2	2	25	
16	片冰气送装置	10t/h	台	2	2	37	
17	冷凝器	冷凝面积500m²	台	6	6		
18	冷凝器	冷凝面积400m²	台	2	3		
19	低压循环贮液器	12m³	台	7	12		
20	低压循环贮液器	10m³	台	6	2		
21	空气冷却器		台	8	8		用于骨料调节料仓
22	风机		台	8	8		用于骨料调节料仓
23	冷却塔	800m³/h	台	5	5	30	逆流式中温塔
24	冷却塔	800m³/h	台	2	2	22	逆流式低温塔
25	水泵	6×18SE	台	10	5	75	高系统备用2台、低系统备用1台
26	水泵	10×14SD	台		5	90	其中备用1台
27	水泵	IS200-150-400A	台	3		75	其中备用1台
28	电机振动给料机	GZG110-150	台	8	8	2×1.1	
29	电机振动给料机	GZG80-4	台		30	2×0.75	
30	电机振动给料机	GZG70-4	台	60	70	2×0.55	

序号	名称	规格	单位	数量		单机功率/kW	备注
				高程360.00m系统	高程308.50m系统		
31	带式输送机	$B=1400mm$	m	690	565		高系统$\Sigma=985kW/4$条，低系统$\Sigma=580kW/5$条
32	带式输送机	$B=1200mm$	m	820	900		高系统$\Sigma=535kW/10$条，低系统$\Sigma=675kW/11$条
33	带式输送机	$B=1000mm$	m	210			高系统$\Sigma=135kW/6$条
34	带式输送机	$B=800mm$	m	250	1250		高系统$\Sigma=75kW/4$条，低系统$\Sigma=250kW/16$条
35	带式输送机	$B=650mm$	m	385	630		高系统$\Sigma=160kW/20$条，低系统$\Sigma=250kW/19$条

8.2.6.1 温控要求、生产规模及搅拌楼配置

根据施工进度安排、混凝土施工工艺及温控要求，结合混凝土生产系统规划，混凝土系统的预冷混凝土生产能力及搅拌楼配置见表 8.5。

表 8.5 预冷混凝土生产能力及搅拌楼配置表

混凝土类别	混凝土出机口温度/℃	控制时段	生产规模/（m³/h）		搅拌楼配置			
			高程360.00m系统	高程308.50m系统	高程360.00m系统		高程308.50m系统	
					型号	数量	型号	数量
碾压混凝土	12	5—9月	220	2×220	2×6.0m³	1	2×6.0m³	2
常规混凝土	10	5—9月	150	2×180	4×3.0m³	1	2×6.0m³	2

8.2.6.2 预冷措施及工艺

红水河流域属亚热带季风气候，年最高气温 38.9℃，年最低气温−2.9℃，7 月多年平均气温 27.1℃，平均水温 25.1℃。根据混凝土组成材料的热平衡计算，各月混凝土的自然拌和出机口温度见表 8.6。混凝土预冷系统以高温季节生产出机口温度 12℃的碾压混凝土（三级配为主）和出机口温度 10℃的常规混凝土（四级配为主）为依据进行设计。由于两个混凝土系统规划方案的工艺流程及温控标准相同，仅在布置上有所区别，故各预冷系统的预冷措施及工艺均基本相同。

表 8.6 混凝土自然拌和出机口温度表

月份		1	2	3	4	5	6	7	8	9	10	11	12
月平均气温/℃		11.0	12.6	16.4	21.2	24.3	26.1	27.1	26.7	24.8	21.0	16.6	12.7
月平均水温/℃		14.5	15.2	18.0	21.7	24.2	24.7	25.1	25.6	24.9	22.0	19.4	16.1
温度/℃	碾压混凝土	11.5	13.3	17.1	21.9	25.1	27.0	29.2	27.9	26.6	22.0	17.6	13.7
	常规混凝土	12.0	13.5	17.34	22.0	25.2	27.1	29.3	28.0	26.7	22.2	17.9	14.0

（1）预冷措施。大坝右岸混凝土生产系统担负的混凝土工程量大、工期紧，尤其是高温季节碾压混凝土的施工强度及温控要求均高于国内外其他工程。因此，选择技术先进、运行可靠、经济指标较好的预冷工艺是保证高温季节混凝土顺利施工的关键。根据碾压混凝土、常规混凝土的不同特点及所需的降温幅度，采取"以风冷粗骨料为主（二次风冷）、加冰及低温水拌和（碾压混凝土不加冰）"的预冷设计方案。对碾压混凝土采取的预冷措施为骨料调节料仓风冷粗骨料＋搅拌楼料仓风冷粗骨料＋低温水拌和；对常规混凝土采取的预冷措施为骨料调节料仓风冷粗骨料＋搅拌楼料仓风冷粗骨料＋片冰及低温水拌和。

（2）预冷工艺。高程360.00m混凝土生产系统配置2×6.0m³强制式搅拌楼、4×3.0m³自落式搅拌楼各1座；高程308.50m混凝土生产系统配置2×6.0m³强制式搅拌楼2座。2×6.0m³强制式搅拌楼以生产碾压混凝土为主，也能生产常规混凝土；4×3.0m³自落式搅拌楼主要生产常规混凝土。高温季节各搅拌楼根据所生产的混凝土种类及出机口温度的要求，采取相应的预冷措施。碾压混凝土、常规混凝土预冷工艺流程简图分别如图8.3和图8.4所示。

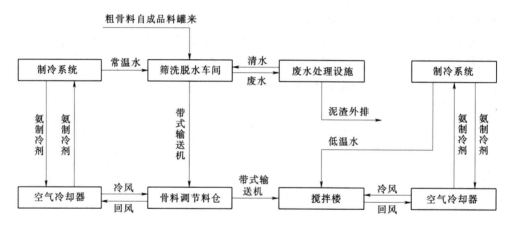

图8.3　碾压混凝土预冷工艺流程图

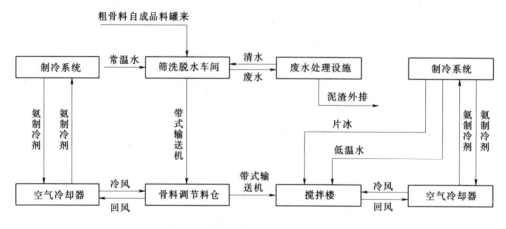

图8.4　常规混凝土预冷工艺流程图

1）高程 360.00m 混凝土生产系统预冷工艺。

a. 风冷骨料工艺。碾压混凝土和常规混凝土的风冷骨料工艺基本相同，均采用二次风冷工艺，只是二次风冷后的骨料终温有所不同。风冷骨料分别在骨料调节料仓及搅拌楼粗骨料仓内进行。

b. 一次风冷。一次风冷由 2 组骨料调节料仓、空气冷却器、离心通风机及制冷车间等组成。成品骨料罐内的粗骨料按混凝土配比混合放料，经带式输送机送至筛洗脱水车间，筛洗脱水、分级后进入骨料调节料仓进行一次风冷。每座搅拌楼供料线配置 1 组骨料调节料仓，每组骨料调节料仓按粗骨料级配分为 4 个分料仓，特大石、大石、中石、小石各用 1 个仓。空气冷却器、离心风机与各分料仓一对一配置，组成各自独立的冷风循环系统。骨料在料仓内自上而下流动，冷风在料仓内自下而上流动，与骨料进行逆流式热交换，将骨料由初温冷却至 7～9℃。一次风冷的冷风温度为 0～−5℃，空气冷却器冷源均由制冷车间提供，制冷车间配置 3 台 DLG25ⅡA 型螺杆式制冷压缩机、2 台 DLG20ⅡA 型螺杆式制冷压缩机，制冷装机容量 4.65MW（400 万 kcal/h，标准工况）。

c. 二次风冷。二次风冷由 2 座搅拌楼的粗骨料仓、空气冷却器（附壁式冷风机）、轴流通风机及相应的制冷设施等组成。空气冷却器、轴流风机与搅拌楼粗骨料仓一对一配置，组成各自独立的冷风循环系统。粗骨料在骨料调节料仓中一次风冷后，分别由带式输送机送至搅拌楼料仓，进行二次风冷，将粗骨料由 8～10℃冷却至所需的终温。二次风冷所需的空气冷却器、轴流风机由搅拌楼随楼配置，空气冷却器的冷源由制冷楼提供，配置 4 台 DLG25ⅡA 型螺杆式制冷压缩机、3 台 DLG20ⅡA 型螺杆式制冷压缩机，制冷装机容量 6.39MW（550 万 kcal/h，标准工况），其中 $2 \times 6.0 m^3$ 搅拌楼 0.465 万 kW（400 万 kcal/h）。

d. 加冰及低温水拌和。碾压混凝土加低温水拌和。$2 \times 6.0 m^3$ 强制式搅拌楼生产的常规混凝土加冰量为每立方米混凝土 30kg；$4 \times 3.0 m^3$ 自落式搅拌楼生产的常规混凝土加冰量为每立方米混凝土 40kg。

片冰由片冰机生产，冰机置于冰库上方，片冰机生产的片冰直接落入冰库内，然后采用气送方式输送进搅拌楼。对应于 $4 \times 3.0 m^3$ 搅拌楼供料线的片冰生产能力 125t/d，配置 1 台 DLG25ⅡA 型螺杆式制冷压缩机、1 台 DLG20ⅡA 型螺杆式制冷压缩机、制冷装机容量 1.74MW（150 万 kcal/h，标准工况）；对应于 $2 \times 6.0 m^3$ 强制式搅拌楼供料线的片冰生产能力 100t/d，因为 $2 \times 6.0 m^3$ 强制式搅拌楼生产预冷常规混凝土时的二次风冷、制冰冷量小于生产预冷碾压混凝土时二次风冷所需冷量，故生产预冷常规混凝土时制冰所需 1.16MW（100 万 kcal/h，标准工况）冷量的制冷压缩机，可由生产预冷碾压混凝土的二次风冷制冷压缩机调配使用。

制冰、拌和用的 5℃低温水均由冷水机组生产，生产能力 20m³/h，配置 1 台 LSL-GF500 型螺杆冷水机组，冷水机组生产出的冷水进入调节水池，通过泵送至各用水点。

根据温控要求，本系统还担负大坝一期通水冷却的冷水生产任务。大坝冷却水配置 3 台 LSLGF1000 型螺杆冷水机组生产，冷水生产能力 120m³/h，水温 5℃，由设于高程 360.00m 的调节水池接管至各用水点。

2）高程 308.50m 混凝土生产系统预冷工艺。

a. 风冷骨料工艺。一次、二次风冷骨料工艺流程与高程360.00m混凝土生产系统相同，一次风冷的空气冷却器冷源由制冷车间提供，制冷装机容量6.39MW（550万kcal/h，标准工况），配置4台DLG25ⅡA型螺杆式制冷压缩机，3台DLG20ⅡA型螺杆式制冷压缩机；二次风冷的空气冷却器冷源由制冷楼提供，制冷装机容量9.88MW（850万kcal/h，标准工况），配置7台DLG25ⅡA型螺杆式制冷压缩机、3台DLG20ⅡA型螺杆式制冷压缩机。

b. 加冰及低温水拌和。加冰及低温水拌和的工艺流程、制冰所需制冷机的配置方式与高程360.00m混凝土生产系统2×6.0m³搅拌楼相同，片冰生产能力200t/d。生产预冷常规混凝土时制冰所需2.32MW（200万kcal/h，标准工况）冷量的制冷机，可由生产预冷碾压混凝土的二次风冷制冷机调配使用。制冰、拌和用的5℃低温水生产能力30m³/h，配置1台LSLGF1000型螺杆冷水机组。

8.2.6.3　预冷系统的布置

混凝土预冷系统由骨料调节料仓一次风冷、搅拌楼料仓二次风冷、制冰、储冰、输冰等设施及相应的制冷系统组成。

大坝右岸混凝土生产系统规模大，设备多，厂区地形、地质条件复杂，可供布置预冷系统的场地十分有限。根据混凝土系统的总体布置规划，结合厂区地形、地质条件，各混凝土预冷系统的布置规划如下。

（1）高程360.00m混凝土生产系统。

a. 一次风冷。一次风冷的2组骨料调节料仓、空气冷却器、离心通风机及2个制冷车间、水泵房、冷却塔均布置在高程388.00m平台。与2×6.0m³强制式搅拌楼供料线对应的骨料调节料仓活容积为1250m³；与4×3.0m³自落式搅拌楼供料线配套的骨料调节料仓活容积为970m³。空气冷却器、离心通风机紧邻骨料调节料仓设置。1号制冷车间（面积为20m×14.5m）布置3台DLG25ⅡA型螺杆式制冷压缩机、2台DLG20ⅡA型螺杆式制冷压缩机；2号制冷车间（面积为30m×12m）布置与制冷机配套的冷凝器、高压贮液器及低压循环贮液器等制冷辅助设备，为骨料调节料仓的空气冷却器提供冷源。

b. 二次风冷（含制冰）。2座搅拌楼的二次风冷、制冰、制冷水所需制冷设备及辅助设施采用制冷楼与车间相结合的形式布置在高程360.00m、高程365.00m平台。搅拌楼粗骨料仓的空气冷却器、轴流风机分别设于各自对应的搅拌楼料仓平台；制冷楼、水泵房紧邻2座搅拌楼布置，布置高程为360.00m；冷却塔布置在高程365.00m平台。

c. 制冷楼，长×宽×高为27m×15m×25m，分5层布置制冷设备。第1层布置5台DLG25ⅡA型螺杆式制冷压缩机、4台DLG20ⅡA型螺杆式制冷压缩机、1台LSLGF500型螺杆冷水机组；第2层布置3台LSLGF1000型螺杆冷水机组、冷凝器及高压贮液器；第3层布置低压循环贮液器及气送片冰装置；第4层布置2座50t冰库；第5层布置9台PBL-2×110型片冰机。

（2）高程308.500m混凝土生产系统。

a. 一次风冷。2组骨料调节料仓、空气冷却器、离心通风机及制冷车间、水泵房等均布置在高程308.50m平台。2组骨料调节料仓活容积为2×1250m³；空气冷却器、离心通风机紧邻骨料调节料仓布置；制冷车间布置在骨料调节料仓侧面，面积为40m×18.5m，布置 4 台 DLG25ⅡA 型螺杆式制冷压缩机，3 台 DLG20ⅡA 型螺杆式制冷压缩机及与之配套的制冷辅助设备；冷却塔设于制冷车间屋顶。

b. 二次风冷（含制冰）。2 座搅拌楼的二次风冷、制冰、制冷水所需制冷设备及辅助设施采用制冷楼与车间相结合的形式布置在高程 308.50m 平台。搅拌楼粗骨料仓的空气冷却器、轴流风机分别设于各自对应的搅拌楼料仓平台；制冷楼、水泵房、冷却塔紧邻 2 座搅拌楼布置，布置高程为 308.50m。

c. 制冷楼，长×宽×高为 28.5m×15m×25m，分 5 层布置制冷设备。第 1 层布置 7 台 DLG25ⅡA 型螺杆式制冷压缩、3 台 DLG20ⅡA 型制冷压缩机；第 2 层布置 1 台 LSLGF1000 型螺杆式冷水机组、冷凝器及高压贮液器；第 3 层布置低压循环贮液器及气送片冰装置；第 4 层布置 2 座 50t 冰库；第 5 层布置 8 台 PBL-2×110 型片冰机。

8.2.6.4 实施方案与招标设计方案的主要不同点

（1）调整碾压混凝土的预冷措施。2003 年 3 月，拌和楼设计方案审查时（此时Ⅲ标尚未定标），鉴于在不加冰拌和的条件下，拌和楼粗骨料二次风冷后的终温难以满足温控要求，经业主及设计院等有关方面研究，采用招标设计备用方案，在"实施方案"设计前将碾压混凝土的预冷措施调整为"二次风冷粗骨料＋适量片冰及低温水拌和"。

（2）调整二次风冷制冷装机容量。根据招标文件要求，"实施方案"的二次风冷冷量需根据拌和楼供货承包商提供的资料最终确定。"实施方案"未按拌和楼供货承包商提供的资料确定二次风冷冷量，而是将高程 308.50m 预冷系统二次风冷容量由 9.312MW（800 万 kcal/h）调整为 7.558MW（700 万 kcal/h），相对其他水电工程而言，预冷系统配备的单位制冷容量裕度相对较大。

（3）调整大坝一期通水冷却生产设施。"实施方案"设计中大坝一期通水冷却的冷水生产与招标设计相同，方案实施时该部分冷水由移动式冷水站生产并随使用地点设置。

8.2.6.5 混凝土预冷系统的运行

混凝土预冷系统投产后，运行良好。砂石加工系统生产的成品砂含水率小于 6%，碾压、常态混凝土均采取"二次风冷粗骨料＋片冰及低温水拌和"的预冷措施，其中碾压混凝土每立方米混凝土加冰量最高可达 25kg，混凝土出机口温度不大于 12℃，实现了预冷碾压混凝土加冰拌和工艺的"零"突破，保证了高温季节大坝混凝土施工的顺利进行，为碾压混凝土加冰拌和和预冷提供了成功经验。

8.2.7 混凝土生产系统布置

按照坝区右岸地形、地质条件，结合大坝混凝土浇筑、运输方案，在坝址右岸下游约 350m 处的高程 360.00～403.00m 平台和高程 308.50～320.00m 平台分别布置 2 个混凝土生产系统。

根据工艺流程设计要求，右岸混凝土生产系统由 3 大部分组成，即混凝土骨料运输线、高程 360.00m 混凝土生产系统及高程 308.50m 混凝土生产系统。

8.2.7.1 混凝土骨料运输线

大坝右岸混凝土生产系统所需混凝土骨料均由大法坪砂石系统供应，骨料设计输送能力为 3000t/h。从大法坪砂石系统成品堆场下部的给料机给料，到 2 个混凝土系统成品骨料罐顶部的卸料小车胶带机卸料，由数条头尾相接的带式输送机组成（其中 1 条长约

4km）。在长距离带式输送机头部设有分叉溜槽，骨料可分别经带式输送机上运至高程360.00m混凝土生产系统的成品骨料罐顶或下运至高程308.50m混凝土生产系统的成品骨料罐顶。

8.2.7.2　高程360.00m混凝土生产系统

混凝土生产系统由混凝土搅拌楼、骨料储运系统、水泥和粉煤灰储运系统、混凝土预冷系统、外加剂配制车间、废水处理设施以及其他辅助设施组成。右岸360.00m混凝土生产系统工艺流程如图8.5所示。

混凝土生产系统布置于坝址右岸下游约350m处。根据施工进度和大坝混凝土浇筑运输方案，本系统担负右岸2～21号坝段碾压混凝土及部分常规混凝土的生产任务，系统设计生产能力480m³/h，搅拌楼出料线地面高程360.00m。已有公路通往混凝土系统厂区，厂区地表高程360.00～403.00m，总占地面积约5.3万m²。顺山坡地形由上至下，依次布置有关车间及设施。

（1）混凝土搅拌楼。混凝土生产系统配备1座2×6.0m³双卧轴强制式搅拌楼和1座4×3.0m³自落式搅拌楼。强制式搅拌楼主要用于生产碾压混凝土，同时也能生产常规混凝土，碾压混凝土设计生产能力300m³/h，常规混凝土设计生产能力220m³/h，混凝土采用高速带式输送机转自卸汽车运输入仓；自落式搅拌楼主要用于生产常规混凝土，设计生产能力180m³/h，混凝土采用侧卸汽车转缆机运输入仓。

（2）骨料储运系统。每座搅拌楼布置1条粗骨料运输线（2座楼共2条运输线）。成品骨料罐内的粗骨料按混凝土配比混合放料，经带式输送机送入筛洗脱水车间，对其进行二次筛洗脱水，分级脱水后的粗骨料经带式输送机进入骨料调节料仓，然后由带式输送机送入搅拌楼。

从骨料罐底部到筛洗脱水车间为混合连续供料，粗骨料设计输送能力为1300t/h，其中2×6.0m³搅拌楼粗骨料运输线的输送能力为700t/h；4×3.0m³搅拌楼粗骨料运输线的输送能力为600t/h。

从骨料调节料仓到搅拌楼为分级间断供料，粗骨料设计输送能力为1800t/h，其中2×6.0m³搅拌楼粗骨料运输线的输送能力为1000t/h；4×3.0m³搅拌楼粗骨料运输线的输送能力为800t/h。

每座搅拌楼布置1条细骨料运输线，细骨料由成品骨料罐经带式输送机直接送入搅拌楼。设计输送能力为600t/h，其中2×6.0m³搅拌楼细骨料运输线的输送能力为350t/h；4×3.0m³搅拌楼细骨料运输线的输送能力为250t/h。

混凝土系统设6个直径15.0m、高25.0m的钢筋混凝土骨料罐，设计总容量为6×6600t（活容量为6×4500t），其中特大石、大石、中石、小石料罐各1个，砂料罐2个，骨料罐平台布置高程为390.00m。

混凝土系统设2个筛洗脱水车间，布置在距搅拌楼约100m处的高程403.00m平台，其中1个车间的骨料筛洗能力为700t/h，配备2YKR3060型振动筛3台（与2×6.0m³搅拌楼相配套）；另1个车间的骨料筛洗能力600t/h，配备2YKR2460型振动筛3台（与4×3.0m³搅拌楼相配套）。

混凝土生产系统设2组骨料调节料仓（每组料仓分别储存4种级配粗骨料），与2×

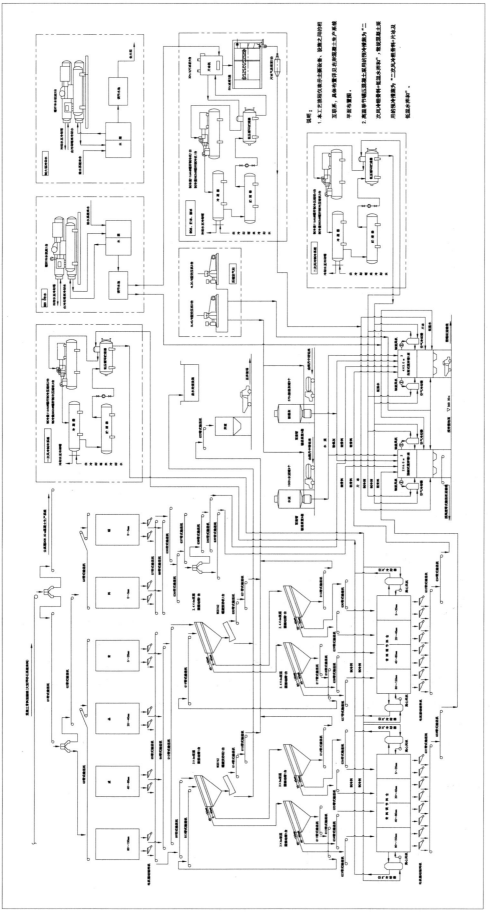

图 8.5　右岸 360.00m 混凝土生产系统工艺流程图

6.0m³ 强制式搅拌楼供料线对应的骨料调节料仓活容积为 1250m³；与 4×3.0m³ 自落式搅拌楼供料线对应的骨料调节料仓活容积为 970m³。骨料在调节料仓内进行一次风冷，调节料仓布置在高程 388.00m 平台。

（3）水泥和粉煤灰储运系统。水泥和粉煤灰均采用大型散装水泥罐车自南丹转运站运至工地的水泥和粉煤灰罐储存。

水泥和粉煤灰罐布置在高程 365.00m 平台，其中，钢制水泥罐 3 个（单罐储量 1000t），总储量 3000t，可满足高峰期 5d 的水泥需用量；钢制粉煤灰罐 3 个（单罐储量 567t），总储量 1700t，可满足高峰期 3d 的粉煤灰需用量。

水泥和粉煤灰均采用气送入罐，然后由双套管输送装置气送进入搅拌楼的水泥、粉煤灰仓。水泥输送能力为 70t/h，配备 LS-4.0 型双套管输送装置 6 套；粉煤灰输送能力为 65t/h，配备 LS-6.0 型双套管输送装置 6 套。

（4）压缩空气站。压缩空气站布置在高程 377.50m 平台，供应气力输送水泥、粉煤灰及搅拌楼所需压缩空气，混凝土系统总用风量 160m³/min，配备 5L-40/8 型空压机 3 台，4L-20/8 型空压机 3 台（其中备用 1 台）。

（5）外加剂配制车间。外加剂配制车间布置在高程 360.00m 平台，专用车将粉状外加剂运至工地的外加剂车间仓库堆存，经稀释并搅拌均匀后，由耐酸泵输送入楼。

8.2.7.3 高程 308.50m 混凝土生产系统

混凝土生产系统由混凝土搅拌楼、骨料储运系统、水泥和粉煤灰储运系统、混凝土预冷系统、外加剂配制车间、废水处理设施以及其他辅助设施组成。右岸 308.50m 混凝土生产系统工艺流程如图 8.6 所示。

混凝土生产系统布置于坝址右岸下游约 350m 处，主要利用通航建筑物（中间渠系）一期开挖形成的高程 308.50m 平台和将要扩挖形成的高程 315.00m 平台、高程 320.00m 平台，布置混凝土系统的各个车间设施。系统占地面积约 4.1 万 m²，搅拌楼出料线地面高程 308.50m。根据施工进度和大坝混凝土浇筑工艺，本系统担负右岸 7～21 号坝段碾压混凝土及部分常规混凝土的生产任务，碾压混凝土设计生产能力 600m³/h。

（1）混凝土搅拌楼。混凝土生产系统配备 2 座 2×6.0m³ 双卧轴强制式搅拌楼，主要用于生产碾压混凝土，同时也能生产常规混凝土。碾压混凝土设计生产能力为 2×300m³/h，常规混凝土设计生产能力为 2×220m³/h，混凝土采用高速带式输送机转塔带机运输入仓。

（2）骨料储运系统。每座搅拌楼布置 1 条粗骨料运输线（2 座楼共 2 条运输线）。骨料罐内的粗骨料按混凝土配比混合放料，经带式输送机送入筛洗脱水车间，对其进行二次筛洗脱水，分级脱水后的粗骨料经带式输送机进入骨料调节料仓，然后由带式输送机送入搅拌楼。

从骨料罐底部到筛洗脱水车间是混合连续供料，粗骨料设计输送能力为 1400t/h，每条粗骨料运输线的输送能力为 700t/h。

从骨料调节料仓到搅拌楼是分级间断供料，粗骨料设计输送能力为 2000t/h，每条粗骨料运输线的输送能力为 1000t/h。

每座搅拌楼布置 1 条细骨料运输线，细骨料由成品骨料罐经带式输送机直接送入搅拌楼。设计输送能力为 700t/h，每条细骨料运输线的输送能力为 350t/h。

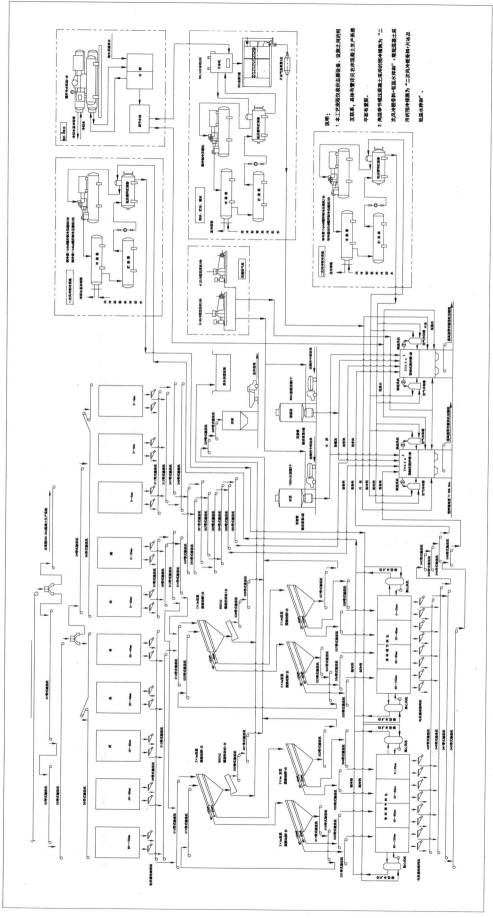

图 8.6　右岸 308.50m 混凝土生产系统工艺流程图

混凝土系统设 10 个直径 15m、高 25m 的钢筋混凝土骨料罐，设计总容量为 $10 \times 6600t$（活容量为 $10 \times 4500t$），其中特大石料罐 1 个，大石、中石、小石料罐各 2 个，砂料罐 3 个。骨料罐平台布置高程为 320.00m。

混凝土系统设 2 个筛洗脱水车间，每个车间骨料筛洗能力均为 700t/h，各配备 2YKR3060 型振动筛 3 台，共 6 台。筛洗脱水车间布置在高程 315.00m 平台。

混凝土系统设 2 组骨料调节料仓（每组料仓分别储存 4 种级配粗骨料），每组骨料调节料仓活容积为 1250m³；骨料在调节料仓内进行一次风冷，调节料仓布置在高程 308.50m 平台。

（3）水泥和粉煤灰储运系统。水泥和粉煤灰均采用大型散装水泥罐车自南丹中转站运至工地的水泥和粉煤灰罐储存。

水泥和粉煤灰罐布置在高程 308.50m 平台，其中，钢制水泥罐 3 个（单罐储量 1500t），总储量 4500t，可满足高峰期 7d 的水泥需用量；钢制粉灰罐 3 个（单罐储量 850t），总储量 2550t，可满足高峰期 3d 的粉煤灰需用量。

水泥和粉煤灰均采用气送入罐，然后由双套管输送装置气送进入搅拌楼的水泥、粉煤灰仓。水泥输送能力为 100t/h，配备 LS-4.0 型双套管输送装置 6 套；粉煤灰输送能力为 95t/h，配备 LS-6.0 型双套管输送装置 6 套。

（4）压缩空气站。压缩空气站布置在高程 315.00m 平台，供应气力输送水泥、粉煤灰及搅拌楼所需压缩空气，混凝土系统总用风量为 160m³/min，配备 5L-40/8 型空压机 3 台，4L-20/8 型空压机 3 台（其中备用 1 台）。

（5）外加剂配制车间。外加剂配制车间布置在搅拌楼附近，专用车将粉状外加剂运至工地的外加剂车间仓库堆存，经稀释并搅拌均匀后，由耐酸泵输送入楼。

8.2.8 混凝土生产系统的运行

高程 308.50m 系统、高程 360.00m 系统分别于 2003 年年底和 2004 年 3 月建成投产。投产后两个系统生产龙滩工程Ⅲ标所需全部碾压混凝土及右岸大坝工程常态混凝土，混凝土施工期系统运行良好。实际生产能力超过设计生产能力，为龙滩水电站工程建设屡创碾压混凝土施工新纪录提供了必要的条件。

8.2.8.1　$2 \times 6.0m^3$ 强制式拌和楼搅拌机液压系统完善改造

3 座 $2 \times 6.0m^3$ 强制式拌和楼由我国设备厂家自行研制，搅拌机为进口设备，其中 2 座楼的搅拌机采用液压驱动。混凝土系统运行初期，曾出现搅拌机液压站噪音及振动大、液压管漏油问题，经分析，系因液压系统装机功率与搅拌机生产能力不匹配（液压系统装机功率偏小）而引起的高频振动所致，通过给每台搅拌机的液压系统新增 2 台 75kW 电机泵组，不仅有效解决了原液压系统的高频振动问题，还增加了搅拌机的输出轴转速，从而缩短了搅拌时间，提高了混凝土实际生产率。

8.2.8.2　增设粉煤灰罐

高程 360.00m 系统、高程 308.50m 系统分别增设 1 个和 6 个粉煤灰罐，以适应混凝土生产高峰期品种繁多（约 11 种）的粉煤灰储存需求。

8.2.8.3　采用二次筛洗措施

针对龙滩工程砂石料强度较低，骨料运距远、转运环节多，运输过程中易产生骨料裹粉现象等不利条件，采用二次筛洗措施，控制了粗骨料超逊径及石粉含量，对提高"二次风冷"的冷却效果及保证混凝土质量起到了积极的作用，实践证明此项措施是可行且必需的。左岸混凝土系统受布置场地限制，未采取有效的二次筛洗措施，系统运行中对"二次风冷"的冷却效果及混凝土质量都有一定的影响。

8.2.8.4 碾压混凝土预冷措施的选择

碾压混凝土浇筑层薄，温度回升快，在龙滩工程之前的碾压混凝土工程，通常采取高温时段少浇或停浇碾压混凝土的施工方式，对碾压混凝土的预冷，一般采取拌和楼料仓风冷的措施。龙滩大坝混凝土工程量大，工期紧，高温时段需连续浇筑碾压混凝土。经计算分析，仅采用"二次风冷＋冷水拌和"的预冷措施，不能满足其出机口温度为12℃的要求，还需采取加冰拌和的预冷措施。

加冰拌和是一项常用且重要的预冷措施，通常每立方米混凝土加冰10kg，可降低混凝土出机口温度1～1.2℃。混凝土的加冰量主要受可外加拌和水量的制约，其中细骨料是主要的影响因素。碾压混凝土为干硬性混凝土，其每立方米混凝土拌和用水量通常小于常态混凝土，另由于碾压混凝土多为二级配、三级配，细骨料用量大、石粉含量高（16%～20%），脱水较困难，未经处理的细骨料含水率通常较高（＞6%）且不稳定，扣除骨料的含水率及外加剂的用水量后，其加冰量有限，有时甚至不能加冰。若不加冰拌和，欲使预冷碾压混凝土的出机口温度为12℃，拌和楼二次风冷后粗骨料终温需降至−7℃左右，尤其是二级配碾压混凝土，细骨料用量大且只有中、小石参加冷却，中石二次风冷后的终温将小于−11℃，骨料终温越低越难冷却，不仅骨料的冷却效果差，而且制冷机的制冷效率下降，制冷设备大幅度增加，既不经济又难以满足温控要求。根据碾压混凝土的特性，碾压混凝土能否采取加冰拌和措施的关键是控制细骨料的含水率。经对砂石料生产、储运情况进行分析研究，在充分考虑细骨料含水对碾压混凝土加冰拌和的影响后，从以下方面考虑碾压混凝土的预冷：①充分利用骨料调节料仓（一次风冷料仓）、拌和楼料仓风冷骨料；②在砂石料生产、储运中，严格控制细骨料的含水率，使其不大于6%；③结合常态混凝土的预冷，配置相应的加冰设备及设施，当粗骨料在拌和楼风冷后的终温达不到要求时，采取加冰措施。右岸混凝土系统拌和楼由业主采购，先于混凝土系统进行国际招标，考虑到拌和楼研制的一体性，拌和楼料仓风冷骨料所需冷量由拌和楼标提供。因混凝土系统招标时拌和楼标尚未定标，无法给制冷系统提供二次风冷所需冷量值，尽管经计算分析对碾压混凝土可采取加冰拌和措施，但由于当时乃至目前一些专家对碾压混凝土能否采取加冰拌和仍有异议，为便于系统的招、投标工作，使各投标单位投标时有一个相对统一的标准，招标文件综合考虑多种影响因素，对碾压混凝土二次风冷冷量，按不加冰拌和时的最不利工况考虑，提供了一个参考制冷容量，供招、投标工作参考。为避免系统建设时制冷容量偏大，招标文件要求中标单位在进行混凝土系统建设时，需根据拌和楼标提出的二次风冷所需冷量值配置相应的制冷容量，以使系统的制冷容量配置合理。虽然在系统建设中，一再提醒相关建设单位注意制冷容量的配置，但由于种种原因，中标单位未能按拌和楼标提出的二次风冷所需冷量值配置相应的制冷容量，两系统标准工况制冷装机容量2.39MW（2059万kcal/h，含大坝冷却水），其中高系统1.19MW（1027万kcal/h，含大坝冷却水），低系统1.2MW（1032万kcal/h），使系统的制冷容量配置偏保守。

　　工程混凝土施工中，高温时段采取"二次风冷＋加冰及冷水拌和"的预冷措施，每立方米混凝土加冰量 15～25kg，使预冷碾压混凝土出机口温度达到 12℃，为高温时段碾压混凝土施工提供了可靠保证，为高温时段碾压混凝土的预冷积累了成功经验。

　　右岸混凝土系统建设时中标单位根据招标设计方案及施工场地一期场平实际情况对系统的布置进行了一些局部调整。两系统投产后除生产大坝右岸及上、下游围堰（Ⅲ$_1$ 标）等工程的混凝土外，还供应大坝左岸工程（Ⅲ$_2$ 标）的碾压混凝土。2005 年 12 月生产混凝土 38 万 m^3，其中碾压混凝土 36.5 万 m^3，超过设计生产能力。系统建设满足了工程建设的需要，为龙滩水电站工程建设屡创碾压混凝土施工新纪录、获得国际碾压混凝土里程碑工程奖创造了条件。

第 9 章

围堰碾压混凝土外掺特性 MgO 研究与应用

9.1 研究任务与主要成果

9.1.1 研究任务

本研究以龙滩水电站工程下游围堰碾压混凝土为对象进行了全方位的研究。主要任务有以下几个方面。

（1）特性 MgO 膨胀材料的制备、产品标准及掺特性 MgO 混凝土的安定性评价。

（2）特性 MgO 碾压混凝土配合比及物理、力学性能与变形性能的试验研究。

（3）特性 MgO 碾压混凝土的热学性能试验研究。

（4）特性 MgO 碾压混凝土高坝温度场与温度应力场的仿真计算方法及其有关问题的研究。

（5）特性 MgO 碾压混凝土筑坝技术在龙滩水电站工程下游围堰中的应用研究。

上述研究任务中，MgO 膨胀材料的制备是本项目研究的关键。由菱镁矿煅烧而成的轻烧 MgO 在水工混凝土中的应用已积累了成功的经验。为了节约有限的菱镁矿资源，使之用于更重要的部位，同时使水工混凝土中使用的 MgO 膨胀材料的原料能就地取材，本书研究选取分布广泛的钙-硅-镁质材料作为生产 MgO 膨胀剂的原料。为了区别于轻烧 MgO，特取名为"特性 MgO"。

针对前期项目（原国电公司项目"MgO 混凝土筑坝关键技术在高碾压混凝土坝建设中的研究应用"）研制的膨胀剂 NJ 系列的膨胀效能不够理想的问题，进行了改性试验，取得了预期的效果。同时，研究制定了特性 MgO 膨胀材料的产品标准、生产工艺参数并进行了试验样品生产。

掺特性 MgO 混凝土的安定性问题是极其重要的问题。本书研究进行了 MgO 混凝土的压蒸安定性试验研究，并制定出安定性试验方法和安定性评价方法与指标。

选用龙滩水电站工程使用的 4 种分区（C_I、R_I、R_{III} 和 R_{IV}）混凝土配合比进行了外掺特性 MgO 碾压混凝土配合比优化研究。在此基础上，对 4 种分区外掺特性 MgO 碾压混凝土的抗压强度、抗拉强度、弹性模量、极限拉伸值、密度、线膨胀系数等物理、力学性能和导热系数、导温系数、绝热温升等热学性能进行了系统研究。同时，对掺特性 MgO 碾压混凝土的干缩变形、徐变和自生体积变形等变形性能也进行了研究，并研究了外掺 MgO 碾压混凝土湿筛与全级配自生体积变形间的关系，为温度应力计算中正确取用变形补偿值提供了科学依据。

掺特性 MgO 的碾压混凝土的补偿温度与温度应力，可通过坝体温度场与温度应力场的仿真计算模拟。在本书的研究中，进一步探索和完善了掺 MgO 混凝土应力仿真计算方法。首先对外掺 MgO 碾压混凝土温度场与温度应力场的仿真计算方法进行研究，其中考虑温度历程效应的仿真分析模型的选取是核心；其次是针对特性 MgO 碾压混凝土膨胀模型的程序开发与仿真计算中有关问题的处理；第三是以龙滩碾压混凝土高坝为对象的温度场与温度应力场的三维仿真计算，考察外掺特性 MgO 的补偿效果；第四是在以上工作的基础上，分析提出 MgO 的理想膨胀曲线，可作为特性 MgO 掺量的参考和性能改进的依据。

9.1.2　主要成果

针对特性 MgO 混凝土筑坝技术在龙滩下游碾压混凝土围堰中的应用与实践的研究，主要有以下成果。

（1）混凝土拌和系统的改造，增加特性 MgO 的投料口，现场对外掺 MgO 的均匀性进行检测，确定了最佳拌和时间，检测了混凝土的浇筑过程中外掺特性 MgO 的均匀性。

（2）通过对下游围堰外掺特性 MgO 混凝土温度场与温度应力场计算，确定了下游围堰不分纵横缝而采用通仓浇筑的方式。

（3）在下游围堰进行钻孔取芯样，进行压水试验，研究掺特性 MgO 混凝土的抗掺性能；对芯样进行物理、力学等各种性能试验，检验掺特性 MgO 碾压混凝土的质量与均匀性。

（4）在下游围堰堰体埋设仪器，对温度、变形和应力等进行监测，研究其变化规律。

（5）根据监测资料对堰体碾压混凝土的温度场与温度应力场进行反馈分析，论证外掺特性 MgO 的效果。

通过以上研究，掌握了特性 MgO 混凝土作用机理；建立了产品生产技术和标准、设计原理和强度补偿计算方法；建立了施工质量控制技术，构成了可供工程推广应用的一整套实用技术。

9.2　特性 MgO 膨胀材料的选取原则、改性和产品标准

9.2.1　原料选取原则

采用普适性钙-硅-镁材料可以合成以 MgO 为主要矿物的膨胀剂，该膨胀剂在水泥混凝土中能产生膨胀，且其膨胀过程可以通过调节煅烧制温度和粉磨细度进行控制，可以满足水工混凝土补偿温度应力的要求。

为使膨胀剂生产当地化，减少运输费用，避免运输过程中 MgO 品质发生变化等问题，实验选取了分布广泛的钙-硅-镁质材料作为生产 MgO 膨胀剂的原料。选取的原则是尽量保证膨胀剂中的 MgO 矿物的含量，同时将其他组分改造成具有胶凝性的水泥熟料矿物如 C_2S。膨胀材料中 MgO 含量控制为 $60\% \pm 2\%$，矿物以 MgO 和 C_2S 为主，含有少量 C_3A、C_4AF 和 CaO。在制备工艺上，优先保证膨胀剂中 MgO 的水化膨胀满足大坝混凝土补偿温度应力的要求，同时采取措施保证高活性的胶凝性矿物的生成。

9.2.2　膨胀材料的改性

水泥净浆和混凝土膨胀实验结果表明，前期膨胀剂 NJ1、NJ2 的膨胀效能不是很理想。针对这一问题对膨胀剂进行了改性试验，并在此基础上进行了试验样品工业生产。

9.2.2.1 采用富镁工业废渣的改性

实验用于制备膨胀材料原料有钙镁质材料 DOL、硅镁质材料 MAG、改性材料 SER。水泥为广西鱼峰水泥有限公司产的 42.5R 中热硅酸盐水泥，粉煤灰是贵州省凯里电厂产的Ⅰ级粉煤灰。

9.2.2.2 采用校正材料改性

煅烧膨胀剂所用的原料有钙镁质材料 DOL、硅镁质材料 MAG 和校正材料 PER，设计的 MgO 含量分别为 55％、57％和 60％。另外选用菱煤矿，制备 MgO（H），作为对比样。胶凝材料选用广西鱼峰水泥有限公司产的 42.5R 中热硅酸盐水泥，掺合料选用贵州省凯里电厂产的Ⅰ级粉煤灰。

经采用富镁工业废渣和校正材料改性后，膨胀剂的膨胀效能得到显著改善，基本接近或达到轻烧 MgO 的膨胀效果。

9.2.3 特性 MgO 膨胀材料的产品标准

9.2.3.1 范围

本标准规定了特性 MgO 膨胀材料的定义、技术要求、试验方法、检验规则及包装、标志、运输和贮存。

本标准适用于水电水利工程的特性 MgO 膨胀材料。

9.2.3.2 定义与代号

特性 MgO 膨胀材料是指以钙镁质、硅镁质和校正原料经煅烧、粉磨制得的以 MgO 矿物为主、含部分 C_2S 等矿物的材料。其代号为 CMEA。

9.2.3.3 技术要求

特性 MgO 膨胀材料性能指标应符合表 9.1 规定，匀质性指标应符合表 9.2 的要求。

表 9.1　　　　　　　　　　　特性 MgO 膨胀材料性能指标表

项　　目			指标值
化学成分	氧化镁/％		≥58.0
	氧化钙/％		≤32.0
	烧失量/％		≤5.0
	含水率/％		≤2.0
	碱含量/％		≤0.60
	氯离子/％		≤0.05
物理性能	细度	比表面积/（m²/kg）	≥250
		0.080mm 筛筛余/％	≤10.0
	水泥浆体压蒸膨胀率/％		≥0.5

表 9.2　　　　　　　　　　　特性 MgO 膨胀材料匀质性指标表

试验项目	指　　标	试验项目	指　　标
氧化镁	应在生产厂控制值±2.0％	比表面积	应在生产厂控制值±20m²/kg
氧化钙	应在生产厂控制值±2.0％	0.080mm 筛筛余	应在生产厂控制值±3.0％
烧失量	应在生产厂控制值±2.0％		

9.2.3.4 试验方法

（1）化学成分。

1）烧失量、氧化镁、氧化钙、碱含量。按《镁质及镁铝（铝镁）质耐火材料化学分析方法 重量法测定灼烧减量》（GB/T 5069—2001）进行。

2）含水率。称取试样 10g（精确到 0.001g）放在清洁干燥的称量瓶内，置于 105℃ ±2℃ 的烘箱中烘干 2h，冷却后称取试样重量（W，精确到 0.001g），试样的含水率 C 按式（9.1）计算：

$$C(\%) = \frac{10 - W}{10} \times 100 \tag{9.1}$$

3）氯离子。按《水泥原料中氯离子的化学分析方法》（JC/T 420—2006）进行。

（2）物理性能。

1）细度。比表面积测定按《水泥比表面积测定方法 勃氏法》（GB/T 8074—2008）的规定进行。0.080mm 筛筛余测定按《水泥细度检验方法 筛析法》（GB/T 1345—2005）的规定进行。

2）水泥浆体压蒸膨胀率。试验参照《水泥压蒸安定性试验方法》（GB/T 750—1992）进行，压蒸温度改为 200℃，压蒸时间改为 6h。规定水泥用符合 GB/T 750—1992 要求的 42.5 P.Ⅱ，且水泥碱含量不大于 0.60%，GB/T 750—1992 压蒸膨胀值不大于 0.020%。膨胀材料掺量（以 MgO 计）为水泥重量的 3%。

《特性 MgO 膨胀材料产品标准》是根据原材料情况、生产工艺特点和大坝温度补偿要求及工业化生产和试验室分析评估制定的。膨胀材料中的 MgO 含量、膨胀性能或活性指标及材料的匀质性是产品的主要控制指标。

9.3 特性 MgO 膨胀材料与特性 MgO 混凝土配合比及性能试验

9.3.1 特性 MgO 膨胀材料生产工艺参数和试验样品生产

（1）特性 MgO 膨胀材料煅烧温度宜控制在 1200℃ ±25℃，成品质量控制指标为：0.080mm 筛筛余为 8% ±2%，MgO 60% ±1.5%，CaO 27.8% ±2%，SiO_2 6.2% ±1%，烧失量不大于 5%，0.080mm 筛筛余为 5%～10%。

（2）工业生产的特性 MgO 膨胀材料主要由 MgO 晶体组成，含有部分 β-C_2S 和少量 C_3A、C_4AF 及 f-CaO。

（3）膨胀材料中 f-CaO 在 1～2d 就水化完全，特性 MgO 膨胀材料的水化和膨胀具有延迟性。膨胀材料在 20℃ 条件下能产生膨胀，随着养护温度的提高，水化和膨胀过程加速。

（4）采用隧道窑工业化生产的特性 MgO 膨胀材料的膨胀发展规律基本满足大体积混凝土补偿温度收缩应力的要求，产品质量稳定。

（5）工业生产的试验用膨胀材料在不掺粉煤灰和掺粉煤灰的水泥体系中在压蒸和 40℃ 水中养护条件下均能产生膨胀，随着掺量的增加，膨胀趋于增大。

9.3.2 特性 MgO 混凝土配合比及性能试验

特性 MgO 混凝土的配合比及性能研究是针对龙滩大坝底部碾压混凝土 $R_Ⅰ$、上游面

二级配碾压混凝土 R_{IV}、上部碾压混凝土 R_{III} 和基础垫层四级配常态混凝土 C_{I} 进行研究；以高掺粉煤灰的碾压混凝土为主，并着重研究龙滩工程底部碾压混凝土 R_{I}。内容包括：试验用原材料的研究，特性 MgO 混凝土配合比研究，不同温度条件下特性 MgO 混凝土的自生体积变形特性研究，特性 MgO 全级配碾压混凝土膨胀性能研究和特性 MgO 混凝土的强度特性、变形性能研究。

9.3.2.1 试验采用的原材料

(1) 研究用的主要原材料——水泥、粉煤灰、外加剂、粗细骨料都满足相应规范要求。

(2) 研究采用的特性 MgO 新样品 MEA_1 和 MEA_2 的活性指标分别为 1284S 和 1156S。活性指标大。因此，从活性指标来看，MEA_2 优于 MEA_1，两种特性 MgO 新样品的其他性能基本相近。

9.3.2.2 配合比试验研究

特性 MgO 混凝土配合比研究，是在已有龙滩大坝底部碾压混凝土 R_{I}、上游面碾压混凝土 R_{IV}、上部碾压混凝土 R_{III} 和基础垫层四级配常态混凝土 C_{I} 的配合比基础上，掺入特性 MgO 并进行调整。

特性 MgO 混凝土的工作度和坍落度与龙滩工程已有的混凝土配合比一致：碾压混凝土 VC 值控制在 $5\sim7s$，常态混凝土坍落度控制在 $50\sim80mm$。由于特性 MgO 采用外掺方式，其用量不计入胶凝材料总量，而要保持龙滩工程原有混凝土的相同 VC 值或坍落度，因此增加了用水量，相应地水胶比有所增加，但水泥、粉煤灰用量和砂石骨料用量都未作变化。5 个特性 MgO 混凝土配合比研究成果见表 9.3。

9.3.2.3 自身体积变形试验研究

(1) 不同温度条件下特性 MgO 混凝土的自生体积变形研究。研究在 20℃、40℃、50℃ 3 个养护温度条件下，龙滩水电站底部、上游面和上部碾压混凝土和基础垫层四级配常态混凝土掺特性 MgO 后的自生体积变形。成果表明：

1) 环境养护温度升高，养护时间延长，均使自生体积变形增加。例如，碾压混凝土 R_{I} 掺 6％MEA_2 特性 MgO，龄期 366d 时，在 50℃、40℃ 和 20℃ 的自生体积变形分别为 109.63×10^{-6}、98.99×10^{-6} 和 36.44×10^{-6}，前两者的自生体积变形分别为 20℃ 的 3.01 倍和 2.72 倍。

2) 特性 MgO 掺量增加，混凝土自生体积变形膨胀量增加。例如，40℃ 养护条件下，348d 龄期，R_{III} 掺 6％MEA_2 和 5％MEA_2 的膨胀量分别为 68.78×10^{-6} 和 49.68×10^{-6}，前者是后者的 1.38 倍。同样 50℃ 养护条件下，348d 龄期掺 6％MEA_2 和 5％MEA_2 的膨胀量为 80.07×10^{-6} 和 70.25×10^{-6}，前者为后者的 1.14 倍。

3) 在相同条件下，掺特性 MgO 的常态混凝土 C_{I} 的自生体积变形比碾压混凝土 R_{I} 和 R_{III} 的大。例如，掺 6％MEA_2 特性 MgO，养护环境温度 40℃，365d 的自生体积变形值 R_{I}、R_{III} 和 C_{I} 的自变分别为 98.99×10^{-6}、68.97×10^{-6} 和 157.93×10^{-6}，三者的自变比值为 1：0.70：1.60。这与碾压混凝土中粉煤灰掺量高达 55％ 有关。

(2) 全级配特性 MgO 碾压混凝土自生体积变形研究。通过研究掺 6％MEA_2 特性 MgO 的湿筛和全级配 R_{I} 碾压混凝土的自生体积变形得出：碾压混凝土全级配的自生体积变形较湿筛的小，如养护温度 40℃，龄期 366d，全级配自生体积变形为 79.12×10^{-6}，

表 9.3　特性 MgO 混凝土配合比研究成果表

特性 MgO 品种及掺量/%	混凝土编号	水胶比	砂率/%	粉煤灰掺量/%	混凝土材料用量/(kg/m³) 水	水泥	粉煤灰	砂子	特大石	大石	中石	小石	MgO	ZB-1R CC15	JM-Ⅱ	VC值/s 或坍落度/mm	含气量/%	表观密度/(kg/m³)	抗压强度/MPa 7d	28d	90d	180d	劈拉强度/MPa 7d	28d	90d	180d
MEA₂, 6%	R_Ⅱ-M-2	0.45	33	55	90	90	110	738	—	449	599	449	22.75	1.00	—	4.5	1.7	2560	14.8	20.7	23.8	35.3	1.06	1.66	2.49	3.06
	R_Ⅳ-M-2	0.43	38	58.3	103	100	140	823	—	—	822	548	27.30	1.20	—	6.0	2.1	2503	14.8	21.9	25.0	35.6	0.90	1.57	2.14	3.00
	R_Ⅲ-M-2	0.54	33	65	87	55	105	745	—	454	605	454	18.2	0.96	—	5.0	1.8	2478	10.1*	13.4	26.0	28.6	—	1.14	2.45	2.48
	R_Ⅲ-M-2(5)	0.54	33	65	86	55	105	745	—	454	605	454	14.88	0.96	0.97	5.0	1.9	2488	6.9	11.8	17.8	22.9	0.48	1.17	1.26	1.81
	C_Ⅰ-M-2	0.46	28	32	89	131	63	625	482	482	321	321	22.07	—	—	65	2.3	2521	12.8	21.3	26.6	33.5	1.01	1.89	2.56	2.75
不掺 MgO（贵州凯里 I 级粉煤灰）	R_Ⅰ	0.41	33	55	82	90	110	741	—	451	601	451	—	1.00	—	6.0	1.5	2527	14.2	23.9	32.4	40.1	1.32	2.28	2.94	3.03
	R_Ⅳ	0.41	39	58.3	98	100	140	839	—	—	787	525	—	1.20	—	7.0	2.4	2458	13.1	19.6	27.9	34.2	1.34	2.06	2.73	2.75
	R_Ⅲ	0.50	33	65.5	80	55	105	756	—	460	614	460	—	0.80	—	6.5	0.8	2510	8.9	13.7	20.2	30.8	0.89	1.19	1.82	2.21
	C_Ⅰ	0.44	28	32	85	131	63	625	482	482	321	321	—	—	0.97	6.0	1.9	2534	18.0	26.7	31.4	—	1.67	2.46	3.06	—

注　R_Ⅲ-M-2（5）中特性 MgO 掺量为 5%。带 * 数据为 14d 龄期试验成果。

湿筛后为 98.99×10^{-6}，比值为 0.80；养护温度 50℃，相应自生体积变形比值为 0.82，上述两种养护温度下的自生体积变形平均比值为 0.81。这一比值接近全级配混凝土与湿筛混凝土中 MgO 含量的比值（0.82）。

9.3.2.4　物理力学特性试验研究

主要对特性 MgO 混凝土抗压强度、劈裂抗拉强度、弹性模量、极限拉伸、干缩、密度、线膨胀系数和徐变等性能进行研究。研究表明：

（1）掺特性 MgO 后，碾压混凝土、常态混凝土强度发展规律正常，但强度有所降低，可满足设计要求；拉、压强度比合理。

（2）掺 MEA$_2$ 特性 MgO 后，龙滩水电站底部的碾压混凝土 R$_I$ 抗压弹性模量随龄期的延长而增加，符合一般规律。其 180d 的弹性模量为 3.63 万 MPa，比不掺 MgO 相应碾压混凝土（粉煤灰不同）的抗压弹性模量降低 17.1%。

（3）极限拉伸值随试验龄期的增长而增大。在 4 个碾压混凝土配合比中，以龙滩大坝上游面二级配碾压混凝土极限拉伸值最大，180d 达到 90×10^{-6}；其次是底部的碾压混凝土极限拉伸值，180d 达到 89×10^{-6}；分别比不掺特性 MgO 相应碾压混凝土（粉煤灰不同）提高 8.4% 和 7.2%。掺 MEA$_2$ 特性 MgO 的常态混凝土 C$_I$-M-2 的极限拉伸值基本上与不掺 MgO 相应混凝土（粉煤灰不同）持平，但 180d 较 90d 下跌了 4.5%，这种现象在其他类似的不掺 MgO 工程中也出现过。

（4）掺 MEA$_2$ 特性 MgO 后，无论是碾压混凝土还是常态混凝土，干缩变形都是比较小的。碾压混凝土 R$_I$-M-2、R$_{IV}$-M-2 和 R$_{III}$-M-2，270d 龄期的干缩率值分别为 -110×10^{-6}、-87×10^{-6} 和 -79×10^{-6}，而同样掺量条件下常态混凝土 C$_I$-M-2，270d 龄期的干缩率值为 -140×10^{-6}，后者分别为前者的 1.27 倍、1.61 倍和 1.77 倍，说明常态混凝土的干缩率比碾压混凝土要大，在这方面碾压混凝土优于常态混凝土。

掺特性 MgO 混凝土的干缩率比不掺 MgO 混凝土的干缩率小，以 180d 成果为例，其中 R$_I$-M-2 和 C$_I$-M-2 的干缩率为 -100×10^{-6} 和 -140×10^{-6}，分别为不掺 MgO 相应混凝土（粉煤灰不同）的 0.45 和 0.48 倍左右。说明掺特性 MgO 后减少了混凝土的干缩变形，提高了混凝土的抗裂能力。

（5）掺特性 MgO 混凝土的密实度高，其中 4 种碾压混凝土拌合物表观密度在 2478～2560kg/m^3 之间，常态混凝土拌合物表观密度为 2521kg/m^3。

（6）龙滩水电站特性 MgO 混凝土的线膨胀系数在 5×10^{-6}℃$^{-1}$ 左右，这与工程采用的石灰岩骨料是相吻合的，因此骨料的特性仍是决定特性 MgO 混凝土的线膨胀系数大小的主要因素。

掺特性 MgO 的碾压混凝土 R$_I$ 的线膨胀系数，湿筛和全级配分别为 4.80×10^{-6}℃$^{-1}$、4.62×10^{-6}℃$^{-1}$，全级配比湿筛小 3.75%，进一步表明骨料用量越多，线膨胀系数相对较小。

碾压混凝土 R$_{III}$ 掺 5%MEA$_2$ 和 6%MEA$_2$ 特性 MgO 的线膨胀系数，分别为 4.94×10^{-6}℃$^{-1}$、4.07×10^{-6}℃$^{-1}$，说明特性 MgO 的掺量变化对混凝土的线膨胀系数没有明显的影响。

4 种特性 MgO 碾压混凝土的平均线膨胀系数为 4.74×10^{-6}℃$^{-1}$，常态混凝土 C$_I$ 的

线膨胀系数是 $5.15 \times 10^{-6}℃^{-1}$，两者比较接近。

（7）特性 MgO 碾压混凝土徐变的变形规律与不掺 MgO 混凝土徐变基本一致，都是随加荷龄期的增加而减小，随持荷时间的延长而增大，但各龄期的徐变度较不掺 MgO 混凝土（粉煤灰不同）的大些，例如，加荷龄期 28d、90d、180d 和 360d，持荷时间 106d，掺 6%MEA$_2$ 碾压混凝土 R$_I$ - M - 2 的徐变度分别为 $14.95 \times 10^{-6}MPa^{-1}$、$9.32 \times 10^{-6}$ MPa^{-1}、$7.79 \times 10^{-6}MPa^{-1}$ 和 $4.75 \times 10^{-6}MPa^{-1}$，而不掺 MgO 的 R$_I$ 碾压混凝土徐变度则为 $13.24 \times 10^{-6}MPa^{-1}$、$6.76 \times 10^{-6}MPa^{-1}$、$4.70 \times 10^{-6}MPa^{-1}$ 和 $3.57 \times 10^{-6}MPa^{-1}$，前者分别比后者大 12.9%、37.9%、65.7% 和 33.1%。徐变度增加对混凝土温控防裂有利。

9.4 特性 MgO 混凝土的热学性能试验与安定性评价

9.4.1 特性 MgO 混凝土的热学性能试验

针对龙滩水电站碾压混凝土重力坝对混凝土强度、变形、温控防裂及耐久性的高要求，进行了特性 MgO 膨胀混凝土的热学性能试验研究。试验采用鱼峰牌 52.5R 中热硅酸盐水泥、宣威Ⅰ级粉煤灰、麻村料场石灰岩人工骨料、ZB - 1RCC15 和 JM - Ⅱ外加剂，以及由南京工业大学江苏海特曼公司提供的特性 MgO 膨胀剂等原材料。通过对混凝土的相关性能试验，可以得出以下结果。

（1）针对 R$_Ⅲ$ 区碾压混凝土进行的压蒸安定性试验结果表明，掺量为 4% 时，平均膨胀率为 0.098%；掺量为 8% 时，平均膨胀率为 0.393%；掺量为 12% 时，试件崩裂，失去强度。可见，MEA$_1$ 型特性 MgO 的合理掺量在 4%～8% 之间，若掺量取 6%，此时的平均压蒸膨胀率计算值为 0.246%。MgO 膨胀剂的最佳掺量可根据试件压蒸后的耐久性试验结果确定。

（2）MEA$_2$ 型 MgO 膨胀剂掺量为 6% 时，R$_I$、R$_Ⅲ$、R$_Ⅳ$ 区碾压混凝土和 C$_I$ 垫层常态混凝土的导温系数在 $0.002844～0.003250m^2/h$ 之间、导热系数在 $8.45～8.69kJ/(m \cdot h \cdot ℃)$ 之间、比热在 $0.9668～1.0050kJ/(kg \cdot ℃)$ 之间、28d 绝热温升值在 16.1～23.9℃ 之间、最终绝热温升值在 16.5～24.1℃ 之间、最终绝热温升值仅比 28d 绝热温升值高 0.2～0.6℃、线膨胀系数在 $(5.3～6.6) \times 10^{-6}℃^{-1}$ 之间、90d 自生体积变形在 $(56～70) \times 10^{-6}$ 之间，均为膨胀型。

（3）试验得出了比热 $C[kJ/(kg \cdot ℃)]$ 与温度 $T(℃)$ 的关系方程式见表 9.4，绝热温升值 $\Delta T(℃)$ 与龄期 $t(d)$ 的关系方程式见表 9.5。

表 9.4　　　　　　　混凝土的比热试验结果（试件养护 90d）表

编号	30℃ 比热/[kJ/(kg·℃)]	比热 $C[kJ/(kg \cdot ℃)]$ 与温度 $T(℃)$ 的关系
R$_I$	1.0050	$1.866 - 0.04136T + 0.0004220T^2$
R$_Ⅲ$	0.9845	$1.548 - 0.02376T + 0.0001659T^2$
R$_Ⅳ$	0.9668	$1.556 - 0.02544T + 0.0001933T^2$
C$_I$	0.9874	$1.532 - 0.02335T + 0.0001732T^2$

表 9.5　　　　　　　　　　　　混凝土的绝热温升曲线方程式表

编号	绝热温升值/℃		绝热温升值 ΔT(℃) 与龄期 t(d) 的关系	相关性
	28d	最终		
R_{I}	20.9	21.5	$\Delta T = 21.5(1 - e^{-0.0420 t^{1.4254}})$	0.99927
R_{III}	16.1	16.5	$\Delta T = 16.5(1 - e^{-0.0431 t^{1.4111}})$	0.99931
R_{IV}	22.7	23.3	$\Delta T = 23.3(1 - e^{-0.0500 t^{1.5000}})$	0.99931
C_{I}	23.9	24.1	$\Delta T = 24.1(1 - e^{-0.2731 t^{0.9453}})$	0.99827

9.4.2　掺特性 MgO 膨胀材料混凝土的安定性评价

对于 R_{III} 混凝土，特性 MgO 膨胀材料掺量不大于 6% 时，混凝土安定性合格；特性 MgO 膨胀材料掺量大于 8% 时，混凝土安定性不合格。混凝土特性 MgO 膨胀材料的极限掺量约为 6%。

9.5　特性 MgO 碾压混凝土高坝温度补偿与温度应力分析计算方法

9.5.1　基本思路

像龙滩水电站这样的世界最高碾压混凝土（RCC）重力坝，坝底宽度大、约束区长、跨多年施工。为了加快施工速度、提前发电，需要夏季高温季节连续施工。由于 RCC 大坝不是采用柱状浇筑法，而是全断面逐仓浇筑，高温季节的施工很难区分浇筑区，三维仿真分析的结果表明，如果按传统的 RCC 工程，不分纵缝、通水冷却，大坝会在基础约束区第一个高温季节浇筑的混凝土部位出现较大的顺河向拉应力，最大拉应力值超过 2.5MPa，显然不满足抗裂要求，坝体开裂难以避免。根据上述讨论，MgO 的膨胀会在基础约束区、高温季节浇筑的混凝土部位产生附加压应力，可以补偿这些部位的超标拉应力，达到简化温控防裂的目的。

MgO 分区及掺量的设计应当以仿真分析的结果为依据，根据需要补偿的应力值、MgO 膨胀的补偿效果而定。

MgO 膨胀混凝土补偿温度收缩的计算方法研究的主要内容为：研究微膨胀混凝土建造高 RCC 重力坝时的温度补偿与温度应力计算方法与程序，在计算过程中充分考虑分层摊铺分块浇筑的全过程，计入自生体积变形、徐变、接缝接触应力等影响，并考虑温度对膨胀变形的影响；结合实际工程微膨胀混凝土的变形特征，通过分析，寻找出微膨胀混凝土建筑重力坝的合理设计方案和浇筑施工程序；在全过程仿真分析的基础上，结合实际工程，提出符合施工期和运行期应力要求的若干组膨胀量和膨胀速率曲线，为坝体不同部位（含常态混凝土垫层）MgO 掺率提供依据；考虑微膨胀混凝土膨胀率的离散性，对坝体施工期和运行期应力进行敏感分析。

研究的主要任务是 MgO 膨胀混凝土的数值模拟方法，编制相应的程序，并对 MgO 混凝土筑坝的一些问题和规律进行研究。所采用的技术路线为：收集国内外已有的实验、实测资料，结合龙滩水电站混凝土的实验资料，对 MgO 微膨胀混凝土的膨胀性能，包括膨胀量与龄期的关系、与浇筑温度的关系、与 MgO 含量的关系、与养护温度的关系等进行充分研究，以便掌握 MgO 混凝土的基本性质；根据 MgO 微膨胀混凝土的力学性质、化学特性与物理本质，建立膨胀模型的数值模型；编制考虑 MgO 微膨胀后的混凝土温度场、应力场仿真分析程序，并对程序进行了全面测试；利用开发的程序仿真分析 MgO 混凝土结构的温度、变形及应力的变化，研究 MgO 混凝土微膨胀性能对混凝土结构应力改善的基本规律；研究掺 MgO 后龙滩水电站大坝的应力改善情况，探索 RCC 重力坝理想的 MgO 膨胀曲线和合理 MgO 掺量。

9.5.2　分析计算主要成果

通过分析计算研究，提出了多个对于外掺 MgO 快速筑坝技术有指导意义的全新概念；建立完善了多个 MgO 膨胀模型并使之程序化，为该技术的数值模拟、指导科学施工提供可能；将所建立的一系列概念和方法应用到了实际工程中，既完善了研究内容本身，也给工程以科学分析，取得了良好效益。经过研究期间认识和实践的不断深入，对于掺 MgO 混凝土建造高 RCC 重力坝的温度补偿计算方法的研究有了长足的进步，可以归纳为以下几点认识：

（1）MgO 微膨胀混凝土的膨胀性质在本质上是化学反应的物理表现。因此，MgO 的微膨胀混凝土的膨胀性质应该遵循化学反应的一般规律。即：①温度越高，膨胀速率越快；②膨胀速率与 MgO 的浓度即未反应的 MgO 含量成正比；③常温下反应不可逆，即已膨胀单调递增不回缩；④膨胀总量取决于 MgO 的含量，有时由于混凝土孔隙的存在，有时与养护温度有一定的关系。

（2）MgO 膨胀模拟的数学模型应反映如上各项性质，大量分析表明用以描述化学反应的反应动力学模型能很好地反映 MgO 混凝土膨胀的性质，且公式相对简单，数值结果表明本书提出的反应动力学模型最佳。

（3）MgO 混凝土的膨胀要产生应力要有如下两个条件：①外部约束，均匀膨胀完全自由的静定结构因 MgO 的膨胀不产生应力，从而不能起到补偿拉应力的效果；②内部不均匀膨胀而引发的约束，当混凝土内部温度不均匀或掺量不均匀时，会引起不均匀的膨胀，这种不均匀膨胀受到相互约束会在膨胀量大的地方产生压应力，膨胀量小的地方产生拉应力。

（4）对混凝土坝而言，由于水化热作用早期内部温度高，表面温度低，因此早期 MgO 会在内部产生附加压应力，在表面引起一定的附加拉应力。所以，单从膨胀性能来说，MgO 对早期的表面防裂不一定有利。但 MgO 可能会提高 MgO 混凝土的抗裂性能等力学指标，且考虑 MgO 引起的表面附加应力有可能与温度拉应力的不同步等因素，MgO 的综合作用对表面防裂也可能是有利的，对于具体问题应运用仿真的方法认真分析。

（5）由于 MgO 在大坝内部高温区总是产生附加压应力，因此对内部高温区混凝土而言 MgO 总是有利的，即高温季节浇筑的混凝土掺适量的 MgO 对后期防裂有利。

（6）在探讨温度补偿计算方法时，根据实验室资料，充分模拟了温度对掺 MgO 后混凝土变形增量的影响。内部温度较高的混凝土的变形增量，要高于表面温度较低的混凝土的变形增量，因此在温度梯度较大的部位，此种变形增量的较大差异，将会导致计算表面应力的增加。这是符合掺 MgO 混凝土的变形规律的。但由于目前掺 MgO 技术在高坝及工程中大范围的应用很少，相关的实测资料缺乏。如何将定性分析提高到符合工程实际的定量分析，还需要不断地研究探讨。随着今后研究水平及工程应用的不断推进，掺 MgO 混凝土的温度补偿计算方法，也将得以进一步的提高完善。

（7）重力坝的外部约束与拱坝相比相对较弱，因此，MgO 的膨胀补偿效果不及拱坝，但是在约束区、上下层温差较大的高温区、孔口附近及表面附近，以仿真分析结果为依据，通过精心的掺量设计，MgO 在重力坝中仍能发挥应力补偿作用。

（8）龙滩水电站 RCC 重力坝底孔坝段不掺 MgO 不做温控时，强约束区、上游面附近、孔口周边及高温季节浇筑的混凝土的拉应力严重超标，采取一定的温控措施和掺适量 MgO 并考虑水压自重作用时，可将拉应力控制在允许拉应力范围内。

（9）大坝各部位所需的拉应力补偿量和补偿时间不同，难以给出一个统一的理想 MgO 混凝土膨胀曲线，但是根据龙滩水电站底孔坝段的仿真分析结果可知，大坝内部混凝土的 MgO 膨胀发生在后期即可，表面和孔口附近的膨胀量则根据施工工序的不同需要发生在早期，且并不要求后期膨胀。对于具体的问题，所需膨胀量和理想膨胀曲线都应根据仿真分析的结果仔细研究确定。

（10）在阐述了有效应力的概念及其在多孔脆性材料中的运用的基础上，结合掺 MgO 混凝土的膨胀机理，以类比土体固结思想，首次提出了基于 Biot 理论的掺 MgO 微膨胀混凝土温度有效应力法的概念。建立了相应的支配方程式及其边界条件，并通过简单算例验证，但掺 MgO 微膨胀混凝土温度有效应力法离实际应用还有一段距离。

9.6　特性 MgO 混凝土在下游碾压混凝土围堰中的应用

9.6.1　围堰工程简介

龙滩水电站采用碾压混凝土重力坝，前期工程最大坝高 192.00m。其下游采用碾压混凝土围堰，围堰基础高程 196.50m，堰肩顶高程 247.50m，中部缺口混凝土顶高程 242.40m，围堰混凝土最大高度 45.9m，堰顶轴线长 273.043m，堰体混凝土方量约 11.0 万 m^3（其中 RCC 约为 10.3 万 m^3）。堰体除基础垫层部位为常态混凝土、迎水面采用变态混凝土外，其余均为碾压混凝土。

9.6.2　特性 MgO 混凝土制备和施工

根据特性 MgO 微膨胀混凝土对温度应力的补偿作用，确定堰体不分横缝，整体全断面浇筑特性 MgO 微膨胀混凝土。要求按原堰体结构不同部位的混凝土（基础垫层常态混凝土、迎水面变态混凝土及内部碾压混凝土）掺特性 MgO。

9.6.2.1　混凝土生产系统

混凝土生产系统位于右岸下游，布置 3 座 $2×6m^3$ 强制式搅拌楼和 1 座 $4×3m^3$ 自落式搅拌楼，强制式搅拌楼以生产碾压混凝土为主。混凝土拌和系统分上下两级平台布置，上级平台高程 360.00m，布置 1 座 $2×6m^3$ 强制式搅拌楼和 1 座 $4×3m^3$ 自落式搅拌楼。

用于下游碾压混凝土围堰特性 MgO 微膨胀混凝土现场试验的拌和楼，为下级平台高程 308.50m 上的 $2×6m^3$ 强制式搅拌楼生产。

9.6.2.2　设计混凝土原材料及配合比

（1）胶凝材料。采用强度等级 42.5R 中热硅酸盐水泥，Ⅰ级粉煤灰。

（2）外加剂。采用高效减水和高温缓凝剂等，需通过室内试验优选外加剂品种及掺量。

（3）MgO。采用南京工业大学研制的特性氧化镁 MEA₂。

（4）砂石骨料。采用大法坪灰岩料场的人工砂石骨料。

（5）特性 MgO 微膨胀混凝土配合比。按承包人完成并经监理设计单位同意批准的室内试验成果进行现场试验，应严格控制特性 MgO 掺量，要求纯 MgO 掺量控制在 5% 以内（水泥及粉煤灰中的 MgO 含量不计在内）。特性 MgO 微膨胀混凝土参考配合比见表 9.6。

表 9.6　　　　　　　　　　特性 MgO 微膨胀混凝土参考配合比表

水灰比	粉煤灰掺量/%	砂率/%	单方混凝土材料用量								
			水/(kg/m³)	水泥/(kg/m³)	粉煤灰/(kg/m³)	砂/(kg/m³)	大石/(kg/m³)	中石/(kg/m³)	小石/(kg/m³)	MEA₂(MgO)/(kg/m³)	ZB-1 RCC15
0.54	65	33	87	55	105	745	454	605	454	14	0.5

注　室内试验采用宣威 I 级粉煤灰，柳州中热 42.5R 硅酸盐水泥。

9.6.2.3　施工过程

龙滩水电站下游碾压混凝土围堰采用特性 MgO 微膨胀碾压混凝土，施工方案同一般的碾压混凝土，主要对外掺 MgO 的均匀性进行了检测（检测研究见 9.6.3 节）。下游碾压混凝土围堰施工进程见表 9.7。

表 9.7　　　　　　　　　　下游碾压混凝土围堰施工进程表

高程/m	浇筑日期/（年-月-日）	出机口温度/℃	备　注
196.50～199.00	2004-02-05—2004-02-06	13	外掺 MgO，高程 201.00～222.90m，时间为 2004 年 3 月 11 日至 2004 年 4 月 19 日
199.00～201.00	2004-02-08—2004-02-09	13	
201.00～204.00	2004-03-11—2004-03-14	16～22	
204.00～207.00	2004-03-14—2004-03-16	18～21	
207.00～210.00	2004-03-26—2004-03-30	16～22	层间间歇 10d
210.00～211.50	2004-04-04—2004-04-08	18～25	层间间歇 4d
211.50～214.20	2004-04-08—2004-04-10	17～21	
214.20～217.20	2004-04-10—2004-04-13	19～24.5	
217.20～219.90	2004-04-14—2004-04-16	19～23	
219.90～222.90	2004-04-16—2004-04-19	20～24	
222.90～225.60	2004-04-19—2004-04-22	22～30	
225.60～228.60	2004-04-22—2004-04-24	26～29	
228.60～231.30	2004-04-25—2004-04-27	23～29	
231.30～234.30	2004-04-27—2004-04-30	24～31	
234.30～236.40	2004-05-03—2004-05-04	20～31	层间间歇 2d
236.40～239.40	2004-05-10—2004-05-16	23～30	
239.40～242.40	2004-05-16—2004-05-19	22～28	
242.40～247.50	2004-05-24—2004-05-28	23～29	0+020.85～0+98（右岸）
242.40～247.50	2004-05-22—2004-05-24	24～28	0+204.50～0+273.04（左岸）

注　外掺 MgO 高程 201.00～222.90m，施工时间为 2004 年 3 月 11 日至 4 月 19 日。

9.6.3　机口外掺特性 MgO 均匀性检测

9.6.3.1　检测现状和方法改进

关于机口外掺 MgO 均匀性及其检测技术，有关单位进行了研究，当时研究用的 MgO 采用的是轻烧 MgO，其他原材料自备。研究采用的是江山普通硅酸盐水泥，南京热电厂粉煤灰，建德当地的河砂及卵石，分别进行了检测方法和拌合物均匀性的研究。检测方法为：在掺入 MgO 混凝土的拌合物中抽取 2g 样品，用化学分析的方法检测出 MgO 的总含量，再根据原材料与拌合物两者之间 MgO 含量的内在联系，建立一系列的化学方程式，从而求出外掺的 MgO 含量。研究表明，用该种方法，通过随机取样检测，并运用统计分析，可以实时监控机口外掺 MgO 的均匀性，且精度高，耗时短，操作方便。

由于龙滩水电站下游围堰碾压混凝土掺入的 MgO 为南京工业大学研制的特性 MgO，骨料为当地石灰岩轧制的人工砂和碎石，其化学成分中 MgO、CaO 含量与轻烧 MgO，河卵石中 MgO、CaO 含量差异较大，原检测方法不能完全适用于龙滩水电站工程。为此，在赴现场检测前，进行了检测方法的再次研究，对原方法进行了调整和改进，使之适用于龙滩水电站工程，并在龙滩水电站工程下游围堰碾压混凝土机口外掺特性 MgO 均匀性检测中应用，取得了令人满意的成果。

9.6.3.2　下游围堰碾压混凝土外掺特性 MgO 机口检测方法

龙滩水电站工程下游围堰碾压混凝土所用的 MgO 和骨料与前期检测方法研究用的原材料中的 MgO 和骨料有很大不同，具体表现如下。

（1）用于龙滩水电站工程的是由南京工业大学研制的特性 MgO，其化学成分中，MgO 含量为 58.9%、CaO 含量为 30.31%。

前期研究用的是海城轻烧 MgO，其化学成分中 MgO 含量为 77.7%、CaO 含量为 1.28%。

两者比较，特性 MgO 中 MgO 含量减少，而 CaO 含量增加，且两者含量之比为 58.9：30.31，比较接近，而轻烧 MgO 中的 MgO、CaO 含量之比为 77.79：1.28，两者含量之比相差较大。

（2）用于龙滩水电站工程的骨料是由石灰岩轧制的人工砂和碎石，其中 CaO 含量为 54.79%，MgO 含量为 0.07%，CaO 含量较高，检测分析时，CaO 不能忽略不计。前期研究用的骨料是河砂和卵石，CaO 含量为 0.05%，MgO 含量为 0.05%，检测分析时可以忽略不计。

（3）人工砂的石粉含量较高，检测粒径小于 0.15mm 的石粉含量分别为 17%、15.7%、14.9%，说明人工砂是一不均匀体，可能会影响检测结果和精度。

河砂中粒径小于 0.15mm 的颗粒含量很低只有 0.2%，可以看成是一均匀体，不影响检测结果和精度。

用龙滩水电站工程的特性 MgO 和人工砂加上水泥、粉煤灰，按龙滩水电站工程碾压配合比拌制成少量砂浆，取 2g 样品按原方法检测其中 MgO 含量，结果见表 9.8。

由表 9.8 可以看出，取 2g 样品检测出的特性 MgO 含量为 34.15%，而实际掺入的为 10.83%，两者相差很大，不能满足检测精度要求。分析误差产生的原因，一是特性 MgO 中 CaO 含量较高，人工砂中 CaO 含量也较高，影响了化学分析 Ca、Mg 含量的滴定精度；二是人工砂中石粉含量较高，且不均匀，拌合物中 CaO 分布有可能不匀，影响了检测结果。

表 9.8 2g 样品 MgO 含量表

水泥 /g	粉煤灰 /g	人工砂 /g	特性 MgO /g	特性 MgO 含量 /%	2 克样品实测 MgO 含量 /%
5.0448	10.2817	77.486	1.8615	10.83	34.15

为了消除这两种因素对检测精度的影响，我们采取扩大样品质量，将拌合物砂浆过
0.15mm 筛筛洗，考虑人工砂石粉中 CaO 对检测值的影响等措施，经过反复试验，终于
找到了满足精度要求的检测方法。试验结果见表 9.9。

表 9.9 检测方法研究结果表

样品质量 /g	特性 MgO 掺量 /%	未经 0.15mm 筛筛洗			经 0.15mm 筛筛洗		
		实测含量 /%	绝对误差 /%	相对误差 /%	实测含量 /%	绝对误差 /%	相对误差 /%
2	10.83	34.15	23.32	68.39	15.62	4.79	30.7
5	11.14	13.71	2.57	18.7	11.85	0.71	6.0
10	11.14	11.48	0.34	3.0	11.39	0.25	2.2
20	11.14	11.40	0.26	2.3	11.25	0.11	1.0

由表 9.9 可以看出，取 20g 样本，并经 0.15mm 筛筛洗，检测出的特性 MgO 含量精
度最高，满足检测要求。

连续抽取 10 个样品，每个样品 20g，过 0.15mm 筛筛洗，检测出特性 MgO 含量见表
9.10。

表 9.10 特性 MgO 掺量实测值表

特性 MgO 掺量/%	实测值/%										平均值 /%	绝对误差 /%	相对误差 /%
	1	2	3	4	5	6	7	8	9	10			
11.14	11.25	11.30	11.31	11.34	11.27	11.30	11.35	11.29	11.28	11.27	11.30	0.16	1.44

由表 9.10 可得出，测试出的特性 MgO 含量与实际掺入的特性 MgO 含量绝对误差均
在 ±0.2% 之内，相对误差在 5% 以内，均方差 0.031%，满足检测精度要求。

因此，龙滩水电站下游围堰碾压混凝土机口外特性掺 MgO 均匀性检测方法采用：在
碾压混凝土拌合物中，抽取 10 个样本，每个样本 20g，用化学分析的方法，检测出外掺
MgO 的含量，再运用统计方法，计算样本均方差、离差系数、极差判定拌合物中特性
MgO 的均匀性。

9.6.3.3　下游围堰碾压混凝土外掺 MgO 机口均匀性现场检测结果

（1）外掺特性 MgO 机口均匀性现场检测方案。下游围堰碾压混凝土机口外掺特性
MgO 均匀性现场检测分拌和机单机检验和连续性检验。

1）拌和机单机均匀性检验。对生产外掺特性 MgO 碾压混凝土的 $2 \times 6m^3$ 强制式拌和
机进行单机 MgO 均匀性检验。特性 MgO 膨胀剂与胶凝材料、砂、石、水一起加入拌和

机拌和，单机拌和 120s、90s，每种拌和时间分别检验 2 次，共 4 次。每次抽取 10 个样品，先出机 3m³ 混凝土抽取 5 个样，后出机 3m³ 混凝土抽取 5 个样，每个样品取砂浆重约 20g。根据上述均匀性检测情况再确定是否在 90～120s 拌和时间中或其他时间中进行单机均匀性检验。

2）连续施工 MgO 均匀性检验。连续施工外掺 MgO 的均匀性检验，按每天约 3 组，每组 3 个样品的抽样频率进行。在拌和楼机口随机抽样，可在检验混凝土强度的 3 个样品中抽样，每个抽取砂浆约 20g 左右。

（2）检测结果。在单机均匀性检测前，对现场施工用的原材料进行化学成分分析检测，结果见表 9.11。

表 9.11　　　　　　　　　原 材 料 化 学 成 分 表

原材料	MgO 含量/%	CaO 含量/%
特性 MgO	58.90	30.31
鱼峰中热水泥	3.93	61.78
三峡水泥	4.64	62.37
凯里粉煤灰	0.42	0.89
洛磺粉煤灰	0.56	2.56
来宾粉煤灰	0.69	2.68
宣威粉煤灰	0.47	2.12
人工砂	0.07	54.79

1）单机 MgO 均匀性检测结果。对生产特性 MgO 碾压混凝土的 2 座 2×6m³ 强制式拌和楼的拌和机的均匀性进行了检测，特性 MgO 与胶凝材料、砂、石、水一起投入拌和机中，先按拌和时间 90s、120s 进行检测，后又按拌和时间 70s、100s 进行检测。投料拌和时的配合比见表 9.12。特性 MgO 均匀性检测结果见表 9.13。

表 9.12　　下游围堰特性 MgO 碾压混凝土拌和机均匀性检测配合比（投料）表

编号	水泥/kg	粉煤灰/kg	大石/kg	中石/kg	小石/kg	砂/kg	水/kg	外加剂/kg	MgO/kg	盘方量/m³
1	327.3	626	2669	3546	2660	4761	162.4	28.76	84.6	6
2	330	753	2655	3546	2655	4596	191.6	28.92	83.3	6
3	329.3	626	2658	3538	2660	4770	161.4	28.73	83.6	6
4	332.7	753	2648	3556	2661	4592	192.1	28.81	83.4	6
5	323.6	600	0	3303	3308	4415	194.3	28.04	68.1	6
6	325.1	613	0	3308	3316	4448	164.6	28.15	67.3	5
7	330	628	2648	3544	2655	4742	179.9	28.79	83.8	6
8	328	629	2669	3530	2658	4741	180.4	28.68	83.5	6

表 9.13　下游围堰特性 MgO 碾压混凝土拌和机拌和均匀性检测结果表

配合比编号	拌和时间/s	拌和楼编号	拌和机编号	抽样日期/(年-月-日)	特性MgO掺量/% / 纯MgO含量/%	实测特性MgO掺量/% / 纯MgO含量/%										以纯MgO含量计 平均值/%	均方差/%	离差系数/%	极差/%
1	90	2	1	2004-03-25	8.15/4.79	8.36/4.91	8.52/5.00	6.5/3.82	6.45/3.79	6.56/3.85	10.14/5.96	7.88/4.63	8.05/4.73	9.15/5.38	11.53/6.77	4.88	0.970	19.90	2.98
2	90	2	2	2004-03-27	7.14/4.19	6.33/3.72	7.54/4.43	6.68/3.92	7.43/4.37	6.86/4.03	7.67/4.51	7.31/4.29	6.56/3.85	7.54/4.43	7.49/4.40	4.20	0.287	6.85	0.79
3	120	2	1	2004-03-25	8.05/4.73	8.17/4.80	8.43/4.95	7.80/4.58	8.07/4.74	8.46/4.97	7.27/4.27	7.54/4.43	7.56/4.44	6.92/4.07	8.20/4.71	4.60	0.294	6.40	0.90
4	120	2	2	2004-03-27	7.13/4.19	7.40/4.35	7.36/4.32	6.68/3.92	7.26/4.27	6.51/3.82	7.13/4.19	7.01/4.12	7.19/4.22	7.03/4.13	7.27/4.27	4.10	0.197	4.80	0.55
5	90	1	2	2004-03-29	6.87/4.04	6.32/3.71	6.79/3.99	6.82/4.01	6.35/3.73	7.12/4.18	6.23/3.66	7.10/4.17	7.15/4.20	6.67/3.92	6.53/3.84	4.00	0.222	5.55	0.69
6	70	1	2	2004-03-29	6.69/3.93	6.32/3.71	6.17/3.62	6.93/4.07	7.00/4.11	7.18/4.22	7.46/4.38	7.02/4.12	5.98/3.51	7.80/4.58	6.72/3.95	4.03	0.333	8.36	1.07
7	90	2	2	2004-04-06	8.04/4.72	7.70/4.52	7.80/4.58	8.21/4.82	7.41/4.35	8.72/5.12	8.22/4.83	8.82/5.18	8.00/4.70	7.31/4.29	7.97/4.68	4.71	0.294	6.24	0.89

注　纯 MgO 含量＝实测特性 MgO 掺量×58.75%，58.75% 为南工大、湖南化工和湖南建材 3 家检测含量的平均值。

特性 MgO 的均匀性按《氧化镁微膨胀混凝土筑坝技术暂行规定》（试行）中的评定标准评定，评定标准见表 9.14。

表 9.14 拌和机单罐混凝土外掺 MgO 均匀性标准表

项 目	均方差/%	极差/%	离差系数/%
优秀	<0.2	<0.8	<5.0
良好	0.2~0.25	0.8~1	5.0~6.25
合格	0.25~0.3	1~1.2	6.25~7.5
不合格	>0.3	>1.2	>7.5

依据表 9.14 评定标准，拌和机在不同的拌和时间下，特性 MgO 的均匀性评定结果见表 9.15。

表 9.15 不同拌和时间下特性 MgO 均匀性表

配合比编号	拌和时间/s	拌和楼编号	拌和机编号	特性 MgO 均匀性结果
1	90	2	1	不合格
2	90	1	1	合格
3	120	2	1	合格
4	120	2	2	优秀
5	90	1	2	良好
6	70	1	2	不合格
7	90	2	2	合格
8	100	2	2	合格

由表 9.15 可以看出，当拌和时间不小于 100s 时，碾压混凝土外掺特性 MgO 均匀性满足要求。

2）连续施工特性 MgO 均匀性检测结果。通过单机 MgO 均匀性检测，经业主、设计、监理、施工等四方商讨，并经专家确定，外掺特性 MgO 碾压混凝土拌和时间为 100s，连续施工均按 100s 拌和碾压混凝土。外掺 MgO 均匀性检测分机口和仓面进行，机口和仓面均匀性检测结果见表 9.16 和表 9.17。由表 9.16 和表 9.17 可见，连续施工时，无论是机口，还是仓面，外掺特性 MgO 均匀性均达到良好和合格标准，说明特性 MgO 在碾压混凝土中分布是均匀的。

表 9.16　　龙滩水电站下游围堰特性 MgO 碾压混凝土施工均匀性检测结果表（一）

注：纯 MgO 含量＝实测特性 MgO 掺量×58.75%，58.75%为南工大、湖南化工和湖南建材 3 家检测含量的平均值。

编号	搅拌时间/s	拌和楼号	搅拌机号	抽样日期/(年-月-日)	特性氧化镁掺量/% ÷ 纯MgO含量/%	实测特性MgO掺量/% ÷ 纯MgO含量/%										以纯MgO含量计 平均值/%	均方差/%	离差系数/%	极差/%
1	100	2	—	2004-04-08	8.05/4.73	8.06/4.74	7.92/4.65	8.59/5.05	8.08/4.75	7.98/4.69	7.04/4.14	8.23/4.84	7.88/4.63	8.53/5.01		4.72	0.249	5.24	0.91
2	100	2	—	2004-04-09	8.05/4.73	8.06/4.74	8.29/4.87	7.59/4.46	9.11/5.35	7.89/4.64	7.96/4.68	8.00/4.70	7.86/4.62	8.13/4.78	7.95/4.67	4.75	0.236	4.97	0.89
3	100	2	—	2004-04-10	8.05/4.73	8.04/4.72	7.38/4.34	7.61/4.47	8.06/4.74	7.83/4.60	8.23/4.84	8.40/4.94	8.29/4.87	8.08/4.75	7.77/4.56	4.68	0.185	3.95	0.68
4	100S	1	—	2004-04-11	8.05/4.73	7.10/4.17	7.32/4.30	8.45/4.96	7.18/4.22	8.26/4.85	8.18/4.81	7.89/4.64	7.67/4.51	8.03/4.72	7.85/4.61	4.58	0.274	5.98	0.79
5	100S	2	—	2004-04-12	8.05/4.73	8.73/5.13	7.67/4.51	7.74/4.55	7.29/4.28	8.37/4.92	8.31/4.88	8.28/4.86	8.04/4.72	8.38/4.92	7.85/4.61	4.77	0.257	5.39	0.85
6	100S	2	—	2004-04-13	8.05/4.73	7.60/4.46	7.40/4.35	7.92/4.65	8.05/4.73	8.79/5.16	8.36/4.91	8.08/4.75	8.29/4.87	8.46/4.97	7.9/4.64	4.75	0.241	5.07	0.81
7	100S	2	—	2004-04-14	8.05/4.73	7.88/4.63	8.12/4.77	8.54/5.02	8.09/4.75	8.19/4.81	8.25/4.85	7.83/4.60	8.04/4.72	7.85/4.61	8.09/4.75	4.75	0.127	2.67	0.42
8		2	仓面高程 219.3m	2004-04-15	8.05/4.73	8.48/4.98	8.09/4.75	8.25/4.85	7.55/4.44	7.60/4.46	7.86/4.62	8.78/5.16	7.61/4.47	7.49/4.40	8.05/4.73	4.69	0.256	5.46	0.76

表 9.17　**龙滩水电站下游围堰特性 MgO 碾压混凝土施工均匀性检测结果表 （二）**

编号	抽样地点	搅拌时间/s	浇筑部位高程/m	样品/个	抽样日期/（年-月-日）	以纯 MgO 含量计		
						平均值/%	均方差/%	离差系数/%
1	机口	100	210.00～219.00	80	2004-04-06—2004-04-14	4.72	0.233	4.94
2	仓面	—	219.30	10	2004-04-15	4.69	0.256	5.64

9.7　下游围堰掺 MgO 碾压混凝土现场取样试验

9.7.1　现场芯样试验

9.7.1.1　现场钻芯取样

龙滩水电站掺特性 MgO 碾压混凝土下游围堰钻孔取芯自 2004 年 11 月 1 日开始至 2004 年 12 月 25 日结束，历时 55d，完成工程量见表 9.18。

表 9.18　**完成掺特性 MgO 碾压混凝土取芯工程量表**

序号	工程项目	规格/mm	工程量/m	备注
1	钻孔取芯	ϕ200	105.1	
2		ϕ250	66.8	

9.7.1.2　取芯品质

龙滩水电站下游掺特性 MgO 碾压混凝土围堰钻孔取芯情况见表 9.19。

表 9.19　**下游围堰钻孔取芯情况统计一览表**

规格/mm	孔号	孔深起算高程/m	孔深/m	芯样采取率/%	试验取芯高程/m	试验芯样有效长度/m	单根芯样长度/m
ϕ200	4	242.20	36.0	94	206.40～222.90	12.8	0.25～1.50
	6	242.20	32.6	93	209.80～222.90	9.3	0.30～3.30
	8	242.20	37.1	95	205.30～222.90	14.7	0.20～1.35
ϕ250	5	245.30	34.2	97	211.10～222.90	10.3	0.30～4.20
	7	242.20	32.6	98	209.80～222.90	12.0	0.25～2.10

（1）钻孔取芯严格按技术要求和规程规范执行，施工质量优良，资料真实可靠。

（2）掺特性 MgO 碾压混凝土芯样完整，机械选型合理，施工工艺及取芯技术难题已解决，芯样采取率大于 93％，完全满足物理力学试验对取样的要求。

（3）从取出芯样观察表明，龙滩下游围堰掺特性 MgO 碾压混凝土质地密实、表面光滑、没有碾压层面的痕迹，芯样品质良好。

9.7.2　现场压水试验研究

9.7.2.1　现场压水试验实施

龙滩水电站掺特性 MgO 碾压混凝土下游围堰压水试验自 2004 年 11 月 1 日开始至 12

月 25 日结束，历时 55d，完成工程量见表 9.20。

表 9.20　　　　　　　完成掺特性 MgO 碾压混凝土压水试验工程量表

序号	工程项目	规格/mm	工程量	备注
1	压水试验钻孔	φ75	113m	
2	压水试验		62 段	

9.7.2.2　压水试验成果

龙滩水电站掺特性 MgO 碾压混凝土下游围堰压水试验采用 5 点法试验，压力值分别采用 0.2MPa、0.4MPa、0.6MPa、0.4MPa、0.2MPa，试验参数用全自动记录仪记录。其试验成果分别见表 9.21～表 9.23。

表 9.21　　　　　　　　　　1 号孔压水试验成果表

编号	试 验 段					试段透水率 /Lu
	深度/m		试段长度 /m	高程/m		
	起	止		起	止	
1	19.8	21.3	1.5	225.8	224.3	0.00
2	21.3	22.8	1.5	224.3	222.8	0.00
3	22.8	24.3	1.5	222.8	221.3	0.00
4	24.3	25.8	1.5	221.3	219.8	0.00
5	25.8	27.3	1.5	219.8	218.3	0.00
6	27.3	28.8	1.5	218.3	216.8	0.00
7	28.8	30.3	1.5	216.8	215.3	0.00
8	30.3	31.8	1.5	215.3	213.8	0.00
9	31.8	33.3	1.5	213.8	212.3	0.00
10	33.3	34.8	1.5	212.3	210.8	0.00
11	34.8	36.3	1.5	210.8	209.3	0.00
12	36.3	37.8	1.5	209.3	207.8	0.00

表 9.22　　　　　　　　　　2 号孔压水试验成果表

编号	试 验 段					试段透水率 /Lu
	深度/m		试段长度 /m	高程/m		
	起	止		起	止	
1	19.8	21.3	1.5	225.8	224.3	0.00
2	21.3	22.8	1.5	224.3	222.8	0.00
3	22.8	24.3	1.5	222.8	221.3	0.00
4	24.3	25.8	1.5	221.3	219.8	0.00
5	25.8	27.3	1.5	219.8	218.3	0.00
6	27.3	28.8	1.5	218.3	216.8	0.00

续表

编号	试　验　段					试段透水率 /Lu
	深度/m		试段长度 /m	高程/m		
	起	止		起	止	
7	28.8	30.3	1.5	216.8	215.3	0.00
8	30.3	31.8	1.5	215.3	213.8	0.00
9	31.8	33.3	1.5	213.8	212.3	0.00
10	33.3	34.8	1.5	212.3	210.8	0.00
11	34.8	36.3	1.5	210.8	209.3	0.00
12	36.3	37.8	1.5	209.3	207.8	0.00
13	37.8	39.3	1.5	207.8	206.3	0.00
14	39.3	40.8	1.5	206.3	204.8	0.00
15	40.8	42.8	2	204.8	202.8	0.00

表 9.23　　　　　　　　　　　3 号孔压水试验成果表

编号	试　验　段					试段透水率 /Lu
	深度/m		试段长度 /m	高程/m		
	起	止		起	止	
1	19.8	21.3	1.5	225.8	224.3	0.00
2	21.3	22.8	1.5	224.3	222.8	0.00
3	22.8	24.3	1.5	222.8	221.3	0.00
4	24.3	25.8	1.5	221.3	219.8	0.00
5	25.8	27.3	1.5	219.8	218.3	0.00
6	27.3	28.8	1.5	218.3	216.8	0.00
7	28.8	30.3	1.5	216.8	215.3	0.00
8	30.3	31.8	1.5	215.3	213.8	0.00
9	31.8	33.3	1.5	213.8	212.3	0.00
10	33.3	34.8	1.5	212.3	210.8	0.00
11	34.8	36.3	1.5	210.8	209.3	0.00
12	36.3	37.8	1.5	209.3	207.8	0.00
13	37.8	39.0	1.2	207.8	206.6	0.00

9.7.2.3　压水试验成果分析

（1）压水试验严格按技术要求和规程规范执行，施工质量优良，资料真实可靠。

（2）压水试验采用水（气）压栓塞封闭试段，很好地解决了传统的顶压式或填压式栓塞封堵不严密的缺点，封闭效果良好；试验参数采用全自动记录仪记录，试验结果真实可靠。

（3）从压水试验成果分析，掺特性 MgO 碾压混凝土均匀密实，抗渗性能良好。

9.7.3 芯样物理力学性能试验

通过对龙滩水电站下游围堰掺特性 MgO 碾压混凝土芯样的物理力学性能研究，得出以下几点认识。

（1）芯样 360d 龄期平均抗压强度：$\phi200mm \times 400mm$（直径×长）尺寸的试件为 26.6MPa，$\phi200mm \times 200mm$（直径×长）尺寸的试件是 36.2MPa，两者之比为 0.73，此比值偏小；将 $\phi200mm \times 200mm$（直径×长）尺寸的试件换算成 $150mm \times 150mm \times 150mm$ 标准立方体试件后的抗压强度为 42.7MPa，相当高；满足对 C10 强度等级混凝土的强度要求。单组 3 个抗压强度值均匀性不是很好，但 3 组抗压强度值之间呈现了较好的均匀性。

（2）芯样 360d 龄期平均劈裂抗拉强度为 2.36 MPa，拉压强度比为 0.07，这个比值偏小；而且单组 3 个劈裂抗拉强度值的均匀性、3 组劈裂抗拉强度值之间均匀性都不太好。

（3）芯样 360d 龄期平均抗压弹性模量为 3.81 万 MPa，对碾压混凝土大坝来说，比较合适；无论单组 3 个抗压弹性模量值，还是 3 组抗压弹性模量值之间都呈现了良好的均匀性。

（4）芯样 360d 龄期极限拉伸值 64×10^{-6}、轴心抗拉强度 1.41MPa、轴拉弹性模量 3.04 万 MPa。极限拉伸值、轴心抗拉强度单组 4 个测值较离散，但 3 组平均值相互之间均匀性较好；另外，3 组芯样的轴拉弹性模量除 8 号孔均匀性较好外，其余两组都离散，而且 3 组平均轴拉弹性模量值相互之间也表现了离散的特征。

（5）用芯样随机加工的抗渗试件和包含层面的抗渗试件，360d 龄期的抗渗标号均大于 W25，满足设计要求；从试验过程看，随机试件的抗渗性能比含层面试件抗渗性能要好。

（6）随机加工的芯样试件（$150mm \times 150mm \times 150mm$ 标准立方体，330d）峰值抗剪断强度比包含层面试件的高，在 3.0MPa 的法向应力下，前者比后者高 22.8%；而两种试件的残余强度和摩擦强度基本相同。

（7）龙滩水电站下游围堰掺特性 MgO 碾压混凝土芯样的物理力学性能试验成果汇总于表 9.24。

表 9.24　下游围堰掺特性 MgO 碾压混凝土芯样的物理力学性能试验成果汇总表

抗压强度 /MPa	劈裂抗拉强度 /MPa	拉压比	抗压弹性模量 /万 MPa	极限拉伸 /10^{-6}	抗渗标号		抗剪断强度（330d）						备注
					随机	层面	峰值		残余		摩擦		
							c/MPa	f	c/MPa	f	c/MPa	f	
42.7	2.36	0.07	3.81	64	>W25		6.19	2.42	0.64	1.10	0.51	1.12	随机
							5.95	1.48	0.56	1.17	0.48	1.13	层面

注　1. 除抗剪断强度试验外，其他试验项目的龄期均为 360d。

　　2. 抗压强度为换算成 $150mm \times 150mm \times 150mm$ 标准立方体的抗压强度；劈裂抗拉强度试件尺寸为 $\phi200mm \times 200mm$（直径×长）；拉压强度比为 $\phi200mm \times 200mm$（直径×长）试件劈裂抗拉强度与抗压强度之比。

　　3. 抗压弹性模量和极限拉伸研究用试件尺寸为 $\phi200mm \times 400mm$（直径×长）；抗渗试件尺寸为 $100mm \times 100mm \times 150mm$（长×宽×高）的长方体；抗剪断强度试件尺寸为 $150mm \times 150mm \times 150mm$ 标准立方体。

9.8　掺特性 MgO 碾压混凝土温控补偿计算及反馈分析

9.8.1　基本资料及计算方案

9.8.1.1　基本资料

龙滩水电站下游碾压混凝土围堰（掺 MgO）温控计算主要使用以下基本资料。

（1）碾压混凝土的热学、物理力学及变形性能指标采用试验成果。

（2）围堰的浇筑进度和浇筑温度由现场实际获得。

（3）龙滩水电站坝址的气温、水温资料由实测统计获得。

9.8.1.2　计算方案

根据下游围堰的运行工况，拟定以下 4 个计算方案。

方案一：龙滩水电站下游碾压混凝土围堰中部缺口混凝土顶高程为 242.40m，堰肩顶高程为 247.50m，围堰顶部轴线长度为 273.043m，围堰混凝土最大高度为 45.9m，采用三维有限元法计算围堰的不稳定温度场以及温度应力场。堰体材料除基础垫层为常态混凝土、迎水面为变态混凝土外，其余部位均为碾压混凝土。该方案混凝土中不掺 MgO，整个围堰不分缝，全断面碾压至堰顶。混凝土的开浇时间为 2004 年 2 月底，2004 年 4 月 15 日达到高程 229.00m，2004 年 4 月 30 日达到高程 237.00m，2004 年 5 月底碾压混凝土围堰施工完毕。混凝土的浇筑温度为旬平均气温加 3℃。施工期时间较短，施工强度大，施工期整个堰体不过水。运行期为 2004 年 6 月 1 日至 2006 年 10 月底，运行期每年 6—9 月过水几率较大，过水历时 2004 年为 9d，2005 年为 7d，2006 年为 5d。整体坐标系的坐标原点在围堰下横 0+171.5 剖面的上游面底部。围堰指向右岸为 x 轴正向，下游方向为 y 轴正向，铅直向上为 z 轴正向。

方案二：该方案混凝土中掺 MgO，其他条件均与方案一相同。

方案三：该方案混凝土中掺 MgO，整个围堰分一条横缝，横缝位于桩号下横 0+149.5 处，其他条件均与方案一相同。

方案四：该方案取最大剖面，即下横 0+171.5 剖面，混凝土中掺 MgO，其他外界条件与方案一相同，采用二维有限元法计算围堰的不稳定温度场以及温度应力场。

9.8.2　计算成果及其分析

9.8.2.1　不稳定温度场计算成果分析

根据以上参数以及混凝土的浇筑进度及浇筑温度，对整个围堰的不稳定温度场进行了仿真计算，由于围堰的堰顶轴线长度为 273.043m，施工时采用自卸汽车直接入仓，薄层 0.3m 连续上升，施工期温度场计算的时间步长为 0.25d，运行期采用 0.5～5d 的变步长，主要计算成果见表 9.25 和图 9.1～图 9.3。

从以上成果可以得出以下几点认识。

（1）施工期基础常态混凝土垫层内以及围堰下游面附近混凝土（变态混凝土和常态混凝土）温度高，主体混凝土温度相对较低。主要原因是常态混凝土垫层以及围堰下游面附近混凝土绝热温升高，主体混凝土绝热温升低。

表 9. 25   **围堰最大、最小温度及出现时间、位置表**

最高温值 /℃	出现时间 /d	x 剖面桩号	y 坐标 /m	z 坐标 /m	最低温值 /℃	出现时间 /d	x 剖面桩号	y 坐标 /m	z 坐标 /m
33.65	5	0+171.5	38.07	0.9	18.09	5	0+167.5	40.78	0.3
33.67	10	0+167.5	37.90	1.5	17.71	10	0+167.5	0.17	0.3
35.08	15	0+175.5	36.06	8.1	18.27	15	0+171.5	0.17	0.3
38.52	20	0+149.5	30.48	1.5	18.69	20	0+175.5	0.17	0.3
37.37	25	0+149.5	30.22	2.4	18.80	25	0+175.5	0.17	0.3
36.97	30	0+149.5	28.30	2.4	18.61	30	0+171.5	0.17	0.3
37.38	35	0+167.5	32.28	21.6	19.97	35	0+171.5	0.50	0.9
37.38	40	0+171.5	31.00	21.3	20.62	40	0+171.5	0.50	0.9
37.62	45	0+111.5	21.29	7.5	21.36	45	0+167.5	0.50	0.9
37.92	50	0+111.5	29.23	23.7	22.09	50	0+167.5	0.50	0.9
38.54	55	0+171.5	27.70	36.0	22.93	55	0+167.5	0.50	0.9
40.56	60	0+175.5	27.30	39.6	23.85	60	0+167.5	0.50	0.9
40.07	65	0+149.5	21.47	29.7	23.93	65	0+171.5	0.50	0.9
42.35	70	0+171.5	27.30	42.6	24.00	70	0+171.5	0.50	0.9
41.58	75	0+202.75	18.93	28.5	24.16	75	0+175.5	0.50	0.9
41.94	80	0+111.5	18.17	28.2	24.41	80	0+175.5	0.50	0.9
40.68	90	0+111.5	15.98	27.3	25.24	90	0+171.5	0.50	0.9
39.17	100	0+111.5	14.59	12.9	23.06	100	0+171.5	40.58	0.9
38.64	120	0+202.75	15.90	12.9	23.81	120	0+149.5	32.55	1.2
38.09	145	0+149.5	18.10	14.4	24.73	145	0+167.5	0.50	0.9
37.37	182	0+175.5	22.73	20.4	25.08	182	0+171.5	0.50	0.9
36.88	212	0+175.5	22.39	17.4	23.86	212	0+171.5	0.50	0.9
36.42	242	0+167.5	22.29	16.5	22.50	242	0+167.5	40.58	0.9
35.93	272	0+167.5	22.29	16.5	19.60	272	0+202.75	28.59	0.9
35.44	302	0+167.5	22.05	14.4	15.80	302	0+149.5	4.23	7.5
34.92	332	0+171.5	22.05	14.4	12.80	332	0+149.5	3.04	5.4
34.35	362	0+175.5	21.95	13.5	12.80	362	0+149.5	3.04	5.4
33.75	392	0+171.5	21.95	13.5	14.11	392	0+171.5	40.58	0.9
33.08	422	0+167.5	21.95	13.5	17.27	422	0+111.5	15.54	24.0
32.11	467	0+167.5	21.58	10.2	20.41	467	0+115.5	15.54	21.3
31.55	497	0+171.5	21.58	10.2	21.64	497	0+115.5	15.24	18.6
31.01	527	0+175.5	21.58	10.2	22.60	527	0+109.5	14.93	15.9
30.52	557	0+171.5	21.58	10.2	23.32	557	0+109.5	14.93	15.9
30.07	587	0+167.5	21.58	10.2	23.77	587	0+111.5	14.93	15.9
29.67	617	0+171.5	21.58	10.2	22.50	617	0+202.75	10.64	18.9
29.31	647	0+171.5	21.58	10.2	19.60	647	0+149.5	30.42	7.5

续表

最高温值 /℃	出现时间 /d	x 剖面桩号	y 坐标 /m	z 坐标 /m	最低温值 /℃	出现时间 /d	x 剖面桩号	y 坐标 /m	z 坐标 /m
28.97	677	0+167.5	21.58	10.2	15.80	677	0+202.75	5.57	9.9
28.66	707	0+167.5	21.45	9.0	12.80	707	0+111.5	19.04	21.3
28.35	737	0+171.5	21.45	9.0	12.87	737	0+149.5	30.12	8.4
28.04	767	0+167.5	21.45	9.0	14.11	767	0+171.5	40.58	0.9
27.72	797	0+167.5	21.45	9.0	17.06	797	0+111.5	15.54	24.0
27.38	827	0+171.5	21.45	9.0	19.03	827	0+119.5	15.24	18.6
27.09	857	0+175.5	21.15	6.3	20.12	857	0+111.5	14.93	15.9
26.81	887	0+175.5	21.15	6.3	21.02	887	0+202.75	16.24	15.9
26.72	917	0+175.5	19.04	29.4	21.52	917	0+119.5	14.59	12.9
26.30	947	0+171.5	21.15	6.3	21.87	947	0+111.5	14.26	9.9
26.07	977	0+171.5	21.15	6.3	22.17	977	0+115.5	14.26	9.9

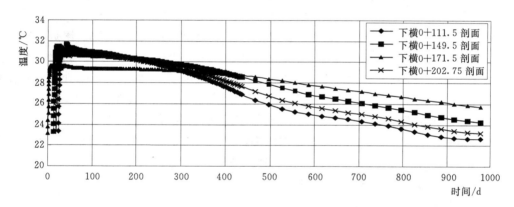

图 9.1 4 个典型剖面堰基面中心点温度历时曲线

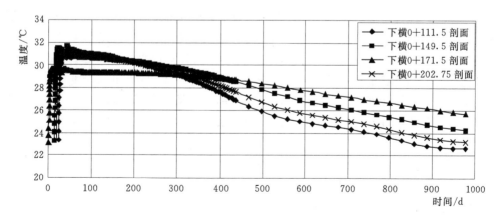

图 9.2 4 个典型剖面常态混凝土垫层面中心点温度历时曲线

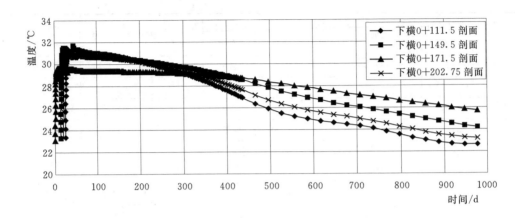

图 9.3　4 个典型剖面堰高 4m 处中心点温度历时曲线

（2）由于施工强度较大，施工时间相对较短，施工期内整个围堰的最高温度值也比较大。方案一、方案二和方案三围堰的最高温度值为 42.35℃，出现在剖面 0+171.5 附近的变态混凝土中，出现在距地基面 42.6m 处，此处混凝土的浇筑时间为 2004 年 5 月 6日，最高温度的出现时间为 2004 年 5 月 11 日，主要是因为剖面 0+171.5 附近，围堰的横剖面最大，施工时所采用的混凝土也最多，而且，由于变态混凝土的绝热温升值相对较大，为 21℃，且该部位混凝土的浇筑温度也较高，为 26.9℃，而且 5 月的外界气温也较高，平均为 24.3℃，堰体的散热条件较差，因此，围堰的最高温度值也较大。

（3）由于本围堰采用过水围堰，运行期每年汛期 6—9 月过水，围堰过水时，围堰表面的温度迅速降低，与水温相等，而围堰内部，温度降低相对较缓慢。由于围堰横剖面方向相对较小，在运行期多次过水之后，围堰内部的温度也基本稳定下来。

（4）在施工期和运行期，围堰表层温度随外界温度变化明显，围堰内部最高温度值仅与混凝土浇筑温度和混凝土龄期有关。

（5）围堰内部最高温度到准稳定温度需要漫长过程，计算结果表明，围堰最高温度出现在施工期内，运行期围堰向周围环境散热，逐渐趋向准稳定温度场，由于围堰外界条件因蓄水而变化复杂，围堰运行 3 年后，围堰内部温度逐渐趋于准稳定温度场。

（6）方案四的最高温度值为 42.58℃，从方案四的计算成果可以看出，针对堰体最大剖面所进行的二维不稳定温度场计算，其温度值均比按整体计算时的温度值大，主要是因为二维不稳定温度场计算时，其假定围堰为同一剖面，且无限长，而实际上，围堰在轴线方向剖面是变化的，且向基岩传热，因此，按方案四所计算的温度值均比其他方案的温度值大。

9.8.2.2　温度应力场计算成果及其分析

根据以上的热力学参数和施工进度安排，对整个围堰进行了施工期和运行期全过程温度徐变应力计算，分别给出 4 个典型剖面下横 0+111.5、下横 0+149.5、下横 0+171.5和下横 0+202.75 施工期和运行期最大温度应力沿堰高的分布，表 9.26、表 9.27 和图9.4～图 9.7 分别表示典型剖面施工期和运行期的温度徐变应力。

表 9.26　各方案围堰典型剖面施工期的最大温度应力值表

单位：MPa

项目	$\sigma_{x\max}$	位置	出现日期/(年-月-日)	$\sigma_{y\max}$	位置	出现日期/(年-月-日)	$\sigma_{z\max}$	位置	出现日期/(年-月-日)
方案一	0.8825	下横 0+111.5 剖面上游堰基面附近强约束区内	2004-05-30	0.57	下横 0+111.5 剖面下游堰基面附近	2004-05-30	0.32	下横 0+171.5 剖面上游堰基面附近	2004-05-30
方案二	0.63	下横 0+202.75 剖面上游堰基面附近	2004-05-30	0.27	下横 0+202.75 剖面下游堰基面附近	2004-05-30	0.33	下横 0+111.5 剖面上游堰基面附近	2004-05-30
方案三	0.62	下横 0+202.75 剖面上游堰基面附近	2004-05-30	0.29	下横 0+202.75 剖面下游堰基面附近	2004-05-30	0.32	下横 0+171.5 剖面上游堰基面附近	2004-05-30
方案四	—	—	—	0.34	下横 0+171.5 剖面上游垫层面附近	2004-05-30	0.10	下横 0+171.5 剖面上游垫层面附近	2004-05-30

表 9.27　各方案围堰典型剖面运行期的最大温度应力值表

单位：MPa

项目	$\sigma_{x\max}$	位置	出现日期/(年-月-日)	$\sigma_{y\max}$	位置	出现日期/(年-月-日)	$\sigma_{z\max}$	位置	出现日期/(年-月-日)
方案一	2.85	下横 0+111.5 剖面强约束区内	2006-09-17	3.78	下横 0+202.75 剖面上游堰基面	2006-03-18	2.09	下横 0+202.75 剖面上游垫层面	2005-03-03
方案二	2.39	下横 0+111.5 剖面上游堰基面附近	2006-09-17	3.10	下横 0+202.75 剖面上游堰基面	2006-03-18	1.83	下横 0+202.75 剖面上游垫层面	2005-03-03
方案三	2.10	下横 0+111.5 剖面上游堰基面	2006-09-17	3.00	下横 0+202.75 剖面上游堰基面	2006-03-18	1.74	下横 0+202.75 剖面上游垫层面	2005-03-03
方案四	—	—	—	2.55	下横 0+171.5 剖面上游堰基面	2006-03-18	1.19	下横 0+171.5 剖面上游垫层面	2006-03-18

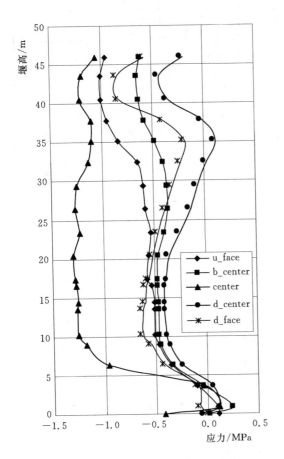

图 9.4　下横 0+171.5 剖面施工期典
型点 $\sigma_{x\max}$（温度应力）沿堰高分布图

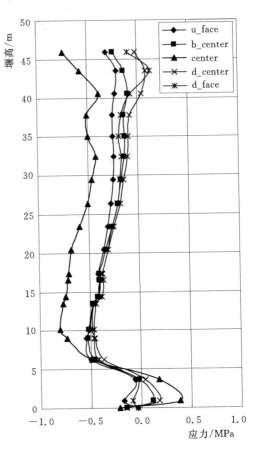

图 9.5　下横 0+171.5 剖面施工期典
型点 $\sigma_{y\max}$（温度应力）沿堰高分布图

从各方案典型剖面施工期和运行期温度应力沿堰高分布情况可以看出：

（1）施工期的温度应力值较小，而运行期的温度应力值较大。主要是因为，围堰的施工强度较大，施工速度快，施工期内围堰混凝土的温度来不及散发，温降值较小，而在运行期，由于蓄水以及围堰的多次过水，外界环境变化复杂，围堰的温降值较大，因此，运行期的温度应力值也较大。

（2）各方案运行期围堰约束区温度应力值均相对较大，尤其是 y 方向应力更大，主要是因为在堰基面与围岩混凝土的接触处，约束很强，因此，应力值也很大。

（3）方案一和方案二在 x 方向的温度应力值均较大，方案三相对较小，主要是因为围堰在左右岸方向长度较大，为 273.043m，且受到围岩的约束很强，因此，x 方向的应力较大。

（4）方案二各点的温度应力值均比方案一相应点的小，主要是因为方案二混凝土中掺入 MgO，使混凝土体积微膨胀，产生预压应力，抵消了混凝土中因降温收缩而产生的拉应力。

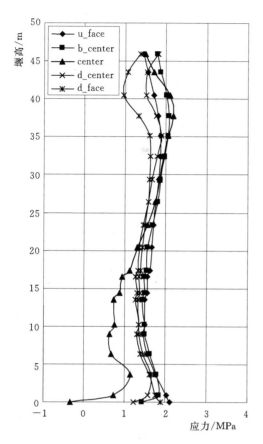

图 9.6　下横 0+171.5 剖面运行期典
型点 σ_{xmax}（温度应力）沿堰高分布图

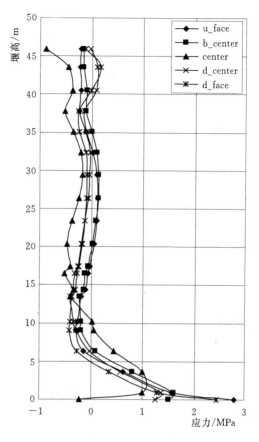

图 9.7　下横 0+171.5m 剖面运行期典
型点 σ_{ymax}（温度应力）沿堰高分布图

（5）方案三各点的温度应力值均比方案二相应点的小，尤其是 x 方向的应力值，主要是因为方案三在下横 0+149.5 剖面分了一条横缝，减小了围堰在 x 方向的长度。

（6）方案四针对 0+171.5 剖面按二维问题计算时，围堰的温度应力分布与方案三在 0+171.5 剖面的应力分布稍有差别，主要是因为围堰应力场的计算是一个三维问题，按二维问题计算时，没有反映围堰实际的情况。

（7）从 4 个方案典型剖面的温度应力沿堰高分布图可以看出，围堰混凝土在掺入 MgO 之后，围堰的温度应力值大大减小，按方案二的实际情况进行浇筑，除个别点之外，其最大温度应力均在允许范围内，如果按照方案三，围堰分一条缝时，最大应力比方案二还有所减小。但是由于分了一条横缝，影响了碾压混凝土快速施工的优势，因此，采用方案二是可行的。

从各方案典型剖面施工期和运行期某一高程最大温度应力分布可以看出，在围堰基础面，上、下游边缘温度应力较大，内部温度应力值相对较小。主要是因为围堰表面及其附近受外界气温和环境变化影响较大，而围堰内部的影响较小。

从各方案围堰典型剖面施工期和运行期的最大温度应力值也可以看出：

（1）各方案典型剖面施工期和运行期最大温度应力值、位置和出现时间表分别见表

9.26 和表 9.27。由最大值出现位置可以看出，围堰的最大应力均出现在堰基面或堰基面附近。主要是因为在堰基面附近，约束最强，因此，应力也最大。

（2）施工期方案一的 $\sigma_{x\max}$ 最大值为 0.8825MPa，$\sigma_{y\max}$ 的最大值为 0.57MPa，而方案二的 $\sigma_{x\max}$ 最大值为 0.63MPa，$\sigma_{y\max}$ 的最大值为 0.27MPa，也就是说，围堰混凝土中掺入 MgO，使混凝土体积微膨胀，产生预压应力，抵消了混凝土中因降温收缩而产生的拉应力，因此，施工期内方案二的 x 向和 y 向最大应力均比方案一小。而 z 向应力减小不是很明显。方案三的最大应力值与方案二基本接近。

（3）运行期方案一的 $\sigma_{x\max}$ 最大值为 2.85MPa，$\sigma_{y\max}$ 的最大值为 3.78MPa，$\sigma_{z\max}$ 的最大值为 2.09MPa，而方案二的 $\sigma_{x\max}$ 最大值为 2.39MPa，$\sigma_{y\max}$ 的最大值为 3.1MPa，$\sigma_{z\max}$ 的最大值为 1.83MPa，两者相比，$\sigma_{x\max}$ 减小了 19.0%，$\sigma_{y\max}$ 减小了 24.8%，$\sigma_{z\max}$ 减小了 14.2%，围堰混凝土中掺入 MgO，使混凝土体积微膨胀，产生预压应力，抵消了混凝土中因降温收缩而产生的部分拉应力，对应力的减小很明显。方案三的 $\sigma_{x\max}$ 的最大值为 2.1MPa，$\sigma_{y\max}$ 的最大值为 3.0MPa，$\sigma_{z\max}$ 的最大值为 1.74MPa，方案三与方案二相比，$\sigma_{x\max}$ 减小了 13.8%，$\sigma_{y\max}$ 减小了 3.3%，$\sigma_{z\max}$ 减小了 5.2%，也就是说，围堰在分了横缝之后，最大应力值有所减小，但减小的幅度不是很大，并且，因为横缝的存在，影响了碾压混凝土快速施工的优势。

（4）由表 9.27 可以看出，方案一、方案二、方案三的 4 个典型剖面的最大应力值均出现在下横 0+111.5 剖面和下横 0+202.75 剖面的强约束区内，主要是因为在下横 0+111.5 剖面和下横 0+202.75 剖面处强约束区混凝土与下横 0+171.5 剖面和下横 0+149.5 剖面处强约束区混凝土相比，其浇筑温度相对较高，施工时的外界气温较高，因此，混凝土的最高温度值相对较大，另一方面，下横 0+111.5 剖面和下横 0+202.75 剖面尺寸相对较小，内部散热相对较快，混凝土的温差较大，因此，该两剖面最大应力值也较大。

（5）方案二最大的 x 向、y 向应力均超过 2.0MPa，但均为局部的几个点，除个别点外，其他应力均小于 2.0MPa，并且，围堰不分缝，可以提高施工速度。因此，总体看来，方案二是最优方案。

9.8.3　反馈分析

9.8.3.1　反馈分析的补充资料和计算方案

根据现场实际浇筑进度和观测资料，反馈分析拟定以下 4 个方案。

方案一：龙滩水电站下游碾压混凝土围堰中部缺口混凝土顶高程为 242.40m、堰肩顶高程为 247.50m，围堰顶部轴线长度为 273.04m，围堰混凝土最大高度为 45.9m，围堰最大剖面为 A—A 剖面，采用三维有限元法计算围堰的不稳定温度场以及温度应力场。堰体材料除基础垫层为常态混凝土、迎水面为变态混凝土外，其余部位均为碾压混凝土。下游碾压混凝土围堰混凝土的浇筑温度为出机口温度加 2℃。混凝土的开浇时间为 2004 年 2 月 5 日，2004 年 5 月 19 日围堰中间部分达到设计高程 242.40m，2004 年 5 月 28 日，整个围堰施工结束，达到设计高程 247.50m。整个围堰不分缝，全断面碾压至堰顶。在高程 201.00～222.90m 范围内，混凝土中掺入 MgO，该部位混凝土的浇筑时间为 2004 年 3 月 11 日至 4 月 19 日。其余部位的混凝土均未掺入 MgO。该方案要求采用实测的围堰温度以及室内实测自生体积变形计算应力，因此，温度场计算时采用计算值与实测值对比结果。由于模拟施工过程计算温度应力时，考虑到混凝土分层浇筑，必须记录各个节点各个时刻的温差，而实测结果仅有测点处的温度值，而且值也不全，因此，当计算温度值与实测温度值的趋势基本吻合时，用计算温度值来代替实测温度。整体坐标系的坐标原点在围堰下横 0+185.5 剖面的上游面底部。围堰指向右岸为 x 轴正向，下游方向为 y 轴正向，铅直向上为 z 轴正向。

方案二：该方案采用现场抽样实测自生体积变形和围堰实测温度来计算应力，其他条件均与方案一相同。

方案三：该方案采用原型观测自生体积变形和围堰实测温度来计算应力，其他条件均与方案一相同。

方案四：该方案要求模拟围堰温度达到稳定温度的过程，其他外界条件与方案一相同。

9.8.3.2 反馈计算成果分析

（1）坝体温度反馈计算成果分析。

1）材料参数反演分析。混凝土在浇筑的过程中，受很多随机因素的影响，主要有外界温度和材料参数。对外界温度而言，月平均气温的周期性较好，而在温度场计算中，影响温度场变化的主要热力学参数有混凝土的比热 cc、密度 ρ、导温系数 a、导热系数 λ、表面散热系数 β、混凝土的最终绝热温升 Q_0 以及温升规律参数 m。这些温度计算参数中混凝土的比热 cc 和密度 ρ 可直接测得或通过经验公式较易获得，而且精度可满足计算要求；导温系数 a 和导热系数 λ 的关系式为 $a=\lambda/(cc \cdot \rho)$，因此，参数 cc、ρ、λ 均不作为反演参数，统一取为导温系数 a。导温系数 a、表面散热系数 β 和绝热温升 Q_0 和温升规律参数 m 在计算中比较重要，是试验不容易确定的几个参数，而且受实际影响的因素比较多，在施工质量、实际施工水泥掺量、现场和室内试验条件不符等多种因素影响下，混凝土实际材料参数与设计值存在较大差异，有些差异在计算中不能忽视。所以，我们仅对 a、β、Q_0 和 m 这几个参数在计算时利用现场实测值进行反演分析。经过反演计算分析，我们发现，a、β、Q_0 和 m 值与原来设计值误差不大，因此可采用原设计参数对温度场进行计算。

2）实测温度和计算温度对比分析。龙滩水电站碾压混凝土围堰埋有一定数量温度计和应变计以及无应力计，从而可以测出观测点的温度值，而依据所提供的混凝土的实际浇筑温度、浇筑层厚度和浇筑进度以及反演得出的其他参数，也可以计算出碾压混凝土围堰在观测点处的温度值，从而可以将计算结果和实测值进行对比。围堰的最大剖面即 $A—A$ 剖面（下横 0+171.5），该剖面布置的测温度值的测点有 T_A-1、T_A-2、T_A-3、T_A-4、T_A-5、T_A-6、T_A-7、T_A-8；测水温的测点有 T_A^W-1、T_A^W-2、T_A^W-3、T_A^W-4、T_A^W-5。

通过对温度场进行反分析，获得了 a、β、Q_0 和 m 值，并采用这些热学参数值对温度场进行了计算，计算结果和实测结果的变化规律比较吻合。因此，要采用实测温度对围堰进行应力计算时，温度场宜采用反演得出的参数进行计算。从实测温度值与计算值的对比可以看出，实测结果与计算结果的变化规律基本吻合。

从计算成果还可以看出，对于新浇筑的混凝土，由于水化热作用，其温度首先升高，由于测点均位于围堰内部，因此其侧向散热较小，主要依靠顶面散热，所以，除其自身的水化热温升外，上层新浇筑混凝土对其温升也影响较大，当上层混凝土厚度超过一定厚度时，测点处混凝土的温度升高已不是很明显，而有缓慢下降的趋势，但月下降值都较小，但总的影响趋势是：不同部位，其温度受环境影响不同，温升也不相同，测点离围堰表面越近，其温度受外界环境温度的影响越大，测点离围堰表面越远，其温度受外界环境温度的影响越小。坝体温度下降的总体趋势是：冬季外界气温较低，坝体每月温度降低值相对较大，夏季外界气温较高，坝体每月温度降低值相对较小。总体上来说，坝体中心温度的降低幅度较坝体表面小，而且，测点处的实测最大温度值与计算最大值基本接近，最大值误差均小于 5%。

综上所述，堰体混凝土的温度变化符合一般规律，而且也几乎未出现温度突降的现象，堰体内部测点处温度计算结果与实测值的变化规律基本吻合。

3）不稳定温度场反馈计算成果分析。从不稳定温度场计算成果可以看出以下几点。

a. 坝体混凝土的温度变化符合一般规律，而且也几乎未出现温度突降的现象。

b. 施工期内基础常态混凝土垫层内以及围堰下游面附近混凝土（变态混凝土和常态混凝土）温度高，主体混凝土温度相对较低。主要原因是常态混凝土垫层以及围堰下游面附近混凝土绝热温升高，主体混凝土绝热温升低。

c. 由于施工强度较大，施工时间相对较短，施工期内整个围堰的最高温度值也比较大。围堰的最高温度值为 43.4℃，出现在距地基面 41.7m 处的变态混凝土中，主要是因为剖面 0+185.5 附近，围堰的横剖面最大，施工时所采用的混凝土也最多，而且，由于变态混凝土的绝热温升值相对较大，为 21℃，该部位混凝土的浇筑温度也较高，为 29℃，而且 5 月的外界气温也较高，平均为 24.3℃，堰体的散热条件较差，因此，围堰的最高温度值也较大。

d. 在施工期和运行期，围堰表层温度随外界温度变化明显，围堰内部最高温度值仅与混凝土浇筑温度和混凝土龄期有关。

e. 从方案四的温度场可以看出，围堰内部最高温度到准稳定温度需要漫长过程，围堰最高温度出现在施工期内，运行期围堰向周围环境散热，逐渐趋向准稳定温度场，围堰运行 6 年后，围堰内部最高温度为 21℃ 左右，与围堰年平均温度接近，温度逐渐趋于准稳定温度场。

f. 围堰原设计方案的最高温度为 42.6℃，出现在距地基面 42.6m 处的变态混凝土中，此处混凝土的浇筑时间为 2004 年 5 月 6 日，最高温度的出现时间为 2004 年 5 月 11 日；而依据实际的施工进度和浇筑温度时，围堰的最高温度为 43.4℃，此处混凝土的浇筑时间为 2004 年 5 月 13 日，最高温度的出现时间为 2004 年 5 月 17 日。由此可以看出，原设计方案与实际的施工方案最高温度基本一致，且出现的时间和位置符合一般规律。

（2）温度应力场反馈计算成果分析。依据温度场计算结果，对整个围堰进行了施工期和运行期全过程温度徐变应力计算，各方案典型剖面施工期和运行期的最大温度应力见表9.28 和表 9.29。各方案典型剖面各高程的最大温度应力值见表 9.30。

表 9.28　各方案围堰典型剖面施工期的最大温度应力值及其出现位置表

单位：MPa

方案	σ_{zmax}	位　置	出现日期/（年-月-日）	σ_{ymax}	位　置	出现日期/（年-月-日）	σ_{zmax}	位　置	出现日期/（年-月-日）
一	0.77	下横 0+185.5 剖面上游堰基面	2004-03-03	0.34	下横 0+185.5 剖面堰基面中心附近	2004-04-14	0.12	下横 0+185.5 剖面下游堰基面附近	2004-03-10
二	0.77	下横 0+185.5 剖面上游堰基面	2004-03-03	0.34	下横 0+185.5 剖面下游堰基面附近	2004-04-14	0.12	下横 0+185.5 剖面下游堰基面附近	2004-03-10
三	0.77	下横 0+185.5 剖面上游堰基面附近	2004-03-03	0.40	下横 0+185.5 剖面距上游堰基面 17.7m	2004-05-19	0.12	下横 0+171.5 剖面下游堰基面附近	2004-03-10

表 9.29　各方案围堰典型剖面运行期的最大温度应力值及其出现位置表

单位：MPa

方案	σ_{zmax}	位　置	出现日期/（年-月-日）	σ_{ymax}	位　置	出现日期/（年-月-日）	σ_{zmax}	位　置	出现日期/（年-月-日）
一	2.07	下横 0+185.5 剖面距堰基面中心 37.8m	2005-05-09	1.99	下横 0+185.5 剖面上游堰基面	2006-02-19	1.30	下横 0+185.5 剖面距堰基面 37.8m 的上游面	2005-01-19
二	2.07	下横 0+185.5 剖面距堰基面中心 37.8m	2005-05-09	1.99	下横 0+185.5 剖面下游堰基面	2006-02-19	1.12	下横 0+185.5 剖面距堰基面 26.4m 的上游面	2005-01-09
三	2.07	下横 0+185.5 剖面距堰基面中心 37.8m	2005-05-09	2.00	下横 0+185.5 剖面上游堰基面	2006-02-19	1.23	下横 0+185.5 剖面距堰基面 15m 的上游面	2005-01-09

表 9.30　各方案围堰典型剖面不同高程运行期的最大温度应力值及其出现位置表

单位：MPa

方案	堰体高度	σ_{zmax}	位置	出现日期/（年-月-日）	σ_{ymax}	位置	出现日期/（年-月-日）	σ_{zmax}	位置	出现日期/（年-月-日）
一	距堰基面 7.5m	1.30	下游面	2005-01-19	0.18	中心	2006-01-09	0.70	上游面附近	2005-01-29
	距堰基面 15m	1.35	上游面	2005-01-09	0.34	上游面	2005-01-09	1.15	上游面	2005-01-09
	距堰基面 23.4m	1.59	下游面	2005-01-09	0.45	下游面	2005-01-19	1.30	上游面	2005-01-19
二	距堰基面 7.5m	1.12	下游面附近	2005-02-05	0.22	中心	2006-01-09	0.38	上游面附近	2005-01-19
	距堰基面 15.0m	1.30	上游面	2005-01-19	0.25	上游面	2005-01-19	0.92	上游面附近	2005-01-19
	距堰基面 23.4m	1.48	下游面	2005-01-09	0.36	上游面	2005-01-09	1.10	上游面附近	2005-01-09
三	距堰基面 7.5m	1.87	下游面附近	2005-11-09	0.82	中心	2006-02-19	0.49	上游面	2005-02-05
	距堰基面 15.0m	1.51	上游面	2005-01-19	0.47	上游面	2005-01-09	1.23	上游面	2005-01-09
	距堰基面 23.4m	1.86	下游面	2005-01-09	0.32	下游面附近	2005-01-19	1.04	上游面附近	2005-01-19

从各方案围堰最大剖面施工期和运行期的计算成果可以看出：

1）施工期的温度应力值较小，而运行期的温度应力值较大。主要是因为围堰的施工强度较大，施工速度快，施工期内围堰混凝土的温度来不及散发，温降值较小，而在运行期，围堰向外界环境散热，围堰的温降值较大，因此，运行期的温度应力值也较大。

2）各方案运行期围堰约束区温度应力值均相对较大，尤其是 x 方向应力和 y 方向应力，主要是因为在堰基面与围岩混凝土的接触处，约束很强，因此，应力值也很大。

3）方案一、方案二和方案三在高程 196.50～201.00m 以及高程 222.90～242.40m 范围内应力基本相同，主要是因为围堰在该范围内未采用微膨胀混凝土，混凝土的热力学参数均相同，所以，应力也大致相同。

4）从方案一、方案二和方案三的应力结果可以看出，围堰在高程 201.00～222.90m 范围内掺入 MgO 后，方案二各点的温度应力值均比其他方案相应点的小，主要是因为方案二采用现场抽样自生体积变形成果，该成果混凝土的膨胀量较大，掺入的 MgO 使混凝土体积的膨胀量也大，产生的预压应力也较大，更大程度地抵消了混凝土中因降温收缩而产生的拉应力。

5）原设计方案一（整个围堰不掺 MgO 不分缝）比方案一、方案二和方案三在基础面的应力大，主要是因为原设计方案一混凝土的开浇时间为 2004 年 3 月 1 日，混凝土的浇筑温度为 18.2℃，而方案一、方案二和方案三混凝土的开浇时间为 2004 年 2 月 5 日，混凝土的浇筑温度为 15℃。由于 2 月外界气温比 3 月低，围堰散热条件相对较好，且浇筑温度也较低，因此，最大温度值较小，最大温降也较小，此处的温度应力也比原设计方案一小。

6）方案一、方案二和方案三与原设计方案一（整个围堰不掺 MgO 不分缝）相比，围堰在高程 201.00～222.90m 掺入 MgO 后，该部位的最大应力值均大大减小。

7）方案一、方案二和方案三在 x 方向的温度应力值均较大，主要是因为围堰在左右岸方向长度较大，为 273.043m，整个施工过程中围堰不分缝，且受到围岩的约束很强，因此，x 方向的应力较大。

8）在围堰基础面附近，上、下游边缘附近温度应力较大，内部温度应力值相对较小。主要是因为围堰表面及其附近受外界气温和环境变化影响较大，而围堰内部的影响较小。

9）测点离围堰上下游面越近，其应力随时间的变化增加越快；测点离围堰上下游面越远，其应力随时间的变化增加越慢。主要是因为围堰表层温度随外界温度变化明显，因此，温度变化也较大，从而温差也较大，应力也较大；而围堰内部温度随外界气温变化缓慢，温度变化也较小，从而温差也较小，应力也较小。

10）测点 y 方向的应力变化比较缓慢，x 方向和 z 方向的应力大致呈简谐变化。

11）起始时刻测点处均为压应力，且值较小，主要是因为混凝土浇筑之后，由于水化热的作用而受热膨胀，且起始时刻混凝土的弹性模量也较小。

12）各方案施工期和运行期最大温度应力值、位置和出现时间表分别见表 9.27 和表 9.28。由最大值表可以看出，最大值出现在掺 MgO 部位以外时，3 个方案最大值基本接近，出现时间和位置也相同；最大值出现在掺 MgO 部位时，最大值却有差别，这也说明，采用室内实测自生体积变形、现场抽样自生体积变形和原型观测自生体积变形计算应力时,计算结果均有差别。

13) 原设计方案一施工期的最大应力值 σ_{xmax} 为 0.88MPa, σ_{ymax} 为 0.57MPa, σ_{zmax} 为 0.32MPa。原设计方案一运行期的最大应力值 σ_{xmax} 为 2.85MPa, σ_{ymax} 为 3.78MPa, σ_{zmax} 为 2.09MPa。方案一、方案二和方案三的最大应力均比原设计方案小。

14) 为了看出采用室内实测自生体积变形、现场抽样自生体积变形和原型观测自生体积变形计算时对堰体应力影响,取出各方案距地基面 7.5m、15.0m 和 23.4m 处的最大应力值,见表 9.29。从表 9.29 可以看出,方案二在掺 MgO 部位的应力均比方案一和方案三小,主要是因为采用现场抽样自生体积变形计算应力时,现场抽样自生体积变形比其他的大,产生的预压应力也大,更大程度地抵消了混凝土中因降温收缩而产生的拉应力,因此,应力相对较小。

9.9 下游围堰掺 MgO 碾压混凝土原型监测

9.9.1 原型监测设计

为了解围堰掺入 MgO 特性混凝土后的应力、应变和相关温度变化情况,掌握掺入 MgO 混凝土变形、应力和温度等方面的特殊规律,在下游围堰 MgO 试验段共布设 2 个监测断面(A—A、B—B),埋设温度计 14 支、水温计 5 支、基岩温度计 6 支、三向应变计组 3 组、七向应变计组 4 组、无应力计 15 支。监测仪器的布置如图 9.8 和图 9.9 所示。

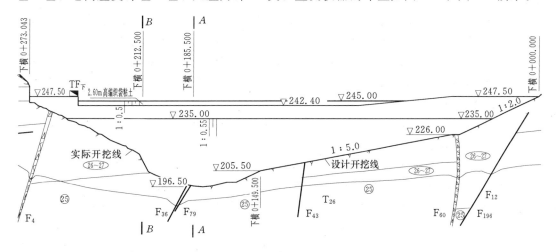

图 9.8 下游碾压混凝土围堰监测平面布置图

9.9.2 主要监测成果

自 2004 年 3 月 15 日开始至 2006 年 8 月 25 日止,对龙滩水电站下游围堰掺 MgO 混凝土进行了长期监测,基本上反映了 MgO 混凝土内应力应变和温度的一般规律,从中可以得到以下结论。

(1) 堰体在施工期,水泥水化热是影响堰体混凝土温升的主要因素。堰体温度计埋设初期,由于水泥水化热的影响,测点温度形成了一个升温过程;其后,运行期随着水泥水化热的散发和环境温度的降低,测点温度呈现一个比较明显的降温过程,并逐渐趋于

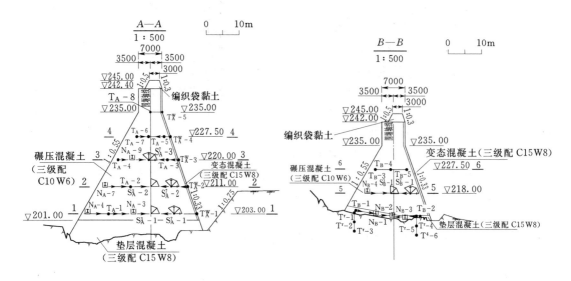

图 9.9　下游碾压混凝土围堰监测剖面图（尺寸单位：mm）

稳定。

（2）根据堰内温度计的统计结果，最高温度为 42.5℃，主要发生在基础强约束区，多数测点在 40℃左右，该数据表明堰内温度高，基础温差大。

（3）据堰体 2005 年 1 月温度的统计结果，最高温度为 37.6℃，多数测点温度在 31℃以上，表明低温季节堰内温度偏高，内外温差大，尤其混凝土表层温度梯度大。

（4）由于水温度计埋设于下游侧变态混凝土内，埋设初期，受混凝土水泥水化热影响，温度有明显升高，但因测点靠近混凝土表面，散热较快，围堰运行期温度变化主要受水温影响，温度基本保持在平稳状态。

（5）基岩初始温度受环境气温和受到水泥水化热的影响，温度呈上升趋势，但经过 1 年左右时间，变化很缓慢，一般稳定在 22～25℃。

（6）无应力计显示膨胀时间发生在混凝土的早龄期，且膨胀速率很快，其后为平稳缓慢发展阶段，同时显示掺特性 MgO 的碾压混凝土尽管实测的过程线和量值有差异，初期个别测点为收缩、后期为膨胀变形外，多数测点均为膨胀变形，自生体积变形的多组数据在 $70×10^{-6}$～$110×10^{-6}$ 之间变化，并呈平稳发展状态。

（7）从应变计成果来看，去除个别异常点外，监测点最大拉应力为 0.69MPa，发生在三向应变计组 S^3B1 测点中（上下游方向），多数测点各方向应力应变基本上是以压应力为主，符合堰体碾压混凝土掺 MgO 低热微膨胀变形的一般规律，即受混凝土自生体积膨胀变形的影响，堰体内部基础约束区混凝土各向应力总体受压，对不分横缝长浇筑块堰体，混凝土温度高、基础温差大，混凝土温度应力补偿效果显著，利于防止基础混凝土发生贯穿性裂缝。

（8）根据应变计成果来看，三向应变计组各方向应变应力比七向应变计组要差。经七向应变计组计算出来的应力连贯性比三向应变计组好，说明了在量测空间应力状态时，采用多支应变计构成的应变计组测量的效果比较好。

9.10 研究小结

9.10.1 特性 MgO 的研制、生产与产品标准和安定性评价研究

对特性 MgO 膨胀材料组成和性能进行了优化，采用普适性钙-硅-镁原材料研究开发的 MgO 含量为 60% 左右的膨胀材料，其膨胀过程可以通过调节煅烧温度和粉磨细度进行控制。研究了粉磨、成形、干燥和煅烧等工艺过程参数对膨胀材料性能的影响，通过 1000t 产品的生产，建立了适用于水利水电工程的特性 MgO 膨胀材料工业生产的工艺制度和控制指标。特性 MgO 膨胀材料煅烧温度宜控制在 1200℃±25℃，煅烧时间为 2h，成品质量控制指标为：0.080mm 筛筛余为 8%±2%，MgO 60%±1.5%，CaO 27.8%±2%，SiO_2 6.2%±1%，烧失量不大于 4%。另外，还研究了采用悬浮窑生产特种 MgO 膨胀材料的工艺参数。工业化生产的试验用膨胀材料具有良好的膨胀性能，随着掺量的增加，膨胀趋于增大。

建立了适用于水利水电工程的特性 MgO 膨胀材料工业生产的工艺制度和控制指标，实现了特性 MgO 膨胀材料规模化稳定生产。膨胀材料的膨胀特性基本满足水工大体积混凝土补偿温度收缩应力的要求。

根据工业化生产情况和工程混凝土温度应力补偿对膨胀材料的要求，综合制订了特性 MgO 膨胀材料的产品标准。特性 MgO 膨胀材料产品标准所规定的技术指标科学合理，对保证 MgO 膨胀材料的生产质量具有指导作用，可作为制定企业标准的技术基础。

采用龙滩水电站工程用原材料，首次进行了 MgO 混凝土的压蒸安定性试验，评价了工程所采用混凝土的安定性。评价认为对于龙滩大坝上部区域 R_{III} 区混凝土，特性 MgO 膨胀材料掺量不大于 6% 时，混凝土安定性合格；特性 MgO 膨胀材料掺量大于 8%，达到 12% 时，混凝土安定性不合格，并证明了此种方法评定 MgO 混凝土的安定性切合实际。

该研究成果拓宽了制备 MgO 膨胀材料的原材料领域，有利于促进 MgO 膨胀混凝土筑坝技术的推广应用。

9.10.2 特性 MgO 混凝土配合比及性能试验研究

根据特性 MgO 新产品的特点，在龙滩水电站工程已有的碾压混凝土和常态混凝土配合比基础上，根据特性 MgO 的掺入方式和掺量，采用新的计算方法计算特性 MgO 的掺量，设计和试验了龙滩大坝掺特性 MgO 混凝土配合比。

揭示了龙滩水电站大坝特性 MgO 混凝土在 20℃、40℃、50℃ 3 个养护温度条件下的自生体积变形规律，以及大坝底部碾压混凝土 R_I 全级配在 20℃、40℃、50℃ 3 个养护温度条件下的自生体积变形规律，具有延迟性膨胀性能，后期膨胀量特性满足补偿温度应力要求。

研究表明，掺特性 MgO 的龙滩大坝混凝土强度满足设计要求；混凝土弹性模量有所降低，极限拉伸值有所提高，干缩变形减小，对混凝土的防裂有利；特性 MgO 混凝土的表观密度大，线膨胀系数合理，徐变度较不掺 MgO 相应的混凝土有所增加。

该研究成果为龙滩水电站工程采用特性 MgO 筑坝技术提供了依据。

9.10.3 特性 MgO 混凝土热学性能试验

采用龙滩水电站工程材料和推荐的配合比进行了掺 6% 特性 MgO 膨胀剂的热学性能参数试验，提出了 R$_Ⅰ$、R$_Ⅲ$、R$_Ⅳ$ 区碾压混凝土和 C$_Ⅰ$ 区常态混凝土的导温系数、导热系数、比热、绝热温升值和线膨胀系数。

针对 R$_Ⅲ$ 区碾压混凝土进行的压蒸安定性试验结果表明，掺量不大于 8% 时，试件完整；掺量 12% 时，试件崩裂，失去强度；初步推荐安全掺量为 6%。

该研究成果为特性 MgO 混凝土的研究和应用提供了必要的热学参数和安全掺量分析。

9.10.4 特性 MgO 碾压混凝土高坝温度补偿与温度应力计算方法

针对龙滩水电站碾压混凝土重力坝的材料、结构和施工特点，研究了高碾压混凝土重力坝外掺 MgO 混凝土的温度、应力特点，并深入地研究了考虑温度历程效应的 MgO 微膨胀混凝土仿真分析模型，在此基础上，研究并进一步完善了掺 MgO 混凝土温度徐变应力仿真计算方法。根据该特点结合所提供的实验资料分析了大坝混凝土外掺 MgO 后的温度应力以及大坝各材料分区下 MgO 的有效膨胀量。根据 MgO 的有效膨胀量提出了针对大坝高温季节浇筑混凝土合理的 MgO 掺量曲线，提出了大坝高温季节浇筑混凝土合理的 MgO 掺量，并利用龙滩水电站底孔坝段作为研究对象，充分考虑坝段的结构复杂性、施工中多种因素的影响等，前后进行了多种工况的仿真模拟计算。建立了 MgO 的合理掺量的科学技术指导思路，为高碾压混凝土重力坝 MgO 混凝土筑坝技术提供了重要参考。

在研究掺 MgO 混凝土温度补偿计算方法理论的基础上，探讨了在坝体混凝土中，掺或不掺 MgO 混凝土温度徐变应力的变化规律，尤其是在对掺 MgO 的工况作计算模拟时，建立了考虑温度历时效果的 MgO 微膨胀混凝土仿真计算方法。依托龙滩水电站工程，多方案仿真计算了该工程大坝挡水坝段从施工期至运行期温度及温度徐变应力的变化过程，探讨了掺与不掺 MgO、部分掺与全坝段掺 MgO 后，挡水坝段的应力变化规律。

在研究了掺 MgO 混凝土实际膨胀机理的基础上，采用微观力学方法，提出了砂浆膨胀法来研究掺 MgO 混凝土温度应力的基本特性和变化规律。验证了强约束区坝体混凝土掺 MgO 后会有十分明显的温度补偿效果，而在弱约束区则不明显，并且表面局部区还有应力状态恶化的现象。首次提出了基于 Biot 理论的掺 MgO 微膨胀混凝土温度补偿计算的"有效应力法"，对掺 MgO 混凝土温度应力计算方面进行了有益的探索。

9.10.5 特性 MgO 混凝土在下游碾压混凝土围堰中的应用

9.10.5.1 下游 RCC 围堰的施工实践

龙滩水电站下游碾压混凝土围堰建基面高程 196.50m，堰顶高程 247.50m。堰体中部留有度汛缺口，高程为 242.40m，最大混凝土堰高为 45.9m，堰顶轴线长为 273.043m。堰体除基础垫层部位为仅用常态混凝土找平、堰体下游迎水面采用 30cm 厚的变态混凝土外，其余均为碾压混凝土。根据特性 MgO 微膨胀混凝土对温度应力的补偿作用，确定堰体不分横缝，设计要求整体全断面浇筑特性 MgO 微膨胀混凝土。掺 MgO 的碾压混凝土从 2004 年 3 月 11 日由高程 201.00m 开始浇筑，到 4 月 19 日浇筑至高程 222.90m，即强约束区与弱约束区共 21.9m 全部采用 MgO 混凝土浇筑。4 月 19 日后由于 MgO 材料供应不上，采用不掺 MgO 的碾压混凝土到 5 月 28 日浇筑至坝顶。下游围堰混凝土总方量 10 余万 m³，其中掺 MgO 混凝土约 3 万 m³。全坝通仓连续浇筑，未分缝，未采取其他温控措施。

9.10.5.2　拌和楼添加设备及外掺 MgO 现场均匀性检测

龙滩水电站拌和楼外挂 MgO 添加设备及计量工作，能满足拌和均匀性的要求。

化学法对常态混凝土及 RCC 的机口外掺 MgO 均匀性检测均可采用。化学法取样数量少（仅 20g），可以代表最小单元（质点）的 MgO 含量，操作简单，速度快，精度高，重复性好。化学法不因粉煤灰的加入而影响分析精度，这点对 RCC 更为适宜。只要搅拌机性能良好、稳定正常，MgO 计量投料准确，操作人员认真仔细，在不改变投料方式和适当延长搅拌时间的情况下，外掺 MgO 可以在常态混凝土和 RCC 内分布均匀。

9.10.5.3　下游围堰外掺 MgO 混凝土的温度应力计算及反馈分析

开工前对下游围堰外掺 MgO 混凝土进行了温度应力计算，针对龙滩水电站下游碾压混凝土围堰掺与不掺 MgO、分缝与不分缝的关键技术问题进行了温度补偿计算研究；给出了不同情况下施工期和运行期的温度场和温度应力分布状态；研究中考虑了掺 MgO 和不掺 MgO 混凝土的弹性模量、徐变度以及自生体积变形和热力学参数随龄期变化的影响。从应力场计算结果可以看出，围堰掺 MgO 不分缝与不掺 MgO 不分缝相比，由于围堰混凝土中掺入 MgO，使混凝土体积微膨胀，产生预压应力，抵消了混凝土中因降温收缩而产生的拉应力，因此，拉应力大大减小；围堰掺 MgO 不分缝与掺 MgO、分一条缝相比，其应力差别不是很大，也就是说，围堰在分了横缝之后，最大应力值有所减小，但减小的幅度不是很大，并且，因为横缝的存在，影响了碾压混凝土快速施工的优势。提出了龙滩水电站下游碾压混凝土围堰掺 MgO 不分横缝的建议。

下游围堰建成后，根据施工过程的实际施工进度、浇筑温度、水温和气温等资料及原型观测成果进行了反演计算分析，并依据室内试验自生体积变形、现场抽样试验的自生体积变形及原型观测自生体积变形，分别计算分析了坝体的温度场和温度应力。从计算结果可以看出，除个别点外，围堰中的应力均较小，这说明围堰不分缝是可行的，这与实际工程中围堰运行后没有产生任何裂缝是相符合的。

该研究成果为龙滩水电站下游碾压混凝土围堰温控设计和施工提供了重要依据，并得到实际应用。

9.10.5.4　下游围堰芯样的物理力学性能试验

龙滩水电站下游围堰掺特性 MgO 碾压混凝土芯样质地密实、表面光滑、没有碾压层面的痕迹；实测密度 2491～2571 kg/m³，平均 2532 kg/m³。芯样抗压强度较高，抗压弹性模量、极限拉伸值、轴心抗拉强度、轴拉弹性模量、抗渗标号和抗剪断强度均满足龙滩大坝碾压混凝土的技术要求。

9.10.5.5　下游围堰的原型观测

在龙滩水电站下游围堰混凝土中共埋设了 75 支仪器对坝体混凝土进行监测，以便了解围堰特性 MgO 混凝土变形、应力和温度等物理量的变化规律，取得了两年的监测成果。

对于研究 MgO 混凝土的微膨胀补偿效果来说，下游围堰的原型观测成果中最值得关注的成果是无应力的观测成果与温度计的观测成果。

　　由于围堰是临时建筑物，在掺 MgO 的均匀性检测中，经拌和时间 70s、90s、100s 和 120s 多次检测与拌和系统调整，最后确定拌和时间为 100s，此时检验结果是大部分评为"优秀"级，一部分评为"良好"级。虽然拌和时间为 70s 和 90s 时，碾压混凝土中的 MgO 含量的均匀性不合格，但考虑下游围堰是临时建筑物，故施工中没有弃料，统统倒入仓内浇筑，这必然会造成局部混凝土膨胀变形规律的紊乱，观测到的混凝土微膨胀压应变离散性较大，特予以说明。

　　由于应变计的观测数据，需通过混凝土的弹性模量与泊松比来进行计算转换成应力值，而混凝土的弹性模量与泊松比是随混凝土的龄期变化的，但下游围堰监测报告中从混凝土的浇筑初期开始一直采用室内长龄期试验成果中弹性模量与泊松比的固定值，至使应力的计算值从一开始就产生很大的误差，并且一直向后累积，所以由应变计观测数据转换成的应力值可信度较差，故决定采用无应力计测得的微应变成果作为判定 MgO 补偿效果的依据。

　　截至 2005 年 5 月 26 日，无应力计的观测成果见表 9.31 和表 9.32。

表 9.31　　　　　　　　　　*A—A* 剖面各测点的无应力计的观测成果

测点编号	应变量/10^{-6}	温度/℃
$N_A - 1$	84.82	25.65
$N_A - 2$	57.07	22.76
$N_A - 3$	107.10	22.18
$N_A - 4$	74.34	19.27
$N_A - 5$	75.66	26.86
$N_A - 6$	23.74	30.03
$N_A - 7$	161.90	23.51
$N_A - 8$	50.23	25.26
$N_A - 9$	54.60	20.16
平均	76.61	23.96

表 9.32　　　　　　　　　　*B—B* 剖面各测点的无应力计的观测成果

测点编号	应变量/10^{-6}	温度/℃
$N_B - 1$	65.70	21.79
$N_B - 2$	105.95	23.04
$N_B - 3$	80.99	25.87
$N_B - 4$	31.97	22.06
$N_B - 5$	72.32	23.31
$N_B - 6$	150.05	22.24
平均	84.5	23.05

　　由表 9.31 和表 9.32 可以看出，*A—A* 剖面平均膨胀压应变为 76.61×10^{-6}，平均温

度为 23.96℃。B—B 剖面平均膨胀压应变为 84.5×10^{-6}，平均温度为 23.05℃。

A—A 和 B—B 两个剖面的平均温度距坝体稳定温度（21℃）分别相差 2.96℃ 与 2.05℃，说明坝体平均温度已接近坝体稳定温度，而当时坝体平均尚有 $76.61 \times 10^{-6} \sim 84.5 \times 10^{-6}$ 压应变。从宏观上的平均情况来看，坝体达到稳定温度后是不会产生裂缝的。

9.10.5.6 特性 MgO 混凝土在下游碾压混凝土围堰中应用评价

龙滩水电站下游围堰因为作为特性 MgO 混凝土筑坝技术应用的研究项目，施工虽然制定了施工技术要求和养护工作要求，但由于是临时性工程，工程当时的主攻方面是抢建上游围堰，下游围堰分派给分包商承建，所以下游围堰只能在抢建上游围堰的夹缝中等空闲时间进行施工；同样由于是临时性工程，在拌和楼调整外掺 MgO 的均匀性过程中，不管 MgO 的均匀性是否合格，拌和的混凝土都统统倒入仓中（整个施工过程中无弃料），事先规定的施工技术要求及养护工作也未执行，但没有产生一条裂缝，这与基础约束区混凝土中掺入了特性 MgO，利用其微膨胀补偿性能是分不开的。

龙滩水电站下游围堰的原型观测和现场取芯、芯样的物理力学性能试验都证明，外掺 MgO 混凝土微膨胀补偿作用十分明显，工程应用是成功的。

参 考 文 献

[1] 中国水电顾问集团中南勘测设计研究院. 红水河龙滩水电站开发可行性研究报告 [R]. 1984.

[2] 中国水电顾问集团中南勘测设计研究院. 红水河龙滩水电站初步设计报告 [R]. 1990.

[3] 中国水电顾问集团中南勘测设计研究院. 红水河龙滩水电站厂房布置方案的专题报告 [R]. 1992.

[4] 中国水电顾问集团中南勘测设计研究院. 红水河龙滩水电站施工规划设计报告 [R]. 1994.

[5] 中国水电顾问集团中南勘测设计研究院. 红水河龙滩水电站可行性研究补充设计报告 [R]. 2000.

[6] 中国水电顾问集团中南勘测设计研究院. 龙滩水电站前期回顾与思考 [R]. 2009.

[7] 中国水电顾问集团中南勘测设计研究院. 龙滩水电站论文集（下）[R]. 2009.

[8] 中国水电顾问集团中南勘测设计研究院. 龙滩水电站技施设计报告（施工篇）[R]. 2010.

[9] 龙滩水电开发有限公司龙滩水电工程建设文集 [M]. 北京：中国水利水电出版社，2008.

[10] 孙恭尧，等. 高碾压混凝土重力坝设计方法的研究专题研究报告 [R]. 2000.

[11] 冯树荣，石青春，等. 龙滩工程关键技术研究项目研究报告 [R]. 2005.

[12] 石青春，周惠芬，等. 龙滩高碾压混凝土坝快速施工技术专题研究报告 [R]. 2005.

[13] 伍鹤皋，等. 导流隧洞围岩及支护结构稳定性分析 [R]. 2001.

[14] 伍鹤皋，等. 左岸导流隧洞进口结构三维有限元计算 [R]. 2001.

[15] 朱伯芳，张国新，等. 龙滩水电站大坝混凝土温控防裂研究 [R]. 2003.

[16] 黄淑萍，丁宝瑛，等. 龙滩水电站大坝混凝土温控防裂研究 [R]. 2003.

[17] 朱岳明，等. 龙滩水电站大坝混凝土温控防裂研究 [R]. 河海大学，2003.

[18] 张子明，等. 龙滩水电站大坝混凝水泥水化热特性及其对温度应力的影响研究 [R]. 河海大学，2003.

[19] 申明亮，等. 龙滩水电站大坝混凝土施工仿真模拟 [R]. 2003.

[20] 石青春，周惠芬. 龙滩水电站大坝施工方案研究 [C] //2007 年湖南水电科普论坛论文集. 2007，509－521.

[21] 石青春，苏军安. 龙滩水电站地下厂房施工方案研究 [C] //2007 年湖南水电科普论坛论文集. 2007：552－558.

[22] 宋亦农. 龙滩水电站施工导流设计 [J]. 红水河，2003 (3)：10－13.

[23] 何俊乔. 龙滩水电站场地规划设计 [C] //2007 年湖南水电科普论坛论文集. 2007：529－540.

[24] 谭建平. 龙滩水电站砂石加工、输送系统设计 [C] //2007 年湖南水电科普论坛论文集. 2007：541－544.

[25] 杨蕾. 龙滩大坝混凝土生产系统设计 [C] //2007 年湖南水电科普论坛论文集. 2007：504－508.

[26] 周惠芬，石青春，李勇刚. 龙滩高碾压混凝土坝施工方案研究 [J]. 水力发电，2004 (5)：10－13.

[27] 何俊乔，谢孟良，崔金虎. 龙滩水电站施工总布置时空协调设计 [J]. 水力发电，2004 (6)：20－22.

[28] 石青春. 龙滩水电站施工规划设计简述 [J]. 红水河，2001 (2)：33－36.

[29] 宋亦农，周洁，李勇刚. 龙滩水电站截流设计与施工 [J]. 红水河，2004 (4)：1－4.

［30］ 石青春．龙滩高碾压混凝土坝施工关键技施研究［J］．红水河，2004（4）：49-53．

［31］ 石青春．龙滩水电站工程实施阶段施工组织设计［J］．施工组织设计，2003（2）：202-208．

［32］ 冯树荣，等．广西龙滩碾压混凝土围堰外掺 MgO 技术研究与实践项目研究报告［R］．龙滩水电开发有限公司，中国水电顾问集团中南勘测设计研究院，2008．